“十二五”国家重点图书出版规划项目：**光通信技术丛书**

光纤宽带接入技术

吴珊 张雪芳 凌毓 陶国操◎编著 毛谦◎主审

U0291208

北京邮电大学出版社
www.buptpress.com

内 容 简 介

本书系统全面地介绍了以 FTTx 为主的各种接入技术，并力图在介绍各种接入技术特点、适用范围以及关键技术的基础上，使读者能从系统集成的角度去进行接入网的建设。

本书前身《综合宽带接入技术》受到广大读者的青睐，已累计重印 6 次。为了满足读者的需求，在《综合宽带接入技术》的基础上，作者对全书进行了全面修订，并参考了接入网的最新标准，书中详细介绍了传统接入网、IP 接入网的概念及区别，常见的各种接入网的接口和协议，并具体分析铜线接入技术、以太网接入技术、Cable Modem 接入技术、WLAN 接入技术、光纤接入技术，特别是将重点放在 ODN 技术、10G EPON、XG-PON、NGPON、FTTx 工程等光纤接入新技术上。

本书内容新颖，概念清晰，系统性和实用性强，可供通信、计算机、有线电视三个领域中关心接入网建设的技术人员或技术管理人员参考，也可作为理工院校通信工程、电子信息工程等专业课教材。

图书在版编目(CIP)数据

光纤宽带接入技术 / 吴珊等编著 . -- 北京 ：北京邮电大学出版社，2016.8（2019.12 重印）
ISBN 978-7-5635-4717-3

Ⅰ．①光…　Ⅱ．①吴…　Ⅲ．①宽带接入网－通信技术　Ⅳ．①TN915.6

中国版本图书馆 CIP 数据核字（2016）第 049847 号

书　　　　名	光纤宽带接入技术
著作责任者	吴　珊　张雪芳　凌　毓　陶国操　编著
责 任 编 辑	刘春棠
出 版 发 行	北京邮电大学出版社
社　　　　址	北京市海淀区西土城路 10 号（邮编：100876）
发 行 部	电话：010-62282185　传真：010-62283578
E-mail	publish@bupt.edu.cn
经　　　　销	各地新华书店
印　　　　刷	保定市中画美凯印刷有限公司
开　　　　本	787 mm×1 092 mm　1/16
印　　　　张	21.25
字　　　　数	525 千字
版　　　　次	2016 年 8 月第 1 版　2019 年 12 月第 3 次印刷

ISBN 978-7-5635-4717-3　　　　　　　　　　　　　　　　　　定　价：43.00 元

光通信技术丛书
编委会

主　审　毛　谦

主　任　陶智勇　曾　军

委　员　魏忠诚　胡强高　胡　毅

　　　　杨　靖　原建森　魏　明

序

现代意义上的光纤通信源于 20 世纪 60 年代，华人高锟（C. K. Kao）博士和霍克哈姆发表了题为《光频率介质纤维表面波导》的论文，指出利用光纤进行信息传输的可能性，提出"通过原材料提纯制造长距离通信使用的低损耗光纤"的技术途径，奠定了光纤通信的理论基础，简单地说，只要处理好石英玻璃纯度和成分等问题，就能够利用石英玻璃制作光导纤维，从而高效传输信息。这项成果最终促使光纤通信系统问世，而正是光纤通信系统构成了宽带移动通信和高速互联网等现代网络运行的基础，为当今我们信息社会的发展铺平了道路。高锟因此被誉为"光纤之父"。在光纤通信高科技领域，还有众多华人科学家做出了杰出的贡献，谢肇金发明了"长波长半导体激光器件"，金耀周最早提出了同步光网络（SONET）的概念，厉鼎毅是"光波分复用之父"等。

武汉邮电科学研究院是我国光纤通信研究的核心机构。1976 年，武汉邮电科学研究院在国内第一次选用改进的化学气相沉积法（MCVD）进行试验，改制成功一台 MCVD 熔炼车床，在实验过程中克服了管路系统堵塞、石英棒中出现气泡、变形等一系列"拦路虎"，终于熔炼出沉积厚度为 0.2~0.5 mm 的石英管，并烧结成石英棒。1977 年年初，研制出寿命仅为 1 h 的石英棒加热炉，拉制出中国第一根短波长（850 nm）阶跃型石英光纤（长度 17 m，衰耗 300 dB/km），取得了通信用光纤研制史上第一次技术突破。1981 年，武汉光纤通信技术公司在国内首先研制成功一批铟镓砷磷长波长光电器件，开启了长波长通信时代。1982 年 12 月 31 日，中国光纤通信第一个实用化系统——"82 工程"按期全线开通，正式进入武汉市市话网试用，从而标志着中国开始进入光纤通信时代。

最近，由武汉邮电科学研究院余少华总工牵头承担的国家 973 项目"超高速超大容量超长距离光传输基础研究"在国内首次实现一根普通单模光纤中在 C+L 波段以 375 路、每路 267.27 Gbit/s 的超大容量超密集波分复用传输 80 km，传输总容量达到 100.23 Tbit/s，相当于 12.01 亿对人在一根光纤上同时通话。对于我们日常应用而言，相当于在 80 km 的空间距离上，仅用 1 s 的时间，就可传输 4 000 部 25 GB 大小、分辨率 1 080 像素的蓝光超清电影。该项目实现了我国光传输实验在容量这一重要技术指标上的巨大飞跃，助力我国迈入传输容量实验突破 100 Tbit/s 的全球前列，为超高速超密集波分复用超长距离传输的实用化奠定了技术基础，将为国家下一代网络建设提供必要的核心技术储备，也将为国家宽带战略、促进信息消费提供有力支撑。

经过 40 多年的发展，武汉邮电科学研究院经国家批准为"光纤通信技术和网络国家重点实验室""国家光纤通信技术工程研究中心""国家光电子工艺中心（武汉分部）""国家高新技术研究发展计划成果产业化基地""亚太电信联盟培训中心""商务部电信援外培训基地""工业和信息化部光通信产品质量监督检验中心"和创新型企业等，已形成覆盖光纤通信技术、数据通信技术、无线通信技术与智能化应用技术四大产业的发展格局,是目前全球唯一集光电器件、光纤光缆、光通信系统和网络于一体的通信高技术企业。

2013年第68届联合国大会期间,中国政府推动并支持通过决议将2015年确定为"光和光基技术国际年"。其重要原因是,今年是诺贝尔奖获得者、号称"光纤之父"的科学家高琨先生发明光纤50周年。为了进一步普及推广光纤通信技术的最新成果,武汉邮电科学研究院和北京邮电大学组织资深的工程师和培训师,编写了"十二五"国家重点图书出版规划项目:光通信技术丛书,该丛书包括《光纤宽带接入技术》《光纤配线产品技术要求与测试方法》《分组传送网原理与技术》《光网络维护与管理》《OTN原理与技术》《光纤材料》《光有源器件》等,力图涵盖光纤通信技术的各个层面。

著名的通信网络专家、武汉邮电科学研究院总工程师、国际电联第15研究组(光网络和接入网)副主席余少华院士,烽火科技学院卢军院长和各位领导对光通信技术丛书给予了大力支持。国际电信联盟组织的成员、武汉邮电科学研究院总工毛谦教授在百忙之中对光通信技术丛书进行了细心审核。

我们将这套丛书献给通信技术和管理人员、工程人员、高等院校师生,目的是进一步普及光纤通信的最先进技术,共同为我国的光纤通信技术发展努力奋斗!

陶智勇

前　言

2015 年 10 月，三家基础电信企业互联网宽带接入用户总数达到 2.12 亿户。"宽带中国"战略的加速推进，宽带提速效果日益显著，8 Mbit/s 及以上接入速率的宽带用户总数超过 1.33 亿户，占宽带用户总数的比重达 63%，比上年末增加 22 个百分点；20 Mbit/s 及以上宽带用户总数占宽带用户总数的比重达 27.5%，比上年末增加 17.1 个百分点。光纤宽带建设进度加快，光纤接入 FTTH/O 用户比上年末净增 4 158.6 万户，超过上年同期增量 91.6%，总数达到 1.1 亿户，占宽带用户总数的比重达到 51.8%。我国宽带和 FTTH 的建设将由高速发展进入升级转型发展的新阶段：建设重点由大城市转向城镇，投资由重接入覆盖建设转向重发展用户运营转变。把握宽带接入网技术发展的最新趋势对我国接入网建设发展至关重要。本书力图全面介绍各种宽带接入技术的最新发展。

本书共分 11 章，第 1 章是概述，探讨了各国宽带战略，指出宽带接入逐步成为普遍服务的目标；第 2 章是接入网的概念和种类，详细介绍了传统接入网、IP 接入网的概念和区别，IP 接入中的 PPP、RADIUS 协议，以及接入技术发展的最新趋势；第 3 章具体分析各种铜线接入技术，包括 ADSL2＋、VDSL2 接入技术，以太网技术以及可运营的以太网的要求；第 4 章是无线接入技术，重点介绍了 WLAN 无线局域网；第 5 章是 Cable Modem 接入技术，主要介绍了基于 MCNS DOCSIS 3.0 的电缆调制解调器，以及各种 EoC 技术和 HFC 网的建设与改造；第 6~9 章是光纤接入技术，包括各种有源和无源 EPON、GPON 以及极为重要的 ODN 技术；第 10 章较为详细地介绍了 10G EPON、XG-PON、WDM-PON、NGPON 等下一代 PON 技术；第 11 章对当前主流的 PON 设备进行介绍，并列举了工程案例，力求使读者全面掌握以光纤接入为主的宽带接入技术。

本书前身《综合宽带接入技术》是"十五"国家重点图书出版规划项目，是在国际电信联盟组织成员、武汉邮电科学研究院原副院长、总工程师毛谦的指导下编写的。《综合宽带接入技术》受到广大读者的青睐，已累计重印 6 次。几年来，作者一直在武汉邮电科学研究院研究生部从事接入技术和通信网新技术领域的科研和教学工作，在相关刊物上发表了多篇文章，出于实际教学的需要，作者在《综合宽带接入技术》第 1、2 版的基础上，对全书进行了全面的修订，并参考了接入网的最新标准，增加了 EoC、WLAN、ODN、EPON、GPON、NGPON 等新技术。

本书由吴珊、张雪芳、凌毓、陶国操编著，张玉泉、曹珍、程雯、曾劲、贺杉杉、张慧娟、全真、陈智、余耘、陆文瑶、华科附中陶华林等参与部分章节编写，对于同事、同学的大力支持和帮助，作者在此深表谢意。

本书的读者对象是通信、计算机、有线电视三个领域中关心接入网建设的技术人员或技术类管理人员。本书也可作为理工院校通信工程、电子信息工程等专业的教材或自学参考书。

由于作者水平有限,时间仓促,书中谬误之处在所难免,恳请广大读者批评指正。

目　　录

第1章
宽带接入发展概述

1.1 各国宽带发展战略

根据 ITU 2015 年发布的数据,在世界范围内,2015 年年底共有 31.74 亿人在使用互联网,其中 21.39 亿人生活在发展中国家;并将有 34.59 亿的移动宽带用户,其中有 68% 来自发展中国家。信息通信技术仍然是信息社会的主要驱动因素。

1. 固定电话用户日趋减少,移动蜂窝用户市场已接近饱和

统计结果显示,2015 年全球固定电话的普及率不足 15%,固定电话普及率在过去十年间持续下降。2015 年年底,固定电话用户为 10.63 亿,比 2010 年减少 1.66 亿。美国的有线电话普及率于 1975 年达到 90%,约等于当下手机的普及率,随着美国的固定电话用户数持续萎缩,美国家庭固定电话的普及率已经从 20 世纪 70 年代的 90% 以上跌到了如今的 25%。

到 2015 年年底,全球移动蜂窝用户接近 70.85 亿,其中 55.68 亿在发展中国家。这一攀升主要源于发展中国家的增长。数据显示,全球移动蜂窝用户已占全球人口总数的 96.8%,这表明市场已接近饱和。2015 年年底,非洲和亚太的普及率将分别为 73.5% 和 91.6%,是移动蜂窝增长最强劲(但普及率最低)的区域。独联体国家(CIS)、阿拉伯国家、美洲和欧洲的普及率已达到 100%。

2. 固定宽带普及率依然在增长,全球移动宽带用户快速增加

根据 ITU 数据,截至 2015 年年底,全球共有 7.94 亿固定宽带接入用户,全球固定宽带普及率将达 10.8%。在发达国家,固定宽带普及率约为 29%;而对于发展中国家,固定宽带普及率为 7.1%。

全球固定宽带用户中,亚太占 46%,欧洲占 23.4%。数据表明,发展中国家中,固定宽带普及率依然在增长,但增速放缓(2010 年发展中国家固定宽带普及率为 4.2%,2015 年为 7.1%)。非洲的固定宽带用户尽管在过去 4 年中保持两位数的增长势头,但仍只占全球总数的 0.5%,因此非洲的普及率依然很低。

2015 年年底,全球移动宽带普及率达 47.2%。发达国家的移动宽带普及率提升至 86.7%,相当于发展中国家(39.1%)的 2.2 倍。全球有 34.59 亿移动宽带用户,其中 68% 的移动宽带用户将来自发展中国家。移动宽带普及率最高的区域为欧洲(78.2%)和美洲(77.6%),紧随其后的是独联体国家(49.7%)、亚太(42.3%)、阿拉伯国家(40.6%)和非洲

(17.4％)。全球一些国家的无线服务进展迅猛,国际电信联盟表扬了智利、塞内加尔和土耳其,这些国家几乎所有的互联网用户都采用了高速网络。

3. 多数的互联网或移动宽带用户将来自发展中国家

截至 2015 年年底,全球互联网用户达 31.74 亿,全球 67.4％的互联网用户来自发展中国家。全球的互联网用户普及率达 43.4％,其中发达国家为 82.2％,而发展中国家为 35.3％。目前尚未使用互联网的人中,90％以上在发展中国家。在非洲,到 2015 年年底,上网人数达 20.7％,比 2010 年增加 10.9％。在美洲,约 66％的人在 2015 年年底使用互联网,仅次于欧洲,成为普及率第二的区域。欧洲的互联网普及率在 2015 年年底达到 77.6％,独占世界鳌头。2015 年年底亚太上网人数将达 36.9％,全球互联网用户中约 47.4％来自亚太区域。

数据表明,家庭互联网接入在发达国家已达 80％以上。独联体国家 60.1％的家庭拥有互联网连接。虽然多数的互联网或移动宽带用户将来自发展中国家,但其实是因为发展中国家的人口较多,而不是因为当地的网络普及率较高。

宽带在经济社会发展中的作用日益凸显,已成为当前和今后相当长时期内转变经济发展方式、创造就业机会、支撑科技产业创新、提升国家竞争力的战略基石,其作用如同高速公路和电网,并且具有更强的创新特点。

目前全球推出宽带政策的国家和经济体数已经达到 100 多个,全球已有数千亿美元的政府资金投入到高速光纤宽带网络,欧美、日韩等相继把发展宽带列为国家战略。将宽带战略上升至国家高度,发展宽带已经成为全球的共识。如图 1-1 所示,Point Topic 预计到 2020 年年底,全球固网宽带用户数将达到 9.894 亿。

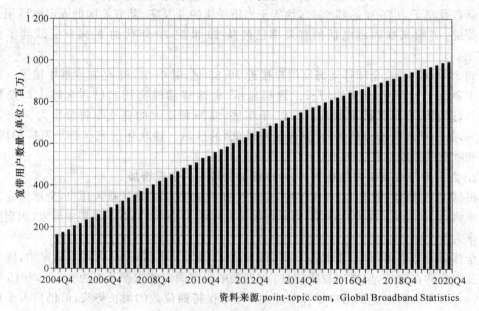

资料来源:point-topic.com, Global Broadband Statistics

图 1-1　全球宽带用户预测

宽带用户增长速度差异取决于宽带市场的发展程度。全球宽带市场可分为三部分:新兴市场、年轻市场和成熟市场。统计主要包括 114 个国家的数据。其中新兴市场有 51 个,主要有东欧国家和拉美国家等;成熟市场只有 19 个(西欧国家占多数),包括新加坡、韩国、加拿大、美国、中国香港、中国台湾、比利时、丹麦、芬兰、法国、德国、挪威、瑞典、瑞士和英国等;年轻市场有 44 个,日本和中国都属于这一类型。从图 1-2 中可以发现,不同类型市场的增长速度有非常明显的差异。

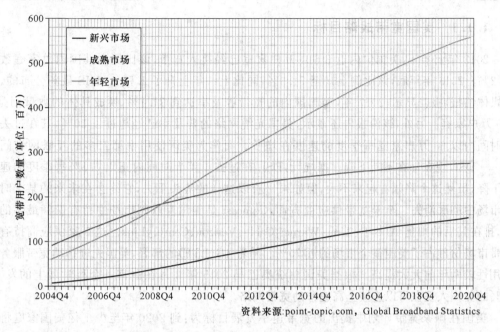

资料来源:point-topic.com,Global Broadband Statistics

图 1-2　不同类型宽带市场增长速度预测

图 1-3 为 2014 年互联网渗透率大于 45% 的国家,前五名依次为中国、美国、日本、巴西和俄罗斯,前十五名国家网民总数已达 16.53 亿。其中美国网民数量 2.69 亿,互联网在总人口中普及率达 84%(前十五个国家总人口渗透率为 59%)。而在渗透率小于等于 45% 的国家行列中,印度、印度尼西亚、尼日利亚和墨西哥位居前四,前十五个国家总人口网络渗透率达 23%。

Rank	Country	2014 Internet Users(MM)	2014 Internet User Growth	2013 Internet User Growth	Population Penetration	Total Population(MM)	Per Capita GDP ($000)
1	China	632	7%	10%	47%	1 356	$13
2	United States	269	2	2	84	319	$55
3	Japan	110	0	9	86	127	$37
4	Brazil	105	4	12	52	203	$16
5	Russia	87	15	9	61	142	$25
6	Germany	68	0	1	84	81	$46
7	United Kingdom	57	4	1	90	64	$40
8	France	54	-1	5	82	66	$40
9	Iran(I.R.)	49	8	16	60	81	$17
10	Egypt	43	15	13	50	87	$11
11	Korea(Rep.)	42	1	1	85	49	$35
12	Turkey	38	4	6	46	82	$20
13	Italy	36	1	2	58	62	$35
14	Spain	34	0	7	72	48	$34
15	Canada	30	0	5	86	35	$45
	Top 15	1 653	5%	7%	59%	2 800	
	World	2 793	8%	10%	36%	7 176	

图 1-3　2014 年互联网普及率高于 45% 的国家

全球固定宽带接入市场已经进入 100 Mbit/s 时代。2012 年日本、中国香港、葡萄牙、美国的最高固定接入带宽已达 1 Gbit/s,荷兰、韩国、瑞典、法国最高固定接入带宽已达到或超过 100 Mbit/s。

1.1.1 美国宽带战略目标

2013 年上半年,美国国内近 8 610 万户家庭已经接入宽带,该比例占其国内总家庭数的 70.2%。2013 年年底,该比例上升至 71.3%,同比上一年上升了 1.7%。IHS 最新公布的《宽带媒体情报》报告显示,2017 年,美国国内的宽带普及率达到 74.1%,换成具体的数量则是 9 470 万户家庭。另外,该份报告还显示,美国光缆网络的普及率已经超过了 50%,其在过去两年时间内以 60 万户家庭每季度的速度在增长。而作为美国使用率第二多的互联网访问技术——DSL 现在却在不断下降。据统计,DSL 在过去 1 年半时间内正以 0.3% 每季度的速度在下降,虽然这个降幅看起来不大,但如果一直以这样的势头下去,它终会在未来的某个时候从市场中彻底消失。至于宽带供应商方面,Comcast 是美国互联网市场中持有份额最多的商家,排在其后的则是 AT&T、Time Warner Cable、Verizon、CenturyLink。这 5 家供应商持有的宽带市场份额占了美国整个市场的近 70%。随着 4G(LTE)的部署,美国先进移动宽带服务的可用性较两年前大大提高。根据美国总统奥巴马 2015 年 3 月在白宫一个科学展上的发言,98% 的美国人现在可以连接上高速移动宽带网络。

美国在国家宽带计划中提出的宽带速率发展目标为:到 2020 年至少 1 亿美国家庭将拥有可承受的 100 Mbit/s 实际下载速率以及 50 Mbit/s 实际上传速率。美国包括学校、医院、政府在内的每个社区都应当享有至少 1 Gbit/s 的可承受宽带服务。

当前宽带战略的重点是:无线宽带基础设施建设和创新;加快推进宽带普遍服务和宽带应用,如健康、教育方面的应用;促进竞争和最大限度地维护消费者权益;加强公共安全宽带网络建设。

1. 政府扶持手段

（1）财政支持

美国政府对宽带的财政支持由两部分组成,一部分是美国在《2009 年美国复兴与再投资法》中设立的 72 亿美元的宽带发展基金,另一部分是每年征集的普遍服务基金。宽带发展基金中由国家电信和信息管理局 NTIA 管理的 BTOP 项目已投资 40 亿美元用于 233 个 BTOP 计划。其中,网络基础设施方面 35 亿美元用于 123 个工程,建设宽带网络;3.8 亿美元用于部署安全的公共无线宽带网络。公共计算机中心方面 2 亿美元用于 66 个公共计算机中心（PCC）。推进宽带应用方面 2.5 亿美元用于 44 个工程。2011 年 10 月,美国创立了一个年度预算高达 45 亿美元的新的"连接美国基金",将使超过 700 万居住在乡村地区的美国人享受到高速宽带接入。

（2）绘制宽带地图

美国国家电信和信息管理局在"国家宽带数据和发展基金计划"下完成了国家宽带地图的绘制。NTIA 负责拨付款项,以资助遍布全国的 56 个州政府（含 5 个特别行政区）或其指定的代理机构搜集、验证各州的宽带服务数据。NTIA 为宽带地图计划预留了 3.5 亿美元左右的资金。

（3）扶持宽带应用，增强宽带普遍服务

E-rate 项目是美国针对学校、图书馆的普遍服务项目。按照宽带计划的建议，FCC 需要更新和提升 E-rate 项目，目前美国 97％的学校和几乎所有的公共图书馆都有基本的互联网接入，但是速度慢。FCC 最新通过的 E-rate 政策包括高速光纤、学校热点以及学习随身行等。高速光纤指的是对学校的光纤接入进行资金支持，学校可以选择多种方式得到光纤接入，包括通过现有的地区和本地网，或利用当地未使用的光纤线路进行的高速接入。学校热点指的是学校可以建设热点，向周边社区提供互联网接入，以方便学生回家使用，并带动周边发展。学习随身行指的是把上网本、平板电脑等无线终端用于课堂的内外，使学生不用在固定的地点进行学习。

2. 实施效果

在宽带战略的引导下，美国加快了网络部署步伐。Google 已经在堪萨斯城提供 1 Gbit/s 的超高速光纤业务，有线电视网络公司 Comcast 开始推 50 Mbit/s、100 Mbit/s 的业务，而以 Verizon 为代表的电信运营商已经把 FTTH/FTTP 的速率从 100 Mbit/s 提速到 150 Mbit/s。与此同时，政府资助的 E-rate 等项目也在促进宽带的广泛使用。2011 年第三季度末美国的宽带用户数已达 9 000 多万，较 2008 年年底增长了 19.4％；平均网速达 6.1 Mbit/s，年度增长率为 23％。RVA LLC 在 2013 年 10 月的 FTTH 大会发表的报告显示，北美地区接入 FTTH 网络的用户数首次超过 1 000 万。自 2004 年以来，北美地区的 FTTH 接入用户数一直在稳步增长，到 2012 年 9 月已经达到 900 万户。

数据显示，截至 2013 年 9 月，北美地区 FTTH 网络覆盖用户数达 2 770 万，一年前为 2 430 万。目前，美国 FTTH 市场在北美地区占比达到 90％。以 Verizon 为首的美国主要电信运营商，在美国 960 万用户的 FTTH 市场中占了 76.7％的份额。值得注意的是，包括 Google 在内的其他接入服务商拥有 9％市场份额。

3. 美国启动全方位宽带普遍服务基金

2012 年 4 月 25 日正式推出了聚焦宽带的"连接美国基金（CAF）"，旨在 2020 年前让所有美国人都能享受到高速互联网接入服务。据 FCC 介绍，连接美国基金并未额外增加预算，完全由此前的电话普遍服务基金而来。连接美国基金的主要服务目标是美国偏远地区的约 50 万尚无网络接入服务的家庭和企业。为此，FCC 削减了不必要的开支，并重新制订了一套非常严格的预算制度。首批到位的 3 亿美元资金就是通过紧缩机制筹集到位的。该基金项目将通过美国电信服务商落实。自连接美国基金推出之日起，运营商有三个月的时间考虑是否参与其中。参与该项目的运营商在获得补贴的同时也会受到一系列约束，比如运营商必须做出在规定的时限内在偏远地区兴建网络的承诺。同时，FCC 还鼓励运营商在项目中引入私人资本。2011 年 10 月，FCC 通过了之前宣布的针对普遍服务基金和运营商间补偿制度的改革计划。改革基本原则是不增加普遍服务基金的预算，在原有预算框架内创立一个年度预算高达 45 亿美元的"连接美国基金"，将使超过 700 万居住在乡村地区的美国人享受到高速宽带接入。FCC 预测，这一宽带计划将为美国带来 500 亿美元的经济增长，创造约 50 万个就业机会。根据 FCC 此前递交的报告，45 亿美元基金将用于业务限价补贴、网间结算补贴、移动/部落补贴、极高成本地区补贴四大领域。

FCC 还加大了对部分偏远地区宽带业务的补贴力度。这是 FCC 针对宽带普遍服务实施的又一改革举措。此次 FCC 专门针对美国某些人口稀疏地区设立了一项名为"高成本环路扶持(HCLS)"的普遍服务支撑项目,美国偏远地区多达 500 家小型运营商、200 万条线路将获得更多扶持资金,用于改善宽带业务质量。FCC 称,HCLS 的年预算将近 8 亿美元,约有 100 家一直以高成本运营的偏远地区运营商将因此大幅改善业务经营状况。

2012 年 5 月 2 日,美国公布了"移动基金"的招标程序。这是美国首次将移动业务作为普遍服务的快速目标,因其认识到移动宽带在教育、医疗和公共安全等领域的重要性日益提升。该基金意在促进美国 3G/4G 的普及,尤其是在偏远地区和部落地区。中标的企业每年最高可获得 3 亿美元的补助,必须在两年内部署 3G 业务或 3 年内推出 4G 业务。

1.1.2 欧洲宽带战略目标

2013 年欧洲(EU-35)FTTH/B(光纤到户/光纤到大楼)用户数稳步增长 33%,同时FTTH/B 覆盖数持续快速增长 22%。截至 2013 年年底,EU-35 的 FTTH/B 用户数达到950 万,同时家庭覆盖数接近 4 100 万。

在 2013 年,一些国家在 FTTH/B 发展方面表现出真正的活力,无论是覆盖数还是使用率(使用率=用户数/覆盖数)。在新增 FTTH/B 用户比例方面,瑞士处于领先地位,尽管因为人口特征其市场规模无法与其他较大市场相比;在其截至 2013 年年底的总 FTTH/B 用户中,70% 是新增的。其次是一些较大规模市场,比如土耳其、西班牙和波兰,这三个国家2013 年新增 FTTH/B 用户比例分别为 46%、39% 和 32%。在土耳其,土耳其电信(Turk Telekom)和 Turkcell SuperOnline 的竞争非常激烈。

在欧洲其他地方,积极开拓的斯堪的纳维亚国家——尽管 FTTH/B 市场已经算成熟——仍然主导着欧洲市场。丹麦 2013 年的 FTTH/B 用户数增长了 30%,增长主要来自Waoo! 公司。Waoo! 公司是由 15 个公共事业单位组成的合资企业;这些公共事业单位用一个商业品牌名称提供服务,但同时又独立经营和管理其本地网络,这种模式在欧洲是非常创新和罕见的。

在芬兰,以及其他邻国,许多地方运营商都深入参与 FTTH/B 网络建设,而无须等待大型运营商来部署一个全国性的基础设施。这似乎是顺应了最终用户的需求:FTTH/B 连接越来越被视为一种工具,因此往往被纳入公寓月租金里面。瑞典市场也仍然具有活力,2013年起 FTTH/B 用户数增长了 18%。其他市场的 FTTH/B 用户也显著增长。从整体来看,2013 年 30% 的新增用户来自 16 个国家,其中包括法国、荷兰、葡萄牙、西班牙,甚至德国和英国这些没有 FTTH/B 策略的国家。

在 FTTH/B 服务供应商方面,Alternative Carriers 仍然一路领先。在 EU-35 中,Alternative Carriers 的 FTTH/B 家庭覆盖数占 45%(在 EU-39 中,该数字接近 68%,反映出俄罗斯和乌克兰传统电信运营商的重要地位)。其中,沃达丰在葡萄牙和西班牙的FTTH/B 家庭覆盖数显著增长。地方当局(Local Authorities)的 FTTH/B 建设项目小幅增长,不过在 EU-35,其 FTTH/B 家庭覆盖数占比仅为 11.9%。截至 2013 年年底,其在EU-35 的家庭覆盖数占 43.1%,相比 2012 年上升了 5 个百分点。数家运营商在 2013 年大大加速了其 FTTH/B 部署。其中最具活力的是西班牙的 Telefonica,其年新增家庭覆盖数达到 130 万。其次是法国 Orange,其家庭覆盖数新增 84.9 万;土耳其电信的家庭覆盖数新增 50 万;荷兰的 KPN/Reggefiber 的家庭覆盖数新增 38.5 万;瑞典的 TeliaSonera 的家庭覆盖数新增 35 万。近期,瑞士的 Swisscom 的举动也值得关注;这家运营商以前重点放在

FTTN＋VDSL 部署,现在决意加速 FTTH 覆盖,并且 2013 年其新增家庭覆盖数达到 19.8 万。

英国宽带战略"数字英国"提出了两个宽带领域的发展目标:到 2015 年,保证英国人可享有至少 2 Mbit/s 的基本宽带网络;在提供基本宽带网络的同时,铺设下一代高速光纤网络。

1. 政府扶持手段

(1) 对宽带速率进行规范

2011 年 9 月英国广告实践委员会(CAP)和广播广告实践委员会(BCAP)对运营商宽带广告速率提出规范导则,规定只有在 10％的用户达到广告速率中的"up to"速率后,运营商才可以使用"up to"这个词。CAP 与 BCAP 的规则于 2012 年 4 月生效。

另外,Ofcom 承诺要确保消费者可以得到有关速率的清楚信息,在其"宽带速率自愿守则"中,要求 ISP 向将签署宽带业务的用户告知他们可能获得的最大速率。Ofcom 对该守则和业界使用的宽带速率进行了定义,这些速率包括:标称或广告速率、接入线速率、实际吞吐(或下载)速率、平均吞吐(或下载)速率。ISP 还被要求向用户解释影响用户速率体验的因素,如用户线自身情况、ISP 网络容量、共享网络的用户数、ISP 业务量管控政策、每天各个时刻用户在线数量及接入到特定网站的数量等。

(2) 定期发布宽带地图

为使英国绝大部分家庭用户能够享受到超宽带的服务,Ofcom 于 2011 年 7 月开通宽带地图,地图中显示各地区宽带接入能力,帮助政府和地方当局更好地分配宽带扶持资金。

(3) 否决宽带税,增加政府资金投入

英国政府在 2009 年提出宽带战略《数字英国》时,并没有打算从政府预算中支出扶持资金用于宽带建设。于是,政府提议向每个固定电话收取每年 6 英镑的额外费,即宽带税。但 2010 年新一届政府上任后,否决了以收取宽带税获得宽带建设资金的提议。2010 年,英国政府决定投资 10 亿英镑用于边远地区的宽带接入网络建设。这一投资将会让英国的超级宽带普及率达到 90％以上。2011 年 3 月,实际投入 5 000 万英镑,用于乡村宽带网络建设的资金已经基本分配到各地区,每个地区获得了 500 万～1 000 万英镑的资金。2011 年 11 月 30 日,英国政府宣布拨款 1 亿英镑用于 10 座城市的"超高速固定和移动宽带网络"建设。在税收方面,英国三分之二地区的高速宽带网业务首年免税。另外,英国还出资 4.8 亿美元为低收入家庭提供宽带补贴。

2. 实施效果

宽带战略的发布极大带动了宽带基础设施建设,宽带速率明显提升,使用高速率业务的用户比例迅速提升。2009 年 4 月,宽带战略发布前仅有 8％的家庭宽带用户使用的宽带接入服务宣称速率能达到 10 Mbit/s 以上,在宽带战略发布一年多时间后,即 2010 年 11 月,这一比例迅速上升到 42％。2011 年这一比例仍在以较快速度提升,2011 年 5 月上升到 47％,2011 年 11 月上升到 58％。自 2009 年 6 月英国宽带战略实施以来,有效带动了宽带接入用户的增长。2010 年宽带接入用户新增量与 2009 年相比有明显上升,2010 年新增 125 万户,比 2009 年新增量多出 28 万户。

英国 Bournemouth 地区最大的 FTTH 网络运营商 CityFibre 宣布推出针对企业用户的千兆光纤到户服务。CityFibre 表示他们的千兆光纤入户服务主要针对中小企业,为他们提供大运营商不提供的宽带服务,包括千兆下行和 500 Mbit/s 上行的超宽带服务。利用这样的服务,可以让企业进行大容量文件传输更容易,获得云服务更方便,也能提高员工工作效率以及同供应商、客户的沟通效率。以往上传下载一个大型文件通常一整天,现在只需要几秒钟。

1.1.3 新加坡宽带战略目标

2009 年 4 月,新加坡宣布一年内启用全国宽带网。2010 年 8 月 31 日,新加坡下一代全国宽带网络启用。该网是一张全国性的超高速光纤到户网络,最高速率可达 1 Gbit/s。

1. 政府扶持手段

（1）政府财政全力支持

新加坡政府认为,新一代全国宽带网的最大作用是要为新加坡经济发展服务。为此,该网络应为下游运营商提供非歧视性的、有效的、开放的接入。新一代全国宽带网络包括了三大相互分离的产业层。

第一,无源基础设施的建筑商(NetCo)负责被动式基础设施,例如暗光纤和光纤管道的设计、建设和运营。OpenNet 于 2008 年 9 月 26 日被指定为无源基础设施的建筑商。

第二,有源设备的运营产业层(OpCo)提供基于包括转换器和传输设备的主动式基础设施的网络批发服务。隶属竞争性运营商星和公司的和心公司于 2009 年 4 月 3 日被指定为有源设备的运营商,与 OpenNet 共同推进宽带网。

第三,零售服务提供商产业层(RSP)将服务售予终端用户和产业。新加坡规定,在基础设施层、运营产业层分别实行搭建和运营的分离,以保持零售产业层的活力和竞争,使终端用户受益。新加坡将为基础设施层的网络推进提供 7.5 亿新币资金,为运营产业层主动式基础设施的部署提供 2.5 亿新币资金。和心公司初期投资为 1 亿新币,未来 25 年的投资总额约为 10 亿新币。新加坡资讯通信发展管理局(IDA)规定,宽带网络配套的批发价在网络启用的最初两年中只能跟着原料价下调,5 年内不能上调。

（2）政府助力提升民众对光纤的认知

新加坡政府认为,扶持宽带发展不仅是建网,还要和运营商紧密合作,让用户了解并接受光纤网络业务。IDA 称,考虑到这一全国性网络部署的规模和特性,增加终端用户对于全国宽带网及其优势的认识尤为重要。IDA 与网络参建方及基层组织合作,通过广泛的平台,包括直邮、通知、深入社区的活动、公众教育宣传以及 IDA 资讯通信体验中心等,增强民众对新一代全国宽带网络的认识。自 2009 年 8 月起,新加坡居民陆续收到 OpenNet 的告知信,告知他们有关通信光纤的安装事宜及首次安装光纤管线的相关费用。用户可在一定的期限内回复是否同意安装。如果同意,OpenNet 公司将免去接入民居的首段 15 米光纤的安装费用,如果过了期限后再申请铺设光纤,则需要付费。随着越来越多的家庭积极回应免费光纤安装邀请,越来越多的大楼所有者也积极配合光纤网络的安装。针对非住宅建筑,IDA 推出了光纤就绪标记活动,以帮助公众了解哪些楼宇已铺设了光纤。针对住宅,IDA 也推出了"光纤网络用户最多的住宅区的竞赛"。同时,资讯通信体验嘉年华在 2012 年 3 月初推出。

（3）让宽带网为国家发展服务

IDA 还制定了一个推动实施和应用的宏观策略,有效刺激了对新一代全国宽带网络服务的需求。该策略旨在通过新光纤网络的植入,实现有效的服务推广,使光纤网络的经济和社会效应达到最大。此策略的一个重要指导原则是确保私人及公众部门的直接参与,从而获得广泛、独特的实施方案。为了促进服务方式的简化和新服务的应用,新加坡资讯通信发展管理局将推动建立新一代创新中心,为创新性服务的构思和测试提供便利。此外,还将确立新一代服务创新计划,加快具有重要性和影响力的新一代服务的推广进程。IDA 指出,新一代全国宽带网络具备开放式接入、超高网速和合理价格等特点。目前,新加坡已有 6 家服务提供商为企业与家庭用户提供超过 30 种光纤宽带网络接入服务方案。

为进一步提升宽带业务质量,新加坡发布《宽带网速透明度条例》,自 2012 年 4 月 1 日起,所有固线和移动宽带网服务提供商需公布用户下载数据时较常见的速度。宽带网服务提供商需要每隔 3 个月更新速度数据,并将相关信息公布在其网站或广告刊物上。

2. 实施效果

目前在新加坡,新一代高速宽带的覆盖率已达 95%。根据规定,运营商必须提前将光纤安装进新建社区的每户家庭,同时还要向每户家庭的客厅和卧室提供六根电缆,保证提供的宽带网络超过 1 Gbit/s。

1.1.4 日本宽带战略目标

2001 年日本提出 e-Japan 战略,制定了"可高速上网家庭 3 000 万户,可超高速上网家庭 1 000 万户"的目标。e-Japan 战略到 2003 年提前实现。日本总务省 2004 年 6 月通过了 u-Japan"下一代宽带发展战略 2010"构想,目标是在 2010 年前建立一个"100% 国民利用高速及超高速网络联网的社会",2010 年日本 90% 的家庭都可接入超高速(传输速率为 30 Mbit/s)网络。当基础设施几近完备、用户使用量大大提升后,日本 2009 年 7 月推出了助力公共部门的"i-Japan 战略 2015",与以往的信息化战略强调数字化技术的研发、过多侧重于技术方面不同,"i-Japan"着眼于应用数字化技术打造普遍为国民所接受的数字化社会。"i-Japan"战略分为三个目标。

第一,聚焦与政府、学校和医院的信息化应用推广,电子政府和电子自治体、医疗保健、教育与人才。

第二,激发产业与区域活力,培育新兴产业,制定提高 ASP(应用服务提供商)能力与普及 SaaS(软件即服务)的各种指导性政策,促进中小企业的业务发展,强化现有产业的竞争力,促进信息产业的变革,推广绿色 IT 与智能道路交通系统,为开创新的创意市场提供条件。

第三,完善数字基础设施建设,将超高速宽带建设提升到一个新的高度,即固定宽带速率达到数 Gbit/s 级,移动宽带速率为 100 Gbit/s 级。2015 年光纤接入到所有家庭。

1. 政府扶持手段

2008—2009 年"U-Japan"实施期间,日本政府在智能交通系统、改进 ICT 网络设施、培训、农村宽带建设上投资 371 亿日元。

日本政府向宽带接入运营商提供税收优惠,包括企业的税收赎回以及对固定资产的折旧及摊销税收优惠,提供宽带接入上的债务担保和低利率融资。

2. 实施效果

日本宽带人口已超过 3 581 万,家庭普及率达 72%,人口普及率达 27%。根据 Akamai

2011 年第三季度的测试,日本网络平均连接速率为 8.9 Mbit/s,年增长率超过 10%,峰值连接速率 32.9 Mbit/s,比 2010 年提升 7.3%。

根据日本总务省的数据显示,截至 2015 年年底,日本固网宽带用户数为 3 761 万,相比 2014 年年底时的数据年增 103 万。其中 FTTH 数达到 2 758 万,相比 2015 年 9 月底时的数据单季净增 29 万,相比 2014 年年底时的数据年增 120 万。日本的 FTTH 用户分成两大类,一类是独栋楼房/商业用户,另一类是集合住宅用户。其中独栋楼房/商业用户占比较大,并且其比例持续上升中。截至 2015 年年底,日本独栋楼房/商业 FTTH 用户为 1 821 万,环比增长 24 万,集合住宅 FTTH 用户为 936 万,环比增加 4 万。

1.1.5 韩国宽带战略目标

韩国的宽带网络建设始于 2004 年的"u-Korea"战略。2004 年韩国政府提出了为期 6 年的 BCN(Broadband Convergence Network)计划。该计划投入 8.04 亿美元建设遍及全国的宽带网络,通信、广播和因特网融合形成的传输网以及基于 BCN 的融合业务。有线用户网计划通过 FTTH、LAN、VDSL、HFC DOCSIS 等,实现 50~100 Mbit/s 的带宽,无线网计划通过 HSDPA 和 WiBro 提供平均 1 Mbit/s 的带宽。

2009 年 2 月,韩国通信委员会宣布了 UBCN 计划。韩国政府和业界计划在 2012 年前共投资 34 万亿韩元(约合 2.57 亿美元),在全国建成速度为此前 10 倍的由光缆网络和无线宽带融合形成的网络(UBCN)。该网络建成后,有线网的最高传输速率将达到 1 Gbit/s,无线网平均传输速率将达到 10 Mbit/s。

1. 政府扶持手段

在 BCN 计划实施过程中,仅 2006 年政府就宣布向 FTTH、光纤 LAN、FHC 投资 26.6 万亿韩元。为实施 UBCN 计划,韩国政府宣布中央政府将投资 1.3 万亿韩元,余下的由私营运营商提供。此外,为了在农村地区建设宽带网络,政府曾经向 KT(韩国电信)提供了 7 700 万美元的低息贷款。

2. 实施效果

在政府的战略规划引导下,业界的积极投入使韩国的宽带网络和宽带服务提升非常迅速。韩国的宽带用户数已经突破了 1 781 万,按家庭计算的宽带普及率超过 91%,位居全球前 10 位;按人口计算的宽带普及率为 36%。根据 Akamai 2011 年第三季度对全球各国平均上网速率的测试,韩国网络平均连接速率为 16.7 Mbit/s,年增长率 18%;韩国峰值连接速率为 46.8 Mbit/s,比 2010 年提升 19%。

1.2 宽带普遍接入和服务

截至目前,全球有 100 多个国家出台了宽带计划,其中绝大部分不仅包含了阶段性的速率目标,也提出了宽带普遍服务目标。同时,很多国家也出台了对宽带发展的支持政策,主要是增加普遍服务基金,或是直接给予财政支持。例如,2010 年,英国政府机构拨款达到 10 亿英镑,目的是实现在 2017 年年底前全英 90% 家庭接入最低速率 2 Mbit/s 宽带的普遍服务承诺。此外,英国还出资 4.8 亿美元为低收入家庭提供宽带补贴。美国联邦通信委员会发布了国家宽带计划实施细则,斥资 72 亿美元用于改善网络宽带,以实现 2020 年"至少 1 亿美国家庭应能使用平价宽带,实际下载速率至少达到 100 Mbit/s,实际上传速率至少达到 50 Mbit/s"的目标。

国外主要以设立普遍服务基金的形式来推动宽带基础建设。基金来源有几种渠道:运营商根据其利润的比例定期缴纳(类似于税收)、政府补助、社会捐赠等。在基金使用环节中,首先要通过招标,由信息行业的监管机构或专门的理事会运作,各运营商根据自身的发展战略和综合实力进行投标;其次,根据运营商提供的网络、终端、应用软件和服务,请独立的第三方审计机构对其审计;最后,根据审计的结果,运营商获得基金的分类补贴。

1.2.1　电信普遍服务的来源

"普遍服务"这个术语最早由美国 AT&T 总裁威尔在 1907 年提出,当时他提出了公司的口号:"One network(一个网络),One policy(一个政策),Universal service(普遍服务)"。这是电信行业第一次出现"Universal service"的提法。但当时的普遍服务概念绝不是为了解决美国电信业的普遍服务问题,而恰恰是为了掩饰 AT&T 的垄断经营。

1934 年的美国电信法承认了 AT&T 对电信业的垄断,虽然提出了普遍服务的概念,但没有对它确切地定义,其具体内容留给 FCC 和 AT&T 去磋商解决。在 AT&T 垄断时期,为了提供普遍服务,AT&T 采用了大规模的交叉补贴来提供资金,包括长话补贴市话,国际电话补贴国内电话,低成本地区补贴高成本地区,办公用户补贴居民用户等。

AT&T 在 1984 年解体后,长途和本地业务的分离使美国的长途电话市场完全放开,而本地业务在没有长途电话补贴的情况下,出现巨额亏损。因此,FCC 进行了接入费改革,规定所有的长途电话公司都应向电信管制部门缴纳接入费,再由电信管制部门将资金补贴给本地电话公司。接入费包括长途电话接入本地网的接入成本,将以前 AT&T 企业内部的"暗补"变为由电信管制部门监管的电信公司之间的"明补"。FCC 以接入费为资金来源,建立专门的普遍服务基金对高成本地区的本地电话公司进行额外的补贴。

1996 年,美国新《电信法》出台,FCC 在 1997 年 5 月宣布了普遍服务新法令。其中规定任何一个合格的能提供普遍服务的公司,包括无线业务提供者,不论他们使用的技术如何,只要提供政府规定的普遍服务项目,就都有资格接受普遍服务的补贴。FCC 为此建立了一个专门的普遍服务基金管理部门(USAC),负责从所有的电信服务公司,以业务收入为基数征收普遍服务基金,对提供普遍服务的电信公司进行补偿。

1.2.2　国际电信普遍服务的共性特征

目前世界范围内实施电信普遍服务较成功的国家包括美国、印度、澳大利亚和拉丁美洲的墨西哥、智利、秘鲁三国,虽然它们成功的经验各不相同,但却存在一些共同的特点。

1. 用法律的形式对电信普遍服务予以确立

1934 年的美国电信法就提出了普遍服务的概念,1996 年电信法确立了美国的普遍服务体系,1997 年 FCC 颁布的普遍服务法令对普遍服务的具体实施方法进行了详细的规定。在此后几年,FCC 又颁布了一系列条款,作为对普遍服务法令的补充,进一步完善了美国的普遍服务体系。澳大利亚 1997 年《电信法》明确规定,澳大利亚"普遍服务义务(USO)"的主要内容是"保证在公平的基础上让澳大利亚全体国民都能合理地得到标准电话服务、付费公用电话服务及所规定的传输服务"。以后又陆续颁布了《普遍服务价格上限法》《消费者权益和服务标准法》，逐步建立和完善了普遍服务管理体系。印度的第一项国家电信政策NTP'94首次将普遍服务写入政策文件，定义为以支付得起的、合理的价格向所有公民提供特定的基础电信业务。1999年的NTP'99强调了向人口低密度地区（包括农村和偏远地区、山区和部落地区等）提供电信服务是普遍服务义务的主要目标之一。在2004年的印度电信法修正案中，将有关普遍服务基金的内容写入该法中，使其成为法律。智利政府在1994年的时候制定了《电信法》，提出了普遍服务的概念，确立了普遍服务的主要目标是在农村和一些低收入的城市区域（尤其是边远地区）或者孤立的地区促进电信业务的普及。

2. 采用电信普遍服务基金作为价值补偿机制

目前国际上实施电信普遍服务较为成功的运营商均以普遍服务基金的方式替代传统的交叉补贴。普遍服务基金的主要征收对象是电信运营商。如美国2002年普遍服务基金总额为58.6亿美元，约占美国电信收入的2%。所有美国的电话用户每月都需支付普遍服务基金费用，先由运营商负责征收，然后上交到州和联邦财政（共同构成普遍服务基金），最后再分配给那些在高成本、低收益地区投资的运营商。澳大利亚也采用普遍服务基金的方式对普遍服务的亏损进行补贴，具体补贴方式为成本补贴中的运维成本补贴法。2002年澳大利亚的电信收入为133.8亿美元，普遍服务基金征收总额约占电信收入的1.4%。而印度除ISP外，所有运营商将其调整后毛收入的5%提出，作为普遍服务基金缴纳，目前印度的普遍服务基金规模达到了每年5亿美元。

3. 设置专门的普遍服务基金管理机构

专门的普遍服务基金管理机构负责普遍服务基金的征收、分配和使用，以及制定有关普遍服务基金的文件。在美国，FCC只是电信普遍服务的管制部门，负责政策制定和执行情况的监督，而专门的普遍服务基金管理机构是一个政府授权的民间非营利性组织，是普遍服务政策的执行者，具体负责普遍服务的项目管理和基金管理。在澳大利亚，电信普遍服务的管理是由通信管理局（ACA）直接负责的，具体负责的部门是普遍服务义务部门，由3个小组构成，即基金组、补贴组和监管组，它们分别负责普遍服务基金的管理、普遍服务成本的评估以及对电信公司履行普遍服务义务进行监督。印度的普遍服务基金由基金管理部管理。由于是通过竞标的方式来选择运营商，因此基金管理部的一个重要职责就是制定投标程序，包括投标的条款和条件，然后还要评估投标方案。完成以上事务后，在基金管理部和电信运营商之间还要签署一些协议，基金管理部还负责受理普遍服务运营商的索赔请求。

4. 通过投标/竞标实施普遍服务项目

在基金使用中，各国运营商大都通过投标/竞标实施普遍服务项目，最低报价者才能获得补贴，以确保普遍服务成本最低。通过招标，可以避免政府为准确计算成本补贴所做的大量工作。澳大利亚管制机构首先指定传统运营商为普遍服务的义务提供商，每年管制机构公布由于提供普遍服务而造成损失的地区，用可避免成本法计算普遍服务的成本并将结果公布于众，如果其他运营商能出具有效文件，证明自己能够以更低成本提供普遍服务，那么就可以去竞争普遍服务的专营权。目前，印度的普遍服务项目招标按照大区进行，全国的普遍服务任务被划分为21个电信地区，每个地区在进行招标之前，基金管理部进行调查研究（所需的数据由各运营商上报），根据该地区的自然地理人口特点，基金管理部聘请专家开发工程数学模型找出一个最有效的接入服务模式，然后根据这个模式计算出这个地区需要多少投资,基金管理部在此基础上提出一个招标的最高补贴数额。在招标过程中,通常一个地区可能有几家运营商参与竞争,为了使这种政策更具透明性,政府是通过竞标的方式来选择报价最低的(这种报价应低于最高补贴数额)运营商为该地区提供接入服务。在智利,MTT每年确定建设若干个电话点,电话点一般集中在 2 000～3 000 人的小村庄,一般政府确立6 000 个电话点,然后测算成本,进行排序,决定基金的补贴额,向运营商进行招标。补贴主要用于设备购买、安装和运营成本,一般考虑使运营商能在 10 年内达到收支平衡,10 年后开始盈利,相应地,得到补贴的运营商要保证该电话点运营 10 年以上。

1.2.3　各国电信普遍服务的个性特点

1. 美国的电信普遍服务

(1) 政策和管制两个层次

美国的普遍服务政策的制订有两个层次,这与美国的整个电信政策和管制体系相一致。这样的管理体系既保证了普遍服务原则目标的始终如一,又能体现普遍服务体系的动态发展,是一套非常完善的管理体系。美国目前的普遍服务管理体制同时也是其高度发达市场经济的反映。虽然 FCC 是美国电信业的规制者,"普遍服务义务"(USO)却是通过普遍服务管理公司(USAC)这样一个民间非营利性组织负责实施的。

(2) 成本补偿和收入补偿相结合

美国除了实施国际上普遍采用的成本补偿之外,对电信普遍服务对象进行了进一步的细分。美国立法规定,任何一个合格的能提供普遍服务的公司,不管他们使用的技术如何,只要提供政府规定的普遍服务项目,就都有资格接受普遍服务的补贴。目前,美国的普遍服务管理公司(简称 USAC)下设了 4 个普遍服务项目。这 4 个项目分别是高成本项目、低收入项目、医疗保健机构项目、学校与图书馆项目。因此,美国的普遍服务采取的是成本补偿和收入补偿相结合的方法,成本补偿包括建设成本与运维成本,前者为局房、设备、线路等建设投资,后者包括工资、折旧、维护等费用。收入补贴是依靠对低收入者进行货币补偿,低收入用户(无论是否居住在高成本地区或农村地区)以免缴、降低月租费、通话费的形式享受补贴,如美国的生命线项目和连接项目。

2. 澳大利亚的电信普遍服务

澳大利亚同属于国土辽阔的国家,这样的国家在电信普遍服务的问题上面临的挑战会远远大于欧洲一些小国家。澳大利亚和中国有些相似,它开展电信普遍服务较晚,基本上一直是由一个电信运营商提供普遍服务。2000 年,澳大利亚联邦政府引进了"竞争性实验项目",率先在两个地区试行"普遍服务主提供者"和"普遍服务竞争性提供者"并存的解决方案。在电信市场由垄断向竞争的过渡中,这个方法既可以保证按时提供普遍服务,也可为新进入者提供机会。

3. 印度电信普遍服务

印度是亚洲地区实施电信普遍服务最成功的国家,主要原因是在普遍服务制度中引入竞争机制,使国有电信运营商与私有运营商展开竞争。印度政府并没有强制性指定哪家运营商必须提供普遍服务,也没有指定将普遍服务基金给予哪家,而是实行"谁服务、谁使用"的办法。目前印度全国范围内的 5 亿美元电信基金就如同政府采购,让各家运营商公开竞争,购买这一公共服务,谁服务得多,谁获得的基金就多。另外,印度电信监管部门采取的是技术中立政策,允许运营商在提供服务时自主选择技术。目前在印度有很多非政府组织以及私人企业参与到了电信普遍服务项目中,并且都做得很成功。

4. 智利电信普遍服务

因为智利的所有电信公司都是私营公司,所以在智利,没有任何一个电信业务提供商具有普遍服务的义务,取而代之的是,政府制定了普遍接入政策。智利的普遍服务基金具有国家预算的性质,政府每年从财政预算中划出一定的资金用于电信业发展,电信发展委员会负责对基金的管理。智利负责电信监管的政府部门是交通通信部(MTT),该部认为解决普遍服务问题是政府的责任。为此,智利政府在1994年就开始设立电信发展基金,基金的来源是国家财政预算,不向运营商收费。

1.2.4 中国宽带普遍服务的考虑

联系我国的实际,我国的普遍服务政策经历了垄断时期的交叉补贴、政策真空期、分片包干等阶段,现在正进入一个向普遍服务基金过渡的时期。当前实行的"村通工程"是在补偿机制缺失的情况下,在政府行政指令下进行的,它为我国的普遍服务迈出了重要的一步,但我国电信普遍服务的可持续性发展需要更加规范的电信政策体系和更加健全的电信法律体系。我国解决电信普遍服务的问题任重道远。

近年来,随着"村村通"电话工程的不断推进,我国电话普遍服务取得显著成效,"信息下乡"直接促进了农村的宽带普及。截至2011年年底,我国农村84%的行政村接通了宽带。随着"宽带中国""宽带普及提速工程"等促进宽带发展的政策相继出台,普及、提速、降价已成为我国宽带发展的必然趋势,将宽带列入普遍服务的呼声渐高。

一是我国宽带发展没有设立普遍服务基金,财政拨款杯水车薪,主要是鼓励基础电信企业承担社会责任,长期持续大规模投资对企业难度较大;二是由于实际建设与发展主要依靠基础运营商,这就导致能够盈利的地区重复建设、竞争激烈,而贫困地区由于盈利较少甚至成本回收困难,则没有企业愿意进入,各地区之间发展严重不均衡,这不仅影响到我国宽带总体水平的提升,而且导致城乡、区域间的数字鸿沟进一步加深。

但对于我国如此庞大的人口数量、广阔的国土面积、复杂的地理环境而言,要想真正实现普遍服务所谓的"对任何人都要提供无地域、质量、资费歧视,且能够负担得起的服务"并不容易。与传统普遍服务相比,宽带普遍服务除了需要最基本的接入,即宽带网络的覆盖范围以外,还有带宽的要求,以及相应的应用和内容服务。因此,我国的宽带建设仍有很大差距,实现宽带普遍服务绝非易事。

ITU提出的"到2015年,所有国家应制定国家宽带计划或战略,指导宽带普遍接入和服务"是一项很高的要求,即便是我国"十二五"规划中提出的"到2015年年末,城市家庭上网带宽达到20 Mbit/s,农村家庭上网带宽达到4 Mbit/s",实现起来也需要作出艰苦的努力。

借鉴国外宽带普遍服务推进经验,结合我国实际存在的问题,建议我国宽带普遍服务发展路径可以从以下三方面来考虑。

1. 丰富参与企业主体,扩大宽带基础建设资金来源

在国家层面推进宽带普遍服务,需政府出面协调资源的利用与共享,扩大宽带建设资金来源。政府可以按照普遍服务标准、受惠对象现状以及发展规划要求,从企业已上缴的累计利税中划出专项财政资金,用以投入宽带普遍服务建设,尽量避免几乎完全由基础运营商独立埋单的情况。

宽带建设是互联网发展的基础,应扩大划拨利税企业范围,除了基础电信运营商外,ISP、互联网企业、广电部门都应为宽带普遍服务建设埋单,即凡是通过互联网连接直接或间接获益的部门都有义务按照某一比例缴纳普遍服务利税,甚至可以考虑跨行业的联合基金以及地方政府的合理分摊宽带建设成本。当然,政府要对参与利税贡献的企业给予一定的奖励和补贴,以实现长期持续的资金来源。

2. 集中力量办大事,以政府项目形式落实宽带建设

以"部省联合,企业竞争"为项目执行方式。由于目前国家每年固定的财政拨款十分有限,拨款分摊到各企业、各省后资金更加不足,难以调动基础运营商推进宽带普遍服务的积极性。因此,可以考虑集中有限资金、支持重点项目的模式,项目可以一至三年为周期,每年评估项目开展效果,实现资金滚动支持。项目管理由工信部统一部署,由当地通信管理局具体管理,由基础运营商主要执行,同时还可以考虑引入经营接入网、驻地网的民资企业等具备实力的经营主体。以项目管理的模式推进宽带建设,一可以提升地方通信管理局和地方企业的参与度,保证有限的资金发挥更大的作用;二可以通过监督项目过程实施、定期审核项目成果,确保国家扶持宽带建设的财政拨款得到落实;三可以帮助有实力的民资企业提升市场竞争力,打破行业垄断,加速产业结构转型。

以"特殊人群、专项建设"为重点项目内容。虽然基础运营商担负着普遍服务的义务,但出于盈利的考虑,并不会特别照顾弱势群体,因此财政拨款可以优先考虑为特殊人群提供宽带接入服务,缩小不同群体间的数字鸿沟,推动整体宽带普遍服务进程。实际上,国家已经开始关注特殊人群使用宽带服务的问题,例如宽带普及提速工程中提出了"残疾人学校"接入普及计划和"贫困县百校"宽带提速计划,在 2012 年,选择 100 所残疾人学校以及 100 所国家级贫困县中小学,由政府、企业联合出资进行宽带建设或提速,为每所学校提供一条不低于 4 Mbit/s 的宽带接入专线,同时赠送计算机,并免除 3 年的上网费用。

3. 加强偏远地区无线宽带网络建设,多种技术方案共同促进宽带普及

根据 CNNIC 报告统计,截至 2015 年 6 月,中国网民数量达到 6.68 亿,其中农民网民占比为 27.9%,规模达到 1.86 亿。我国手机网民规模达 5.94 亿,较 2014 年 12 月增加 3 679万人。网民中使用手机上网的人群占比由 2014 年 12 月的 85.8% 提升至 88.9%。

城镇地区与农村地区的互联网普及率分别为 64.2%、30.1%,相差 34.1 个百分点。人口结构方面,10～40 岁人群中,农村地区的互联网普及率比城镇地区低 15～27 个百分点,这部分人群互联网普及的难度相对较低,将来可转化的空间较大。

手机上网具有操作简便、成本低等优势,在农村等贫困、偏远地区更容易推广,因此,在欠发达地区加强无线网络覆盖、提升手机上网速度,不但可以暂时减小运营商在固定宽带方面的投资压力,也满足了农村居民的上网需求。当居民上网习惯逐步形成,对网速提出更高要求时,这些地区的固定宽带网络也能逐步覆盖,届时使用固定宽带的网民数量将有较大规模的提升,运营商投入的宽带建设成本也有望收回。

未来农村地区互联网发展将由政府与互联网企业共同带动。政府方面,应加大互联网基础设施建设以及政策扶持,提升农村人口对于互联网的认知及使用。2015 年 6 月国务院办公厅印发《关于支持农民工等人员返乡创业的意见》,鼓励输出地资源对接输入地市场带动返乡创业。在这一过程中,农民工可以发挥既熟悉输入地市场又熟悉输出地资源的优势,借力"互联网+"信息技术发展现代商业,实现输出地产品与输入地市场的对接,进而带动农村地区互联网的发展。企业方面,需要针对农村地区特性提供更贴近农村地区需求的应用,提升农村人口使用互联网的意愿。目前阿里、京东、腾讯等互联网企业纷纷推出针对农村地区的农业电商和农村金融服务,这些举措将对农村互联网发展起到带动作用。

总之,宽带作为信息社会重要的基础设施,对于提升综合国力、拉动经济发展的作用日益凸显。找到适合我国国情的发展路径,是确保我国宽带快速、健康、平稳发展的前提。

我国宽带和FTTH的建设将由高速发展进入平缓发展的新阶段;建设重点由城市转向农村,向农村推进FTTH建设呼唤宽带普遍服务基金的设立;投资由重接入覆盖建设转向重发展用户运营转变,发展用户则要求驻地网的开放以及FTTH接入各环节更加智能化。

1.3 中国宽带接入发展的历程

在2005年之前,由于宽带接入还是一个新生事物,新增用户主要来自于增量市场(指未使用过互联网接入业务的潜在用户群);2005—2006年年初,拨号用户向宽带接入用户转网现象较为突出,宽带接入用户进入存量用户市场阶段;2006—2007年5月前后,我国宽带接入市场处于存量和增量市场并存状态,新增宽带接入用户既包括转网的拨号用户,又包括从未使用过互联网接入的用户,此时整体互联网接入用户(指宽带接入用户与拨号接入用户的总和)月新增在20万~40万户;2007年5月—2008年,大部分新增宽带接入用户来自增量市场,整体互联网接入用户月新增量在60万~100万户。

我国宽带接入市场从21世纪初开始持续快速增长,2002年中国电信集团公司成立,我国正式进入宽带发展期。2003年年底用户过千万;2005年我国的宽带接入用户规模达到3 735万户,首次超越拨号用户规模。2008年第三季度时,我国宽带接入用户总数超过美国,成为全球用户规模最大的宽带市场;到2009年年底,我国宽带接入用户过亿,累计达到10 333万户(基础电信运营商宽带用户数);2010年我国宽带接入用户规模达到1.26亿户。截至2012年年底,我国宽带接入用户总数达到1.75亿。

《国务院关于印发"宽带中国"战略及实施方案的通知》印发以来,工业和信息化部会同相关部委积极贯彻落实。通过组织实施"宽带中国2013专项行动",落实光纤到户两项国家标准等措施,推动我国宽带发展整体水平进一步提升。到2013年年底,固定宽带用户超过2.1亿户,城市和农村家庭固定宽带普及率分别达到55%和20%;3G/LTE用户超过3.3亿户,用户普及率达到25%;行政村通宽带比例达到90%;城市地区宽带用户中20 Mbit/s宽带接入能力覆盖比例达到80%,农村地区宽带用户中4 Mbit/s宽带接入能力覆盖比例达到85%,城乡无线宽带网络覆盖水平明显提升,无线局域网基本实现城市重要公共区域热点覆盖,全国有线电视网络互联互通平台覆盖有线电视网络用户比例达到60%。

全国各地推广宽带发展也积累了不少地方成功经验。

(1)上海电信:全国首位。近年来上海电信的光网事业一直走在全国的前列。数据显示,上海电信2010年的光网用户数为20万。虽然较之日韩等宽带发展最先进的国家,我国电信运营商仍有很大上升空间,但由于目前正处于由铜转光的"跳动期",所以广大用户们可以期许未来几年我国宽带事业出现新的建设高峰。截至 2011 年 8 月底,上海电信"城市光网"覆盖已超过 320 万客户,光纤入户突破 90 万户,其中 10M 以上客户达到 40 万。上海电信 2011 年完成 450 万的用户覆盖,实现光纤入户达到 130 万。

据介绍,目前上海电信用户的平均网速为 6 Mbit/s 左右。上海电信到 2011 年年底,用户的平均带宽达到 8 Mbit/s。2013 年,这一数字达到 32 Mbit/s。

(2)西安电信:先尝后买。允许用户低门槛接入宽带,用免费体验高带宽应用(ITV)来吸引用户升级光纤。体验期结束后,用户可方便续订和宽带升速。截至 2011 年 5 月 9 日西安分公司共计 ITV 用户 215 390 户,其中 1 月至 4 月共计发展 130 111 户;截至 5 月 1 日西安电信共计发送短信 12 次,宣传了 139.43 万用户;共计发送 189 邮箱 8 次,宣传了 103.80 万用户。

(3)江苏电信:与开发商合作。江苏电信无论在光纤覆盖率或是实装率方面,都走在中国电信各省公司前头。在争取光纤入小区方面,江苏电信有其"合作心得"。首先,合理使用法律武器。根据我国相关文件规定,小区红线内各种管线资源是小区建设的一部分,其投资已包含在房价中。其次,融洽与市政规划局关系。使电信成为小区规划评审组成员,拉近与开发商的距离,并使得电信成为小区开发建设的第一知情者;评审时,可根据电信建设需求,提出适合电信业务开展的建设方案(管道路由容量、建筑内暗管容量、入户综合信息箱的尺寸等);另外,融洽与房管局、供电、供水等垄断单位关系;注重谈判技巧、成立驻地网小组,多部门协同作战,使开发商与运营商多个部门保持良好关系,当一方面出现问题时,可通过另一部门解决。

(4)北京联通:100%光纤到村。作为全国农村信息化的先锋城市,北京联通不仅要实现光纤到户,还要实现百分之百光纤到村。北京联通于 2008 年 6 月实现了北京所有自然村"村村通电话"的目标,在此基础上,北京联通力推"村村通光缆"工程,累计完成 83.9%的行政村光纤到村,其中昌平、顺义、密云、怀柔、门头沟五个区县实现行政村 100%光纤到村;累计行政村内光纤到户能力覆盖率达到 31%,宽带端口能力较"十五"期末增长了近 3 倍,宽带用户增长了 2.5 倍。

(5)据深圳电信统计,深圳市早在 2010 年就开启 100 Mbit/s 光纤到户工程。2012 年全年,深圳电信斥资 5.6 亿元用于"宽带中国,光网城市"建设,2013 年投入 6.4 亿元。目前,深圳电信骨干网出口总带宽已达到 1 600 Gbit/s,宽带接入能力达到 600 万户,其中光接入 100 Mbit/s 端口已达到 180 万户。深圳电信已完成 85%的社区、商厦和园区的光网覆盖。深圳电信的这一数据显示,深圳的宽带建设已经遥遥领先于全国其他城市,"宽带中国"所提出的在 2015 年实现的战略目标,深圳将提前 1~2 年全面完成。

尽管从用户数来看,我国已经成为全球宽带大国,但是从普及率、接入速率等宽带接入服务水平上看,与发达国家相比还有一定的差距。

2002 年以来,我国宽带接入人口普及率不断提高,到 2009 年年底,我国宽带人口普及率超过全球平均水平,但是仍低于亚太地区的平均水平(10.1%)。到 2012 年年底,我国宽带接入人口普及率达到 13%,而韩国、日本以及英美等发达国家这一数据已经超过 30%;

OECD 国家平均普及率达到 27.2%,全球水平为 10.9%。根据 ITU 数据,2015 年 6 月,我国固定宽带普及率将达 10.8%。在发达国家,固定宽带普及率约为 29%;而对于发展中国家,固定宽带普及率为 7.1%,中国固定宽带普及率不足 11%。

从宽带接入速率来看,我国平均上网速度在全球处于中等偏下的水平,低于全球平均值。美国最大的 CDN 服务商 Akamai 发布了"2014 年第三季度全球网速排行榜",其中韩国以 25.3 Mbit/s 的平均网速位居全球首位,中国香港地区位居第二。从全球宽带的普及率来看,比第二季度增长 1%,达到 60%。中国以 3.8 Mbit/s 的平均上网速度排在全球第 75 名。

2013 年 8 月 17 日,国务院发布《关于印发"宽带中国"战略及实施方案的通知》(以下简称《通知》)。《通知》提出,到 2015 年,城市和农村家庭宽带接入能力基本达到 20 Mbit/s 和 4 Mbit/s,部分发达城市达到 100 Mbit/s;到 2013 年年底,城市地区宽带用户中 20 Mbit/s 宽带接入能力覆盖比例达到 80%。

宽带中国将对我国 GDP 增长产生重大的贡献。"十二五"期间,宽带网络基础设施投资将累计达到 1.6 万亿人民币,其中宽带接入网投入将达到 5 700 亿人民币。在此过程中,每 1 元的宽带基础设施投资,将拉动 3～4 元的相关行业投入。

2014 年 3 月 21 日,"宽带中国"2014 专项行动动员部署电视电话会议在北京召开,明确了宽带中国发展的目标是:2014 年新增 FTTH 覆盖家庭超过 3 000 万户,新增 TD-LTE 基站 30 万个;新增固定宽带接入互联网用户 2 500 万户,新增 TD-LTE 用户 3 000 万户,新增通宽带行政村 13 800 个;使用 8 Mbit/s 及以上宽带接入产品的用户超过 30%,东部地区达到 40%。鼓励有条件的地区发展 50 Mbit/s 和 100 Mbit/s 宽带。

2015 年 1—10 月,三家基础电信企业互联网宽带接入用户净增 1 148.4 万户,总数达到 2.12 亿户。"宽带中国"战略的加速推进,宽带提速效果日益显著,8 Mbit/s 及以上接入速率的宽带用户总数超过 1.33 亿户,占宽带用户总数的比重达 63%,比上年末增加 22 个百分点;20 Mbit/s 及以上宽带用户总数占宽带用户总数的比重达 27.5%,比上年末增加 17.1 个百分点。

1.4 中国宽带用户发展现状

1.4.1 宽带用户基础数据

根据工信部数据,截至 2015 年 12 月,中国宽带接入用户数为 2.134 亿户,相比 2014 年 12 月净增 1 288.8 万户。其中 xDSL 用户为 5 021 万户,同比减少 3 917.7 户;光纤接入 (FTTH/0)用户净增 5 140.8 万户,总数达 1.2 亿户,占宽带用户总数的 56.1%,比上年提高 22 个百分点。8 Mbit/s 以上、20 Mbit/s 以上宽带用户总数占宽带用户总数的比重分别达 69.9%、33.4%,比上年分别提高 29、23 个百分点。城乡宽带用户发展差距依然较大,城市宽带用户净增 1 089.4 万户,是农村宽带用户净增数的 5.5 倍。图 1-4 是 2006—2015 年互联网宽带接入用户发展和高速率用户占比情况。

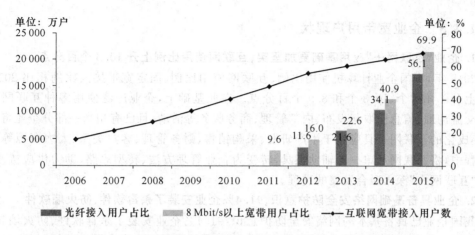

图 1-4   2006—2015 年互联网宽带接入用户发展和高速率用户占比情况

1.4.2   个人宽带用户现状

1. 半数中国人接入互联网,网民规模增速有所提升

截至 2015 年 12 月,我国网民规模达 6.88 亿,全年共计新增网民 3 951 万人,增长率为 6.1%,较 2014 年提升 1.1 个百分点。我国互联网普及率达到 50.3%,超过全球平均水平 3.9 个百分点,超过亚洲平均水平 10.1 个百分点。

2. 网民个人上网设备进一步向手机端集中,90.1% 的网民通过手机上网

截至 2015 年 12 月,我国手机网民规模达 6.20 亿,网民中使用手机上网的人群占比由 2014 年的 85.8% 提升至 90.1%。台式电脑、笔记本电脑、平板电脑的使用率均出现下降, 手机不断挤占其他个人上网设备的使用。移动互联网塑造了全新的社会生活形态,潜移默 化地改变着移动网民的日常生活。新增网民最主要的上网设备是手机,使用率为 71.5%, 手机是带动网民规模增长的主要设备。

3. 无线网络覆盖明显提升,网民 Wi-Fi 使用率达到 91.8%

网络基础设施建设逐渐完善,移动网络速率大幅提高,带动手机 3G/4G 网络使用率不 断提升。截至 2015 年 12 月,我国手机网民中通过 3G/4G 上网的比例为 88.8%;智慧城市 的建设推动了公共区域无线网络的使用,手机、平板电脑、智能电视则带动了家庭无线网络 的使用,网民通过 Wi-Fi 无线网络接入互联网的比例为 91.8%。

4. 线下支付场景不断丰富,推动网络支付应用迅速增长

截至 2015 年 12 月,网上支付用户规模达 4.16 亿,增长率为 36.8%。其中手机网上支 付用户规模达 3.58 亿,增长率为 64.5%。网络支付企业大力拓展线上线下渠道,运用对商 户和消费者双向补贴的营销策略推动线下商户开通移动支付服务,丰富线下支付场景。

5. 在线教育、网络医疗、网络约租车已成规模,互联网有力提升公共服务水平

2015 年,我国在线教育用户规模达 1.10 亿人,占网民的 16.0%;互联网医疗用户规模 为 1.52 亿,占网民的 22.1%;网络预约出租车用户规模为 9 664 万人,网络预约专车用户规 模为 2 165 万人。互联网的普惠、便捷、共享特性,渗透到公共服务领域,加快推进社会化应 用,创新社会治理方式,提升公共服务水平,促进民生改善与社会和谐。

1.4.3 企业宽带用户现状

1. 企业"互联网＋"应用基础更加坚实,互联网使用比例上升 10.3 个百分点

2015 年,中国企业计算机使用比例、互联网使用比例、固定宽带接入比例相比 2014 年分别上升了 4.8 个、10.3 个和 8.9 个百分点。在此基础上,企业广泛使用多种互联网工具开展交流沟通、信息获取与发布、内部管理、商务服务等活动,且已有相当一部分企业将系统化、集成化的互联网工具应用于生产研发、采购销售、财务管理、客户关系、人力资源等全业务流程中,将互联网从单一的辅助工具,转变为企业管理方法、转型思路,助力供应链改革,踏入"互联网＋"深入融合发展的进程。

2. 企业具备基础网络安全防护意识,91.4% 企业安装了杀毒软件、防火墙软件

我国企业已具备基本的网络安全防护意识:91.4% 企业安装了杀毒软件、防火墙软件,其中超过 1/4 使用了付费安全软件,并有 8.9% 企业部署了网络安全硬件防护系统、17.1% 部署了软硬件集成防护系统。随着企业经营活动全面网络化,企业对网络安全的重视程度日益提高、对网络活动安全保障的需求迅速增长,这将加速我国网络安全管理制度体系的完善、网络安全技术防护能力的提高,同时提升我国网络安全产业的产品研发与服务能力,激活企业网络安全服务市场。

3. 互联网正在融入企业战略,决策层主导互联网规划工作的企业比例达 13.0%

专业人才是企业发展"互联网＋"必不可少的支撑,有 34.0% 的企业在基层设置了互联网专职岗位;有 24.4% 的企业设置了互联网相关专职团队,负责运维、开发或电子商务、网络营销等工作,互联网已经成为企业日常运营过程中不可或缺的一部分。同时,我国企业中决策层主导互联网规划工作的比例达 13.0%,"互联网＋"正在成为企业战略规划的重要部分。

4. 移动互联网营销迅速发展,微信营销推广使用率达 75.3%

在开展过互联网营销的企业中,35.5% 通过移动互联网进行了营销推广,其中有 21.9% 的企业使用过付费推广。随着用户行为全面向移动端转移,移动营销将成为企业推广的重要渠道。移动营销企业中,微信营销推广使用率达 75.3%,是最受企业欢迎的移动营销推广方式。此外,移动营销企业中建设移动官网的比例为 52.7%,将电脑端网页进行优化、适配到移动端,是成本较低、实施快捷的移动互联网营销方式之一。

5. 互联网推动供应链改造,超过 30% 的企业在网上开展在线销售/采购

截至 2015 年 12 月,全国开展在线销售的企业比例为 32.6%,开展在线采购的企业比例为 31.5%。受中国网络零售市场发展带动,开展网上销售业务的企业数量、销售规模增长迅速。此外,有 40.7% 的上网企业部署了信息化系统,通过建设 OA 系统以提高内部流程化管理水平与效率,部署实施 ERP 和 CRM 等信息系统来优化配置产销资源、开展高效的客户服务。但各业务之间协同联动效果不足,亟须从局部流程优化向全流程再造方向进行升级。

1.5　中国宽带接入发展的趋势

我国宽带接入用户结构呈现出光进铜退的趋势。近几年,我国基础电信运营企业纷纷加快光网建设速度,光纤接入用户比例逐年上升,传统 DSL 用户比例下降。特别是 2012 年,工信部大力推进宽带普及提速工程,基础电信运营企业加大投资力度、加快网络扩容改造,并建立了网络建设、市场营销、装维服务等各环节协作机制,对 4 Mbit/s 以下的宽带接入产品进行了免费提速,部分地区还采用 4 Mbit/s 免费升 20 Mbit/s 等方式大幅提高接入带宽和性价比。2012 年年底 DSL 用户比例比上年减少了近 9 个百分点,同期,FTTx 用户占比提高了近 7 个百分点。

2013 年,我国宽带接入技术继续光进铜退的趋势,DSL 用户减少了 429 万户,光纤接入用户新增了 1 448 万户,拉动宽带接入用户平均接入速率的稳步提升,与各类网络视频等业务形成相互带动的效应。宽带接入市场发展初期,用户数量少,宽带资费相对较高,我国宽带接入收入增长迅速。2009 年以来,我国宽带接入收入开始平稳增长,年同比增长在 13% 左右。从总量上看,2011 年宽带接入收入超过千亿元,2012 年年底,宽带接入收入达到 1 142 亿元。

从 2010 年到现在,我国宽带接入同比增长速度缓慢下滑,但仍保持两位数的增长。宽带接入收入增速略低于用户同比增长速度,也反映出在宽带接入速率不断提高的同时,基础电信企业基本保持提速不提价的政策,单位带宽价格不断下降。

根据国务院规划,到 2020 年,我国的宽带网络服务质量、应用水平和宽带产业支撑能力将达到世界先进水平。而根据"宽带中国"的战略规划,从 2015 年开始,北京、上海、广州和深圳这样的一线城市,家庭宽带接入,100 Mbit/s 将是"起步价"。

经过连续几年的宽带中国专项行动后,我国宽带覆盖水平大幅提升,作为信息化的核心基础,一张覆盖好、能力强的宽带网络在坚持不懈地推进中已经具备相当规模,但与此同时,中西部农村地区的宽带投资和运营成本较高,投资回报困难等问题也随之凸显。而在进入 4G 时代的大背景下,面对 LTE 网络的冲击,固网宽带如何发挥自身优势从容应对?

截至 2015 年 10 月,移动电话用户规模突破 13 亿,4G 用户占比超过 1/4。移动宽带用户(即 3G 和 4G 用户)累计净增 1.65 亿户,总数达到 7.47 亿户,对移动电话用户的渗透率达 57.4%,较上年末提高 12.1 个百分点。2G 和 3G 用户稳步向 4G 用户转换,10 月净减 2 403.3 万户。4G 用户持续爆发式增长,10 月净增 2 598.6 万户,总数达到 3.28 亿户,占移动电话用户的比重达到 25.2%。中国移动在 4G 时代尤其是终端上的整体发展方向如下。

(1)无线宽带业务实际上是从 3G 时候开始的,但是真正能够给客户带来良好感觉,真正能够带动无线宽带发展的是 4G 技术。终端是移动互联网这个新时代的重要引擎,终端是移动互联网特色的一个代表。移动互联网之所以区别于互联网,就在于它是以智能终端为基础,而互联网是以笔记本电脑或者是家庭电脑为基础的。有了云计算才能够全面、系统地把客户的行为,把各种人类生活的行为,把各种生活和业务,生活和公务的联系有效地衔接起来,这是移动互联网时代的新代表。中国移动 4G 终端方面成熟速度超过了 3G。首先,截至 2014 年年底,终端款数大幅度快速提升至 1 300 多款;其次,终端品牌涵盖了所有主流品牌,200 余家终端厂商都推出了 TD-LTE 终端。模式上,包括了 5 模 10 频乃至 13 频,超过 500 款终端同时支持 TDD/FDD 模式;最后是终端价格,支持 TD-LTE 的 4G 手机价格已下探至 359 元。

(2)中国移动只用了 1 年时间建成全球最大的 4G 网络。截至 2015 年 1 月底,中国移动已建成超过 70 万个 4G 基站,实现绝大部分城市、县城的连续覆盖,发达乡镇的热点覆盖。在终端销售超过1个亿的同时,4G客户也达到了1亿。用户的DoU和ARPU也大幅提升,而且中国移动已和71个国家和地区开通4G国际漫游服务。2015年年底前建成100万4G基站,实现全网覆盖,包括城市、县城、乡镇的连续和深度覆盖,全国73条高铁、2.6万千米高速的4G全覆盖,实现针对大型商业综合体、高档写字楼、交通枢纽的立体覆盖;加速扩大LTE国际漫游范围,力争具备LTE国际漫游条件的国家和地区100%开通;将新增终端2.5亿部,其中4G终端销量将达2亿部;4G客户发展达到2.5亿。

(3)中国移动在推动LTE-advanced的发展,希望增强型LTE的各种新技术能够在LTE的网络中得以体现,希望效率更高。中国移动还努力推动终端技术不断演进,主要在三个方面。首先是VoLTE,得到了各界的广泛支持,几十个国家已经开始部署,很多国家已经走在了中国的前列。然后是融合通信,基于RCS的融合通信系统是中国移动从2014年开始在努力推动的一个方向,最后是基于多载波的更宽带宽、更高速度的终端系统,这些都是在终端技术方面的演进路径。基于Native的融合通信系统可以概括为三个新系统:第一个新是新通话,新通话是基于IP系统的一个高效率的通信系统,新通话使质量更高、效率更快,它的呼叫时延是在3秒以内,比普通电话的时延大大缩短;新的消息系统将彻底颠覆传统的短信彩信系统,使得人与人之间的消息沟通更加灵活,更加方便;新联系是在整体革新中的又一个亮点,人对通信号码的记忆始终是生活中的一个重要方面,过去靠号码本、通讯录,后来有了其他的通信工具,但其实都是把电话号码本电子化了,是人的通信体系的延续。在人的通信号码本的基础上,赋予了社交功能,赋予了实时信息,赋予了各种各样的状态信息,使今后人的联系完全把他和社会各种关系组合到了一起。

移动宽带接入渗透率的不断提高以及网络覆盖的大幅推进,必将拉动信息消费产业与信息消费飞速发展。据贝尔实验室数据显示,到2015年,移动视频消费增长了879%,公共Wi-Fi消费增长346%,智能手机消费增长134%,应用下载增长129%。反过来,信息消费也必将促进宽带网络流量的大幅上升。据贝尔实验室预测,今后几年,宽带网络流量将呈现数十倍甚至是上百倍的增长速度。其中视频流量将占到60%~80%。

LTE全球用户数到2016年将超过7亿户,其中TD-LTE用户超过25%。目前全球WiMAX运营商纷纷向TD-LTE转型,在多个发展中国家部署的1.9 GHz TDD技术iBurst也在积极研究TD-LTE演进方案。同时,LTE TDD/FDD融合组网成为国际运营商4G网络的重要解决方案。

LTE对FTTH影响巨大。第一,对用户数的影响,日本NTT在FTTH家庭用户渗透率只有46%的情况下,2012年用户发展比LTE商用化前的2010年下降了40%,这是很可观的。第二,对使用量的影响,LTE用户中21%使用LTE以后会减少有线宽带业务的使用量。第三,对使用习惯的影响,LTE用户为适应移动资源的有限,在视频浏览和音乐下载时趋向于碎片化模式。第四,对于宽带资费的影响,比如为了应对LTE的冲击,日本NTT被迫将FTTH的业务成本下降了34%。第五,对投资的影响,在LTE发展最初的三年,需要大量的投资形成覆盖,对有线宽带投资有较大影响。

无论是从技术先进性、带宽的扩展性、市场的成熟度、商业的性价比还是从对产业链的带动性和对全局的影响力来看,LTE和FTTH都是未来5~10年内能够带动整个国家宽带基础设施快速、可持续发展的两个主要技术杠杆。而目前一个不争的事实是,4G初期LTE网络的大规模建设的确对宽带网络建设产生了巨大影响,主要体现在用户数量、使用

量、使用习惯、宽带投资等方面。以中国电信为例,中国电信2014年在宽带投资上下降了70%。实现LTE与FTTH这两个重要的技术杠杆协调发展是一项重大课题。随着LTE网络覆盖不断完善,FTTH网络建设不断深入,如何实现LTE和FTTH的优势互补、协调发展,逐渐形成有线/无线统一、无缝的宽带接入网络,成为运营商提供差异化服务,提升用户体验的关键。

LTE和FTTH应该明确定位,统筹发展,这样才能做到优势互补,从而也避免不必要的资源浪费。比如从应用地域看,FTTH在相当长时间内不会是全国普遍覆盖的,应集中在大中城市,但在建设的时候,很多城市把它扩大到农村去,而对于实现广覆盖来说,则完全可以发挥LTE在这方面的优势。

中国的建筑特点以及中国移动目前拿到的LTE频率,都决定了4G无线宽带不可能替代有线宽带。从建筑特点来看,中国城市主要以公寓住宅为主,密度大,人口多,无线覆盖的难度非常大,成本很高;从LTE频率来说,目前国家给中国移动分配的频段是2.5~2.6 GHz,穿透性非常差,如果要在室内达到较好的使用体验,必须进行较复杂的室分优化,成本将远高于有线宽带。

2013年,全球Wi-Fi热点部署总数达420万个,并将在2013—2018年间继续以15.0%的年复合增长率增长,届时,总数将超过1 050万个。在全球Wi-Fi热点中,约有68.6%分布于亚太地区,其次是拉丁美洲(12.3%)、欧洲(9.0%)、北美洲(8.7%)和中东及非洲地区(1.4%)。这一数字中包括移动和固网运营商以及第三方运营商部署的Wi-Fi热点。

ABIResearch公司研究分析师MarinaLu表示:"移动数据增长推动了Wi-Fi热点的部署,预计全球移动数据流量将从2013年的2.3万拍字节增加至2018年的19万拍字节(PB)。Wi-Fi连接有助于将3G/4G移动互联网用户卸载至Wi-Fi网络,对于移动运营商和移动用户而言,这是一种更具成本效益的方法。"

在亚太地区,仅中国就已经部署了62万个Wi-Fi热点,中国三大运营商——中国移动、中国电信和中国联通已经建成的Wi-Fi热点分别为42万个、12.8万个和7.2万个。在拉丁美洲地区,巴西电信运营商Oi已经在2013年年底部署完成预定的50万个Wi-Fi热点。

从发达国家运营商的发展来看,人们期望在3G或者4G时代出现的"无线替代有线"的局面并未如约而至;有线宽带正逐步成为全业务竞争的核心能力,并开始侵蚀无线网和电视网的市场。相反,有线宽带在全业务竞争中的核心作用更加突出。一方面,随着互联网电视内容的丰富和同步性的提高,"有线宽带+电视盒子"的组合已经开始大量蚕食有线电视市场。以北京市场为例,进入2013年之后,歌华有线的退订率迅速飙升,而以"小米盒子"为代表的互联网电视整合产品则持续热卖。另一方面,对移动运营商来说伤害更大的,是智能手机普及率的提升。

"有线宽带+无线路由器+智能手机"的组合,已经开始侵蚀无线上网市场。因为智能手机都支持WLAN功能,通过无线路由器把有线宽带信号转化为家庭内部的免费Wi-Fi热点供手机在家里上网使用,已经成为智能机客户的普遍行为。从无线上网行为分析来看,用户使用无线上网的地点70%都是在家里、单位、饭店等固定地点,真正在移动过程中使用无线上网的比例只有30%。因此可以想象,未来随着家庭Wi-Fi的普及以及单位、公共场所的Wi-Fi覆盖,无线上网70%的市场份额将被有线宽带取代。

Verizon通过对手机上网、移动数据卡、WLAN、固定宽带实施差别定价方案,有效突出了 CDMA2001xEV-DO 移动数据业务为主,WLAN 为附属业务的发展策略。在资费上,目前 Verizon 的移动宽带依据流量制定套餐,而固定宽带则按速率制定套餐;从资费看,移动宽带最低资费 39.99 美元/月,固定宽带最低资费 9.99 美元,相比之下,移动宽带比固定宽带高出 3~4 倍。

新西兰电信将手机上网和数据上网卡作为重点移动宽带统一推广,同时通过流量限制有效区隔移动和固定/固定宽带。新西兰电信将手机上网、数据卡上网作为移动宽带统一推广,重点发展。在有移动宽带涵盖的区域,可达到的平均宽带速度大约是下载 800 kbit/s 和上传 300 kbit/s。在全国移动数据网络涵盖的区域,可达到的平均宽带速度是 40~80 kbit/s。新西兰电信的移动宽带和固定宽带都是以流量设计套餐,从资费看,移动宽带 1 GB 流量的每月 49.95 美元,固定宽带 3 GB 流量的每月 44.40 美元,以同等流量换算,移动宽带比固定宽带高出 3.4 倍。新西兰电信通过流量区隔固定和移动宽带,在流量上界定清晰,移动宽带为 50 MB~1 GB,而固定宽带为 3~6 GB。

随着移动网络的完善,移动宽带用户数的增加,运营商无法忽视那些只需要移动接入的用户的需求,但为了留着那些固网用户,融合势在必行。国外运营商都相继推出了移动宽带和固定宽带融合套餐。Verizon 推出无条件限制融合宽带套餐 69.99 美元/月,用户可以随意选择手机、数据卡、Wi-Fi 或固定宽带上网,且无流量限制。PCCW 推出了 Wi-Fi 无线上网+固定宽带融合套餐。

无论是 3G、4G 或者未来的 5G 网络,网速都不能与固定宽带速度相比。目前被看好的 LTE 网络可以提供 100 Mbit/s 接入,但这 100 Mbit/s 带宽属于共享带宽,而且会有很多人共享。无线的速率其实是动态的,永远达不到固定的速率,未来诸多业务的体验,在无线上可能是达不到,必须用有线方式作为补充。

(1) 未来将会出现的诸多应用,比如高清视频、教育、医疗、增强现实等,都需要靠光纤去做,才能达到其所需要的带宽,这也是为何全球所有的国家都把光纤作为最重要的两大方向(光纤宽带和无线宽带)之一。

(2) 随着移动互联网应用创新和智能终端的普及,移动互联网的业务需求大,以致无线资源跟不上,无线频谱资源的扩展和无线技术进步,都满足不了业务需求。最近两年,无线宽带技术应用加速,LTE 成为移动通信推广最快的技术,就是这个原因。现在,用户很多时候用 Wi-Fi 来疏通,但 Wi-Fi 最后还要把流量疏导到固定宽带上去,因此无线移动互联网流量,除了通过无线技术传送外,还需有一个强大固网支持。

(3) 光纤发展和无线移动发展并不矛盾,而且是互补的。从全球 LTE 推动情况来看,进展最好的三个国家是美国、日本和韩国,而日本、美国和韩国也是全球光纤宽带发展最好的国家。

第2章
接入网的概念与种类

2.1 接入网的概念

1975 年,英国电信公司(BT)首次提出接入网的概念,并在 1976 年和 1977 年分别进行了组网可行性试验和大规模的推广应用。1978 年,BT 在 CCITT 相关会议上正式提出接入网组网概念,CCITT 于 1979 年用远端用户集线器(RSC)的命名对具备相似性能的设备进行了框架描述。20 世纪 80 年代后期,在各方面的推动下,ITU-T 开始着手制定 V5 接口规范,并对接入网作了较为科学的界定。90 年代以来,运营业的垄断行为受到挑战。新运营公司必须采用更为先进的技术手段以尽可能地降低地面线路的投资风险。NII、GII 的提出及光纤技术的进步,推动了接入网技术的发展。本节首先一般地介绍 G.902 协议定义的接入网,然后介绍 IP 接入网,最后对两者进行比较。

2.1.1 接入网的定义

接入网有时也称本地环路(Local Loop)、用户网(Subscriber's Network)、用户环路系统。接入网是指从局端到用户之间的所有机线设备。由于各国经济、地理、人口分布的不同,用户网的拓扑结构也各不相同。一个典型的用户环路结构可以用图 2-1 表示。其中主干电缆段一般长数千米(很少超过 10 km),分配电缆长数百米,而引入线通常仅数十米而已。接入网包括市话端局或远端交换模块(RSU)与用户之间的部分,主要完成交叉连接、复用和传输功能。接入网一般不含交换功能。有时从维护的角度将端局至用户之间的部分统称为接入网,不再计较是否包含 RSU。

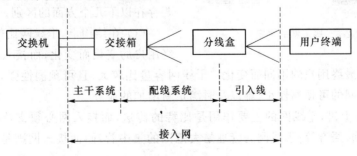

图 2-1 典型的用户环路结构

接入网由业务节点接口(SNI)和用户网络接口(UNI)之间的一系列传送实体(包括线路设施和传输设施)组成。为供给电信业务而提供所需传送承载能力的实施系统,可经由Q3接口配置和管理。图2-2给出了接入网的结构框图。接入网由其接口界定。用户终端通过用户网络接口(UNI)连接到接入网,接入网通过业务节点接口连接到业务节点(SN),通过Q3接口连接到电信管理网(TMN),如图2-3所示。一个接入网可以连接到多个业务节点:接入网既可以接入到支持特别业务的业务节点,也可以接入支持同种业务的多个业务节点,原则上对接入网可以实现的UNI和SNI的类型和数目没有限制。

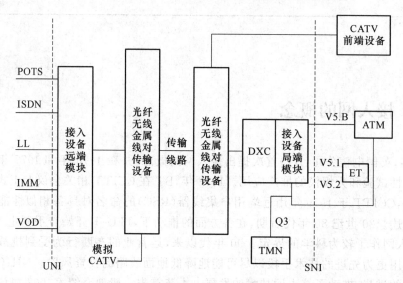

图 2-2　接入网结构框图

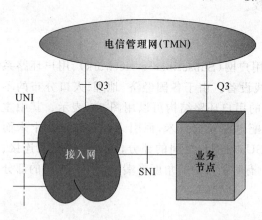

图 2-3　接入网的界定

在以语音为主的通信时代,整个通信网分为三部分,即传输网、交换网、接入网,如图2-4所示。

接入网即为本地交换机与用户之间的连接部分,通常包括用户线传输系统、复用设备,还包括数字交叉连接设备和用户/网络接口设备。用户接入网是一种业务节点与最终用户的连接网络,它把干线网络上的信息分配给最终用户。接入网与干线网相比较,主要存在以下几个方面的区别。

(1)在结构上,干线网比较稳定,不随最终用户的变化而变化,而接入网则在结构上变化较大,且随最终用户的不同而变化。干线网容量比较大,且可预测性强,可以满足新增加的业务;接入网的可预测性小,难以及时满足新增加的业务。

(2)从业务上讲,干线网的主要作用是比特的传送,而接入网必须支持各种不同的业务,如图像、数据、语音等;干线网的管理是大范围的集中管理,而接入网则是局部的小范围管理。

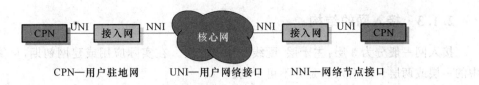

CPN—用户驻地网　　UNI—用户网络接口　　NNI—网络节点接口

图 2-4　电信网中接入网的位置

(3) 从技术上讲干线网目前主要以光纤传送,技术可选择性小,传送速度高,WDM、PTN、OTN 环形或格状网是未来的发展方向。接入网可以选择多种传输技术,技术可选择性较大。目前用户接入网的技术选择范围可以是以下几个方面:有线方式可选择光纤或金属线;无线方式可选择蜂窝系统或无线本地环路;与电视相结合可选择电缆电视网络等。

由于电信网经过多年的发展,从采用的技术、提供的业务等各方面都发生了巨大的变化,传统的用户环路已不能适应当前和未来电信网发展,电联标准部(ITU-T)根据电信网的发展演变趋势,提出接入网(AN)的概念的目的是综合考虑本地交换机(LE)、用户混合的终端设备(TE),通过有限的标准化接口,将各种用户接入到业务节点。接入网所使用的传输媒介是多种多样的,它可以灵活地支持混合的不同的接入类型和业务。

2.1.2　接入网的接口

接入网的接口有用户入网接口、业务节点接口及网络管理接口(如 Q3 接口)。用户网接口在接入网的用户侧,支持各种业务的接入,如模拟电话接入、N-ISDN 业务接入、B-ISDN业务接入以及租用线业务的接入。对于不同的业务,采用不同的接入方式,对应不同的接口类型。

业务节点接口在接入网的业务侧,对不同的用户业务,提供对应的业务节点接口,使业务能与交换机相连。交换机的用户接口分模拟接口(Z 接口)和数字接口(V 接口),V 接口经历了 V1 接口到 V5 接口的发展。V5 接口又分为 V5.1 接口和 V5.2 接口。

Q3 接口是电信管理网与电信网各部分相连的标准接口。作为电信网的一部分,接入网的管理也必须符合电信管理网的策略。接入网是通过 Q3 与电信管理网相连来实施电信管理网对接入网的管理与协调,从而提供用户所需的接入类型及承载能力。

核心业务网目前主要分语音网和数据网两大类。语音网通常指公共电话网(PSTN),是一种典型的电路型网络。接入网接入 PSTN 时多数采用 V5.2 接口,也有部分采用V5.1、Z、U 等接口。

传统的数据通信网主要包括分组交换公用数据网(PSPDN)、数字数据网(DDN)、帧中继网(FR)三种,可以看到这三种数据网是通信网发展过程中的过渡性网络。DDN 是电路型网络,而 PSPDN 和 FR 是分组型网络。接入网在接入这些网络时,一般采用 E1、V.24、V.35、2B1Q U 接口,其余类型的接口使用较少。现有的综合类的接入网大多都有上述接口,运营企业在选择接口时应主要考虑各业务网接口的资源利用率和业务的灵活接入。

用户的随机性包含两方面的含义:第一,用户的空间位置是随机的,也就是用户接入是随机的。第二,用户对业务需求的类型是随机的,也就是业务接入是随机的。交换网是提供业务的网络,用户是业务的使用者,接入网所起的作用是将交换网各类业务接口适配和综合,然后承载在不同的物理介质上传送分配给用户。

2.1.3　接入网的结构

接入网一般分为 3 层:主干层、配线层和引入层。在实际应用或建网初期,可能只有其中的一层或两层。但引入层是必不可少的。

主干层以星形网为主。每个主干层的节点数一般不超过 12 个,建议大城市主干层采用 144 芯以上光缆,中城市和乡镇的主干层光缆可适减。配线层有树形网、星形网、环形网,其中重要用户可采用环形或单星形网。为便于向宽带业务升级,建议有条件的地方尽量采用无源光纤网。配线层光缆一般为 12～24 芯,智能大楼和乡镇网可用 6～8 芯。引入层可以与综合布线建设相结合,可以用光缆、铜线双绞线或五类电缆等。

由于大城市和沿海发达地区业务量发展较快、种类繁多、用户密集,可采用以端局为中心的环形结构。视各端局具体情况,可设置多层环或多个主干环。主干环以大容量同步数字传输系统为主,重要用户备双重路由,各小区节点分别按区域划分,接入主干环。由于中小城市和农村用户密度较低,业务种类简单,宽带新业务需求较少,可暂时采用星形结构,视具体业务及环境选择有源双星或无源双星网,待用户和业务发展后再逐步建立环形网。

为了提高网络性能,优化网络结构,减少不合理的网络布局,最重要的方案便是减少网络层次,实现"少局所、大容量",逐步向两级网过渡。已建设的窄带接入网要能实现平稳过渡,在向宽带业务升级时,不能影响已有网络和设备的正常工作。为此,就要做好接入网的发展规划。

接入网可分为 5 个基本的功能模块:用户接口功能模块、业务接口功能模块、核心功能模块、传送功能模功及管理功能模块。功能模块之间的关系如图 2-5 所示。

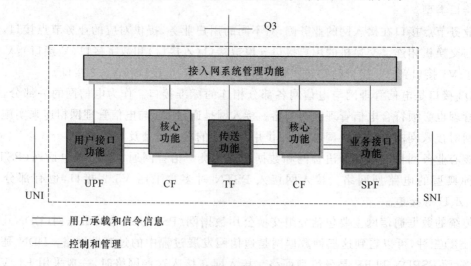

图 2-5　接入网的功能模型

用户接口功能模块将特定 UNI 的要求适配到核心功能模块和管理功能模块。其功能包括:终结 UNI 功能;A/D 转换和信令转换(但不解释信令)功能;UNI 的激活和去激活功能;UNI 承载通路/承载能力处理功能;UNI 的测试和用户接口的维护、管理、控制功能。

业务接口功能模块将特定 SNI 定义的要求适配到公共承载体,以便在核心功能模块中加以处理,并选择相关的信息用于接入网中管理模块的处理。其功能包括:终结 SNI 功能,将承载通路的需要、应急的管理和操作需要映射进核心功能,特定 SNI 所需的协议映射功能,SNI 的测试和业务接口的维护、管理、控制功能。

核心功能模块位于用户接口功能模块和业务接口功能模块之间,适配各个用户接口承载体或业务接口承载体要求进入公共传送载体。其功能包括:接入承载通路的处理功能、承载通路的集中功能、信令和分组信息的复用功能、ATM 传送承载通路的电路模拟功能、管理和控制功能。

传送功能模块在接入网内的不同位置之间为公共承载体的传送提供通道和传输介质适配。其功能包括:复用功能、交叉连接功能(包括疏导和配置)、物理介质功能及管理功能等。接入网系统管理功能模块对接入网中的用户接口功能模块、业务接口功能模块、核心功能模块和传送功能模块进行指配、操作和管理,也负责协调用户终端(经 UNI)和业务节点(经 SNI)的操作功能。其功能包括:配置和控制功能、供给协调功能、故障检测和故障指示功能、使用信息和性能数据采集功能、安全控制功能、资源管理功能。接入网系统管理功能模块经 Q3 接口与 TMN 通信,以便实时接受监控,同时为了实时控制的需要,也经 SNI 与接入网系统管理功能模块进行通信。

2.1.4 IP 接入网的定义

随着 Internet 的发展,现有电信网越来越多地用于 IP 接入,不但可利用的传输媒介和传输技术多种多样,而且接入方式也有很多种。这一方面表现为 ISP 在网中的几何位置的多样性(可以设在电路型汇接交换机的中继线口或本地交换机的中继线口,也可以设在靠近端局用户线口),另一方面在功能上用户也可以以多种方式接入,即以分层的角度看,IP 接入网可有不同的层功能,或者说接入网中的接入节点可有不同的实现方式。基于 IP 的新业务——虚拟专用网(VPN)、视频点播业务(VOD)、电子商务、IP 电话等的应用和发展,使 IP 业务的安全性、可靠性备受关注。Internet 的安全不仅涉及如何保护企业和商家的商业秘密,而且还涉及个人上网、收发电子邮件以及使用 IP 电话时如何保护个人隐私的问题,这些都是 IP 网络急需解决的。IP 网络是无连接的网络,是以路由器转发为中心,相对于传统的接入网,IP 接入出现了许多新的概念,包含了许多新的内涵,增加了许多新的功能。

在接入领域,ITU-T SG13 对 IP 接入网的定义、位置、功能模型及其接入方式的分类都做了定义,起草 IP 接入网的新建议 Y.1231。现行的 IP 接入网与 ITU-T 1995 年 G.902 定义的接入网有很大的不同。IP 接入网是指在"IP 用户和 IP 业务提供者(ISP)之间为提供所需的、接入到 IP 业务的能力的、网络实体的实现",IP 接入网的位置如图 2-6 所示。

IP 接入网参考模型如图 2-7 所示。

IP 网是用 IP 作为第三层协议的网络。IP 网络业务是通过用户与业务提供者之间的接口,以 IP 包传送数据的一种服务。从图 2-7 可以看出,IP 接入网的功能包括接入功能、端功能、网络终端功能,与驻地网、ISP 的接口是 RP 参考点。

IP 接入网是在千万个 IP 用户与众多 IP 业务提供商之间的选择。据统计,目前我国的 ISP 有 520 家,远远多于交换机厂商,并且 IP 用户希望有动态选择 ISP 和网络提供商(NSP)的权利。因此要求 IP 接入网增加新的功能,如多个 ISP 的动态选择、使用 PPP 动态分配 IP 地址、地址翻译(NAT)、授权接入(如加密授权协议 PAP 和 PPP 询问握手授权协议 HAP)、加密、计费和 RADIUS(远程授权拨入用户业务)、服务器的交互等。

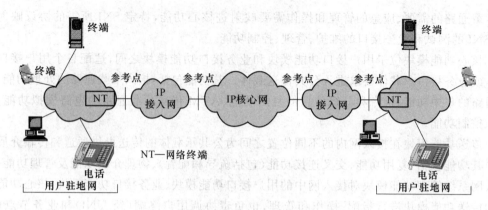

图 2-6　IP 接入网位置

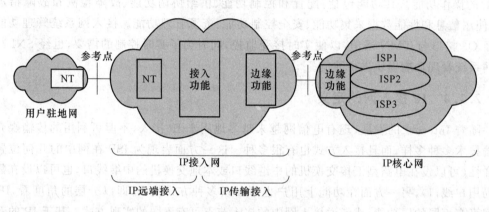

图 2-7　IP 接入网参考模型

2.1.5　IP 接入方式

IP 接入因其传输媒介和传输技术呈多样性,ISP 在网中的几何位置呈多样性,接入方式也呈多样性,同时支持各种形式的接入,如 ISDN-基本速率接入(B/2B/Dchannel)、基群速率接入(1.5/2M);B-ISDN 接入(1.5M/600M);铜缆接入 xDSL;无线接入、卫星接入和移动接入;PON、SDV、HFC 和其他的光纤接入;Cable TV 接入;各种 LAN 技术,如 802.4 Token Bus 令牌总线网、802.5 Token Ring 令牌环网 FDDI、802.6 MANs DQDB 和交换式以太网、快速以太网、千兆以太网接入等。

从 IP 接入网的功能参考模型的角度出发对 IP 接入方式可分为五类,即直接接入方式、PPP 隧道方式(L2TP)、IP 隧道方式(IPSec)、路由方式、多协议标签交换(MPLS)方式。

1. 直接接入方式

直接接入方式是用户直接接入 IP,此时 IP 接入网仅有二层,即 IP 接入网中仅有一些级联的传送系统,而没有 IP 和 PPP 等处理功能。此方式简单,是目前广泛采用的 IP 接入方式。

2. PPP 隧道方式

L2TP(IETF)是由 PPTP(3COM,Microsoft)和 L2F(Cisco)综合发展而来的。目前,主要是基于 ADSL 的快速接入方案,安装在 ISP 和用户的数据中心。由客户管理模块、业务管理模块和计费模块组成,目前已在 163/169 网上应用。

从该节点至 ISP 使用第二层隧道协议(L2TP)构成用户到 ISP 的一个 PPP 会晤的隧道,即一个 PPP 会话在隧道间传输,第二层既可采用包交换形式,也可以采用电路交换形式,但无论如何要传送的数据都从一个物理实体地址到另一个,并不存在路由跨越的概念,可以认为是以"点到点"形式进行的,是一种仿真连接技术。用户可以通过 PPP 层选择 ISP。

过去人们不愿意将因特网与自己公司的 LAN 相连,主要考虑源的安全与性能,VPN 的出现打破了用户的顾虑。虚拟专用网(VPN)就是在公用网的基础上,使用专用的安全通路即隧道来支持特定用户的使用,所以 VPN 又戏称为"公网私用"。VPN 采用 L2TP,网络的安全性、保密性、可管理性容易解决,企业网络想连接到哪里都可以,成本低、易维护。随着 Internet 的发展,在家办公,处理一些复杂事务,只需要与企业或公司网连接,得到公司或企业主体网络的确认,就可以进入公司或企业内部网,完成工作。企业不仅是接入网号码的一部分,也是 IP 地址码的一部分。L2TP 的缺点也很明显,如在 QoS、安全性、可扩展性、记账系统和非对称性上都还存在一定的问题。

3. IP 隧道方式(IPSec)

所谓 IP 隧道是在 TCP/IP 协议中传输其他协议的数据包时,通过在源协议数据包上套上 IP 协议头,对源协议来说,就如同被 IP 带着过了一条隧道。由于 L2TP 本身并不提供任何安全保障,仅提供较弱的安全机制,并不能对隧道协议的控制报文和数据报文提供分组级的保护,采用 IPSec 来保护通道安全,同时也能实现非 IP 数据的保护。L2TP 对第二层包进行通道处理。它们对第三层协议(IPX 或 APPLETALK)来说,就可以用通道处理来实现,如果事实上一个第二层的 VPN 已经建立起来了,两个异种网通过外部网络从逻辑上连接到目的地,然后可用 IPSec 来保护这个第二层的 VPN,并提供必要的机密性保证。这就是第三种接入方式 IPSec,它可有效地保护数据包的安全。它采用的具体形式包括:根据起源地验证;无连接数据的完整性验证;数据内容的机密性(是否被别人看过);抗重播保护;有限的数据流机密性保证等。

具体对 IP 数据包进行保护的方法是"封装安全载荷"(Encapsulating Security Payload,ESP)或者"验证头"(Authentication Head,AH)。AH 可以证明数据起源地,保证数据的完整性以及防止相同数据包的不断重播,能有力地防止黑客截断数据包或向网络插入伪造的数据包。ESP 将需要保护的用户数据进行加密后再封装到 IP 包中。ESP 除了具有 AH 的功能外,还可选择保证数据的机密性以及数据流提供有限的机密性保障,从而保证数据的完整性、真实性。

AH 或 ESP 所提供的安全保障,完全依赖于采用的非对称加密算法或共享密钥的对称加密算法以及密钥交换技术,所以第三类接入方式为 IP 隧道安全方式。从用户终端至接入节点使用了 PPP 协议,而接入点至 ISP 使用 IPSec,从而在用户至 ISP 间构成一个 IP 层隧道。由于 IPSec 是从上层向下层扩展来实现 IP 接入的,其缺点是实现复杂,严密性差等。

4. 路由方式

路由方式的接入点可以是一个第三层路由器或虚拟路由器。该路由器负责选择 IP 包的路径和转发下一跳。路由方式包括基于 ISDN 的连接和基于 FR 及租用专线的连接,支持 FR、IP/IPX、RIP/RIP2、OSPF、IGRP 等协议。

5. MPLS 方式

多协议标签交换方式的接入点是一个 MPLS 的 ATM 交换机或具有 MPLS 功能的路由器。由于近年来 Internet 固定接入业务(如电子邮件、Web、IP 电话、电子商务等)的爆炸式增加,移动 IP 的接入引起人们的关注,手机移动上网灵活、方便,成为一种新的时尚,被称为"口袋里的互联网"。ITU-T SG-13 组对移动 IP 的研究已经启动,确定了 Mobile IP 的研究内容,主要强调移动接入即终端的移动性、IP 移动性(主要是控制选路和业务)和个人移动性等领域的研究。

移动 IP 主要定义了三个主要功能实体。

(1) 移动节点。它是一台主机或路由器,它在切换链路时从一条链路到另一条链路不改变它的 IP 地址,也不中断正在进行的通信。

(2) 驻地代理(Home Agent)。它是一台路由器,有一个端口连接在移动节点的驻地链路上,这个端口截获所有发往移动节点驻地地址的数据包,并通过隧道将它们送到移动节点最新报告的转交地址上。

(3) 外地代理(Foreign Agent)。这是一台有一个端口在移动节点的外地链路上的路由器,它帮助移动节点完成移动检测,并向移动节点提供路由服务,例如在移动节点使用外地代理转交地址时对通过隧道到达的 IP 包进行拆封。

2.1.6　IP 接入网与传统接入网的比较

从 IP 接入网的定义来看,IP 接入网与 G.902 定义的接入网有很多不同。

从图 2-7 IP 接入网的位置与参考模型也可看出,IP 接入网与驻地网和 IP 核心网之间的接口是参考点 RP,而不是传统的用户网络接口和业务节点接口。参考点 RP 是指逻辑上的参考连接,在某种特定的网络中,其物理接口不是一一对应的。

我们知道远端模块(RSM)含有交换功能(主要是本地交换功能),但是 G.902 接入网只有复用、交叉连接和传输,一般不含交换功能和计费功能,而 IP 接入网包含交换或选路功能,也需要计费功能。

从开放和竞争程序上看,G.902 接入网与交换机的接口为开放的 V5 标准接口,可以兼容任何的交换机。交换机与接入网的技术和业务演进可以完全独立开来,从而使接入网的发展不受交换机的限制,这样接入网市场可以完全开放。运营商采用的接入网升级和演进不依附于交换机厂商,促进了接入网向数字化和宽带化发展。而 IP 接入网是在千万个 IP 用户与众多 IP 业务提供商之间的选择。据统计,目前我国的 ISP 有 520 家,IP 用户希望有动态选择 ISP 和网络提供商的权利。

目前,随着以 IP 为主的数据业务在传统的电信网环境接入的迅猛增长,以电路交换机为主的传统 PSTN 网络,对于 Internet 的接入,因网上占用时间较长,数据负荷量很重(占用大量的中继线及交换机资源),造成网络的拥塞。又由于 Internet 网 IP 数据大多为突发业务,平均负荷小,瞬时高,因此带宽利用率低。在传统的电信网上,解决 IP 业务接入的分流十分重要和迫切,目前国内不少公司的接入网设备具有分流 IP 数据的能力,这是向 IP 接入网演进的重要一步。我国数据业务在电信业务中所占比例逐渐增加,电信网的 IP 化是必然趋势。

移动与 IP 结合是新一代 IP 网络的一部分,即移动互联网(Mobile Internet)。移动互联网是一种通过智能移动终端,采用移动无线通信方式获取业务和服务的新兴业务,包含终端、软件和应用三个层面。终端层包括智能手机、平板电脑、电子书、MID等；软件包括操作系统、中间件、数据库和安全软件等。应用层包括休闲娱乐类、工具媒体类、商务财经类等不同应用与服务。随着技术和产业的发展，现在的移动互联网主要由3G/4G网络来实现。

接入网是连接业务节点和用户的纽带和桥梁。它通过业务节点接口与业务节点相连，通过用户网络接口与用户相连。另外，它还要通过Q3接口与电信管理网相连。这三种接口在接入网中占据重要位置。接入网接口的好坏直接关系到接入网的成本和先进性，也关系到接入网接入业务的数量和种类。

本章首先介绍了各种常见的接口，然后介绍了IP接入中很常见的AAA协议。

2.2　接入网的接口

用户网络接口是用户和网络之间的接口，在接入网中则是用户和接入网的接口。由于使用业务种类的不同，用户可能有各种各样的终端设备，因此会有各种各样的用户网络接口。在引入接入网之前，用户网络接口是由各业务节点提供的。引入接入网后，这些接口被转移给接入网，由它向用户提供这些接口。

用户网络接口包括模拟话机接口（Z接口）、ISDN-BRA的U接口、ISDN-PRA的基群接口、各种租用线接口、以太网接口等。随着4G的大量建设，移动回传网络也大量使用光接入。

2.2.1　Z接口

Z接口是交换机和模拟用户线的接口。在当今的电信网中，模拟用户线和模拟话机占有绝对多数。在可预计的将来，它仍然会存在。因此，任何一个接入网都需要安装Z接口，以接入数量众多的模拟用户线（包括模拟话机、模拟调制解调器等）。

Z接口提供了模拟用户线的连接，并且载运诸如话音、话带数据及多频信号等。此外，Z接口必须对话机提供直流馈电，并在不同的应用场合提供诸如直流信令、双音多频（DTMF）或脉冲、振铃等功能。

在接入网中，要求远端机尽量做到无人维护，因此对接入网所提供的Z接口的可靠性有较高的要求。另外，对接入网提供的Z接口还应能进行远端测试。

2.2.2　U接口

在ISDN基本接入的应用中，将网络终端（NT）和交换机线路终端（LT）之间的传输线路称为数字传输系统（Digital Transmission System），又称U接口。在引入接入网之后，U接口是指接入网与网络终端NT1之间的接口，是一种数字的用户网络接口，如图2-8所示。

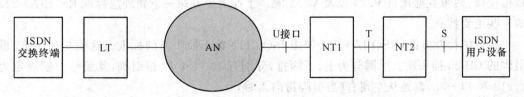

图2-8　U接口与S/T参考点的位置

U 接口用来描述用户线上传输的双向数据信号。但到目前为止,ITU-T 还没有为其建立一个统一的标准。当初 ITU-T 在制定 ISDN 标准时,有的国家建议将 U 参考点作为用户设备与网络的分界点,并建立 U 参考点的国际标准。但是由于各国在 U 参考点的技术体制各不相同,而用户线投资巨大,不易改变,因此 CCITT 坚持制定了 T 参考点的国际标准,而回避了各国在 U 参考点的区别。

1. U 接口的功能

为了实现 ISDN,应提供端到端的数字连接。因此,用户线的数字化成为 ISDN 的关键技术之一。U 接口就是为此而设计的。U 接口有几项功能,简述如下。

(1) 发送和接收线路信号

这是 U 接口最重要的功能。U 接口是通过一对双绞线与用户 ISDN 设备连接的,并且采用数字传送方式。数字传送方式是指交换机线路终端 LT 和用户网络终端 NT 之间的二线全双工数字传输。在接入网中,它的线路终端将替代交换机的线路终端。数字传送方式规定了分离用户线上双向传输信号的方法、克服环路中噪声(白噪声、回波和远、近端串音)的方法以及减小桥接抽头上信号反射的方法。

由于 U 接口没有统一的标准,故二线全双工传输方式也没有统一的标准。日本采用乒乓方式或称 TCM(Time Compression Modulation)方式;欧美一些国家采用具有混合电路的自适应回声抵消(Echo Cancellation,EC)方式。又由于各国用户线特性和配置的差异,其采用的线路码也不同。例如,美国和加拿大采用 2B1Q 码;日本和意大利采用 AMI 码;德国采用 4B3T 码等。

(2) 其他功能

U 接口除了发送和接收线路码外,还提供如下功能。

① 远端供电——接入网应通过 U 接口向 ISDN 的网络终端 NT1 供电。

② 环路测试。

③ 线路的激活与解激活——为减小 AN 的供电负担,希望 NT 不工作时处于待机状态,需要工作时再被激活。

④ 电话防护等。

2. U 接口的应用

U 接口用来接入 2B+D ISDN 用户。它适用于家庭、小单位或办公室等。由于 ISDN 基本接入可提供多种业务(数字电话、64 kbit/s 高速数据通信等),可以连接 6～8 个终端,并允许多个用户终端同时工作。但随着数据通信飞速发展,已不再使用 U 接口。

2.2.3 RS-232 接口

除了 Z 接口和 U 接口外,常见的用户网络接口还有多种多样的专线接口,如 64 kbit/s 数据接口、话带数据接口 V.24 以及 V.35 等。下面扼要介绍一下物理层标准 RS(EIA)-232 的一些主要特点。

在机械特性方面,RS(EIA)-232 使用 ISO 2110 关于插头座的标准。这就是使用 25 根引脚的 DB-25 插头座。引脚分为上、下两排,分别有 13 根和 12 根引脚,其编号分别规定为 1～13 和 14～25,都是从左到右(当引脚指向人时)。

在电气性能方面,RS(EIA)-232 与 ITU-T 的 V.28 建议书一致。这里要提醒读者注意的是,RS(EIA)-232 采用负逻辑。也就是说,逻辑 0 相当于对信号地线有＋3 V 或更高的电压,而逻辑 1 相当于对信号地线有－3 V 或更负的电压。逻辑 0 相当于数据的"0"(空号)或控制线的"接通"状态,而逻辑 1 则相当于数据的"1"(传号)或控制线的"断开"状态。当连接电缆线的长度不超过 15 m 时,允许数据传输速率不超过 20 kbit/s。

RS(EIA)-232 的功能特性与 ITU-T 的 V.24 建议书一致。它规定了什么电路应当连接到 25 根引脚中的哪一根以及该引脚的作用。图 2-9 显示的是最常用的 10 根引脚的作用,括号中的数目为引脚的编号。其余的一些引脚可以空着不用。图中引脚 7 是信号地,即公共回线。引脚 1 是保护地(即屏蔽地),有时可不用。引脚 2 和引脚 3 都是传送数据的数据线。"发送"和"接收"都是对 DTE 而言。有时只用图中的 9 个引脚(将"保护地"除外)制成专用的 9 芯插头,供计算机与调制解调器的连接使用。

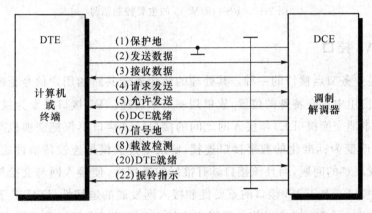

图 2-9　RS(EIA)-232 的功能特性

2.2.4　V.35 接口

RS(EIA)-232 当连接电缆线的长度不超过 15 m 时,允许数据传输速率不超过 20 kbit/s。这就促使人们制定性能更好的接口标准。出于这种考虑,EIA 于 1977 年又制定了一个新的标准 RS-449,以便逐渐取代旧的 RS-232。

实际上,RS-449 由 3 个标准组成,即

• RS-499:规定接口的机械特性、功能特性和过程特性。RS-449 采用 37 根引脚的插头座。在 ITU-T 的建议书中,RS-449 相当于 V.35。

• RS-423-A:规定在采用非平衡传输时(即所有的电路共用一个公共地)的电气特性。当连接电缆长度为 10 m 时,数据的传输速率可达 300 kbit/s。

• RS-422-A:规定在采用平衡传输时(即所有的电路没有公共地)的电气特性。它可将传输速率提高到 2 Mbit/s,而连接电缆长度可超过 60 m。当连接电缆长度更短时(如 10 m),则传输速率还可以更高些(如达到 10 Mbit/s)。

通常 RS(EIA)用于标准电话线路(一个话路)的物理层接口,而 RS-499/V.35 则用于宽带电路(一般都是租用电路),其典型的传输速率为 48～168 kbit/s,都是用于点到点的同步传输。

图 2-10 所示是 RS-449/V.35 的一些主要控制信号,包括发送、接收数据的接口。在 DTE 和 DCE 之间的连线上注明的"2"字,表明它们都是一对线。图中所示的几对线,在 DTE 方标注的是该线的英文缩写名称,而在 DCE 方还有对应的中文名称。

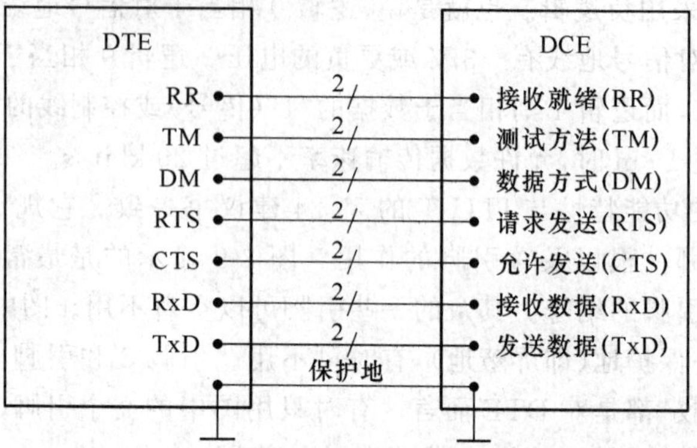

图 2-10　RS-449/V.35 的主要控制信号

2.2.5　V5 接口

V5 接口是业务节点接口的一种。其处理的信令属于共路的用户信令范畴。由于它在过去接入网的应用中占有特殊的位置,故单列一节来讲述。V5 接口是专为接入网(AN)的发展而提出的本地交换机(LE)和接入网之间的接口。该接口不仅把交换机与接入设备之间的模拟连接改变为标准化的数字接口连接,解决了过去模拟连接传输性能差、设备费用高、数字业务发展难的问题,而且该接口具有很好的通用性,使接入网与交换机能够采用一个自由连接的接口。鉴于 V5 接口的重要性和接入网发展的迫切性,ITU-T 于 1994—1995 年以加速程序通过了 V5 接口规范。我国相应的 V5 接口标准经过多次评审和修改,也于 1996 年 10 月颁布实施。

交换机与接入网的接口有 Z 接口和 V 接口。本地交换机用户侧数字接口统称为 V 接口。ITU-T Q.512 规范了 V1～V4 接口,其中 V2 为 PCM 帧接入,V1、V3、V4 都专用于 ISDN 而不支持非 ISDN 接入。这样就影响了多供货厂商环境下对 LE 和 AN 的开发,使数字技术得不到充分发挥,也使经济性受到了限制。为适应 AN 范围内多种传输媒介、多种接入配置和业务,希望有标准化的 V 接口能同时支持多种类型的用户接入。20 世纪 90 年代初,美国贝尔通信研究所(Bellcore)公布了类似于 V5 接口的 TR303 接口,该接口把交换机与接入设备间的模拟连接改为标准化的数字接口连接,解决了过去模拟连接传输性能差、设备费用高、数字业务发展等问题。1993 年欧洲电信标准化组织(ETSI)颁布了 V5 接口标准,使该接口更加完善,通用性更好。

鉴于 V5 接口的优越性、重要性和接入网发展的迫切性,ITU-T 于 1994 年以加速程序通过了 V5 接口规范:G.964-V5.1 接口规范和 G.965-V5.2 接口规范。我国电信主管部门也于 1996 年 12 月发布了 YDN 020—1996《本地数字交换机和接入网之间的 V5.1 接口技术规范》及 YDN 021—1996《本地数字交换机和接入网之间的 V5.2 接口技术规范》国内标准。

国内外许多交换机和接入网厂家纷纷为交换机增加 V5 接口功能或重新开发具有 V5 接口的交换机和 V5 接口的接入网设备。在中国电信总局的组织和支持下,从 1996

年年底开始了接入网的试验工作。1997 年颁布了接入网 V5 接口现场测试规范。1997
年年底至 1998 年又组织接入网设备的现场测试工作。目前 V5 接口接入网设备已经基
本不再使用。

2.2.6 NGFI 接口

近些年来，集中基带单元（BaseBand Unit，BBU）、射频拉远单元（Radio Remote Unit，
RRU）的 C-RAN（Centralized，Cooperative，Cloud & Clean-Radio Access Network）网络部
署在全球许多国家和地区，得到了越来越广泛的应用，但受通用公共无线电接口
（Common Public Radio Interface，CPRI）的限制和现有 BBU/RRU 接口带宽要求高的影响，
若沿用 CPRI 进行前传组网，则会限制 C-RAN 更大规模的部署；另外，面向 4.5G 及未来
5G 的无线技术也对现有 CPRI 提出了新的挑战。下一代前传网络接口白皮书旨在解决
这些问题，提出了下一代前传接口（Next Generation Fronthaul Interface，NGFI），并列出多
种可选的接口功能划分方案。以期产业界各方共同探讨，形成业界共识，推动 NGFI 的成
熟，促进未来无线网络的发展。

NGFI 是指下一代无线网络主设备中基带处理功能与远端射频处理功能之间的前传接
口。NGFI 是一个开放性接口，至少具备两大特征：一方面是重新定义了 BBU 和 RRU 的功
能，将部分 BBU 处理功能移至 RRU 上，进而导致 BBU 和 RRU 的形态改变，重构后分别重
定义名称为无线云中心（Radio Cloud Center，RCC）和射频拉远系统（Radio Remote
System，RRS）；另一方面是基于分组交换协议将前端传输由点对点的接口重新定义为多点
对多点的前端传输网络。此外，NGFI 至少应遵循统计复用、载荷相关的自适应带宽变化、
尽量支持性能增益高的协作化算法、接口流量尽量与 RRU 天线数无关、空口技术中立 RRS
归属关系迁移等基本原则。NGFI 不仅影响了无线主设备的形态，更提出了对 NGFI 承载
网络的新需求。

如图 2-11 所示，NGFI 前传网络连接 RRS 和 RCC。其中，远端射频系统 RRS 包括天
线、RRU 以及传统 BBU 的部分基带处理功能射频聚合单元（Radio Aggregation Unit，
RAU）等功能。与现网的当前部署相对应，远端功能应部署在现有无线站址位置，对应功能
的作用区是当前宏站的覆盖区域以及以宏站为中心拉远部署的微 RRU 和宏 RRU 的覆盖
区域。图 2-11 中 RAU 为一个逻辑单元，实际设备形态与具体的实现方案有关，可以与原有
RRU 进行功能整合形成新 RRU 实体，也可以独立设计为一个硬件实体。

RCC 包含传统 BBU 除去 RAU 外的剩余功能、高层管理功能等，由于是多站址下的多
载波、多小区的功能集中，从而形成了功能池，这一集中功能单元的作用区域应包括所有其
下属的多个远端功能单元所覆盖的区域总和。相比扁平化的 LTE 网络设计，引入基带集中
单元，并非引入一个高层级的网元，而仅是在考虑未来更高等级的协作化需求引入的基础
上，进行 BBU/RRU 间的形态重构，并不影响 LTE 的扁平化网络结构。

NGFI 接口实现了连接 RRS 和 RCC 的功能，即重新划分完成后的 BBU 与 RRU 间接
口。其接口能力设计指标定义需考虑 BBU/RRU 功能重构后对带宽、传输时延、同步等提
出的新要求。

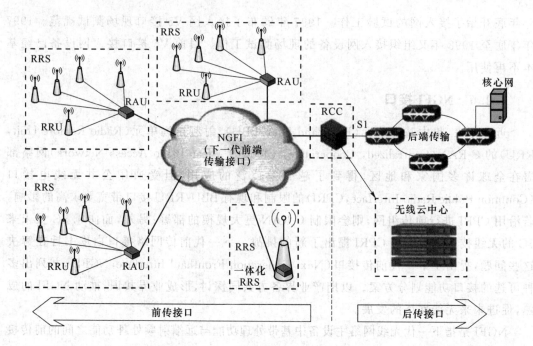

图 2-11　基于 NGFI 的 C-RAN 无线网络架构

2.2.7　电信管理网接口

接入网是整个电信网的一个组成部分,它应该纳入电信管理网(TMN)的管理之下,以便整个电信网能协调一致地工作。按规定,接入网同电信管理网的接口为 Q3。AN 应通过TMN 的标准管理接口 Q3 与 TMN 相连,以便统一协调对不同网元(例如 AN 和 SN)的各种功能的管理,形成用户所需要的接入和承载能力。

实际组网时,接入网往往先经由 Qx 接口连接至协调设备,再由协调设备经由 Q3 接口连接至 TMN。随着电信网络技术和 TMN 所采用的计算机技术的不断发展,对于网管理论的研究也在不断深入,当前最典型的网络管理体系结构主要有 Internet/SNMP 管理体系结构、TMN 管理体系结构和 TINA 体系结构三种。随着理论研究和实际应用的不断深入,TMN 通过吸收其他两种结构的某些思想而不断完善,在电信网络管理领域逐渐占据了主导地位。

TMN 的核心思想是一种网管网的概念,它将管理网提供的管理业务与电信网提供的电信业务分开,相对于被管理的电信网来说属于一种带外管理。TMN 通过对网管接口的引入,将业务网和管理网分开,在保持接口相对稳定的同时,尽量屏蔽了电信网络技术和网络管理技术的发展对彼此的影响。同时,TMN 通过引入信息模型管理功能和软件体系结构的重复使用,以及开发方法的重复使用等软件重用的思想,缩短了网管系统的开发周期,提高了网管软件的质量。

相对于 TMN 管理体系结构,TINA 体系结构将管理业务和电信业务统一考虑,更像是一种带内管理方式,从理论上来说更容易满足网络管理实时性的要求,特别适合处理高层网络管理问题。但是,它所要求的计算技术较高,在短时间内还不可能达到实用化的程度,在没有得到市场认同的情况下,其影响力会逐渐丧失。

Internet/SNMP 管理体系结构在计算机网的网络管理领域取得了巨大成功。根据计算机网管理信息较少的特点,采用这种带内管理的方式一般不会对网络的性能带来太大的影响,但是其轮询机制所固有的缺点限制了被管节点的数目和操作响应时间,决定了该体系结构不可能用于大型网络的实时管理。在传统的电信网和 IP 网融合趋势日益明显的今天,在 TMN 管理体系结构基础上,如何解决信息网的综合管理问题是网络管理体系结构标准化研究的主要内容。

2.3　点对点协议

随着 IP 接入网的兴起,ATM、IP 成为理解综合宽带接入网必不可少的基础知识。关于 ATM、IP 的书籍已经较多,这里只是介绍国内书籍较少谈到而又特别重要的点对点协议(Point to Point Protocol,PPP)。PPP 提供了在 Internet 上通过串行的点对点连接传输报文分组的方法。

2.3.1　PPP 概述

PPP 与串行线路网际协议(Serial Line Internet Protocol,SLIP)一样,都允许拨号用户将其计算机作为平等的主机连接至 Internet 上进行通信。不过,PPP 在建立时不需太多的配置信息,因为 PPP 本身内置了先进的通信协商过程,能判断出分配给用户的 IP 地址或路由器地址,而无须用户预先设置;而在建立 SLIP 连接时,用户需要将这些信息加入配置说明或配置文件中。因此,通常更多采用 PPP。

SLIP 是一种比较老的协议,用于处理通过拨号或其他串行连接进行的 TCP/IP 通信。SLIP 是一种物理层协议,它不提供差错校验,且依赖于硬件(如调制解调器差错检验)来完成这一任务,另外它只支持一种协议(TCP/IP 协议)的传输。

为了解决 SLIP 存在的问题,IETF 成立了一个组来制定点到点的数据链路协议。该标准命名为 RFC1661——PPP,即点到点协议。PPP 能支持差错检测,支持各种协议,在连接时 IP 地址可赋值,具有身份验证功能,以及很多对 SLIP 改进的功能。虽然目前很多 Internet 服务提供者 ISP 同时支持 SLIP 和 PPP,但从今后发展看,很明显 PPP 是主流,它不仅适用于拨号用户,而且适用于路由器对路由器线路。

PPP 和 SLIP 的主要区别如下。

① PPP 具有动态分配 IP 地址的能力,而 SLIP 必须静态输入。

② PPP 支持多种网络协议,比如 TCP/IP、NetBEUI、NWLINK 等,而 SLIP 只支持 TCP/IP。

③ PPP 具有错误检测以及纠错能力,支持数据压缩,而 SLIP 均不具备。

④ PPP 具有身份验证功能,而 SLIP 不具备。

2.3.2　PPP 的功能

PPP 的帧格式类似于 HDLP(High Data Link Protocol)的帧格式,但前者是面向字符的,后者是面向位的。PPP 不采用编号帧,只有在干扰大的环境可采用编号帧来实现可靠传输,如 RFC1663 所描述。

PPP 提供物理层和数据链路层的功能。在数据链路层中,PPP 提供差错校验,以确保该层发送和接收的帧的正确交付。PPP 还可通过使用链路控制协议(Link Control Protocol,LCP)来维持两个连接着的设备间的逻辑链路控制(Logic Link Control)通信。另外 PPP 还允许使用你想在该链路中使用的任何协议,如 TCP/IP、IPX/SPX、NetBEUI 和 AppleTalk 都可以通过调制解调器连接和发送。

PPP 是为在同等单元之间传输数据包这样的简单的链路而设计的。这种链路提供全双工操作,并按照顺序传递数据包。人们有意让 PPP 为基于各种主机、网桥和路由器的简单连接提供一种共通的解决方案。

(1) 成帧的方法可清楚地区分帧的结束和下一帧的开始,帧格式还处理差错检测。

(2) 利用 LCP 建立、配置、测试、关闭数据链路。

(3) 利用网络控制协议(Network Control Protocol,NCP)建立、配置不同的网络层协议。

1. 封装

PPP 封装提供了不同网络层协议同时通过统一链路的多路技术。人们精心地设计 PPP 封装,使其保有对常用支持硬件的兼容性。当使用默认的类 HDLC 帧(HDLC-like framing)时,仅需要 8 个额外的字节,就可以形成封装。在带宽需要付费时,封装和帧可以减少到 2 个或 4 个字节。为了支持高速的执行,默认的封装只使用简单的字段,多路分解只需要对其中的一个字段进行检验。默认的头和信息字段落在 32 bit 边界上,尾字节可以被填补到任意的边界。

2. LCP

为了在一个很宽广的环境内能足够方便地使用,PPP 提供了 LCP。LCP 用于就封装格式选项自动达成一致,处理数据包大小的变化,探测环回链路和其他普通的配置错误,以及终止链路。提供的其他可选功能有:对链路中同等单元标识的认证和当链路功能正常或链路失败时的决定。

3. NCP

点对点连接可能和当前的一族网络协议产生许多问题。例如,基于电路交换的点对点连接(比如拨号模式服务),分配和管理 IP 地址,即使在 LAN 环境中,也非常困难。这些问题由一族 NCP 来处理,每一个协议管理着各自的网络层协议的特殊需求。

4. 配置

人们有意使 PPP 链路很容易配置。通过设计,标准的默认值处理全部的配置。执行者可以对默认配置进行改进,它被自动地通知给其同等单元而无须操作员的干涉。最终,操作员可以明确地为链路设定选项,以便其正常工作。

2.3.3　PPP 封装

PPP 封装用于消除多协议数据报的歧义。封装需要帧同步以确定封装的开始和结束。提供帧同步的方法在参考文档中。

PPP 封装的概要如图 2-12 所示。字段的传输从左到右。

协议8/16 bits	信息	填料

图 2-12　PPP 封装

1. 协议字段

协议字段由一个或两个字节组成。它的值标识着压缩在包的信息字段里的数据类型。字段中最有意义位(最高位)被首先传输。

该字段结构与 ISO 3309 地址字段扩充机制相一致。该字段必须是奇数:最轻意义字节的最轻意义位(最低位)必须等于 1。另外,字段必须被赋值,以便最有意义字节的最轻意义位为 0。收到的不符合这些规则的帧,必须被视为带有不被承认的协议。

在范围"0 ∗∗∗"到"3 ∗∗∗"内的协议字段,标识着特殊包的网络层协议。在范围"8 ∗∗∗"到"b ∗∗∗"内的协议字段,标识着包属于联合的(相关的)NCP。在范围"4 ∗∗∗"到"7 ∗∗∗"内的协议字段,用于没有相关 NCP 的低通信量协议。在范围"c ∗∗∗"到"f ∗∗∗"内的协议字段,标识着使用链路层控制协议(例如 LCP)的包。

到目前为止,协议字段的值在最近的"Assigned Numbers"RFC 里有详细的说明。表 2-1 给出几个例子。

表 2-1　协议字段

Value(in hex)	Protocol Name
c021	Link Control Protocol 链路控制协议
c023	Password Authentication Protocol 密码认证协议
c025	Link Quality Report 链路品质报告
c223	Challenge Handshake Authentication Protocol 挑战-认证握手协议

2. 信息字段

信息字段是 0 或更多的字节。对于在协议字段里指定的协议,信息字段包含数据净荷。

信息字段的最大长度包含填料但不包含协议字段,术语叫作最大接收单元(MRU),默认值是 1 500 字节。若经过协商同意,也可以使用其他的值作为 MRU。

3. 填充

在传输的时候,信息字段会被填充若干字节以达到 MRU。每个协议负责根据实际信息的大小确定填充的字节数。

2.3.4　PPP 链路操作

1. 概述

为了通过点对点链路建立通信,PPP 链路的每一端,必须首先发送 LCP 包以便设定和测试数据链路。在链路建立之后,对方才可以被认证。然后,PPP 必须发送 NCP 包以便选择和设定一个或更多的网络层协议。一旦每个被选择的网络层协议都被设定好了,来自每个网络层协议的相应的数据报就能在链路上发送了。链路将保持通信设定不变,直到外在的 LCP 和 NCP 关闭链路,或者是发生一些外部事件的时候(休止状态的定时器期满或者网络管理员干涉)。在设定、维持和终止点对点链路的过程里,PPP 链路经过几个清楚的阶段,如图 2-13 所示。图 2-13 并没有给出所有的状态转换。

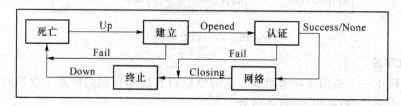

图 2-13　阶段划分框图

2. 链路死亡(物理连接不存在)

链路一定开始并结束于这个阶段。当一个外部事件(例如载波侦听或网络管理员设定)指出物理层已经准备就绪时,PPP 将进入链路建立阶段。在这个阶段,LCP 自动机将处于初始状态,向链路建立阶段的转换将给 LCP 自动机一个 Up 事件信号。典型的,在与调制解调器断开之后,链路将自动返回这一阶段。在用硬件实现的链路里,这一阶段相当短——仅够侦测设备的存在。

3. 链路建立阶段

LCP 用于交换配置信息包(Configure 包),建立连接。一旦一个配置成功信息包(Configure-Ack 包)被发送且被接收,就完成了交换,进入了 LCP 开启状态。所有的配置选项都假定使用默认值,除非被配置交换所改变。有一点要注意,只有不依赖于特别的网络层协议的配置选项才有 LCP 配置。在网络层协议阶段,个别的网络层协议的配置由个别的 NCP 来处理。

在这个阶段接收的任何非 LCP 包必须被丢弃。收到 LCP Configure-Request(LCP 配置请求)能使链路从网络层协议阶段或者认证阶段返回链路建立阶段。

4. 认证阶段

在一些链路上,在允许网络层协议包交换之前,链路的一端可能需要对方去认证它。默认的,认证是不需要强制执行的。如果一次执行希望对方根据某一特定的认证协议来认证,那么它必须在链路建立阶段要求使用那个认证协议。网络层协议包交换之前尽可能在链路建立后立即进行认证。而链路质量检查可以同时发生。在一次执行中,禁止因为交换链路质量检查包而不确定地将认证向后推迟这一做法。

在认证完成之前,禁止从认证阶段前进到网络层协议阶段。如果认证失败,认证者应该跃迁到链路终止阶段。在这一阶段里,只有链路控制协议、认证协议和链路质量监视协议的包是被允许的。在该阶段里接收到的其他的包必须被丢弃。一次执行中,仅仅是因为超时或者没有应答就造成认证的失败是不应该的。认证应该允许某种再传输,只有在若干次的认证尝试失败以后,不得已的时候,才进入链路终止阶段。在执行中,哪一方拒绝了另一方的认证,哪一方就要负责开始链路终止阶段。

5. 网络层协议阶段

一旦 PPP 完成了前面的阶段,每一个网络层协议(例如 IP、IPX 或 AppleTalk)必须被适当的 NCP 分别设定。每个 NCP 可以随时被打开和关闭。

因为一次执行最初可能需要大量的时间用于链路质量检测,所以当等待对方设定 NCP 的时候,执行应该避免使用固定的超时。

当一个 NCP 处于 Opened 状态时,PPP 将携带相应的网络层协议包。当相应的 NCP 不处于 Opened 状态时,任何接收到的被支持的网络层协议包都将被丢弃。

当 LCP 处于 Opened 状态时,任何不被该执行所支持的协议包必须在 Protocol-Reject 里返回。只有支持的协议才被丢弃。在这个阶段,链路通信量由 LCP、NCP 和网络层协议包的任意可能的联合组成。

6. 链路终止阶段

PPP 可以在任意时间终止链路。引起链路终止的原因很多:载波丢失、认证失败、链路质量失败、空闲周期定时器期满或者管理员关闭链路。LCP 用交换终止(Terminate)包的方法终止链路。当链路正被关闭时,PPP 通知网络层协议,以便它们可以采取正确的行动。

交换终止包之后,执行应该通知物理层断开,以便强制链路终止,尤其当认证失败时。Terminate-Request(终止-要求)的发送者在收到 Terminate-Ack(终止-允许)后,或者在重启计数器期满后,应该断开连接。收到 Terminate-Request 的一方应该等待对方去切断,在发出 Terminate-Request 后,至少也要经过一个 Restart Time(重启时间),才允许断开。PPP 应该前进到链路死亡阶段。在该阶段收到的任何非 LCP 包,必须被丢弃。LCP 关闭链路就足够了,不需要每一个 NCP 发送一个终止包。相反,一个 NCP 关闭却不足以引起 PPP 链路的终止,即使那个 NCP 是当前唯一一个处于 Opened 状态的 NCP。

窄带接入方式下利用 PPP 技术通过 AAA 服务器实现用户的身份认证并分配 IP 地址,使得用户能够通过接入服务器接入网络,进行信息的交互。而宽带接入方式下,通过以太网交换机或路由器实现的网络,并不提供相应的功能对用户进行身份认证。目前,需要严格认证的方法又分为两种,即 PPPoE/A 技术和 DHCP+ 技术。

(1) PPPoE/A(PPP over Ethernet/ATM)技术

PPPoE/A 技术既能够实现一个客户端或多个客户端与多个远程主机连接的功能,又能够提供类似于 PPP 的访问控制和计费功能。使用 PPPoE/A 技术,类似于使用点对点协议的拨号服务方式,每个主机使用自己的点对点协议栈,用户使用他们所熟悉的拨号网络用户接口进行拨号。通过 PPPoE/A 技术,每个用户可以有自己的接入管理、计费和业务类型。

PPPoE/A 技术有 IETF 的 RFC,技术与设备比较成熟,可以防止地址盗用,既可以按时长计费,也可以按流量计费,能够对待特定用户设置访问列表过滤或防火墙功能,能够对具体用户访问网络的速率进行控制,能够利用现有的用户认证、管理和计费系统实现宽窄带用户的统一管理认证和计费,能够方便地提供动态业务选择特性,而这些都是 DHCP+ 所不具备的。

(2) 主机(地址)动态配置协议 DHCP+

DHCP+ 是为了适应网络发展的需要而对传统的 DHCP 进行了改进,主要增加了认证功能,即 DHCP 服务器在将配置参数发给客户端之前必须将客户端提供的用户名和密码送往 RADIUS 服务器进行认证,通过后才将配置信息发给客户端。与 PPPoE/A 技术一样,DHCP+ 也需要在客户端上安装客户端软件。但不同的是,DHCP+ 客户与服务器可以通过在每个子网内增加中继代理而跨越三层,不一定要在同一个二层内。而且,服务器只是在获得 IP 配置信息阶段起作用,以后的通信完全不经过它,而 PPPoE/A 技术由于服务器与客户端之间存在 PPP 连接,因此服务器是所有通信的必经之路。

DHCP+的主要优点是使用DHCP+服务器只在用户接入网络前为用户提供配置与管理信息,一般不会成为瓶颈,并能够很容易地实现组播的应用。但是,DHCP+还没有正式的标准,产品和应用很少;不能防止地址冲突和地址盗用;不能按流量进行计费;不能对用户的数据流量进行控制;并且,应用DHCP+需要改变现有的后台管理系统。因此,这种方式目前还不具备实际应用的能力,需要等到进一步成熟后才能考虑使用。

2.4 认证,授权,计费协议

AAA指的是Authentication(认证),Authorization(授权),Accounting(计费)。自网络诞生以来,认证、授权以及计费体制(AAA)就成为其运营的基础。网络中各类资源的使用需要由认证、授权和计费进行管理。而AAA的发展与变迁自始至终都吸引着运营商的目光。对于一个商业系统来说,认证是至关重要的,只有确认了用户的身份,才能知道所提供的服务应该向谁收费,同时也能防止非法用户(黑客)对网络进行破坏。在确认用户身份后,根据用户开户时所申请的服务类别,系统可以授予客户相应的权限。最后,在用户使用系统资源时,需要有相应的设备来统计用户对资源的占用情况,据此向客户收取相应的费用。

其中,认证指用户在使用网络系统中的资源时对用户身份的确认。这一过程,通过与用户的交互获得身份信息(诸如用户名/口令组合、生物特征获得等),然后提交给认证服务器;后者对身份信息与存储在数据库里的用户信息进行核对处理,然后根据处理结果确认用户身份是否正确。例如,全球移动通信系统(GSM)能够识别其网络内网络终端设备的标志和用户标志。授权网络系统授权用户以特定的方式使用其资源,这一过程指定了被认证的用户在接入网络后能够使用的业务和拥有的权限,如授予的IP地址等。仍以GSM移动通信系统为例,认证通过的合法用户,其业务权限(是否开通国际电话主叫业务等)则是用户和运营商在事前已经协议确立的。计费网络系统收集、记录用户对网络资源的使用,以便向用户收取资源使用费用,或者用于审计等目的。以互联网接入业务供应商ISP为例,用户的网络接入使用情况可以按流量或者时间被准确记录下来。在第三代移动通信系统的早期版本中,用户也称为MN(移动节点),Authenticator在NAS(Network Access Server)中实现,它们之间采用PPP,认证器和AAA服务器之间采用AAA协议(以前的方式采用远程访问拨号用户服务RADIUS(Remote Access Dial up User Service);Radius英文原意为半径,原先的目的是为拨号用户进行认证和计费。后来经过多次改进,形成了一项通用的认证计费协议)。

认证、授权和计费一起实现了网络系统对特定用户的网络资源使用情况的准确记录。这样既在一定程度上有效地保障了合法用户的权益,又能有效地保障网络系统安全可靠地运行。考虑到不同网络融合以及互联网本身的发展,迫切需要新一代的基于IP的AAA技术,因此出现了Diameter协议。

本节首先介绍了AAA协议的概念,并指出其在移动通信系统中的地位和作用。接着分析了目前最常用的认证计费协议——RADIUS,分析了该协议的优点和缺陷。针对RADIUS的不足之处,引入了它的升级版本——Diameter协议。在全面介绍Diameter协议的基础上,重点描述了在Diameter协议的MIP应用中一个用户终端如何完成一次完整的认证。最后指出在未来移动通信网逐渐向全 IP 过渡的情况下，Diameter 协议必将得到广泛的应用。

2.4.1 RADIUS 协议

RADIUS 是一种 C/S 结构的协议，它的客户端最初就是 NAS(Net Access Server)服务器，现在任何运行 RADIUS 客户端软件的计算机都可以成为 RADIUS 的客户端。RADIUS 协议认证机制灵活，可以采用 PAP、CHAP 或者 UNIX 登录认证等多种方式。RADIUS 是一种可扩展的协议，它进行的全部工作都是基于 Attribute-Length-Value 的向量进行的。RADIUS 也支持厂商扩充厂家专有属性。由于 RADIUS 协议简单明确，可扩充，因此得到了广泛应用，包括普通电话上网、ADSL 上网、小区宽带上网、IP 电话、基于拨号用户的虚拟专用拨号网（Virtual Private Dial up Networks，VPDN）、移动电话预付费等业务。最近 IEEE 提出了 802.1x 标准，这是一种基于端口的标准，用于对无线网络的接入认证，在认证时也采用 RADIUS 协议。

RADIUS 协议最初是由 Livingston 公司提出的，原先的目的是为拨号用户进行认证和计费。后来经过多次改进，形成了一项通用的认证计费协议。创立于 1966 年的 Merit Network Inc. 是密执安大学的一家非营利公司，其业务是运行维护该校的网络互联 MichNet。1987 年，Merit 在美国 NSF（国家科学基金会）的招标中胜出，赢得了 NSFnet（即 Internet 前身）的运营合同。因为 NSFnet 是基于 IP 的网络，而 MichNet 却基于专有网络协议，Merit 面对着如何将 MichNet 的专有网络协议演变为 IP 协议，同时也要把 MichNet 上的大量拨号业务以及其相关专有协议移植到 IP 网络上来的问题。

1991 年，Merit 决定招标拨号服务器供应商，几个月后，一家叫 Livingston 的公司提出了建议，冠名为 RADIUS，并为此获得了合同。1992 年秋天，IETF 的 NASREQ 工作组成立，随之提交了 RADIUS 作为草案。很快，RADIUS 成为事实上的网络接入标准，几乎所有的网络接入服务器厂商均实现了该协议。1997 年，RADIUS RFC2058 发表，随后是 RFC2138，最新的 RADIUS RFC2865 发表于 2000 年 6 月。

用户接入 NAS，NAS 向 RADIUS 服务器使用 Access-Require 数据包提交用户信息，包括用户名、密码等相关信息，其中用户密码是经过 MD5 加密的，双方使用共享密钥，这个密钥不经过网络传播；RADIUS 服务器对用户名和密码的合法性进行检验，必要时可以提出一个 Challenge，要求进一步对用户认证，也可以对 NAS 进行类似的认证；如果合法，给 NAS 返回 Access-Accept 数据包，允许用户进行下一步工作，否则返回 Access-Reject 数据包，拒绝用户访问；如果允许访问，NAS 向 RADIUS 服务器提出计费请求 Account-Require，RADIUS 服务器响应 Account-Accept，对用户的计费开始，同时用户可以进行自己的相关操作。

RADIUS 还支持代理和漫游功能。简单地说，代理就是一台服务器，可以作为其他 RADIUS 服务器的代理，负责转发 RADIUS 认证和计费数据包。所谓漫游功能，就是代理的一个具体实现，这样可以让用户通过本来与其无关的 RADIUS 服务器进行认证，用户到非归属运营商所在地也可以得到服务，也可以实现虚拟运营。

RADIUS 服务器和 NAS 服务器通过 UDP 进行通信，RADIUS 服务器的 1812 端口负责认证，1813 端口负责计费工作。采用 UDP 的基本考虑是因为 NAS 和 RADIUS 服务器大多在同一个局域网中,使用 UDP 更加快捷方便,而且 UDP 是无连接的,会减轻 RADIUS 的压力,也更安全。

RADIUS 协议还规定了重传机制。如果 NAS 向某个 RADIUS 服务器提交请求没有收到返回信息,那么可以要求备份 RADIUS 服务器重传。由于有多个备份 RADIUS 服务器,因此 NAS 进行重传的时候,可以采用轮询的方法。如果备份 RADIUS 服务器的密钥和以前 RADIUS 服务器的密钥不同,则需要重新进行认证。

RADIUS 客户端和 RADIUS 服务器之间通过共享密钥认证相互间交互的消息,用户密码采用密文方式在网络上传输,增强了安全性。RADIUS 协议合并了认证和授权过程,即响应报文中携带了授权信息。图 2-14 是 RADIUS 的基本工作原理。RADIUS 基本交互步骤如下。

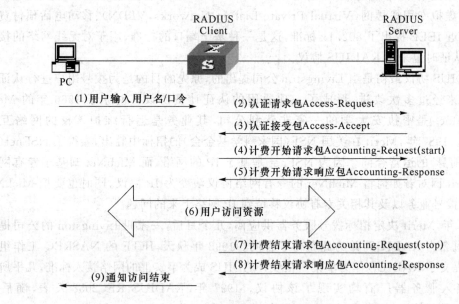

图 2-14 RADIUS 的基本工作原理

① 用户输入用户名和口令。

② RADIUS 客户端根据获取的用户名和口令,向 RADIUS 服务器发送认证请求包(Access-Request)。

③ RADIUS 服务器将该用户信息与 users 数据库信息进行对比分析,如果认证成功,则将用户的权限信息以认证响应包(Access-Accept)发送给 RADIUS 客户端;如果认证失败,则返回 Access-Reject 响应包。

④ RADIUS 客户端根据接收到的认证结果接入/拒绝用户。如果可以接入用户,则 RADIUS 客户端向 RADIUS 服务器发送计费开始请求包(Accounting-Request),status-type 取值为 start。

⑤ RADIUS 服务器返回计费开始响应包(Accounting-Response)。

⑥ RADIUS 客户端向 RADIUS 服务器发送计费停止请求包(Accounting-Request),status-type 取值为 stop。

⑦ RADIUS 服务器返回计费结束响应包(Accounting-Response)。

RADIUS 协议应用范围很广,包括普通电话、上网业务计费,对 VPN 的支持可以使不同的拨入服务器的用户具有不同权限。最近 IEEE 提出了 802.1x 标准,这是一种基于端口的标准,用于对无线网络的接入认证,在认证时也采用 RADIUS 协议。

RADIUS 是目前最常用的认证计费协议之一,它简单安全,易于管理,扩展性好,所以得到广泛应用。但是由于协议本身的缺陷,比如基于 UDP 的传输、简单的丢包机制、没有关于重传的规定和集中式计费服务,都使得它不太适应当前网络的发展,需要进一步改进。

当前 IETF 成立了专门的工作组讨论关于 AAA 的问题,他们认为,一个良好的 AAA 协议必须具有如下特点:

① 协议必须对典型的信息和协同工作的需求进行明确的规定。

② 协议必须定义错误信息类别,并且可以正确地根据错误类别返回。错误信息类别必须覆盖所有的操作错误。

③ 计费操作模型必须描述所有的上网方式。

④ 协议必须能够在 IPv6 上正常运行。

⑤ 协议应该能够在传输过程中正确处理拥塞问题。

⑥ 支持代理。

⑦ 与 RADIUS 兼容。

⑧ 协议应该定义轻量级数据对象,以便于 NAS 实现。

⑨ 协议应该提供协议本身和数据模型的逻辑区别,并且支持更多的数据类型。

⑩ 必须定义 MIB,支持 IPv4 和 IPv6 操作。

基于上述考虑,IETF 的 AAA 工作组在 2002 年 3 月提出了一个被称为 Diameter 的认证计费协议草案。Diameter 协议支持移动 IP、NAS 请求和移动代理的认证、授权和计费工作,协议的实现和 RADIUS 类似,也是采用 Attribute-Length-Value 三元组来实现,但是其中详细规定了错误处理等内容。

2.4.2 Diameter 协议

随着新的接入技术的引入(如无线接入、DSL、移动 IP 和以太网)和接入网络的快速扩容,越来越复杂的路由器和接入服务器大量投入使用,对 AAA 协议提出了新的要求,使得传统的 RADIUS 结构的缺点日益明显。目前,3G 网络正逐步向全 IP 网络演进,不仅在核心网络使用支持 IP 的网络实体,在接入网络也使用基于 IP 的技术,而且移动终端也成为可激活的 IP 客户端。如在 WCDMA 当前规划的 R6 版本就新增以下特性:UTRAN 和 CN 传输增强;无线接口增强;多媒体广播和多播(MBMS);数字权限管理(DRM);WLAN-UMTS 互通;优先业务;通用用户信息(GUP);网络共享;不同网络间的互通等。在这样的网络中,移动 IP 将被广泛使用。支持移动 IP 的终端可以在注册的家乡网络中移动,或漫游到其他运营商的网络。当终端要接入到网络,并使用运营商提供的各项业务时,就需要严格的 AAA 过程。AAA 服务器要对移动终端进行认证,授权允许用户使用的业务,并收集用户使用资源的情况,以产生计费信息。这就需要采用新一代的 AAA 协议——Diameter。此外,在 IEEE 的无线局域网协议 802.16e 的建议草案中,网络参考模型里也包含了认证和授权服务器 ASA Server,以支持移动台在不同基站之间的切换。可见,在移动通信系统中,AAA 服务器占据了很重要的位置。

经过讨论,IETF 的 AAA 工作组同意将 Diameter 协议作为下一代的 AAA 协议标准。

Diameter(为直径,意味着 Diameter 协议是 RADIUS 协议的升级版本)协议包括基本协议、NAS(网络接入服务)协议、EAP(可扩展认证)协议、MIP(移动 IP)协议、CMS(密码消息语法)协议等。Diameter 协议支持移动 IP、NAS 请求和移动代理的认证、授权和计费工作,协议的实现和 RADIUS 类似,也是采用属性值对 AVP(采用 Attribute-Length-Value 三元组形式)来实现,但是其中详细规定了错误处理和 failover 机制,采用 TCP 协议,支持分布式计费,克服了 RADIUS 的许多缺点,是最适合未来移动通信系统的 AAA 协议。Diameter 协议族包括基础协议(Diameter Base Protocol)和各种应用协议。本节介绍的基础协议提供了作为一个 AAA 协议的最低需求,是 Diameter 网络节点都必须实现的功能,包括节点间能力的协商、Diameter 消息的接收及转发、计费信息的实时传输等。应用协议则充分利用基础协议提供的消息传送机制,规范相关节点的功能以及其特有的消息内容,来实现应用业务的 AAA。基础协议可以作为一个计费协议单独使用,但一般情况下需与某个应用一起使用。

在 Diameter 协议中,包括多种类型的 Diameter 节点。除了 Diameter 客户端和 Diameter 服务器外,还有 Diameter 中继、Diameter 代理、Diameter 重定向器和 Diameter 协议转换器。

• Diameter 中继:能够从 Diameter 请求消息中提取信息,再根据 Diameter 基于域的路由表的内容决定消息发送的下一跳 Diameter 节点。Diameter 中继只对过往消息进行路由信息的修改,而不改动消息中的其他内容。

• Diameter 代理:根据 Diameter 路由表的内容决定消息发送的下一跳 Diameter 节点。此外,Diameter 代理能够修改消息中的相应内容。

• Diameter 重定向器:不对消息进行应用层的处理,它统一处理 Diameter 消息的路由配置。当一个 Diameter 节点按照配置将一个不知道如何路由的请求消息发给 Diameter 重定向器时,重定向器将根据其详尽的路由配置信息,把路由指示信息加入到请求消息的响应里,从而明确地通知该 Diameter 节点的下一跳 Diameter 节点。

• Diameter 协议转换器:主要用于实现 RADIUS 与 Diameter,或者 TACACS＋与 Diameter 之间的协议转换。

上述各种 Diameter 节点,通过配置建立一对一的网络连接,组成一个 Diameter 网络。

1. Diameter 网络节点间的对等连接

Diameter 节点间的网络连接是在 Diameter 节点启动过程中动态建立的基于 TCP 或者 SCTP 上的套接字连接。

对于一个 Diameter 节点,其对端节点,或者基于静态配置,或者基于动态(利用 SLP、DNS 协议)发现。当 Diameter 协议栈启动时,Diameter 节点会尝试与每一个它所得知的对端节点建立套接字连接。

在成功建立一个套接字连接,即对等连接后,两个 Diameter 节点将进行能力协商,交换协议版本、所支持的应用协议、安全模式等信息。能力协商是通过 Diameter 的能力交换请求(Capabilities-Exchange-Request,CER)和能力交换响应(Capabilities-Exchange-Answer,CEA)两个 Diameter 消息的交互实现的。能力协商之后,应该把有关对端所支持的应用等信息保存在高速缓存中,这样就可以防止把对端不认识的消息和 AVP 发送给对端。

对等连接可以被正常中止,这需要一个 Diameter 节点主动发起对等连接中止请求(Disconnect-Peer-Request,DPR)消息,对端收到此消息,并回答对等连接中止应答(Disconnect-Peer-Answer,DPA)消息后,先行中止底层连接。对于除此之外的对等连接的中止情况(如网络故障、一端系统故障等),在发现这类连接异常中止的一端时,要按照定时器设置,不断地尝试恢复建立对等连接。

正常的对等连接上可以传输各类 Diameter 消息,在连接空闲无消息传送超过一定时间时,对等连接两端将发送连接正常检测消息(Device-Watchdog-Request/Answer,DWR/DWA)。而一旦 DWR/DWA 消息收发异常,Diameter 节点将认定对等连接故障,或者尝试恢复建立连接,或者将消息通路转换到备用的对等连接上。

2. Diameter 的消息格式

Diameter 消息的头部包括 20 个字节,头 4 个字节是 8 比特的版本信息和 24 比特的消息长度(包括消息头长度)。随后的 4 个字节是 8 比特的消息标志位和 24 比特的命令代码。

命令代码用来表示这个消息所对应的命令,请求消息和相应的回答消息共享一个命令代码。

应用标识、逐跳标识和端到端标识都有 4 个字节,其中应用标识用以指示消息适用的应用,逐跳标识用于判断请求与应答的对应关系,而端到端标识主要用于重复消息的检查。

消息头部后的全部字节就是消息的具体内容,以 AVP 的形式逐个头尾衔接。AVP 的格式也是由头部和数据组成的,结构为:头 4 个字节是 AVP 代码,下 4 个字节由 8 比特的 AVP 标志和 24 比特的 AVP 长度(包括 AVP 头部长度)构成,AVP 标志用于通知接收端如何处理这个属性。

头部后的字节就是数据内容。AVP 内的数据类型目前包括字符串、32 比特整数、64 比特整数、32 比特浮点数、64 比特浮点数以及 AVP 组等。

3. Diameter 的消息处理和用户会话

Diameter 客户端与 Diameter 服务器都可以组成相应的请求消息,发送给对方。正是从这点考虑,Diameter 属于对等协议,而不是如 RADIUS 一样的客户/服务器模式的协议。

为处理用户的接入,Diameter 客户端通过 Diameter 基础协议和应用协议,与 Diameter 服务器进行一系列的信息交换,而这样一个从发起到中止的一系列信息交互,在 Diameter 协议里被称为一个用户会话(User Session)。

一般的 AAA 业务可以大致分成两类:一类包括用户的认证和授权,可能还包括计费(如移动电话业务);另一类则是仅包括对用户的计费(如目前的主叫拨号接入业务)。为此,Diameter 基础协议提供对应的两类用户会话,为上层的应用服务。

一个用户会话的建立一般是由 Diameter 客户端发起,中间可以途经若干 Diameter 代理、重定向器或协议转换器,一直延伸到 Diameter 服务器。

用户会话的结束完全由 Diameter 客户端决定,但服务器也可以先行发出中止用户会话请求(Abort-Session-Request,ASR),在客户端同意中止请求的情况下,会响应中止用户会话应答(Abort-Session-Answer,ASA),然后再发出用户会话结束请求,通知服务器结束用户会话;否则用户会话仍得以保持。在未得到服务器请求的情况下,客户端也可以自行给服务器发出用户会话结束请求,例如在客户端自身异常,或是用户接入异常等情况下。

通过对用户会话的建立和结束的控制,Diameter 应用很容易实现可靠的以用户为单位的业务资源管理。

4. Diameter 的计费

当用户被允许接入时,Diameter 客户端将根据情况产生针对用户的计费信息。这些计费信息将被封装在具体 Diameter 应用专有的 AVP 内,由 Diameter 基础协议中定义的计费请求消息,传送给 Diameter 服务器。服务器将响应计费应答消息,指示计费成功或拒绝。客户端只有在收到成功的计费响应时,才能清除已经被发送的计费记录。当收到计费拒绝指示时,客户端将中止用户接入。

Diameter 支持实时的计费,客户端通过在首次计费请求/响应交互过程中协商好的计费消息间歇时间,定时向服务器发送已收集的计费信息。这种实时计费确保了对用户信用的实时检查。

5. Diameter 消息的安全传输

Diameter 客户端(如网络接入服务器)必须支持 IPSec,可以支持 TLS;而 Diameter 服务器必须支持 IPSec 和 TLS。IPSec 主要应用在网络的边缘和域内的流量,而域间的流量主要通过 TLS 来保证安全。

由于 IPSec 和 TLS 只能保证逐跳的安全,也就是一个传输连接上的安全。当消息通过 Diameter 代理时,代理会修改消息,这样通过 IPSec 或 TLS 取得的安全信息在通过代理时就丢弃了。而 Diameter CMS 应用提供了端到端的安全性。端到端的安全性是通过两个对等端点间支持 AVP 的完整性和机密性提供的。Diameter CMS 应用中采用了数字签名和加密技术来提供所要求的安全业务。

尽管是由每个对等端的安全策略决定使用端到端的安全性的场合,如当 TLS 或 IPSec 提供的传输层面上的安全性足够时,可能不需要端到端的安全性,但 Diameter 基础协议中还是强烈建议所有的 Diameter 实现都支持端到端的安全性。这样 Diameter CMS 应用就有别于其他的 Diameter 应用,它一般是和 Diameter 基础协议共存的。

2.4.3 Diameter 和 RADIUS 的比较

两种主要的 AAA 协议 Diameter 和 RADIUS 进行比较如下。

(1) RADIUS 固有的 C/S 模式限制了它的进一步发展。Diameter 采用了 peer-to-peer 模式,peer 的任何一端都可以发送消息以发起计费等功能或中断连接。

(2) 可靠的传输机制。RADIUS 运行在 UDP 上,并且没有定义重传机制,而 Diameter 运行在可靠的传输协议 TCP、SCTP 之上。Diameter 还支持窗口机制,每个会话方可以动态调整自己的接收窗口,以免发送超出对方处理能力的请求。

(3) 失败恢复机制。RADIUS 协议不支持失败恢复机制,而 Diameter 支持应用层确认,并且定义了失败恢复算法和相关的状态机,能够立即检测出传输错误。

(4) 大的属性数据空间。Diameter 采用 AVP 来传输用户的认证和授权信息、交换用以计费的资源使用信息、中继代理和重定向 Diameter 消息等。网络的复杂化使 Diameter 消息所要携带的信息越来越多,因此属性空间一定要足够大,才能满足未来大型复杂网络的需要。

(5) 支持同步的大量用户的接入请求。随着网络规模的不断扩大,AAA 服务器需要同时处理的用户请求数量不断增加,这就要求网络接入服务器能够保存大量等待认证结果的用户的接入信息,而 RADIUS 的 255 个同步请求显然是不够的,Diameter 可以同时支持 232 个用户的接入请求。

(6) 服务器初始化消息。由于在 RADIUS 中服务器不能主动发起消息,只有客户能发出重认证请求,所以服务器不能根据需要重新认证。而 Diameter 指定了两种消息类型,即重认证请求和重认证应答消息,使得服务器可以随时根据需要主动发起重认证。

(7) Diameter 还支持认证和授权分离,重授权可以随时根据需求进行。而 RADIUS 中认证与授权必须是成对出现的。

(8) RADIUS 仅仅在应用层上定义了一定的安全机制,但没有涉及数据的机密性。Diameter 要求必须支持 IPSec 以保证数据的机密性和完整性。

(9) RADIUS 没有明确的代理概念,RADIUS 服务器同时具有 proxy 服务器和前端服务器的功能。Diameter 加入代理来承担 RADIUS 服务器的 proxy 功能。

2.5 宽带业务与用户需求

接入网建设正逐步由技术主导向用户和业务为主导过渡。详细调查和区分用户,科学分析各种业务的应用前景、推广步骤,是通信产业开放后网络运营商成功的关键。具体说来,接入网建设的目标就是:以最少的资金建设一个先进的、满足综合业务(使得新技术能够与旧技术融合、宽带业务与窄带业务融合、有线与无线融合、固定与移动融合)的接入网络平台,能够为不同的用户提供各类基本业务(话音、数据和视频)以及增值业务(虚拟专网、IP电话、远程教学等),并能迅速获得利益回报(收回投资的周期短),以进一步扩大市场占有率和提高市场竞争力。本节对宽带业务的种类、用户对宽带业务的需求作了一些分析,并提出了基于业务与用户的接入网发展策略。

2.5.1 宽带业务的种类

宽带业务是相对窄带业务而言的,一般来说,对于速率低于 2 Mbit/s 的通信业务统称窄带业务,如电话网、N-ISDN 所提供的业务。对于高于 2 Mbit/s 的通信业务被称为宽带通信业务。

根据 CNNIC 发布的《第 36 次中国互联网络发展状况统计报告》,移动互联网技术的发展和智能手机的普及,促使网民的消费行为逐渐向移动端迁移和渗透。由于移动端即时、便捷的特性更好地契合了网民的商务类消费需求,伴随着手机网民的快速增长,移动商务类应用成为拉动网络经济增长的新引擎。2015 年上半年,手机支付、手机网购、手机旅行预订用户规模分别达到 2.76 亿、2.70 亿和 1.68 亿,半年度增长率分别为 26.9%、14.5%和 25.0%。

中国网民的互联网应用经历了从量变到质变的过程,这种质变表现在信息的精准性以及与经济发展的贴近性:一方面,互联网信息服务向精准性发展,通过技术手段提升信息提供的针对性,达到开发、维系用户的目的;另一方面,互联网应用与社会经济的融合更为深入,网络购物、旅行预订等网络消费拉动经济增长,同时,经济形势的变化也影响网民对网络理财、炒股的使用。下面介绍几种主要的宽带业务。

1. 即时通信

截至 2015 年 6 月,网民中即时通信用户的规模达到 6.06 亿,较去年年底增长了 1 850万人,占网民总体的 90.8%,其中手机即时通信用户 5.40 亿,较 2014 年年底增长了 3 256

万人,占手机网民的91%。2015年上半年腾讯旗下即时通信产品依然维持了在该领域的优势地位,由于即时通信使用率增长放缓,如何变现以及连接其他更多服务成为其下一步发展重点,而其他即时通信工具则将注意力转移至寻找细分市场用户痛点并为其提供针对性更强的专业服务。

以微信和QQ为代表的第一阵营即时通信工具的商业化尝试主要表现在营销模式和服务模式两方面。营销模式上,朋友圈的广告推送业务成为其商业化的首次尝试,不久之后推出的行业解决方案和"摇一摇·周边"功能,则旨在将超市、酒店等传统行业的线下商业模式通过微信支付转移到线上,并利用其在移动和社交领域的优势使传统企业的信息化水平大幅提升,实时为潜在客户推送优惠信息并对用户群进行分析,实现精准营销。服务模式上,第一阵营的即时通信工具不断尝试连接用户生活中的各方面需求,为用户提供出行、购物、理财、信贷、娱乐等多样化服务,京东商城、微信理财、大众点评、微粒贷、滴滴打车等应用相继接入了其服务平台。

而微信、手机QQ以外的即时通信工具,则主要通过以寻找差异化的用户需求、为垂直用户群体提供更加专业的服务为突破口,不断提升自己的市场份额。差异化主要表现在内容、用户关系、场景三方面:比如在用户关系方面主打陌生人社交和兴趣圈子的陌陌,内容方面主打匿名社交的无秘,以及用于不同生活场景的阿里旺旺和钉钉,都由于满足了用户的垂直需求而在各自的细分领域获得了相当规模用户的青睐。可见,在目前国内即时通信领域,明确自己产品的竞争优势与用户定位,通过寻求差异化与创新来更好地服务于目标用户群才是未来发展的核心方向。

即时通信应用从最初的只有文字和简单的表情,发展到现在,不仅可以进行语音、视频聊天,发送丰富的动画表情,而且将充话费、买电影票、互联网理财等用户需求集成整合在一起。随着内容和功能不断增多,即时通信应用对用户接入带宽要求也逐渐增加。

2. 电子商务

电子商务(E-commerce),从英文的字面意思上来看,就是利用现在先进的电子技术从事各种商业活动的方式。至于确切的说法,业界众说纷纭,至今也没有一个统一的定义。本书把电子商务当作一个广义的概念,包括网络购物、网上支付、旅行预订、互联网金融等。

截至2015年6月,我国网络购物用户规模达到3.74亿,较2014年年底增加1 249万人,半年度增长率为3.5%;2014年上、下半年,这一增长率分别为9.8%和9.0%,数字表明我国网络购物用户规模增速继续放缓。与整体市场不同,我国手机网络购物用户规模增长迅速,达到2.70亿,半年度增长率为14.5%,手机购物市场用户规模增速是整体网络购物市场的4.1倍,手机网络购物的使用比例由42.4%提升至45.6%。近年来,网络购物市场的繁荣与宏观政策、经济、社会、技术环境良好密切相关,具体表现为:"互联网+"相关政策的支持,促进网络购物快速发展,带动其他行业升级转型。消费市场运行总体平稳,我国居民人均可支配收入稳步提升,为网络购物市场的繁荣发展提供了必要的基础保障,移动网购、跨境网购和农村网购等发展潜力逐步凸显,将成为新的增长点。网络交易环境逐步改善,实名制的推进提升诚信水平。技术的发展推动创新变革,提升用户消费体验。互联网技术的革新对网络零售业影响较大,多样化的移动支付方式重塑用户的消费习惯,智能手机和移动应用的发展将取代传统钱包。随着3D打印、无人机送货、虚拟试衣等技术的研发和完善,更多技术应用不仅能够提升用户体验,而且有助于推动生产运输、物流配送、平台展示等运营模式的变革创新。

截至 2015 年 6 月,我国使用网上支付的用户规模达到 3.59 亿,较 2014 年年底增加 5 455 万人,半年度增长率为 17.9%。与 2014 年 12 月相比,我国网民使用网上支付的比例从 46.9% 提升至 53.7%。与此同时,手机支付增长迅速,用户规模达到 2.76 亿,半年度增长率为 26.9%,是整体网上支付市场用户规模增长速度的 1.5 倍,网民手机支付的使用比例由 39% 提升至 46.5%。技术进步驱动网络支付应用场景和方式不断丰富。网上支付提供了满足资金流通需求的基本服务。随着移动互联网技术的发展和应用水平的提升,扫码支付、刷卡支付、信用卡还款、生活缴费、红包等应用场景应运而生;基于生物认证技术的发展,网络支付领域出现指纹识别支付和人脸识别支付等应用方式。资金流量的富集推动网络支付企业拓展金融服务。随着网络支付工具中资金量级的攀升,网络支付企业不断探索,突破"交易手续费+沉淀资金利息"的盈利模式,创新消费金融产品,推出供应链金融、网络银行、P2P 贷款、网络信用卡等服务。数据资源和挖掘技术助力网上支付企业建立征信机制。对个人而言,网络支付行为与个人信用评价的关系最为密切。随着网络支付平台业务架构的不断完善、用户数据的海量存储,以及数据挖掘技术的逐渐成熟,网上支付企业具备了个人征信业务的基本资质。在国家放开企业构建征信业务的权限后,芝麻信用、腾讯征信等 8 家机构获批开展个人征信业务。未来,阿里基于支付链、腾讯基于用户关系的个人征信系统,联合人民银行等其他征信机构的基础数据将在行业内形成广泛、全面、完善的个人信用评价体系。

截至 2015 年 6 月,在网上预订过机票、酒店、火车票或旅游度假产品的网民规模达到 2.29 亿,较 2014 年年底增长 730 万人,半年度增长率为 3.3%。在网上预订火车票、机票、酒店和旅游度假产品的网民分别占比 26.8%、13.3%、13.8% 和 6.2%。值得注意的是,网上预订酒店的网民规模增长迅速,半年度增长 772 万人,涨幅 9.1%,对在线旅行预订市场增长贡献最大。与此同时,手机预订机票、酒店、火车票或旅游度假产品的网民规模达到 1.68 亿,较 2014 年 12 月底增长 3 350 万人,半年度增长率为 25.0%,是整体在线旅行预订市场增长速度的 7.6 倍。我国网民使用手机在线旅行预订的比例由 24.1% 提升至 28.3%。

截至 2015 年 6 月,网上炒股的用户规模达到 5 628 万,较去年增长了 47.4%。历经高速增长期后,2015 年上半年互联网理财使用率进入平台期。截至 2015 年 6 月,购买过互联网理财产品的网民规模为 7 849 万,与 2014 年年底持平,网民使用率为 11.8%,较 2014 年年底下降了 0.3 个百分点。从趋势分析,互联网理财产品向多元化转变。2015 年,各互联网金融公司在众多理财领域与生态伙伴展开积极合作,互联网理财市场产品已由初期货币基金包打天下转变为货币基金为主,债券型、指数型基金和 P2P 模式的借款产品快速成长的新格局。虽然货币基金已进入低收益率水平时代,但其高流动性和相比储蓄的利息优势依旧存在,且客户端产品与众多生活消费场景天然对接,依然具有很高的投资配置价值。受过初期互联网理财启蒙的投资者寻求更高收益理财产品的需求日增,债券型、指数型基金等高收益理财产品为网民投资提供了更多选择,并有望带动互联网理财市场的第二轮增长。

3. 基于位置的服务

基于位置的服务(Location Based Service, LBS),是指通过电信运营商的无线通信网络(如 3G、4G 网)或外部定位方式(如 GPS、北斗导航系统)获取移动终端用户的位置信息,在地理信息系统平台的支持下,为用户提供相应服务的一种增值业务。LBS 包括地图导航、打车软件等。

根据易观智库发布的《中国手机地图导航竞品分析报告 2015》，从 2013 年第三季度到 2014 年第三季度，近一年来，手机地图导航市场增长速度持续放缓，用户的使用习惯经过多年培养已逐渐形成，地图导航类 APP 几乎成为智能手机的标配。截至 2014 年第三季度，手机地图导航 APP 累计账户数已达到 16.1 户，如图 2-15 所示。

注：手机地图导航APP累计账户数为仅统计智能手机的正版授权APP预装激活量以及应用商店等下载激活量(不含盗版市场APP激活量)。其中同一用户换机之后安装同一APP算两个账户，同一手机安装两个不同APP算两个账户。

图 2-15　2013Q1—2014Q3 中国手机地图导航 APP 累计账户数市场规模

根据易观智库发布的《中国打车 APP 市场季度监测报告 2014 年第四季度》，截至 2014 年 12 月，中国打车 APP 累计账户规模达 1.72 亿，其中，快的打车、滴滴打车分别以 56.5％、43.3％的比例占据中国打车 APP 市场累计账户份额领先位置。此外，快的打车覆盖 360 个城市，滴滴打车覆盖 300 个城市。打车软件通过合理调度资源，使得用户叫车更便捷，再加上优质服务和价格相对便宜，正成为越来越多人打车的首选途径。

4. 信息获取

信息获取类业务包括搜索引擎、网络新闻等。搜索引擎、网络新闻作为互联网的基础应用，使用率均在 80％以上，未来几年内，这类应用使用率提升的空间有限，但在使用深度和用户体验上会有较大突破。搜索引擎方面，多媒体技术、自然语言识别、人工智能与机器学习、触控硬件等多种技术探索融合，推动产品创新；网络新闻方面，在"算法"的支持下，新闻客户端能迅速分析用户兴趣并推送其所需信息，实现个性化、精准化推荐，提升用户体验。

截至 2015 年 6 月，我国搜索引擎用户规模达 5.36 亿，使用率为 80.3％，用户规模较 2014 年年底增长 1 392 万人，增长率为 2.7％；手机搜索用户数达 4.54 亿，使用率达 76.5％，用户规模较 2014 年年底增长 2 520 万人，增长率为 5.9％。我国网络新闻用户规模为 5.55 亿，较 2014 年年底增加 3 572 万，增长率为 6.9％。网民中的使用率为 83.1％，比 2014 年年底增长了 3.1 个百分点。其中，手机网络新闻用户规模为 4.60 亿，与 2014 年年底相比增长了 4 420 万人，增长率为 10.6％，网民使用率为 77.4％，相比 2014 年年底增长 2.8 个百分点。

5. 网络娱乐

网络娱乐类业务包括网络游戏、网络文学、网络视频等。娱乐类网络应用的整体用户规模在 2015 年上半年中基本保持稳定，除网络文学用户规模略微有所下降外，其他娱乐类应用的用户规模均有增长；在使用率方面，网络文学和网络音乐的用户使用率有所下降，网络视频和网络游戏的使用率略有提升。整体而言，娱乐类应用作为网络应用中最早出现的类型,经过多年发展,用户规模和使用率已经逐渐稳定,而在过去半年中,对于新型商业模式的探索成为其发展的主要方向。

具体而言,截至 2015 年 6 月,网民中网络游戏用户规模达到 3.80 亿,较 2014 年年底增长了 1 436 万人,占整体网民的 56.9％,其中手机网络游戏用户规模为 2.67 亿,较 2014 年年底增长了 1 876 万人,占手机网民的 45％。网络文学用户规模较 2014 年年底略有减少,达到 2.85 亿,较 2014 年年底减少了 918 万人,占网民总体的 42.6％,其中手机网络文学用户规模为 2.49 亿,较 2014 年年底增加了 2 282 万人,占手机网民的 42％。中国网络视频用户规模达 4.61 亿,较 2014 年年底增加 2 823 万人,网络视频用户使用率为 69.1％,比 2014 年年底上升了 2.3 个百分点。其中,手机视频用户规模为 3.54 亿,与 2014 年年底相比增长了 4 154 万人,增长率为 13.3％。网民使用率为 59.7％,相比 2014 年年底增长 3.5 个百分点。手机端视频用户占总体的 76.8％,比 2014 年年底提升了 4.6 个百分点,移动视频用户的增长依然是网络视频行业用户规模增长的主要推动力量。

6. 虚拟专用网

虚拟专用网(VPN)是用户利用运营商公用网络平台的部分资源(传输、交换等),使不在同一地理区域的机构构成一个安全可靠的虚拟专用网络,而且具有独立的网络管理。专用网中的用户在使用中如同在一个局域网内。

国家的各大部委和遍布全国的机构、企事业单位可以充分利用公用网络的资源组建自己的虚拟专用网,这样既可以节省大量建网的硬件投资,减少设备维护、人员投入的开支,又避免了日常维护管理等一系列繁杂的事情。

对于企业与事业用户,希望不仅在核心网而且延伸到接入网可提供 VPN 功能,利用第二层隧道协议 L2TP 或 IP 安全协议 IPSec 可支持 VPN。接入节点将用户送来的 PPP 分组包装进 L2TP 分组,由于 L2TP 是基于 IP 包上实现的,L2TP 分组还需装进 IP 包再经 ATM/FR 送至网络业务节点。L2TP 使接入网构成用户到网络业务提供者间的一个 PPP 会晤隧道,因而也称为 PPP 隧道方式,它适于连接企业网支持 VPN 应用,如图 2-16 所示。

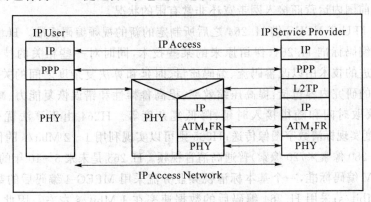

图 2-16　PPP 隧道接入方式

与 L2TP 包封器方式不同,IPSec 分组代替 PPP 分组运载 IP 包,即接入节点终结 PPP 协议,仅仅是 IP 包透明穿过接入网,因此称为 IP 隧道方式,它既可连接企业网,也支持通过远程拨号接入的 VPN 应用。

7. IPTV 业务和视频点播

面对移动通信的激烈市场竞争,固网电信运营商都在寻找新的业务增长点,IPTV 热的出现让他们找到了这个新的增长点。IPTV 实现宽带和电视娱乐的融合,成为业界关注的焦点,已引起了全球的电信运营商、内容提供商、设备提供商的广泛关注,IPTV 市场呈现出加速起飞的势头。在国内,中国联通、中国电信两大固网电信公司都对 IPTV 投入极大的热情,并已进行 IPTV 在试点城市的测试。权威机构对中国 IPTV 市场调查显示,中国近70%的潜在用户愿意为享受数字电视付费,截至 2010 年 12 月,国内网络视频用户规模2.84 亿人,在网民中的渗透率约为 62.1%。与 2009 年 12 月底相比,网络视频用户人数年增长 4 354 万人,年增长率 18.1%。IPTV 用户的渗透率将占宽带用户总数的 10%。随着技术的完善和业务的推广,IPTV 业务必将带来更为深远的影响。

IPTV 采用高效的视频压缩技术,用户能得到高质量的数字视频流媒体服务。用户可随意选择宽带 IP 网上各网站提供的视频节目。能实现接收组播式的节目,如目前的有线电视;也能点播,提供节目和媒体消费者的灵活互动。IPTV 能通过网络来传送,并可随意点播一些节目,因而让互联网用户有了全新的体验。

在中国目前主要是采用 MPEG-4 和 H.264 技术。H.264 技术标准采用了多项提高图像质量和增加压缩比的技术措施,可用于 SDTV、HDTV 和 DVD 等。H.264 编码更加节省码流,其比 MPEG-4 节约了 50%的码率,而且还具有较强的抗误码特性,可适应丢包率高、干扰严重的无线信道中的视频传输,从而获得平稳的图像质量。H264 标准使运动图像压缩技术上升到了一个更高的阶段,在较低带宽上提供高质量的图像传输是 H.264 的应用亮点。

H.264 技术是一种新的视频压缩编码标准,该标准采用了多项提高图像质量和增加压缩比的技术措施,可用于 SDTV、HDTV 和 DVD 等。H.264 编码更加节省码流,H.264 不仅比 MPEG-4 节约了 50%的码率,而且还具有较强的抗误码特性,可适应丢包率高、干扰严重的无线信道中的视频传输,从而获得平稳的图像质量。H264 标准使运动图像压缩技术上升到了一个更高的阶段,在较低带宽上提供高质量的图像传输是 H.264 的应用亮点,这正好适应了目前国内运营商接入网带宽还非常有限的状况。

H.265 是 ITU-T VCEG 继 H.264 之后所制定的新的视频编码标准。H.265 标准围绕着现有的视频编码标准 H.264,保留原来的某些技术,同时对一些相关的技术加以改进。新技术使用先进的技术用以改善码流、编码质量、时延和算法复杂度之间的关系,达到最优化设置。具体的研究内容包括:提高压缩效率、提高鲁棒性和错误恢复能力、减少实时的时延、减少信道获取时间和随机接入时延、降低复杂度等。H264 由于算法优化,可以低于1 Mbit/s 的速度实现标清数字图像传送;H265 则可以实现利用 1~2 Mbit/s 的传输速率传送720P(分辨率 1 280 像素×720 像素)普通高清音视频。H.265 是未来 5~10 年的主流技术。

根据 IPTV 编码标准,一个基本标清视频业务流采用 MPEG-4 编码后的数据速率通常为 1.2~1.5 Mbit/s;采用 H.264 编码后的数据速率在 1 Mbit/s 左右。因此,结合业务传输、协议封装开销(为 20%~30%)、信令流及网络流量波动需求的考虑,IPTV 业务必须满足的网络带宽需求是:用户下行网络带宽至少应达到 2 Mbit/s 平均速率(视频点播需求)。对于高清电视等业务的需求,带宽需求甚至可达 8 Mbit/s。因此,采用 512 kbit/s~1 Mbit/s的普通用户 ADSL 接入无法满足 IPTV 业务的带宽需求,IPTV 流媒体业务对网络带宽提出了最高的需求,所以对电信公司来说将需要更强的传输设备。

视频会议系统包括软件视频会议系统和硬件视频会议系统,是指两个或两个以上不同地方的个人或群体,通过现有的各种电信通信传输媒体,将人物的静、动态图像,语音,文字,图片等多种资料分送到各个用户的计算机上,使得在地理上分散的用户可以共聚一处,通过图形、声音等多种方式交流信息,增加双方对内容的理解。视频会议系统作为目前最先进的通信技术,只需借助互联网,即可实现高效高清的远程会议、办公,在持续提升用户沟通效率、缩减差旅费用成本、提高管理成效等方面具有得天独厚的优势。

2.5.2 用户对宽带业务的需求

1. 集团、企业、金融、证券等重点用户和大用户

一般来说,企业互联、实时视频、VoIP 等业务对服务品质有很高的要求,收费标准可根据与用户签定的 SLA(Service Level Agreement),按带宽、流量、包丢失率、时延、优先级等服务级别划分,这部分运营收入稳定,价格较高,容易产生增值利润,主要集中在企业商业用户。但纯 IP、纯以太网络在 IP QoS、VPN、MPLS 流量工程等方面尚不成熟,往往不能满足这部分用户的需求。但有观点认为,按排队理论,只有在网络利用率超过 75% 时才需要 QoS,在利用率不到 70% 时,排队很短,或者根本不存在队列。在有些情况下,只需简单的优先方案就可以了。根据社会调查资料,确定集团、企业、金融、证券等重点用户和大用户的范围、规模、分布、特点;根据国民经济发展规划确定集团、企业、金融、证券等重点用户和大用户的变化规律及到达规模;分析他们使用通信业务的特点及现状、问题;确定集团、企业、金融、证券等重点用户和大用户的分类、分布、业务发展规模。重点用户和大用户除对电话和数据业务有大量的需求外,随着通信技术发展对多媒体业务也有不同的需求。这类用户一般采用光纤接入技术。例如,广东省提出了"一小、二场、三关、四大、五行"的发展方案("一小"是指小区,"二场"是指飞机场、商场,"三关"是指政府机关、海关、司法机关,"四大"是指大楼、大学、大宾馆、大医院,"五行"是指银行),也体现了通过区分不同的用户进行运营的策略。

企业内部网的建设促进了企业办公、生产的自动化,提高了生产效率,节约了生产成本,接入网的建设为企业网的互联、公共信息服务提供了平台,促进了城市交通、公安系统、社会福利保障、金融外贸等事业信息化的发展。

2. 智能小区

智能小区以家庭智能化为核心,采用系统集成方法,建立一个沟通小区内部住户之间、住户与小区综合服务中心之间、住户与外部社会的综合信息交互系统,为住户营造一个安全、舒适、便捷、节能、高效的居住和生活环境,智能小区适应了国家住宅产业化发展的形势,在满足市场适应性和住房经济性的基础上,增强了小区住宅的科技含量。通过采用现代信息传输技术、网络技术和信息集成技术,进行精密设计、优化集成、精心建设和工程示范提高住宅高新技术的含量和居住环境水平,以适应 21 世纪现代居住生活的需求。通过建设智能化社区服务系统满足小区对宽带数据网络业务的迫切需求。居家办公、网上购物、可视电话、自动抄表及缴付系统的应用将给人们的生活带来前所未有的便利,网上无所不有的内容将极大地丰富人们对信息的渴求。以太网接入技术将在小区智能化建设中扮演重要角色。

3. 家庭用户

家庭用户的典型特点是多台设备分享带宽。宽带接入家庭后,一般不是直接连到应用设备上,而是通过一个无线路由器,将带宽分给智能电视、台式机、平板及手机等多个设备。随着物联网和智能家居的发展,家庭中将有更多的设备联网,同时,用户对在线视频等宽带业务的品质要求越来越高,宽带提速成为必然趋势。随着国家"宽带中国"战略的推动,截至2016年1月,我国互联网宽带接入用户为2.148亿,其中xDSL用户为0.479亿,FTTH/0用户为1.248亿。

当前,固网运营商在继续确保宽带接入高速增长的同时,正把更多的力量投向宽带内容建设,以休闲娱乐为主的互动式流媒体视频将成为宽带内容的重点。随着"三网融合(Triply Play)"概念的提出,将语音、数据、视频整合于一体的宽带业务将成为未来的主导方向,可帮助运营商应对宽带接入业务陷入低层次竞争,减少客户流失,同时提升ARPU值,成为加速推广宽带应用、增加运营商业务和收入的巨大动力。另一方面,家庭网络作为宽带网络的延伸和宽带增值服务的扩展,将为固网运营商带来新机遇,可通过宽带业务终端的多样化来促进宽带家庭网络的发展。这些新的宽带应用都需要高质量、高速度的宽带接入技术来实现。

接入网的业务应用模型应避免简单的粗放经营模式,要能够面向细分的客户提供集约化的精细服务,业务特性将朝综合化、多媒体和差别化的方向发展,业务开展的形式着重于服务增值,特殊业务如企业网互联、互动视频等具备电信级的服务质量,普通业务如高速上网将满足尽力传送的要求,同时侧重对网络元素、网络资源和带宽的进一步分权经营管理。

建设先进的宽带接入网是新一代网络发展的方向。接入网具有必须支持各种不同的业务,结构上变化较大,且随最终用户的不同而变化,投资量大,接入技术多样,接入方式灵活的特点。总之,接入网是多种技术、产品、网络的融合体,需要以业务需求主导网络建设。

2.6 宽带接入技术的种类

广义上讲,接入技术可以分为有线接入和无线接入两大类。有线接入包括双绞线接入、同轴电缆接入、光纤接入、混合接入。无线接入可分为固定接入和移动接入。固定接入例如通过微波和卫星系统接入,移动接入又分为高速移动接入(如蜂窝系统和移动卫星系统)和慢速移动接入(如无绳接入)。按采用何种链路规程(以太网还是ATM网)分类:如接入到以太网,则取PPP/HDLC链路协议;如是ATM网,则取IP-over-ATM。还可按采用何种调制技术进行分类:是ADSL CAP/DMT还是SDSL 2B1Q/CAP。在ADSL中又分成是全速率8 Mbit/s的还是1.5 Mbit/s的ADSL。总之,对接入技术进行分类是一个较复杂的事。

目前接入网的情况是,对新建住宅而言,电信业务主要通过光纤接入,有线电视则通过同轴电缆接入,当然还包括无线接入,企业环境大致也如此。利用铜双绞线提供宽带业务接入主要有高速数字用户线(HDSL)和不对称数字用户线(ADSL)两种技术。光纤接入选用最多的是光纤到大楼、光纤到路边和光纤到家这三种,它们都采用无源光网(PON)技术。混合接入主要有光纤与同轴电缆的混合(即HFC)。无线接入系统方面,主要有用于无线固定接入的无线本地环路(WLL)系统、本地多址分配业务(LMDS)的宽带无线接入,在向光纤到家的过渡时期中肯定还会出现其他接入技术,例如超高速不对称数字用户线(VDSL)、单线对高速数字用户线(SDSL)等。

显然,接入网已经成为全网带宽的最后瓶颈,接入网的宽带化和 IP 化将成为接入网发展的主要趋势。下面重点介绍和讨论几种接入网技术的发展情况并对其发展趋势作简要展望。

2.6.1 铜线接入技术

数字用户线系统(xDSL)充分利用已有的铜接入线资源,是比较经济的宽带接入技术。xDSL 是各种数字用户环路技术的统称。DSL 是指采用不同调制方式将信息在现有的 PSTN 引入线上高速传输的技术,包括 ADSL(非对称 DSL)、ADSL Lite(简易 ADSL)、HDSL(高速 DSL)、RADSL(速率自适应 DSL)、SDSL(对称 DSL)和 VDSL(甚高速 DSL)等,速率从 128 kbit/s～51 Mbit/s。下面几种技术是 xDSL 中较有前途的。

1. HDSL 技术

数字用户线技术(Digtal Subscriber Line,DSL)是 20 世纪 80 年代后期的产物,主要用于 ISDN 的基本速率业务,在一个双绞线对上获得全双工传输,采用的技术是时间压缩复接(TCM)和回波消除。但是,当传输速率增加到 T1(1.544 Mbit/s)或 E1(2.048 Mbit/s)时,串扰和符号间干扰增加。为了改善通信质量,在 DSL 技术的基础上,提出了 HDSL 技术,采用的调制技术是基带 2BIQ、QAM/CAP 和 DMT(离散多音频),使普通电话线传送数字信号的速率从 2B+D(144 kbit/s)提高到 T1/E1。HDSL 还可以利用两个环路对,但只能限于载波服务区(CSA)范围。

2. ADSL 与 UDSL(ADSL Lite)系统

ADSL 采用离散多频音(DMT)线路码,其下行单工信道速率可为 2.048 Mbit/s、4.096 Mbit/s、6.144 Mbit/s、8.192 Mbit/s,可选双工信道速率为 0 kbit/s、160 kbit/s、384 kbit/s、544 kbit/s、576 kbit/s。目前已能在 0.5 芯径双绞线上将 6 Mbit/s 信号传送3.6 km 之远,实际传输速率取决于线径和传输距离。ADSL 所支持的主要业务是因特网和电话。然而传统全速率 ADSL 系统成本偏高,实际能开通 1.5 Mbit/s 速率以上的线路通常仅 1/3;此外用户侧设备 CPE 的安装仍需派人去现场,不适于大规模发展。一种轻便型的无分路器的 ADSL 标准 G.992.2 迅速问世,有人称为 UDSL(ADSL Lite)。基本思路有两点:第一是下行速率降低到 1.5 Mbit/s 左右,第二是在用户处不用电话分路器,以分布式分路器即微滤波器来取而代之。前者使 ADSL Lite 的频带只有 ADSL 的一半,从而使复杂性和功耗也只有其一半;而微滤波器体积小,价格便宜,用户可以自己安装,十分方便。另外,抗射频干扰的能力比 ADSL 强,其 OAM 和计费功能嵌入在系统内,无须外部网管系统的介入。主要业务为因特网接入、Web 浏览、IP 电话、远程教育、居家工作、可视电话和电话等。目前有关轻便型 ADSL 的开发工作获得了 Microsoft、Intel、Compaq、LT、Cisco、BT、DT 和地方贝尔等各行各业的一致支持,其用户侧 Modem 将如同今天的模拟 Modem 一样,成为计算机插卡,且性能价格比更好,线路条件要求不高,应用前景十分可观。

另一方面,ADSL 技术也在继续改进和发展,主要有两个方向。一是与 ADSL Lite 兼容的双模方式,即采用统一的可以支持 ADSL 的硬件平台,初期支持 ADSL Lite 业务,日后根据需要靠软件升级同样可以支持 ADSL。二是将 ADSL Lite 无分路器的思路应用到 ADSL,这种方式凸现了原来 ADSL 所具有的优点,诸如速率高、网络可升级、支持未来的图像和交互式在线游戏等新业务以及 VoDSL 应用,而这些是纯 ADSL Lite 无法做到的。

3. VDSL 技术

VDSL 技术能在普通的短距离(0.3～1.5 km)双绞线上提供高达 55 Mbit/s 的传输速率,它的速度大大高于 ADSL 和 Cable Modem。目前 VDSL 技术还处于研究阶段,统一的国际标准尚未出台,几大标准化组织正在制定这方面的规范。美国的 ANSI T1.4 和欧洲的 ETSI TM6 标准化小组已经确定了 VDSL 系统相关方面的规定,如数据传输速率、辐射抑制、功率谱密度等。

困扰 VDSL 应用的主要是各种噪声的影响,有串扰、无线电频率干扰和脉冲干扰。线缆的线束中有多对双绞线,不可能实现完全的相互屏蔽,于是形成了串扰。在 VDSL 应用中,串扰有两种形式:NEXT(近端串扰),是指本地接收机检测到了一个或多个本地发送机在其他线路上发送的信号;FEXT(远端串扰),是指本地接收机检测到了在其他频带中传输的一个或多个远端发送机发送的信号。与 VDSL 频带重叠的无线电信号耦合到双绞线上会形成一种类似尖峰噪声。而脉冲噪声的干扰则会把信号完全淹没,为了消除这种噪声可以采用 FEC 编码技术。

VDSL 的线路编码技术主要有两种选择:单载波调制和多载波调制。单载波调制包括 QAM(正交幅度调制)和 CAP(无载波相位调制)。典型的多载波调制是 DMT(离散多音频调制)。这两种方案实现时,各有其优缺点。一般来说,由于在 DMT 中采用了 DFT,其复杂度要高于 CAP/QAM,但随着集成度的提高,这种优势会削弱。在频率的兼容性上,DMT 要做得更好一些。

2.6.2 以太网接入技术

对于企事业用户,以太网技术一直是最流行的方法,全球用户已超 1 亿,目前每年新增用户 3 000 万。采用以太网作为企事业用户接入手段的主要原因是已有巨大的网络基础和长期的经验知识。目前所有流行的操作系统和应用也都是与以太网兼容的。以太网接入方式与 IP 网很适应,技术已有重要突破(LAN 交换、大容量 MAC 地址存储等),容量分为 10 Mbit/s、100 Mbit/s、1 Gbit/s 3 种等级,可按需升级,10 Gbit/s 的以太网技术也即将问世。采用专用的无碰撞全双工光纤连接,已可以使以太网的传输距离大为扩展。完全可以满足接入网和城域网的应用需要。目前全球企事业用户的 80% 以上都采用以太网接入,成为企事业用户接入的最佳方式。

然而,由于计费、管理以及有源器件多等因素,以太网作为居民用户的接入方式目前尚不适用,但其与其他技术结合的应用前景值得关切。加拿大 Canarie 公司提出了 2005 年千兆比因特网到家(GITH)的方案,其基本思路是使 GITH 成为除电话和电视以外的第三种可进入家庭的网络业务。利用 DWDM、光因特网技术和低成本千兆比以太网帧格式,可以提供从几个 Mbit/s 到几个 Tbit/s 速率的信号,无须多业务平台,只要 IP 平台,简化了网络,使其成本可以比 HFC 低,而比 ADSL 和电缆调制解调器略贵,但设备的技术寿命却长得多。当然 GITH 还仅仅是方案而已,是否真有前途还有待进一步深入研究。

在点对点光接入技术方面,ITU-T 和 IEEE 分别发布了相应的标准 G.985 和 802.3ah。我国于 2008 年 7 月发布接入网技术要求——点对点(P2P)光以太网接入系统。点对点光接入技术标准的出台,有利于专线和大宗客户接入的发展。

2.6.3　无线接入技术

为摆脱局域网中烦琐的布线工作,无线局域网(WLAN)应运而生。无线局域网是无线通信和局域网技术相结合的产物,它支持具有一定移动性的终端的无线连接能力,是有线局域网的补充。无线局域网除了保持有线局域网高速率的特点之外,采用无线电或红外线作为传输介质,无须布线即可灵活地组成可移动的局域网。

802.11 是 1997 年 IEEE 最初制定的一个 WLAN 标准,工作在 2.4 GHz 开放频段,支持 1 Mbit/s 和 2 Mbit/s 的数据传输速率,定义了物理层和 MAC 层规范,允许无线局域网及无线设备制造商建立互操作网络设备。基于 IEEE 802.11 系列的 WLAN 标准目前已包括共 21 个标准,其中 802.11a、802.11b 和 802.11g 最具代表性。802.11a 在整个覆盖范围内可提供高达 54 Mbit/s 的速率,工作在 5 GHz 频段。802.11b 工作在 2.4~2.483 GHz 频段,数据速率可根据噪声状况自动调整。为了解决 802.11a 与 802.11b 产品无法互通的问题,IEEE 批准了新的 802.11g 标准。IEEE 的新标准 802.11n,可将 WLAN 的传输速率由目前的 54 Mbit/s 提高到 108 Mbit/s,甚至高达 500 Mbit/s。另外,为了支持网状网(Mesh)技术,IEEE 还成立了一个工作组制定 802.11 s。目前,WLAN 的推广和认证工作主要由产业标准组织无线保真(Wi-Fi)联盟完成,所以 WLAN 技术常常被称为 Wi-Fi。

2.6.4　HFC 接入技术

混合光纤同轴(HFC)网是宽带接入技术中最先成熟和进入市场的,其巨大的带宽和相对经济性很具吸引力。HFC 在一个 500 户左右的光节点覆盖区可以提供 60 路模拟广播电视,每户至少 2 路电话以及速率至少高达 10 Mbit/s 的数据业务。将来利用其 550~750 MHz 频谱还可以提供至少 200 路 MPEG-2 的点播电视业务以及其他双向电信业务。用户可以在市场上自己选购电缆调制解调器,无须网络运营者介入。

从长远看,HFC 网计划提供的是所谓全业务网(FSN),用户数可以从 500 户降到 25 户,实现光纤到路边,最终还可以实现光纤到家。但其回传信道的干扰问题仍需妥善解决。比较彻底的方案是所谓的小型光节点方案,用独立的光纤来传双向业务,回传信道则安排在高频端,从而彻底避免了回传信道的干扰问题。第二种比较好的方案是采用同步码分多址(S-CDMA)技术,此时信号处理增益可达 21.5 dB,干扰大大减少,系统可以工作在负信噪比条件,可望较好地解决回传信道的噪声和干扰问题。HFC 的最新发展趋势是与 DWDM 相结合,可以充分利用 DWDM 的降价趋势简化第二枢纽站,将路由器和服务器等移到前端,消除光—射频—光变换过程,从而简化了系统,进一步降低了成本。

目前 HFC 主要业务为电视＋数据,特别是 IP 业务势在必争,少数为电视＋电话。我国有线电视部门自然地选择了这一宽带接入技术,网络的双向化改造比例已达 10%,某些地区的电信部门也开始了较大规模的商用试验。影响电缆调制解调器发展的主要因素之一是统一标准问题,目前有 4 种不同标准,北美 6 MHz 带宽的 DOCSIS,欧洲 8 MHz 带宽的 Euro DOCSIS、Euro Modem(DVB 标准)以及厂家专用标准。DOCSIS 标准有可能成为占主导的事实标准。

目前,HFC 网存在的主要问题如下。

① HFC 采用的是频分多路复用技术,而主干网络和交换机都是采用数字技术,中间需要进行调制转换,增加同步、网管和信令的技术难度。

② HFC 的同轴电缆部分采用树状结构,安全保密性不好,容易产生噪声积累,形成"漏斗效应",使上行信道干扰加大。

③ HFC 系统可用于双向数据通信的带宽相当有限,由服务区内所有用户共享,不利于发展交互式宽带业务,而且,随着用户传输容量增加,系统指标会逐渐下降。

④ 改为双向网络后,上下行频率干扰问题不容忽视,使滤波技术难度加大。

2.6.5 光接入技术

目前主流的光纤接入技术有基于以太网的 EPON 技术和基于通用成帧规程(GFP)的 GPON 技术。国内外主流的 FTTH 建设相关的标准数量众多,国际上 FTTH 标准主要按技术种类区分,有点到点光接入、GPON、EPON、10G EPON、XG-PON 以及 FTTH 光纤光缆相关标准;国内有关光纤到户方面的标准结合中国特色,有着自己的体系,具体可以分为总体要求相关、系统与设备相关、纤缆相关、光电子器件相关、光纤连接器及附件相关、纤缆布线相关、网络管理相关、宽带业务相关和安全相关。

作为 FTTH 行业的源头,标准组织制定符合整个行业发展要求的技术协议、规定、模式、参数等。现有的国际标准组织包括制定 EPON 和 10G EPON 标准的电气和电子工程师协会(IEEE),制定 APON/BPON、GPON 和 XG-PON 标准的国际电信联盟(ITU)组织;中国通信标准化协会(CCSA)作为国内的标准组织,也积极跟进全球发展趋势,制定了完善的 EPON 系列标准和 GPON 的相关标准。

IEEE 是一个国际性的电子技术与信息科学工程师的协会,是世界上最大的专业技术组织之一。以太网无源光网络(EPON)是 IEEE 组织"以太网第一公里(EFM)"研究组于 2000 年 11 月提出的接入技术,2004 年 6 月,IEEE 一致同意将 IEEE 802.3ah EPON 协议方案正式批准为该组织的标准之一。接着 IEEE 在 2006 年成立了一个 Task Force 工作组,进行 10G EPON 标准 IEEE 802.3av 的研究和制定工作。10G EPON 标准的制定进程较快,已于 2009 年 9 月 11 日正式发布。

国际电信联盟(ITU)起源于 1865 年法、德、俄、意等 20 个欧洲国家在巴黎签订的《国际电报公约》,后来发展成联合国的一个专门机构,总部设在日内瓦。ITU-T 于 1998 年正式发布 G.983.1 建议,从此开始了基于 ATM 技术的 PON 系统的标准制定工作;后于 2001 年将 APON 改名为 BPON;ITU-T 在 2004 年 6 月发布 G.983.10,至此,G.983 BPON 系列标准已全部完成。吉比特无源光网络(GPON)是全业务接入网论坛(FSAN)组织于 2001 年提出的传输速率超过 1 Gbit/s 的 PON 系统准,其在 APON/BPON 基础上发展而来。2003 年 1 月 31 日,ITU-T 批准了 GPON 标准 G.984.1 和 G.984.2;2004 年,相继批准了 G.984.3 和 G.984.4,形成了 G.984.x 系列标准。此后,G.984.5 和 G.984.6 相继推出,分别定义了增强带宽和距离延伸。2009 年 9 月,在瑞士日内瓦召开的 ITU-T SG15 全会上顺利通过了 XG-PON 标准,这标志着 XG-PON 标准的制定和研究工作圆满完成,为今后 XG-PON 技术的商用铺平了道路。XG-PON 系列标准主要由 FSAN 提出并由 ITU-T 颁发,作为下一代 PON 技术两大主要演进方向之一,XG-PON 技术相比 GPON 和 EPON 技术拥有更高的传输带宽和更大的分光比。

中国通信标准化协会(China Communications Standards Association,CCSA)于 2002
年 12 月 18 日在北京正式成立。该协会是国内企事业单位自愿联合组织起来,经业务主管
部门批准,国家社团登记管理机关登记,开展通信技术领域标准化活动的非营利性法人社会
团体。协会的主要任务是为了更好地开展通信标准研究工作,把通信运营企业、制造企业、
研究单位、大学等关心标准的企事业单位组织起来,按照公平、公正、公开的原则制定标准,
进行标准的协调、把关,把高技术、高水平、高质量的标准推荐给政府,把具有我国自主知识
产权的标准推向世界,支撑我国的通信产业,为世界通信作出贡献。目前中国通信标准化协
会发布了较完善的 EPON 系列标准和部分 GPON 标准,并发布了有关 FTTH 工程建设的
标准,在技术和工程建设上对国内的 FTTH 建设有着至关重要的指导作用。中国标准化协
会于 2009 年 12 月正式发布由武汉邮电科学研究院牵头撰写的《接入网技术要求 2 Gbit/s
以太网无源光网络(2G EPON)第 1 部分:兼容模式》,弥补了 EPON 在速率上与 GPON 的
差距,进一步完善了 EPON 标准体系。对于 GPON,随着产业链的成熟和成本的逐步下降,
亚太国家开始关注 GPON。我国于 2009 年 6 月发布 GPON 的技术要求,包括总体要求和
物理媒质相关层要求两个部分,并于同年 12 月发布接入网设备测试方法——吉比特的无源
光网络(GPON)。CCSA 于 2009 年年底启动 10G EPON 的标准化研究工作,两个关于 10G
EPON 的项目在 2012 年杭州举行的 CCSA TC6 全会上立项通过:CCSA TC6 WG2 工作组
提交的 10G EPON 技术规范、CCSA TC6 WG4 工作组提交的 10G EPON 光模块行业标准。
目前 CCSA 已编制了 XG-PON 和 10G-EPON 的国标。

2.6.6 WiMAX 接入技术

WiMAX(Worldwide Interoperability for Microwave Access),即全球微波互联接入。
WiMAX 起源于 IEEE 802.16x。IEEE 802.16x 工作组成立于 1999 年,其主要目标是制定
BWA 宽带无线接入标准,分三个小组工作。802.16.1 负责制定频率为 10~66 GHz 的无线
接口标准,802.16.2 负责制定 BWA 系统共存的标准,802.16.3 负责制定频率范围在 2~
10 GHz 的无线接口标准。IEEE 802.16 标准于 2001 年 12 月获得通过,当时确定单载波无
线城域网空中接口标准的工作频率为 10~66 GHz,直视(LoS)传输,多径衰落可忽略,从而
可用单载波传输。但此标准物理层不适合 10 GHz 以下较低频率应用,覆盖能力也不能超
越 LoS。随着 OFDM 技术的逐步成熟,包括 ISM 等无执照的频段在内均可供使用。IEEE
于 2003 年 1 月 9 日推出了其新的修正草案 802.16a,使其可工作在 2~11 GHz 频段,对有
执照的频段可用单载波或 OFDM 多载波运行,对无执照的频段必须用 0FDM 多载波方式,
并借助动态频率选择技术解决比较复杂环境下的干扰问题。服务对象可针对家庭住宅、企
业和支持 WLAN 热点区的最后一千米宽带无线接入,从而也可提供我国 3.5 GHz、
5.8 GHz 频段的 MMDS 型宽带无线接入应用。

因此,WiMAX 的初衷及市场目标为宽带无线接入城域网(BWAMAN)技术,也称 IEEE
Wireless MAN,基本目标是要提供一种城域网领域点对多点的宽带无线接入手段,其性能堪与
xDSL、Cable Modem 等传统线缆宽带接入手段相媲美。OFDM 技术的引入可有效对抗微波宽
带传输的多径效应,取得一定意义上的非直视 N-LoS 传输能力及便于安装维护等工程的实
施,并可适应一定条件与一定速度的移动状态下的运行能力。同时,随着 WLAN 热点的快速
增加,用户通常期望能在离开热点区后延伸服务连接,从而又在 802.16a 标准基础上改进为另
一新标准 802.16e,以解决这类用户需求,使其离开家中或办公场所的 WLAN 热点地区后,仍

可保持与无线 ISP 网络连接,甚至可方便地接入另一城市的另一家无线 ISP 网络。为推进 WiMAX 的发展及确保多厂商环境下 WIMAX 产品与系统解决方案的兼容性,2003 年 4 月,802.16 技术的部分领先供应商发起成立了上述 WiMAX 论坛,目前它已有包括 INTEL、Siemens、Alcatel、AT&T、Covad Com 等在内的 80 家成员。

WiMAX 的长处在于采取了动态自适应调制、灵活的系统资源参数及 M-QAM-ODFM 多载波调制等一系列新技术,从而取得无线接入技术的灵活性与可移动性,并兼具较高速率处理能力(可达 70~100 Mbit/s,甚至更高)及较好 QoS 与安全性控制,可与 xDSL 和 Cable Modem 等线缆传统宽带接入的速率、带宽与 QoS 相媲美。

这些灵活性使运营商便于规划网络与进行工程实施,特别是对运营环境较复杂与恶劣的 ISM 等无执照/准无执照场合,这种部署与配置的灵活性及对各类 N-LoS 环境的一定适应能力均可发挥出为用户所欢迎的良好作用,也有利于随用户群体需求状况的不断升级而相应地扩展网络。同时,对城郊及农村等边缘地区,往往有语音通信等基本需求。WiMAX 还可提供满足语音和低时延视频服务等基本 QoS 支持,并可由同一基站同时支持采用 T1/D1 等企业类用户和采用 xDSL 等家庭类用户的多用户、多业务支持能力。总之,WiMAX 作为一种随市场实际需求导向不断完善起来的面向所谓最后一千米接入领域的无线城域网 WMAN 的标准与技术,尤其在目前全球缺乏统一宽带无线接入标准之际,有重要现实意义与战略价值。就覆盖及装备环境及历史因素考虑,对于城郊与农村、边远地区的 xDSL、Cable、Modem 不能有效覆盖、不便或不值得部署的区域,WiMAX 更是大有用武之地。如上所述,在 802.16a 基础上改进的 802.16e 标准,更有助于有效地延伸 WLAN 的连接,从而将有望与 Wi-Fi 有机互补,从而更有力地推进热点地区及家庭与 SOHO 等小型办公区域的 WLAN 的有效发展。在 WLAN 与 WMAN 的市场定位层面上有机地互补,形成一种健康、合理的发展格局,绝不是 WiMAX 将取代 Wi-Fi 的问题。因此,关键之点即为 WiMAX 的基本市场定位目标是无线城域网 WMAN。

另一方面,WiMAX 面临的首要挑战依然是其价位。Yankee 集团的分析数据指出,目前 MMDS 多点/多信道分布式系统,包括 WiMAX 天线部署在内,每用户成本高达 3 000 美元左右,这不仅使运营商难以获得足够的投资回报,也会使用户望而生畏,退避三舍,更何况对中国 3.5 GHz 频段这一资源很有限的 MMDS 宽带无线接入系统。经过几轮的方案更新及技术创新后,各类设备已具备符合市场需求的相当优良的性价比,WiMAX 若是按上述类似价位参与竞争将面临严峻的挑战。此外,WiMAX 与 Wi-Fi、3G/3G 演进、4G 等在相当长时间内将会互补共存,并在重叠区有一定程度的彼此竞争。对此,保持这些系统应用之间的有效互联互通及增强其自身竞争力也是 WiMAX 面临的重要任务。

上述的几种接入技术都有其适用的市场,因为从某种意义上来说,它们都满足了用户某种程度上的需要。在应用中,要根据实际情况选用合适的产品、技术。在向 21 世纪信息社会的进军中,接入网,特别是宽带接入网,不仅成为电信网必须尽快妥善解决的"瓶颈",而且也成了未来国家信息基础设施(NII)的发展重点和关键。其市场之大,前所未有,吸引了所有制造商、运营公司和业务提供者的注意。同时其对管制、技术、业务和成本的高度敏感性也往往使人困惑和却步。简而言之,谁能妥善地解决好接入网问题,谁就能在未来的市场竞争中赢得主动,并能在下一世纪的信息高速公路的竞赛中处于优胜者地位,这就是接入网时代的基本含义。

第 3 章
铜线接入技术

电信网,主要是电话网,多年来追求的理想是实现信息传送的数字化。20 世纪 60 年代 PCM 设备的应用实现了中继线传输的数字化,70 年代程控数字交换机的应用开始实现信息交换的数字化。在基本实现中继传输和交换的数字化,建成综合数字网(IDN)以后,着手实现用户线的数字化,攻克"最后一千米"的数字传送难关。1972 年 CCITT 提出了综合业务数字网(ISDN)的概念,80 年代初实现了用户线数字传输技术的实用化。随着需求的发展,ISDN 已不能满足用户对带宽的要求,目前,电信公司的接入网仍以铜线为主,而且这种状况还将持续相当长的一段时间。如何利用现有铜线接入网来满足用户对高速数据、视像业务日益增长的需求,已成为电信公司急待解决的问题。

1987 年 Bellcore 首先提出了 DSL 的概念,并开发了 HDSL 技术;1989 年又进一步提出了 ADSL 的概念。90 年代以来,HDSL 和 ADSL 成为数字用户线研究的热点和主流技术,并衍生出若干分支技术。2001 年,中国用户的上网方式还以低速的拨号接入为主,占比达 83%以上。到 2009 年 6 月底,宽带接入的比例已经达到 94.3%,其中 80%为 ADSL 接入。1999 年 ITU-T 颁布了第一代 ADSL 标准,随后的两三年,该技术逐步发展成熟,在解决了工艺、互通等方面的问题之后,ADSL 进入了快速发展的时期。但第一代 ADSL 技术在业务开展、运维等方面仍然暴露出许多难以克服的缺点。为了克服这些缺点,ITU-T 于 2002 年 5 月又通过了新一代的 ADSL 标准:G.992.3 和 G.992.4,且在此基础上,扩展频谱的 G.992.5 标准也于 2003 年 1 月通过。人们通常把 G.992.3、G.992.4 和 G.992.5 标准称为第二代 ADSL 技术。第二代 ADSL 技术又经过两三年的改进,特别是 ADSL2+技术解决了互通性的问题,使 ADSL 于 2006 年再次进入迅速发展的时期。

在 ADSL2+技术得到普遍应用的同时,ITU-T 还迅速推动了 VDSL2 标准的制定。VDSL2 与 ADSL2+的兼容性使业界对 DSL 技术的发展有了明确的思路,在 VDSL2 标准成熟前可以优先发展 ADSL2+技术,待 VDSL2 技术和标准成熟后,再平滑过渡到 VDSL2 解决方案。可见,VDSL2 将是 ADSL2+之后 DSL 技术重点发展的对象。本章将详细介绍各种铜线接入技术。

3.1 铜线接入技术概述

3.1.1 模拟调制解调器接入技术

模拟调制解调器是利用电话网模拟交换线路实现远距离数据传输的传统技术。从传输速率为 300 bit/s 的 Bell103 调制解调器到 33.6 kbit/s 的 V.34 调制解调器,经过了数十年的发展历程。近年来随着 Internet 网的迅猛发展,拨号上网用户要求提高上网速率的呼声日涨,56 kbit/s 的调制解调器应运而生。56 kbit/s Modem 又称 PCM Modem,与传统 Modem 在应用上的最大不同是,在拨号用户与 ISP 之间只经过一次 A/D 和 D/A 转换,即仅在用户与电话程控交换机间使用一对 Modem,交换机与 ISP 间为数字连接。

PCM Modem 有两个关键技术:一是多电平映射调制技术,二是频谱成型技术。多电平映射调制是采用一组 PAM 调制,从 A 律(或 μ 律)PCM 编码 256 个电平中选择部分电平作调制星座映射,调制符号率为 8 kHz。使用频谱成型技术,目的是抑制发送信号中的直流分量,减少混合线圈中的非线性失真。早期的 56 kbit/s Modem 主要有两大工业标准:一个是 X2 标准,另一个是 K56flex 标准,两者互不兼容。国际电联电信标准局(ITU-T)第 16 研究组(SG16)1998 年 9 月正式通过了 V.90 建议"用于公用电话网 PSTN 上的,上行速率为 33.6 kbit/s,下行速率为 56 kbit/s 的数字/模拟调制解调器"。已投入使用的 X2 或 K56flex Modem 均可以通过软件升级的方法实现与 V.90 Modem 的兼容。

传统的 V 系列话带 Modem 的速率从 V.21(300 bit/s)发展到 V.90(上行 33.6 kbit/s,下行 56 kbit/s),已经接近话带信道容量的香农极限。目前大部分个人计算机都是靠这样的拨号调制解调器接入 Internet 的。这样慢的速率远远不能满足用户的需要。要提高铜线的传输速率,就要扩展信道的带宽。话带 Modem 占用话音频带,使用时不能在同一条铜线上打电话,而且用户不能一直和 Internet 保持连接。因此迫切需要一种新的技术来解决这些问题。

3.1.2 ISDN 接入技术

N-ISDN 也是一种典型的窄带接入的铜线技术,它比较成熟,提供 64 kbit/s、128 kbit/s、384 kbit/s、1.536 kbit/s、1.920 kbit/s 等速率的用户网络接口。N-ISDN 近年的发展与 Internet 的发展有很大的关系,目前主要是利用 2B+D 来实现电话和 Internet 接入,利用 N-ISDN 上 Internet 时的典型下载速率在 8 000 B/s 以上,基本上能够满足目前 Internet 浏览的需要,使 ISDN 成为广大 Internet 用户提高上网速度的一种经济而有效的选择。目前 N-ISDN 主要优点是其易用性和经济性,既可满足边上网边打电话,又可满足一户二线,同时还具有永远在线的技术特点,从目前的经济、ICP/ISP 所提供的服务等情况来看,使用 N-ISDN 来实现 Internet 接入的市场还是相当大的,是近期需大力推广的技术,也是近期内能够解决普通用户接入的最主要的方式。

ISDN 用户/网络接口中有两个重要因素,即通道类型和接口结构。通道表示接口信息传送能力。通道根据速率、信息性质以及容量可以分成几种类型,称为通道类型。通道类型的组合称为接口结构,它规定了在该结构上最大的数字信息传送能力。根据 CCITT 的建议,在用户网络接口处向用户提供的通路有以下类型。

① B 通路:64 kbit/s,供用户传递信息用。

② D 通路:16 kbit/s 和 64 kbit/s,供用户传输信令和分组数据用。

③ H0 通道:384 kbit/s,供用户信息传递用(如立体声节目、图像和数据等)。

④ H11 通道:1 536 kbit/s,供用户信息传递用(如高速数据传输、会议电视等)。

⑤ H12 通道:1 920 kbit/s,供用户信息传递用(如高速数据传输、图像会议电视等)。

BRI 2B+D 基本速率接口:由两个用户信息通路即 B 通路和 1 个信令通路即 D 通路组成,因此一个 2B+D 连接可以提供高达 144 kbit/s 的传输速率,其中纯数据速率可达 128 kbit/s,通过一对 ISDN 用户线最多可连接 8 个用户终端,适用于家庭用户和小型办公室。

PRI 30B+D 一次群速率接口:30B+D 模式由 30 个 B 通路和 1 个 D 通路组成,传输速率为 2 048 kbit/s(PRI 采用光缆接入)。

ISDN 的终端设备具体如下。

① NT-1:一类网络终端接口,该设备为连接电话局线路和用户设备的网络接口,提供标准的 S/T 数字接口。

② NT-PLUS-A:第二代网络—用户接口,除了提供标准的 S/T 数字接口外,增加了模拟接口,使用户能够直接使用原有的模拟设备。

③ TE-1:标准的 ISDN 终端设备,如数字话机、数字传真机、PC 适配卡。

④ TE-2:非标准的 ISDN 终端设备。

⑤ TA:终端适配器,一般提供一个可连接计算机的数据接口和两个模拟接口,实现非标准的 ISDN 终端设备的连接。

"一线通"使用统一的多用途用户—网络接口,所有的业务都通过单一的网络接口来提供。对于用户而言,虽然用户端线路和普通模拟电话线路是完全相同的,但是用户设备不再直接与线路连接。所有终端设备都是通过 NT1 上的两个 S/T 接口接入网络的。通常情况下,用户端设备连接方式如图 3-1 所示。图 3-1 中 NT1 是网络终端 1,完成用户终端信号和线路信号的转换。NT1 一般提供一个 U 接口插槽、两个 S/T 接口插槽,可以同时连接两台终端设备。U 接口采用 RJ11 的插头,S/T 采用 RJ45 的插头。注意:大多数的用户终端设备必须通过 NT1 与用户线路连接,不能直接与用户线路连接。

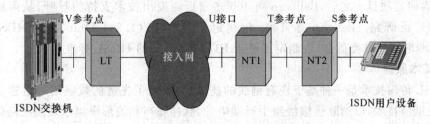

图 3-1 用户网络接口连接图

在应用和业务上,目前 N-ISDN 还有很大的潜力可挖掘,特别是利用 D 信道永远在线和免费的特点提供窄带的增值业务具有广阔的市场前景,利用 D 信道可以进行小额电子支付结算,用于彩票系统、交通及事业性收费、日常生活性费用支付、电子商务小额支付等。此外,还可以大力开展 Message On Demand(MOD)和 News On Demand(NOD)等新业务。

B-ISDN(Broadband Integrated Services Digital Network)宽带综合业务数字网是指用户线上的传输速率在 2 Mbit/s 以上的 ISDN。它是在窄带综合业务数字网(N-ISDN)的基础上发展起来的数字通信网络,其核心技术是采用 ATM(异步传输模式)。

B-ISDN 可以支持各种不同类型、不同速率的业务,不但包括连续型业务,还包括突发型宽带业务。其业务分布范围极为广泛,包括速率不大于 64 kbit/s 的窄带业务(如语音/传真)、宽带分配型业务(广播电视、高清晰度电视)、宽带交互型通信业务(可视电话、会议电话)、宽带突发型业务(高速数据)等。

3.1.3 HDSL 接入技术

目前,与 DSL 标准有关的国际组织很多,其中比较重要的是美国国家标准协会 ANSI(American National Standards Institute)、欧洲技术标准协会 ETSI(European Technical Standards Institute)和国际电信联盟 ITU(International Telecommunication Union)。在 ANSI 中 T1E1 委员会负责网络接口、功率及保护方面的工作,T1E1.4 工作组具体负责 DSL 接入的标准工作。在 ETSI 中,负责 DSL 接入标准的是 TM6 工作组。以上两个标准组织只是局部地区的标准组织,而 ITU 则是一个全球性的标准组织。目前,ITU 中与 DSL 有关的主要标准如下:

- G.991.1:第一代 HDSL 标准;
- G.991.2:第二代 HDSL 标准(HDSL2 或 SDSL);
- G.992.1:全速率 ADSL 标准(G.DMT);
- G.992.2:无分离器的 ADSL 标准(G.LITE);
- G.993:保留为 VDSL 的未来标准(尚未完全确定);
- G.994.1:DSL 的握手流程(G.HS);
- G.995.1:DSL 概览;
- G.996.1:DSL 的测试流程(G.TEST);
- G.997.1:DSL 的物理层维护工具(G.OAM)。

HDSL 是 ISDN 编码技术研究的产物,可为 ISDN 提供 2B+D 的基本速率。1988 年 12 月,Bellcore 首次提出了 HDSL 的概念;1990 年 4 月,IEEE T1E1.4 工作组就此主体展开讨论,并列为研究项目。之后,Bellcore 向 400 多家厂商发出技术支持的呼吁,从而展开了对 HDSL 的广泛研究。Bellcore 于 1991 年制定了基于 T1(1.544 Mbit/s)的 HDSL 标准,ETSI(欧洲电信标准委员会)也制定了基于 E1(2 Mbit/s)的 HDSL 标准。

1. 基本原理

HDSL 传输技术是一种基于现有铜线的技术,它采用了先进的数字信号自适应均衡技术和回波抵消技术,以消除传输线路中近端串音、脉冲噪声和波形噪声以及因线路阻抗不匹配而产生的回波对信号的干扰,从而能够在现有的普通电话双绞铜线(两对或三对)上全双工传输 E1 速率数字信号,无中继传输距离可达 3～5 km。接入网中采用 HDSL 技术应基于以下因素考虑。

- 充分利用现有的占接入网网路资源 94% 的铜线,较经济地实现用户的接入。

- 在目前大中城市地下管道不足、机线矛盾突出并在短期内难以解决的地区,可在较短时间内实现用户线增容。
- 传输速率和传输距离有限,只能提供 2 Mbit/s 以下速率的业务。

2. 系统组成及参考配置

图 3-2 规定了一个与业务和应用无关的 HDSL 接入系统的功能参考配置示例。该参考配置是以两线对为例的,但同样适合于三线对或其他多线对的 HDSL 系统。

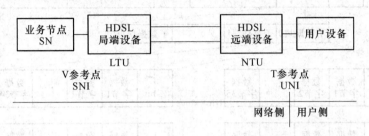

图 3-2　HDSL 的参考配置

HDSL 线路终端单元 LTU 为 HDSL 系统的局端设备,提供系统网络侧与业务节点 SN 的接口,并将来自业务节点的信息流透明地传送给位于远端用户侧的 NTU 设备。LTU 一般直接设置在本地交换机接口出处。NTU 的作用是为 HDSL 传输系统提供直接或远端的用户侧接口,将来自交换机的用户信息经接口传送给用户设备。在实际应用中,NTU 可能提供分接复用、集中或交叉连接的功能。

HDSL 系统由很多功能块组成,一个完整的系统参考配置和成帧过程如图 3-3 所示。

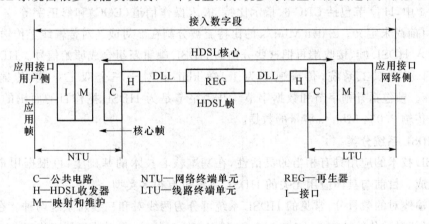

图 3-3　HDSL 系统的参考配置

信息在 LTU 和 NTU 之间的传送过程如下。

① 应用接口(I):在应用接口,数据流集成在应用帧结构(G.704,32 时隙帧结构)中。

② 映射功能块(M):映射功能块将具有应用帧结构的数据流插入 144 字节的 HDSL 帧结构中。

③ 公共电路(C):在发送端,核心帧被交给公共电路,加上定位、维护和开销比特,以便在 HDSL 帧中透明传送核心帧。

再生器是可选功能块。在接收端,公共电路将 HDSL 帧数据分解为帧,并交给映射功能块,映射功能块将数据恢复成应用帧,通过应用接口传送。

3. HDSL 的帧结构

HDSL 的帧结构如图 3-4 所示。

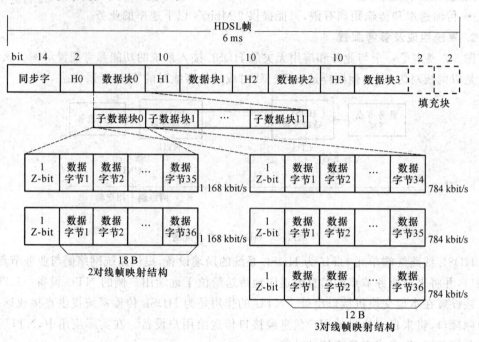

图 3-4 HDSL 的帧结构

图 3-4 中,H 字节包括 CRC-6、指示比特、嵌入操作信道(EOC)和修正字等,Z-bit 为开销字节,目前尚未定义。2.048 Mbit/s 的比特流被分割在 2 对或 3 对传输线上传输,分割的信号映射入 HDSL 帧,接收端再把这些分割的 HDSL 帧重新组合成原始信号。HDSL 帧长6 ms,对于双全双工系统,传输速率为 1 168 kbit/s;对于三全双工系统,传输速率为784 kbit/s。帧包括开销字节和数据字节。开销字节是为 HDSL 操作目的而用的,数据字节则用来传输 2.034 Mbit/s 容量的数据。

4. HDSL 系统分类

HDSL 技术的应用具有相当的灵活性,在基本核心技术的基础上,可根据用户需要改变系统组成。目前与具体应用无关的 HDSL 系统也有很多类型。

按传输线对的数量分,常见的 HDSL 系统可分为两线对和三线对系统两种。在两线对系统中,每线对的传输速率为 1 168 kbit/s,利用三线对传输,每对收发器工作于 784 kbit/s。三线对系统由于每线对的传输速率比两线对的低,因而其传输距离相对较远,一般情况下传输距离增加 10%。但是,由于三线对系统增加了一对收发信机,其成本也相对较高,并且该系统利用三线对传输,占用了更多的网络线路资源。综合比较,建议在一般情况下采用两线对 HDSL 传输。另外,HDSL 还有四线对和一线对系统,其应用不普遍。按线路编码分,HDSL 系统可分为两种。

① 2B1Q 码。2B1Q 码是无冗余度的 4 电平脉冲幅度调制(PAM)码,属于基带型传输码,在一个码元符号内传送 2 bit 信息。

② CAP 码。CAP 码是一种有冗余的无载波幅度相位调制码,目前的 CAP 码系统可分

为二维八状态码和四维十六状态码两种。在 HDSL 系统中广泛应用的是二维八状态格栅编码调制(TCM),数据被分为 5 个比特一组与 1 比特的冗余位一起进行编码。

从理论上讲,CAP 信号的功率谱是带通型,与 2B1Q 码相比,CAP 码的带宽减少了一半,传输效率提高一倍,由群时延失真引起的码间干扰较小,受低频能量丰富的脉冲噪声及高频的近端串音等的干扰程度也小得多,因而其传输性能比 2B1Q 码好。实验室条件下的测试表明,在 26 号线(0.4 mm 线径)上,2B1Q 码系统最远传输距离为 3.5 km,CAP 码系统最远传输距离为 4.4 km。各种 HDSL 系统的比较如表 3-1 所示。

表 3-1　各 HDSL 系统的比较

		传输距离(0.4 mm)	对信号要求	性能(误比特率)
2B1Q 码	二线对	3.2 km	成帧/不成帧	1×10^{-7}
	三线对	3.8 km	成帧/不成帧	1×10^{-7}
CAP 码(二线对)		4.0 km	成帧/不成帧	1×10^{-9}

CAP 码系统有着比 2B1Q 码系统更好的性能,但 CAP 码系统现无北美标准,且价格相对较贵。因此 2B1Q 系统和 CAP 系统各有各的优势,在将来的接入网中,应根据实际情况灵活地采用。

5. 接口

在接入网中,HDSL 局端设备 LTU 可经过 V5 接口与交换机相接。当交换机不具备 V5 接口时,和交换机的接口可以是 Z 接口、ISDN U 接口、租用线节点接口或其他应用接口。相应的,在远端,HDSL 远端设备可经由 T 参考点与用户功能级设备或直接与用户终端设备相连,其接口可为 X.21、V.35、Z 等应用接口。HDSL 的网管接口暂不作规定,现有的 HDSL 设备的网管信息一般经过由 RS-232 接口报告给网管中心。

6. HDSL 的业务支持能力

HDSL 是一种双向传输的系统,其最本质的特征是提供 2 Mbit/s 数据的透明传输,因此它支持净负荷速率为 2 Mbit/s 以下的业务,在接入网中,它能支持的业务有:ISDN 基群率接入(PRA)数字段、普通电话业务(POTS)、租用线业务、数据、$n \times 64$ kbit/s、2 Mbit/s(成帧和不成帧)。

就目前 HDSL 提供的业务能力而言,它还不具备提供 2 Mbit/s 以上宽带业务的能力,因此 HDSL 系统的传输能力是十分有限的。

7. HDSL 系统的特点

HDSL 最大的优点是①充分利用现有的铜线资源实现扩容,以及在一定范围内解决部分用户对宽带信号的需求。②性能好,HDSL 可提供接近于光纤用户线的性能。③采用 2B1Q 码,可保证误码率低于 1×10^{-7},加上特殊外围电路,其误码率可达 1×10^{-9}。采用 CAP 码的 HDSL 系统性能更好。④另外,当 HDSL 的部分传输线路出现故障时,系统仍然可以利用剩余的线路实现较低速率的传输,从而减小了网路的损失。⑤初期投资少,安装维护方便,使用灵活。HDSL 传输系统的传输介质就是现存的市话铜线,不需要加装中继器及其他相应的设备,也不必拆除线对原有的桥接配线,无须进行电缆改造和大规模的工程设计工作。同时 HDSL 系统也无须另配性能监控系统,其内置的故障性能监控和诊断能力可进行远端测试和故障隔离,从而提高了网络维护能力。系统升级方便,可较平滑地向光纤网过渡。HDSL 系统的升级策略实际上就是设备更新,用光网取代 HDSL 设备,而被取代的 HDSL 设备可直接转到异地使用。

HDSL 系统的缺点是目前还不能传送 2 Mbit/s 以上的信息,传输距离一般不超过 5 km。因此其接入能力是有限的,只能作为建设接入网的过渡性措施。

8. HDSL 在接入网中的应用

HDSL 技术能在两对双绞铜线上透明地传输 E1 信号达 3~5 km。鉴于我国大中城市用户线平均长度为 3.4 km 左右,因此基于铜缆技术的 HDSL 在接入网中有广泛的应用。HDSL 系统既适合点对点通信,也适合点对多点通信。其最基本的应用是构成无中继的 E1 线路,它可充当用户的主干传输部分,其网络结构示意图如图 3-5 所示。

图 3-5　HDSL 系统结构示意图

较经济的 HDSL 接入方式将用于现有的 PSTN 网。HDSL 局端设备放在交换局内;用户侧 HDSL 端机安放在 DP 点(用户分线盒)处,为 30 个用户提供每户 64 kbit/s 的话音业务;配线部分使用双绞引入线,配线部分的结构为星形分布。但是,该接入方案由于提供的业务类型较单一,只是对于业务需求量较少的用户(如不太密集的普通住宅)较为适合。

若在 HDSL 系统加入数据服务单元的功能,提供若干个数据接口如 V.35、X.21 等,用户可根据需要租信道,这样可使一条 E1 线路为多种类型的用户服务,提高线路利用率。当然,更灵活的 HDSL 系统能同时提供多种业务接口,如 POTS、X.21、V.35、会议电视等接口,从而使 HDSL 成为真正意义上的铜线用户接入业务(包括话音、数据、图像)的通信平台。在实际使用中,这种较为灵活的 HDSL 传输系统更适合于业务需求多样化的商业地区及一些小型企业。当然,这种系统成本相对较高。

3.2　ADSL 接入技术

ADSL 技术是由 Bellcore 的 Joe Lechleder 于 20 世纪 80 年代末首先提出的,它是一种利用双绞线传送双向不对称比特率数据的方法,是对提供 ISDN 基本接入速率的 HDSL 技术的发展。ADS 系统可提供三条信息通道:高速下行信道、中速双工信道和普通电话业务信道。ADSL 将高速数字信号安排在普通电话频段的高频侧,再用滤波器滤除如环路不连续点和振铃引起的瞬态干扰后即可与传统电话信号在同一对双绞线共存而不互相影响。1997 年 6 月阿尔卡特、微软等公司联合发表了 ADSL 系统规范,给出了利用 xDSL 设备设计 ATM 网络的基本方法。通常对各个 ATM 终端独立地设定 VPI(虚路径标识符)和 VCI(虚通道标识符),如果在 ATM over ADSL 中原封不动地沿用这种规范,因导入了带有复用功能的综合型 ADSL Modem 不能保持 VPI/VCI 的唯一性。因此,联合建议中规定 ATM 终端只设定 VCI,VPI 作为 DSLAM(Digital Subscriber Line Access Multiplexer)识别各

ATM 终端(ADSL 线路)的标志。

ANSI T1.143 标准规定 ADSL 在传输距离为 2.7~3.7 km 时,下行速率为 8 Mbit/s,上行速率为 1.5 Mbit/s(和铜线的规格有关);在传输距离为 4.5~5.5 km 时,数据速率降为下行 1.5 Mbit/s 和上行 64 kbit/s。从 ADSL 的传输速率和传输距离上看,ADSL 都能够较好地满足目前用户接入 Internet 的要求。而且 ADSL 这种不对称的传输技术符合 Internet 业务下行数据量大,上行数据量小的特点。虽然从理论上说 ADSL 系统中 ADSL 信号(数据信号)和话音信号占用不同频带传输,但由于电话设备的非线性响应,高频段的 ADSL 信号会干扰电话业务;同样,电话信号也会干扰 ADSL 信号。所以,ADSL 系统必须在用户端安装防止数据信号和电话信号互相干扰的分离器(Splitter),而且安装工作必须由专门的技术人员完成。这极大地影响了 ADSL 技术的普及。

为使 ADSL 技术得到广泛的应用,ADSL Modem 的使用应该像传统的话带 Modem 那样简单,将电话线插入即可使用。这促使了另一种 ADSL 标准的产生:ITU-T 于 1998 年 10 月制定了无须分离器的 G.992.2(又称 G.Lite)标准。G.Lite Modem 的价格比 ADSL Modem 便宜,支持 T1.413 标准的 ADSL 设备也能够通过软件升级支持 G.Lite。

通常一种新的标准要得到广泛的接受是非常费时的。但对 G.Lite 却不是这样。由世界上主要的电信公司和康柏、英特尔和微软等计算机公司组成了 UAWG(Universal ADSL Working Group),其目的是开发出符合 G.Lite 标准、支持即插即用的 Modem。相信得到广泛支持的 G.Lite 标准将会很快普及。G.Lite 标准支持传输速率的自适应。它的数据率不仅和传输距离有关,而且和屋内的布线情况以及所连接的电话设备有关。在良好的环境中,当下行速率为 1.5 Mbit/s、上行速率为 384 kbit/s 时可以传输 5 km 以上,并且限制传输速率低于该值。

为避免 G.Lite Modem 影响电话设备,当 G.Lite Modem 检测到电话摘机时就将发送功率减小,同时传输速率也要相应减小。用户挂机后,发送功率和传输速率又会恢复。所以,最好不要使用 ADSL Modem 传送需要保证比特率的业务,除非可以确信传送时不使用电话。应当指出,G.Lite 的产生并不是对高速 ADSL 技术的否定。相反,G.Lite 的产生正是为了更好地引导用户进入高速铜线传输的世界。当一部分用户逐渐感到需要比 G.Lite 更高的数据率时,就会转而使用较为复杂的高速 ADSL 技术,如 ADSL2 和 ADSL2+。2002 年 7 月,ITU-T 公布了 ADSL 的两个新标准(G.992.2 和 G.992.4),也就是所谓的 ADSL2。2003 年 3 月,在第一代 ADSL 标准的基础上,ITU-T 又制定了 G.992.5,也就是 ADSL2plus,又称 ADSL2+。

3.2.1 ADSL 的网络结构

ADSL Modem 内部结构与 V.34 等模拟 Modem 几乎相同,主要由处理 D/A 变换的模拟前端(Analog Front End),进行调制/解调处理的数字信号处理器(DSP)以及减小数字信号发送功率和传输误差、利用"网格编码"和"交织处理"实现差错校正的数字接口构成,如图 3-6 所示。

交换局侧的 xDSL Modem 产品大多具有多路复用(DSLAM)功能。各条 xDSL 线路传来的信号在 DSLAM 中进行复用,通过高速接口向主干网侧的路由器等设备转发,这种配置可节省路由器的端口,布线也得到简化。目前已有将数条 xDSL 线路集束成一条

10BASE-T 的产品和将交换机架上全部数据综合成 155 Mbit/s ATM 端口的产品。

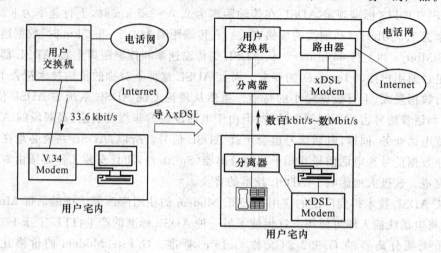

图 3-6 传统 Modem 与 xDSL 技术的比较

ADSL 等 xDSL 技术能同时提供电话和高速数据业务,为此应在已有的双绞线的两端接入分离器,分离承载音频信号的 4 kHz 以下的低频带和 xDSL Modem 调制用的高频带。分离器实际上是由低通滤波器和高通滤波器合成的设备,为简化设计和避免馈电的麻烦,通常采用无源器件构成。图 3-7 给出了 ADSL Modem 的应用实例。

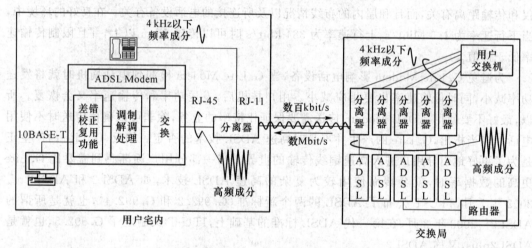

图 3-7 ADSL 网络结构

ADSL 的接入模型主要由局端模块和远端模块组成。局端模块包括在中心位置的 ADSL Modem 和接入多路复合系统,处于中心位置的 ADSL Modem 被称为 ATU-C (ADSL Transmission Unit-Central)。接入多路复合系统中心 Modem 通常被组合成一个,被称作接入节点,也被称作"DSLAM"(DSL Access Multiplexer)。

远端模块由用户 ADSL Modem 和滤波器组成,用户端 ADSL Modem 通常被称为 ATU-R(ADSLTransmission Unit-Remote)。

ADSL 接入的优点是可以利用现有的市内电话网,降低施工和维护成本。缺点是对线路质量要求较高,线路质量不高时推广使用有困难。它适合用于下行传输速率 1~2 Mbit/s

的应用。由于带宽可扩展的潜力不大,ADSL 不能满足今后日益增长的接入速率需求,只能是不长的一段时期的过渡性产品。

3.2.2 ADSL 的发展

在 ADSL 发展之初,ATM 被认为是下一代网络的核心技术,所以 ADSL 在链路层也采用了 ATM 的信元格式。随着互联网的发展,IP 的应用占据了主导地位,ADSLDSLAM 也经历了纯 ATM 结构、ATM 内核 IP 上行、IP 内核 IP 上行三个发展阶段。

第一代 ADSLDSLAM 只能使用 ATM 网络作为其接入与核心网络。ATM 网络接口直到目前为止仍然仅能提供 622M 接口,交换容量也通常只有几个 GB,这样就导致在提供大容量的核心网络时要使用大量的 ATM 设备,而 ATM 设备本身成本较高,这就导致了 ATM 核心网络的高建网成本。此外,为了和以 IP 技术为核心的互联网互通,需要 BRAS (宽带远程接入服务器)作为 ATM 到 IP 的网关设备。BRAS 设备由于要同时支持 ATM 和 IP 两种协议,其设备成本较 ATM 设备更为昂贵。在 ATM 与 IP 转换时要进行 SAR(切片与重组)操作,极大消耗了设备的宝贵资源,使 BRAS 成了两网互通的瓶颈。

第二代 ADSLDSLAM 实际是一种过渡性产品,其 ATM 与 IP 的转换集中在上行 IP 接口板,由其统一处理。其结构特点导致设备在使用的过程中出现了以下一些问题:在数据流量较大时设备上行端口易拥塞;网络扩容困难;只能支持很少量的 VLAN,难保障专线用户的 QoS;很难支持日渐成型的组播业务。

第二代 ADSLDSLAM 既没有继承 ATM 丰富的 QoS 特性,也没有学习到 IP 丰富的业务特性。但尽管其存在这样或那样的缺点,它仍然解决了第一代 ADSLDSLAM 在组网时完全依赖 ATM 网络的缺陷,在组网模式上是一大进步,是 ADSLDSLAM 发展过程中的重要一员。

第三代 ADSLDSLAM 从开始设计就采用了纯 IP 内核。这样从根本上解决了前两代 ADSLDSLAM 所存在的问题。

第三代 ADSLDSLAM 在 ATM 与 IP 的转换上采用了分布式结构,在每个 ADSL 业务板上实现了 ATM 信元的终结和每条 PVC 与 VLANID 的一一映射。第三代 ADSLDSLAM 大容量的以太网背板保证了所有端口的无阻塞交换,上行可提供多个 GE 捆绑,不仅解决了第二代上行带宽不足的问题,还解决了对于企业级用户的服务品质保障问题。

第三代 ADSLDSLAM 在级联方式上采用以太网级联方式,不占用内部总线带宽,采用分布式的 ATM 与 IP 转换不会因级联而加重单个设备的负载。大部分第三代 ADSLDSLAM 都可以提供 4 台以上的级联能力,有的甚至可以提供 15 台的级联能力,网络扩容非常灵活方便。

第三代 ADSLDSLAM 与前两代相比有了质的变化,不仅学习了 ATM 丰富的 QoS 特性,而且继承了 IP 丰富的业务特性,通过 IP 网中的组播协议,可无缝地支持视频组播等宽带 IP 业务。在建设模式上不需要昂贵的 ATM 设备与 BRAS,建网成本大大下降。

由于建设成本高、容量小、业务支持能力弱,各大运营商都已经停止了 ATM 网络的改造和扩容。相反,各运营商在宽带 IP 城域网的建设上投入很大,IP 网络资源越来越丰富。从技术发展、建设成本、市场经营和提高使用效率上看,采取 IP 内核的第三代 ADSLDSLAM 都有着明显的优势。

3.2.3 ADSL 的性能损伤

要获得比较满意的性能,除了要更好地设计 ADSL 设备外,运营商也要提供高质量的线路。一般来说,线路规格不同,会给 ADSL 的性能带来一些差异。按照美国国家标准 T1.413 的规定,ADSL 产品的设计应适应不同线规的分段线路。目前最常用的电缆规格是 24 线规(—0.5 mm)和 26 线规(—0.4 mm),我们认为一个好的 ADSL 产品应至少能够适用于这些规格的电缆。因为 ADSL 设备可以自适应地改变传输速率,当线路不能满足一定的要求时,用户会感到传输速率得不到保证。所以,在开通 ADSL 业务之前,要对线路进行测试和优化。如测试环路长度、环路电阻、环路损耗是否可接受,定位并去掉影响高速传输的加感线圈和桥分点,对线路误码率进行测试等。

1. 衰减

由于双绞线是为传电话设计的,其频段为 300～3 400 Hz,在此频率范围内衰减很低。而 ADSL 的工作频段为 100～400 kHz,传输衰减可达 50～70 dB。ADSL 系统必须能补偿这么大的信号损失。

2. 串音

在多线对接入线缆中存在两种不同的串音:一种是近端串音 NEXT(Near-End Cross Talk);另一种是远端串音 FEXT(Far-End Cross Talk)。近端串音发生在与干扰源同一端的另一对线上,它的幅度与线长无关。而远端串音发生在干扰源对端的另一对线上,它的幅度衰减至少与信号传输相同距离的衰减相同。避免近端串音的方法是不在相同的频带上同时发送信号。ADSL 系统采用频分复用(FDM)方式,可以把上下行信号频带分开,大大减少了近端串音的影响。而远端串音的影响不会造成大的损害。

3. 电磁干扰

ADSL 传输系统接入线对工作在苛刻的电磁环境中。在这里它的特性可以视为天线。一方面它会接收到可能对 ADSL 系统造成影响的电磁辐射。另一方面它也会产生对其他射频系统造成干扰的电磁辐射。ADSL 系统采用在线对上传送幅度相等、极性相反的信号来消除它产生的电磁干扰。

3.2.4 ADSL2 与 ADSL2＋协议

1. ADSL2 的主要技术特性

(1)速率提高,覆盖范围扩大

ADSL2 在速率、覆盖范围上拥有比第一代 ADSL 更优的性能。ADSL2 下行最高速率可达 12 Mbit/s,上行最高速率可达 1 Mbit/s。ADSL2 是通过减少帧的开销,提高初始化状态机的性能,采用了更有效的调制方式、更高的编码增益以及增强性的信号处理算法来实现。

与第一代 ADSL 相比,在长距离电话线路上,ADSL2 将在上行和下行线路上提供比第一代 ADSL 多 50 kbit/s 的速率增量。而在相同速率的条件下,ADSL2 增加了传输距离约为 180 m,相当于增加了覆盖面积 6％。

ADSL2 定义的下行传输频带的最高频率为 1.1 MHz,而 ADSL2＋技术标准将高频段的最高调制频点扩展至 2.2 MHz,如图 3-8 所示。通过此项技术改进,ADSL2＋提高了上下行的接入速率,在短距离情况下,其下行接入能力能够达到最大 26 Mbit/s 以上的接入速率。

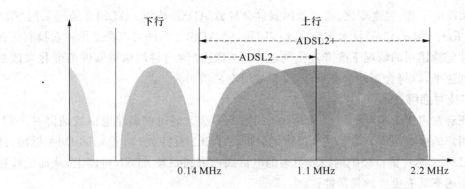

图 3-8　ADSL2 与 ADSL2＋的频谱分布

高达 24 Mbit/s 的下行速率,可以支持多达 3 个视频流的同时传输,大型网络游戏、海量文件下载等都成为可能。

（2）线路诊断技术

对于 ADSL 业务,如何实现故障的快速定位是一个巨大的挑战。为解决这个问题,ADSL2＋传送器增强了诊断工具,这些工具提供了安装阶段解决问题的手段、服务阶段的监听手段和工具的更新升级。

为了能够诊断和定位故障,ADSL2 传送器在线路的两端提供了测量线路噪声、环路衰减和 SNR 的手段,这些测量手段可以通过一种特殊的诊断测试模块来完成数据的采集。这种测试在线路质量很差（甚至在 ADSL 无法完成连接）的情况下也能够完成。此外,ADSL2 提供了实时的性能监测,能够检测线路两端质量和噪声状况的信息,运营商可以利用这些通过软件处理后的信息来诊断 ADSL2 连接的质量,预防进一步的失败,也可以用来确定是否可以提供给用户一个更高速率的服务。

（3）增强的电源管理技术

第一代 ADSL 传送器在没有数据传送时也处于全能量工作模式。如果 ADSL Modem 能有工作与待机/睡眠状态,那么对于数百万台的 Modem 而言,就能节省很可观的电量。为了达到上述目的,ADSL2 提出了两种电源管理模式,即低能模式 L2 和低能模式 L3,这样在保持 ADSL"一直在线"的同时,能减少设备总的能量消耗。

低能量模式 L2 使得中心局调制解调器 ATU-C 端可以根据 Internet 上流过 ADSL 的流量来快速地进入和退出低能模式。当下载大量文件时,ADSL2 工作于全能模式,以保证最快的下载速度;当数据流量下降时,ADSL2 系统进入 L2 低能模式,此时数据传输速率大大降低,总的能量消耗就减少了。当系统处于 L2 模式时,如果用户开始增加数据流量,系统可以立即进入 L0 模式,已达到最大的下载速率。L2 状态的进入和退出的完成,不影响服务,不会造成服务的中断,甚至一个比特的错误。

低能模式 L3 是一个休眠模式,当用户不在线及 ADSL 线路上没有流量时,进入此模式。当用户回到在线状态时,ADSL 收发器大约需要 3 s 的时间重新初始化,然后进入稳定的通信模式。通过这种方式,L3 模式使得在收发两端的总功率得到节省。总之,根据线路连接的实际数据流量,发送功率可在 L0、L2、L3 之间灵活切换,其切换时间可在 3 s 内完成,以保证业务不受影响。

（4）速率自适应技术

电话线之间的串话会严重影响 ADSL 的数据速率,且串话电平的变化导致 ADSL 掉线。AM 无线电干扰、温度变化、潮湿等因素也会导致 ADSL 掉线。ADSL2 通过采用 SRA（Seamless Rate Adapation）技术来解决这些问题，使 ADSL2 系统可以在工作时在没有任何服务中断和比特错误的情况下改变连接的速率。ADSL2 通过检测信道条件的变化来改变连接的数据速率，以符合新的信道条件，改变对用户是透明的。

（5）多线对捆绑技术

运营商通常需要为不同的用户提供不同的服务等级。通过把多路电话线捆绑在一起，可以提高用户的接入速率。为了达到捆绑的目的，ADSL2 支持 ATM 论坛的 IMA 标准，通过 IMA、ADSL2 芯片集可以把两根或更多的电话线捆绑到一条 ADSL 链路上，从而使线路的下行数据速率具有更大的灵活性。

（6）信道化技术

ADSL2 可以将带宽划分到具有不同链路特性的信道中，从而为不同的应用提供服务。这一能力使它可以支持 CVoDSL（Channelized Voice over DSL），并可以在 DSL 链路内透明地传输 TDM 语音。CVoDSL 技术为从 DSL Modem 传输 TDM 到远端局或中心局保留了 64 kbit/s 的信道，局端接入设备通过 PCM 直接把语音 64 kbit/s 信号发送到电路交换网中。

（7）其他优点

改进的互操作性：简化了初始化的状态机，在连接不同芯片供应商提供的 ADSL 收发时，可以互操作并且提高了性能。

快速启动：ADSL2 提供了快速启动模式，初始化时间从 ADSL 的 10 s 减少到 3 s。

全数字化模式：ADSL2 提供一个可选模式，它使得 ADSL2 能够利用语音频段进行数据传输，可以增加 256 kbit/s 的数据速率。

支持基于包的服务：ADSL2 提供一个包传输模式的传输汇聚层，可以用来传输基于包的服务。

2. ADSL2＋的技术特点

ADSL2＋除了具备 ADSL2 的特点外，还有一个重要的特点是扩展了 ADSL2 的下行频段，从而提高了短距离内线路上的下行速率。ADSL2 的两个标准中各指定了 1.1 MHz 和 552 kHz 下行频段，而 ADSL2＋指定了一个 2.2 MHz 的下行频段。这使得 ADSL2＋在短距离（1.5 km 内）的下行速率有非常大的提高，可以达到 20 Mbit/s 以上。而 ADSL2＋的上行速率大约是 1 Mbit/s，这要取决于线路的状况。

使用 ADSL2＋可以有效地减少串话干扰。当 ADSL2＋与 ADSL 混用时，为避免线对间的串话干扰，可以将其下行工作频段设置在 1.1～2.2 MHz，避免与 ADSL 的 1.1 MHz 下行频段产生干扰，从而达到降低串扰、提高服务质量的目的。

3.3　VDSL 接入技术

鉴于现有 ADSL 技术在提供图像业务方面的带宽十分有限以及经济上的成本偏高的弱点，近来人们又进一步开发了一种称为甚高比特率数字用户线（VDSL）的系统，有人称之为宽带数字用户线（BDSL）系统，其系统结构图与 ADSL 类似。

ITU-T SG15 Q4 一直在致力于 VDSL 的标准化工作，并在 2001 年通过了其第一个基础性的 VDSL 建议 G.993.1。为规范和推动 VDSL 技术在我国的应用和推广,传送网和接入网标准组于 2002 年年初开始研究制订我国 VDSL 的行业标准。此标准的起草由中国电信集团公司牵头,国内六个设备制造商和研究机构参与,于 2002 年年底发布。此标准在参考相关国际标准的基础上,从 VDSL 技术的应用出发,对 VDSL 的频段划分方式、功率谱密度(PSD)、线路编码、传输性能、设备二层功能、网管需求等重要内容进行了规定。由于电话铜缆上的频谱是一种重要资源,频段划分方式决定了 VDSL 的传送能力(速率和距离的关系),进而决定 VDSL 的业务能力,因此频段划分方式的确定成为 VDSL 标准制订过程中最为重要的内容。本节将介绍 VDSL 的基本构成、相关技术以及存在的问题,最后介绍 VDSL 的应用。

3.3.1　VDSL 系统的构成

VDSL 计划用于光纤用户环路(FTTL)和光纤到路边(FTTC)的网络的"最后一千米"的连接。FTTL 和 FTTC 网络需要有远离中心局(Central Office,CO)的小型接入节点。这些节点需要有高速宽带光纤传输。通常一个节点就在靠近住宅区的路边,为 10～50 户提供服务。这样,从节点到用户的环路长度就比 CO 到用户的环路短。

图 3-9 为一种 VDSL 的体系结构。远端 VDSL 设备位于靠近住宅区的路边,它对光纤传来的宽带图像信号进行选择拷贝,并和铜线传来的数据信号和电话信号合成,通过铜线送给位于用户家里的 VDSL 设备。位于用户家里的 VDSL 设备,将铜线送来的电话信号、数据信号和图像信号分离送给不同终端;同时将上行电话信号与数据信号合成,通过铜线送给远端 VDSL 设备。远端 VDSL 设备将合成的上行信号送给交换局。在这种结构中,VDSL 系统与 FTTC 结合实现了到达用户的宽带接入。值得注意的是,从某种形式上看,VDSL 是对称的。目前,VDSL 线路信号采用频分复用方式传输,同时通过回波抵消达到对称传输或达到非常高的传输速率。

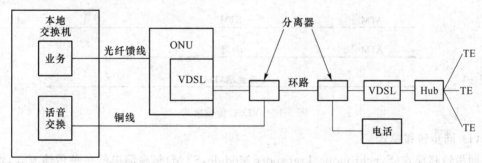

图 3-9　VDSL 的体系结构

很明显,VDSL 与 ADSL 的区别在于 VDSL 有光纤网络单元(ONU)。光缆在这种结构中比其他结构更接近普通用户,图中分离器的作用是为了在新的 ONU/DLC 结构中支持以前的模拟话音。如果网络完全数字化,VDSL 就不必保留模拟话音业务。该图中指出了可行的 VDSL 上行/下行速率。当铜线长度为 1.2 km 时,下行速率可为 12.96～13.8 Mbit/s;铜线长度 0.8 km 时,下行速率可为 25.92～27.6 Mbit/s;铜线长度为 300 m 时,下行速率可为 51.84～55.2 Mbit/s;上行速率的变化范围可以在 1.5～26 Mbit/s。有些情况下上、下行速率也可能相等。以上只是一些设计参数,要想在 10 Mbit/s 的传输速率和有限的距离长度内使用户端设备的造价最低且功能达到最优,还需要克服许多技术障碍。

目前,光纤系统的应用已相当广泛,VDSL 就是为这些系统而研究的。也就是,采用 VDSL 系统的前提条件是:以光纤为主的数字环路系统必须占有主要地位,本地交换到用户双绞铜线减到很少。当前 15%的本地环路是光纤数字本地环路系统,随着光纤价格的下降及城市的发展它将逐步扩大。现有的电信业务服务地区限制了本地数字环路的运行和铜线尺寸的变化。

VDSL 不仅仅是为了 Internet 的接入,它还将为 ATM 或 B-ISDN 业务的普及而发展。例如,类似于 ADSL 与 ATM 的服务关系,VDSL 也会通过 ATM 提供宽带业务。宽带业务包括多媒体业务和视频业务。压缩技术在 VDSL 中将起关键作用,将 ATM 技术和压缩技术相结合,将会永远消除线路带宽对业务的限制。

3.3.2　VDSL 的关键技术

1. 传输模式

VDSL 的设计目标是进一步利用现有的光纤满足居民对宽带业务的需求。ATM 将作为多种宽带业务的统一传输方式。除了 ATM 外,实现 VDSL 还有其他的几种方式。VDSL 标准中以铜线/光纤为线路方式定义了 5 种主要的传输模式,如图 3-10 所示。在这些传输模式中,大部分的结构类似于 ADSL。

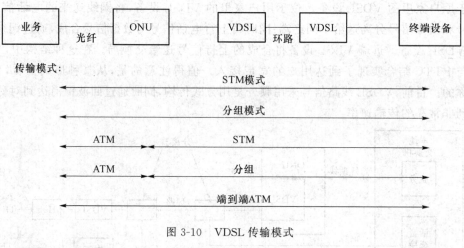

图 3-10　VDSL 传输模式

（1）同步转移模式

同步转移模式(Synchronous Transport Module,STM)是最简单的一种传输方式,也称 STM 为时分复用(TDM),不同设备和业务的比特流在传输过程中被分配固定的带宽。与 ADSL 中支持的比特流方式相同。

（2）分组模式

在这种模式中,不同业务和设备间的比特流被分成不同长度、不同地址的分组包进行传输;所有的分组包在相同的"信道"上,以最大的带宽传输。

（3）ATM 模式

ATM 在 VDSL 网络中可以有 3 种形式。第一种是 ATM 端到端模式,它与分组包类似,每个 ATM 信元都带有自身的地址,并通过非固定的线路传输,不同的是 ATM 信元长度比分组包小,且有固定的长度。第二、三种分别是 ATM 与 STM 和 ATM 与分组模式的混合使用,这两种形式从逻辑上讲是 VDSL 在 ATM 设备间形成了一个端到端的传输模式。光纤网络单元用于实现各功能的转换。利用现在广泛使用 IP 网络,VDSL 也支持 ATM 与光纤网络单元和分组模式的混合传输方式。

2. 传输速率与距离

由于将光纤直接与用户相连的造价太高,因此光纤到户(FTTH)和光纤到大楼(FTTB)受到很多的争议。由此产生了各种变形,如光纤到路边(FTTC)及光纤到节点(FTTN)(是指用一个光纤连接 10~100 个用户)。有了这些变形,就不必使光纤直接到用户了。许多模拟本地环路可由双绞线组成,这些双绞线从本地交换延伸到用户家中。

图 3-11 所示为 VDSL 与 ADSL 的传输速率和传输距离的比较。由图可以看出,VDSL 实际上涉及的是 ADSL 没有涉及的部分。根据双绞线的传输距离,VDSL 可以和 ADSL 同时使用。许多标准化组织建议这两者的混合使用可以提供更广泛的业务范围,包括从以 PC 为主的业务到交互式电视业务都可以在一个系统上实现。

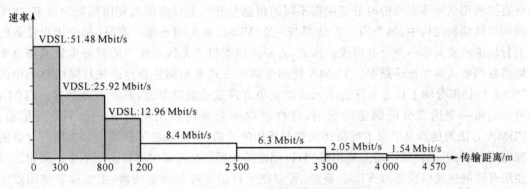

图 3-11   VDSL 与 ADSL 的传输速率和传输距离

从传输和资源的角度来考虑,VDSL 单元能够在各种速率上运行,并能够自动识别线路上新连接的设备或设备速率的变化。无源网络接口设备能够提供"热插入"的功能,即一个新用户单元介入线路时,并不影响其他调制解调器的工作。

VDSL 所用的技术在很大程度上与 ADSL 相类似。不同的是,ADSL 必须面对更大的动态范围要求,而 VDSL 相对简单得多;VDSL 开销和功耗都比 ADSL 小;用户方 VDSL 单元需要完成物理层媒质访问控制及上行数据复用功能。从 HDSL 到 ADSL,再到 VDSL,xDSL 技术中的关键部分是线路编码。

在 VDSL 系统中经常使用的线路码技术主要有以下几种:①无载波调幅/调相技术(Carrierless Amplitude/Phase Modulation,CAP);②离散多音频技术(Discrete MultiTone,DMT);③离散小波多音频技术(Discrete Wavelet MultiTone,DWMT);④简单线路码(Simple Line Code,SLC),这是一种 4 电平基带信号,经基带滤波后送给接收端。以上 4 种方法都曾经是 VDSL 线路编码的主要研究对象。但现在,只有 DMT 和 CAP/QAM 作为可行的方法仍在讨论中,DWMT 和 SLC 已经被排除。

早期的 VDSL 系统,使用频分复用技术来分离上、下信道及模拟话音和 ISDN 信道。在后来的 VDSL 系统中,使用回波抵消技术来满足对称数据速率的传输要求。在频率上,最重要的就是要保持最低数据信道和模拟话音之间的距离,以便模拟话音分离器简单而有效。

在实际系统中,都是将下行信道置于上行信道之上,如 ADSL。

VDSL 下行信道能够传输压缩的视频信号。压缩的视频信号要求有低时延和时延稳定的实时信号,这样的信号不适合用一般数据通信中的差错重发算法,得到压缩视频信号允许的差错率,VDSL 采用带有交织的前向纠错编码,以纠正某一时刻由于脉冲噪声产生的所有错误,其结构与 TI.413 定义的 ADSL 中所使用的结构类似。值得注意的问题是,前向差错控制(FEC)的开销(约占 8%)是占用负载信道容量还是利用带外信道传送。前者降低了负载信道容量,但能够保持同步;后者则保持了负载信道的容量,却有可能产生前向差错控制开销与 FEC 码不同步的问题。

如果用户端的 VDSL 单元包含了有源网络终端,则将多个用户设备的上行数据单元或数据信道复用成一个单一的上行流。有一种类型的用户端网络是星形结构,将各个用户设备连至交换机或共用的集线器,这种集线器可以继承到用户端的 VDSL 单元中。

VDSL 下行数据有许多分配方法。最简单的方法是将数据直接广播给下行方向上的每一个用户设备(CPE),或者发送到集线器,由集线器把数据进行分路,并根据信元上的地址或直接利用信号流本身的时分复用将不同的信息分开。上行数据流复用则复杂得多,在无源网络终端的结构中,每个用户设备都与一个 VDSL 单元相连接。此时,每个用户设备的上行信道将要共享一条公共电缆。因此,必须采用类似于无线系统中的时分多址或频分多址将数据插入到本地环路中。TDMA 使用令牌环方式来控制是否允许光纤网络单元中的 VDSL 传输部分向下行方向发送单元或以竞争方式发送数据单元,或者两者都有。FDMA 可以给每一个用户分配固定的信道,这样可以不必使许多用户共享一个个上行信道。FDMA 方法的优点是消除了媒质访问控制所用的开销,但是限制了提供给每个用户设备的数据速率,或者必须使用动态复用机制,以便使某个用户在需要时可以占用更多的频带。对使用有源网络接口设备的 VDSL 系统,可以把上行信息收集到集线器,由集线器使用以太网协议或 ATM 协议进行上行复用。

3.3.3　VDSL 的应用

与 ADSL 相同,VDSL 能在基带上进行频率分离,以便为传统电话业务(POTS)留下空间。同时传送 VDSL 和 POTS 的双绞线需要每个终端使用分离器来分开两种信号。超高速率的 VDSL 需要在几种高速光纤网络中心点设置一排集中的 VDSL 调制解调器,该中心点可以是一些远距离光纤节点的中心局(CO)。因此,与 VTU-R 调制解调器相对应的调制解调器称为 VTU-O,它代表光纤馈线。

从中心点出发,VDSL 的范围和延伸距离分为下面几种情况:对于 25 Mbit/s 对称或52 Mbit/s/6.4 Mbit/s 非对称的 VDSL,所覆盖服务区半径约为 300 m;对于 13 Mbit/s 对称或 26 Mbit/s/3.4 Mbit/s 非对称的 VDSL,所覆盖服务区半径约为 800 m;对于 6.5 Mbit/s 对称或 13.5 Mbit/s/1.6 Mbit/s 非对称的 VDSL,所覆盖服务区半径约为 1.2 km。

VDSL 实际应用的区域(或者说覆盖区域)比中心局(CO)所提供服务的区域(3 km)小得多。VDSL 所覆盖的服务区域被限制在整个服务区域较小的比例上,这严重地限制了VDSL 的应用。

VDSL 应用既可以来自中心局,也可以来自光纤网络单元(ONU)。这些节点通常应用并服务于街道、工业园,以及其他具有较高电信业务量模式的区域,并利用光纤进行连接。

连接用户到 ONU 的媒质可以是同轴电缆、无线连接,更有可能的是双绞线。高容量链接与服务节点的结合及连接到服务节点的双绞线的通用性,使得利用光纤网络单元的网络非常适合采用 VDSL 技术。

图 3-12 所示为一个采用 VDSL 的区域。该区域使用 ONU 为更远距离的区域服务,而来自中心局的 VDSL 则服务于较近的区域。图中,采用简单的光纤连接来为每个 ONU 服务。实际使用中,主要使用光纤环或其他类型光纤分布。

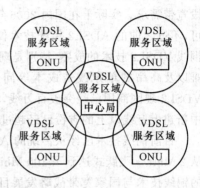

一个 ONU 可用的光纤总带宽通常不大于所有 ONU 用户可能的带宽总和。例如,如果一个 ONU 服务 20 个用户,每个用户有一条 50 Mbit/s 的 VDSL 链路,那么 ONU 总的可用带宽为 1 Gbit/s,这比通常 ONU 所提供的带宽要大得多。可用于 ONU 的光纤带宽与所有用户可能的带宽累计值之间的比值,称为订购超额(Over Subscription)比例。订购超额比例应精心地设计以便对于所有用户来说都能得到合理的性能。

图 3-12 采用远端 ONU 时 VDSL 的覆盖区域

VDSL 支持的速率使它适合很多类型的应用。现有的许多应用均可使用 VDSL 作为其传送机制,一些将要开发的应用也可使用 VDSL。

3.3.4 VDSL2 协议

ADSL2 和 ADSL2+采用相同的帧结构和编码算法,所不同的是 ADSL2+比 ADSL2 的下行频带扩展一倍,因而下行速率提高一倍,约 24 Mbit/s。可以简单地说,ADSL2+是包含 ADSL2 的。VDSL 支持最高 26 Mbit/s 的对称或者 52 Mbit/s/32 Mbit/s 的非对称业务。ITU-T 在决定了 DMT 和 QAM 同时作为 VDSL 调制方式的可选项之后,还同时宣布启动第二代 VDSL 标准 VDSL2 的制定工作。

VDSL2,ITU 正式编号为 G.993.2,基于 ITU G.993.1 VDSL1 和 G.992.3 ADSL2 发展而来,在 2005 年 5 月的 ITU 会议上达成一致。为了能在 350 m 的距离内实现如此之高的传输速率,VDSL2 的工作频率由 12 MHz 提高至 30 MHz。为了满足中、长距离环路的接入要求,VDSL2 的发射功率被提高至 20 dBm,回声消除技术也进行了具体规定,使长距离应用能够实现类似 ADSL 的性能。为了最有效地利用比特率和带宽,VDSL2 技术还采用了诸如无缝速率适配(SRA)和动态速率再分配(DRR)等灵活成帧和在线重配方法。

VDSL2 标准只考虑 DMT 调制,并强调即将产生的 VDSL2 标准的一个主要内容是做到 VDSL2 与 ADSL2+兼容。此外,所有主流芯片厂商也纷纷表态要开发 VDSL2/ADSL2+兼容的芯片方案。目前,ITU-T 已不再争论 VDSL 标准中采用何种调制方式,而是进入技术细节的讨论,包括 PMS-TC 结构、PSD 模板、承载子带定义、成帧方案、低功耗模式、初始化等诸多技术。同时也考虑到与现有 ADSL2/2+的衔接,以便未来相当一段时间内 ADSL2/2+与 VDSL2 的共存、融合与发展。VDSL2 的初步需求包括:VDSL2 将更高的接入比特率、更强的 QoS 控制和类似 ADSL 的长程环路传输性能结合起来,使其非常适应迅速变化的电信环境,并可以使运营商和服务提供商"三网合一"业务,尤其是通过 DSL 进入视频传播,获得更大的收益。

作为国家宽带战略 2015—2020 年的目标,20～50 Mbit/s 接入能力要求是现网建设过程中最为主流的需求,也是宽带技术匹配的主要目标,因此 VDSL2 就可以很好地满足现阶段宽带需求。实际上在国内 2006 年开始的光进铜退建设热潮中,铜线技术能力已经得到认可,不过之前的 ADSL2 传统技术仅能实现 8 Mbit/s 以内带宽,随着带宽需求的提升,以及铜线 VDSL2 技术的成熟,特别是现网 FTTH 改造(光纤改造)过程中,遇到的入户改造工程难以及高昂的单户改造成本等问题,2012—2013 年成为 VDSL2 的井喷期。截至目前,VDSL2 现网商用已经突破百万线,覆盖中国电信、中国联通以及中国移动 20 多个省份,其中新建十万线以上的省份已经超过十个。

目前铜线技术已经从传统的 ADSL2＋,发展到 VD2L2＋、Vectoring、G. fast,带宽已经从 2 Mbit/s 飞跃式达到了 100 Mbit/s 甚至 1 Gbit/s,未来还在向更高带宽发展。比对现有的铜线技术与国家宽带战略发展目标:VDSL2 支持 20～50 Mbit/s,超越第二阶段,实现第三阶段目标;Vectoring 满足 50～100 Mbit/s,超越第三阶段目标,实现长期目标;G. fast 则可实现1 000 Mbit/s 接入,实现超宽带终极目标。

G. fast 相对比前几种铜线技术更加超前,通过扩展传统 DSL 频谱资源来获得更大带宽,初期会采用 106 MHz,未来可扩展到 212 MHz。通常所讲的 G. fast 在 200 m 以内,带宽可超过 1 Gbit/s,实际是指上、下行带宽总和。1 Gbit/s 带宽实现了个人带宽的终极梦想,随着该技术的商用进程在不断加快,特别是 2013 年 10 月中旬华为与 BT 合作,全球首个开通 3 个 G. fast 友好试验局,在铜线接入距离小于 100 m 的情况下,实现最高用户带宽:下行 806 Mbit/s,上行 240 Mbit/s,总带宽 1.05 Gbit/s,相信 G. fast 技术很快将会实现正式商用。

3.4 以太网接入技术

对于企事业用户,以太网技术一直是最流行的方法,采用以太网作为企事业用户接入手段的主要原因是已有巨大的网络基础和长期的经验知识。目前所有流行的操作系统和应用也都是与以太网兼容的。以太网接入具有性能价格比好、可扩展性、容易安装开通以及高可靠性等优势。以太网接入方式与 IP 网很适应,技术已有重要突破(LAN 交换、大容量 MAC 地址存储等),容量分为 10 Mbit/s、100 Mbit/s、1 000 Mbit/s、10 000 Mbit/s 多种等级,可按需升级,采用专用的无碰撞全双工光纤连接,可以使以太网的传输距离大为扩展。完全可以满足接入网和城域网的应用需要。全球企事业用户的 80％以上都采用以太网接入,其成为企事业用户接入的最佳方式。

以太网接入方式是通过一般的网络设备,例如交换机、集线器等将同一幢楼内的用户连成一个局域网,再与外界光纤主干网相连。这种接入方式采用了 Internet 的连接方式,构架在天然的数字系统的基础上,与将来三网合一的必然趋势——IP 网络紧密结合,具有很大的发展空间。以太网技术同时也成为理解 WLAN、EPON 等接入技术的基础。

3.4.1　以太网技术的发展

以太网标准是一个古老而又充满活力的标准。1972 年,Metcalfe 博士在 Xerox 公司 PARC 研究中心试验了第一个 2.94 Mbit/s 以太网原型系统(Alto Aloha Network)。该系统可以实现不同计算机系统之间的互联,并共享打印机设备。1973 年,Metcalfe 将自己的系统更名为以太网(Ethernet),并指出该系统的设计原理不局限于 PARC 的 Alto 计算机互连,也适用于其他计算机系统。自此,以太网诞生了。

网络技术发展的历史表明,只有开放的、简单的、标准的技术才有前途。在很大程度上,以太网标准的发展进程就是以太网技术本身的发展历程。在以太网标准发展的过程中,IEEE 802 工作委员会是以太网标准的主要制定者,IEEE 802.3 标准在 1983 年获得正式批准,该标准确定以太网采用带冲突检测的载波侦听多路访问机制(Carrier Sense Multiple Access with Collision Detection,CSMA/CD)作为介质访问控制方法,标准带宽为 10 Mbit/s。此后的 20 年间,以太网技术作为局域网标准战胜了令牌总线、令牌环、Wangnet、25M ATM 等技术,在有线和无线领域的市场和技术方面取得蓬勃发展,成为局域网的事实标准。

根据开放系统互连参考模型(OSIRM)的七层协议分层模型,IEEE 802 标准体系与这一分层模型的物理层和链路层相对应。IEEE 802 协议将数据链路层分为介质访问控制子层(Media Access Control,MAC)和逻辑链路子层(Logic Link Control,LLC),另外,802 标准还规定了多种物理层介质的要求。802.3 标准族是以太网最为核心的内容,也是一个不断发展中的协议体系。IEEE 802.3 定义了传统以太网、快速以太网、全双工以太网、千兆以太网以及万兆以太网的架构,同时也定义了 5 类屏蔽双绞线和光缆类型的传输介质。该工作组还明确了不同厂商设备之间、不同速率、不同介质类型下的互操作方式。但无论如何,从传统以太网的 10 Mbit/s,再到快速以太网的 100 Mbit/s,到千兆以太网的 1 Gbit/s,直至万兆以太网的 10 Gbit/s,所有的以太网技术都保留了最初的帧格式和帧长度,无论从技术上还是应用上都保持了高度的兼容性,确保为上层协议提供一致的接口,给用户升级提供了极大的方便。

IEEE 802.3 标准为采用不同传输介质的传统以太网制定了对应的标准,主要包括采用细缆的 10base-2、采用粗缆的 10base-5 和采用双绞线的 10base-T;IEEE 802.3u 标准则为采用不同传输介质的快速以太网制定了相应的标准,主要包括采用双绞线介质的 100base-TX 和 100base-T4,采用多模光纤介质的 100base-FX 以及 10/100base 速率的自动协商功能;IEEE 802.3x 定义了全双工以太网的各种控制功能,主要包括过负荷流量控制、暂停帧的使用以及类型域定义等;802.3z 千兆以太网标准主要包括采用光纤作为传输介质的 1000base-SX/LX 和采用双绞线介质的 1000base-T;802.3ad 是链路聚合技术;802.3ae 基于光纤的万兆以太网标准根据接口类型不同,主要包括三个标准,即 10Gbase-X、10Gbase-R 和 10Gbase-W;802.3an 基于铜缆的万兆以太网的标准 10GBase-T。

很长一段时间里,以太网主要在局域网中占有优势。业界普遍认为以太网不能用于城域网(MAN),特别是汇聚层以及骨干层。主要原因在于以太网用作城域网骨干带宽太低(10/100M 以太网),且传输距离不足。随着带宽的逐步提高,千兆以太网粉墨登场,包括短波长光传输 1000Base-SX、长波长光传输 1000Base-LX 以及五类线传输 1000Base-T。2002 年年底 IEEE 802 工作委员会又通过了 802.3ae:10 Gbit/s 以太网(万兆以太网)。在以太网技术中,100Base-T 是一个里程碑,确立了以太网技术在局域网中的统治地位。而千兆以太网以及随后万兆以太网标准的推出,使得以太网技术从局域网延伸到了城域网的汇聚和骨干层。表 3-2 为以太网标准发展时间表,回顾一下以太网发展史中的几个阶段。

表 3-2　以太网标准发展时间表

传输速度	标准解读
标准以太网 10 Mbit/s	以太网可以使用粗同轴电缆、细同轴电缆、非屏蔽双绞线、屏蔽双绞线和光纤等多种传输介质进行连接,并且在 IEEE 802.3 标准中,为不同的传输介质制定了不同的物理层标准。在这些标准中前面的数字表示传输速度,单位是"Mbit/s",最后的一个数字表示单段网线长度(基准单位是 100 m),Base 表示"基带"的意思,Broad 代表"带宽"。包括 10Base-5、10Base-2、10Base-T、1Base-5、10Broad-36、10Base-F
快速以太网 100 Mbit/s	可以有效地保障用户在布线基础实施上的投资,它支持 3、4、5 类双绞线以及光纤的连接,能有效地利用现有的设施。快速以太网的不足其实也是以太网技术的不足,那就是快速以太网仍是基于 CSMA/CD 技术,当网络负载较重时,会造成效率的降低,当然这可以使用交换技术来弥补。100 Mbit/s 快速以太网标准又分为:100BASE-TX,100BASE-FX,100BASE-T4 三个子类
千兆以太网 1 000 Mbit/s	千兆技术仍然是以太技术,它采用了与 10M 以太网相同的帧格式、帧结构、网络协议、全/半双工工作方式、流控模式以及布线系统。由于该技术不改变传统以太网的桌面应用、操作系统,因此可与 10M 或 100M 的以太网很好地配合工作。升级到千兆以太网不必改变网络应用程序、网管部件和网络操作系统,能够最大限度地投资保护。千兆以太网技术有两个标准:IEEE 802.3z 和 IEEE 802.3ab。IEEE 802.3z 制定了光纤和短程铜线连接方案的标准。IEEE 802.3ab 制定了五类双绞线上较长距离连接方案的标准
万兆以太网 10 Gbit/s	万兆以太网规范包含在 IEEE 802.3 标准的补充标准 IEEE 802.3ae 中,它扩展了 IEEE 802.3 协议和 MAC 规范,使其支持 10 Gbit/s 的传输速率。除此之外,通过 WAN 界面子层(WAN Interface Sublayer,WIS),10 千兆位以太网也能被调整为较低的传输速率,如 9.584 640 Gbit/s(OC-192),这就允许 10 千兆位以太网设备与同步光纤网络(SONET)STS-192c 传输格式相兼容
40/100G 以太网标准 40 Gbit/s/100 Gbit/s	802.3ba 标准解决了数据中心、运营商网络和其他流量密集、高性能计算环境中数量越来越多的应用的宽带需求。而数据中心内部虚拟化和虚拟机数量的繁衍,以及融合网络业务、视频点播和社交网络等的需求也是推动制定该标准的幕后力量
400G 以太网	400G 以太网标准工作组成立于 2014 年,并命名为 P802.3bs。工作组将负责定义 400G 以太网格式帧传输中的 MAC 参数、物理层规格和管理参数。此外,400 Gbit/s 芯片与芯片之间、芯片与模块间的电口规格也将进行标准化。其他工作包括确保 400 Gbit/s 支持光传输和节能以太网 EEE 等。新的标准完成后,以太网将支持云数据中心、互联网交换、无线和视频传输、运营商网络和其他关键应用直接的高速互联。物理介质相关子层(PMDs)将进行标准化,以支持最短距离 100 m 的多模光纤,以及 500 m、2 km 和 10 km 单模光纤

除 IEEE 以外,还有其他国际标准组织在进行以太网标准的研究,包括国际电信联盟(ITU-T)、城域以太网论坛(Metro Ethernet Forum,MEF)、10G 以太网联盟(10 Gigabit Ethernet Alliance,10GEA)以及 Internet 工程任务组(Internet Engineer Task Force,IETF)。ITU-T 主要关注运营商网络的体系结构,重点是规范如何在不同的传送网上承载以太网帧。ITU-T 内与以太网相关的标准主要由 SG13 和 SG15 研究组负责制定,其中ITU-TSG13 工作组主要研究以太网的性能管理、流量管理和以太网 OAM,ITU-TSG15 工

作组主要负责制定传送网承载以太网的标准。IETF 主要研究如何在分组网络（如 IP/MPLS）中提供以太网业务。IETF 内与以太网相关的工作组有 PWE3 和 L2VPN 工作组。其中，PWE3 工作组主要负责制定伪线的框架结构和与业务相关的技术（伪线：封装和承载不同业务的 PDU 的隧道），L2VPN 工作组负责制定运营商的 L2VPN 实施方案。

MEF 的工作动态尤其值得关注，它成立于 2001 年 6 月，是专注于解决城域以太网技术问题的非营利性组织，目的是要将以太网技术作为交换技术和传输技术广泛应用于城域网建设。它首要的目标是统一光以太网实现的一致性，并以此影响现有的标准；其次是对其他相关标准组织的工作提出一些建议；最后也制定一些其他标准组织未制定的标准。MEF 目前开展的工作包括以下几个方面。

（1）开发城域以太网参考模式，为内部组件和外部组件之间定义参考点和接口。

（2）定义城域以太网的服务模式，对城域以太网服务的术语、接口、规范和提供的基本服务进行统一。开发服务提供商和终端客户之间建立 SLA 使用的 SLS 框架。

（3）研究如何能使以太网作为一种广域传输技术，包括以太网的保护模式及服务质量。保护模式的目标是以太网服务提供端到端的保护恢复时间＜50 ms；QoS 的目标是创建一种框架，可以提供各种分等级的服务（CoS），并且在每个 CoS 中确保 QoS。

（4）开发用于服务提供商和终端客户之间以太网接口管理的要求、模式和框架，也包括服务提供商的城域网络内部的以太网接口的管理。

为推动我国 IP 多媒体数据通信网络标准化的发展，1999 年国内电信研究机构联合诸多通信企业成立了中国 IP 和多媒体标准研究组。研究组成立后，便将以太网作为该研究组的一项重要技术进行研究和制定。截至目前，已经立项研究了一批以太网标准，包括《二层 VPN 业务技术要求》《基于 LDP 信令的虚拟专用以太网技术要求》《基于 LDP 信令的虚拟专用以太网测试方法》以及《仿真点到点伪线业务技术规范》等。由于以太网服务质量、安全、扩展性、管理等技术受到业界的广泛关注，研究组也加强了对这些热点问题的跟踪研究，相关标准也正在紧张制定中。

3.4.2　以太网的帧格式

本节讨论各种不同的以太网帧格式。从最初的 DIX 以太网到现在，以太网的帧格式改变非常小，但是也容易混淆。IEEE 802.3X 最终将不同帧格式集中为一种混合格式，已得到工业范围的赞同。我们讨论的帧格式都要经过物理层的进一步封装，包括数据流开始和结束的定界符、空闲信号等，都与特定的物理实现有关。

图 3-13 给出了以太网的帧格式。该帧包含 6 个域。

（1）前导码（Preamble）包含 8 个字节（octet）。前 7 个字节的值为 0x55，而最后一个字节的值为 0xD5。结果前导码将成为一个由 62 个 1 和 0 间隔（10101010…）的串行比特流，最后两位是连续的 1，表示数据链路层帧的开始。在 DIX 以太网中，前导码被认为是物理层封装的一部分，而不是数据链路层的封装。

（2）目的地址（DA）包含 6 个字节。DA 标识了帧的目的地站点。DA 可以是单播地址或组播地址。

（3）源地址（SA）包含 6 个字节。SA 标识了发送帧的站。SA 通常是单播地址（即第 1 位是 0）。

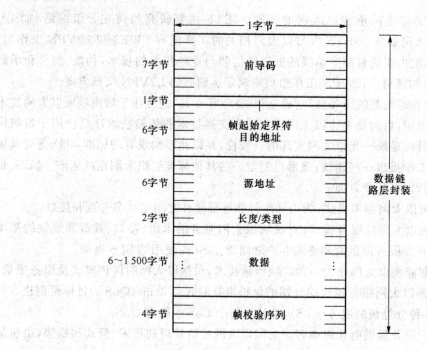

图 3-13　IEEE 802.3 帧格式(1997)

以太网地址是一个指明特定站或一组站的标识。以太网地址是 6 字节(48 比特)长。图 3-14 说明了以太网地址格式。为了顺应 IPv6 的发展,IEEE 可能将 MAC 地址由 48 位改为 64 位。

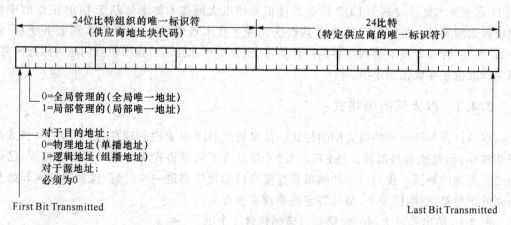

图 3-14　以太网地址格式

在以太网中,数据信息的传送也是根据信宿地址决定将数据传给某台主机。以太网的寻址机制由主机接口卡(网卡)完成。以太网中每一主机拥有一个全球唯一的以太网地址。以太网地址是一个 48 比特的整数,以机器可读的方式存入主机接口卡中,叫作硬件地址(Hardware Address)或物理地址(Physical Address)。

现在由 IEEE 负责全球局域网地址的管理,它负责分配地址字段的 6 个字节中的前 3 个字节(即高 24 位)。世界上凡是要生产局域网网卡的厂家都必须向 IEEE 购买由这三个字节构成的一个号,它又称为地址块。如烽火网络的地址块为 00A467,Cisco 的地址块为

000000,Intel 的地址块为 00AA00 等。地址字段的后 3 个字节(即低 24 位)则是可变的,由厂家分配。可见,一个地址块可以生成 2^{24} 个不同的地址。

地址中的第 2 位指示该地址是全局唯一还是局部唯一。除了个别情况,历史上以太网一直使用全局唯一地址。

(4) 类型域包含两个字节。类型域标识了在以太网上运行的客户端协议。使用类型域,单个以太网可以向上复用(Upward Multiplex)不同的高层协议(IP、IPX、AppleTalk 等)。以太网控制器一般不去解释这个域,但是使用它来确定所连接计算机上的目的进程。本来类型域的值由 Xerox 公司定义,但在 1997 年改由 IEEE 负责。

(5) 数据域包含 46~1 500 字节。数据域封装了通过以太网传输的高层协议信息。由于 CSMA/CD 算法的限制,以太网帧必须不能小于某个最小长度。高层协议要保证这个域至少包含 46 字节,如果实际数据不足 46 个字节,则高层协议必须执行某些(未指定)填充算法。数据域长度的上限为 1 500 字节。

(6) 帧校验序列(FCS)包含 4 个字节。FCS 是从 DA 开始到数据域结束这部分的校验和。校验和的算法是 32 位的循环冗余校验法(CRC)。

3.4.3 IEEE 802.3 帧格式

在 1980 年最早的以太网规范与 1983 年第一个 IEEE 802.3 标准发布之前,帧格式的改变很小。IEEE 802.3 帧格式几乎与 DIX 以太网帧相同,但还是存有一些差异。

• IEEE 802.3 前导码域和 SFD 连接起来与 DIX 以太网前导码域的位置是相同的。DIX 帧的 8 个字节的前导码被替换成 7 个字节的前导码和 1 个字节的帧起始定界符(SFD)。这只是一个用语上的改变,因为 IEEE 802.3 前导码域被定义成 55-55-55-55-55-55-55,再加上 SFD 是 55-D5。

• 前导码/SFD 被认为是数据链路层封装的一部分,而不是 DIX 以太网中认为的是物理层封装的一部分。这也被认为是用语上的改变,因为这并没有影响帧的实际格式。然而由于 IEEE 802.3 认为前导码/SFD 部分属于数据链路层,因此即使物理层如 100BASE-X 和 1000BASE-X 并不需要使用它们,这些域也被一直保留。

• 类型域被长度域取代。这两个字节在 IEEE 802.3 中被用来指示数据域中有效数据的字节数。这将使高层协议不必提供填充机制。因为数据链路层会进行填充并在长度域中指明非填充数据的长度。

但是,没有类型域就无法指示发送或接收站的高层协议的类型(向上复用)。使用 IEEE 802.3 格式的帧可用来封装逻辑链路控制(LLC)数据。LLC 由 IEEE 802.3 规定,它提供了一些服务规范以及向上复用高层协议的方法。

除了上面这三点之外,IEEE 802.3 帧中的所有域与 DIX 以太网帧格式完全相同的。历史上,网络设计者和用户一般都正确地把类型域和长度域使用上的不同作为这两种帧格式的主要差别。DIX 以太网不使用 LLC,使用类型域支持向上复用协议。IEEE 802.3 需要 LLC 实现向上复用,因为它用长度域取代了类型域。

实际上,这两种格式可以并存。这个 2 字节的域表示的数字值范围是 $0 \sim 2^{16} - 1$(65 535)。长度域的最大值是 1 500,因为这是数据域最大的有效长度。因此,从 1 501~65 535 的值可用来标识类型域,而不会干扰该域对数据长度的表示。我们只要简单地保证类型域的所有值都包含在这个不会相互干扰的区间之内就可以了。实际上,这个域的1 536～65 535(从0x0600～0xFFFF)的全部值都已经保留为类型域的值,而从0～1 500的所有值则保留为长度域的赋值。

在这种方式下,使用IEEE 802.3格式(带LLC)的以太网客户之间可以通信,而使用DIX以太网格式(带类型域)的客户之间也可以在同一个LAN相互通信。当然,这两类用户之间不能通信,除非有设备驱动软件或高层协议能够理解这两种格式。许多高层协议现在还使用DIX以太网帧格式。这种格式是TCP/IP、IPX(Net Ware)、DECnetPhase 4和LAT(DEC的Local Area Transport,局部传输)使用得最普遍的格式。IEEE 802.3/LLC大都在APPleTalk Phase 2、NetBIOS和一些IPX(Net Ware)的实现中普通被使用。

1995—1996年,IEEE 802.3X任务组,为了支持全双工操作,对已有的标准作了补充。其中一部分工作就是开发了流量控制算法。这个流量控制算法将在后面介绍。从帧格式角度的最大变化是,MAC控制协议使用DIX以太网风格的类型域来唯一区分MAC控制帧与其他协议的帧。这是IEEE 802委员会第一次使用这种帧格式。只要该任务组把MAC控制协议对类型域的使用合法化,他们就将把任何IEEE 802.3帧对类型域的使用合法化。IEEE 802.3X在1997(IEEE 97)年成为IEEE通过的协议。这使原来"以太网使用类型域而IEEE 802.3使用长度域"的差别消失。IEEE 802.3经过IEEE 802.3X标准的补充,支持这个域作为协议类型域、长度域和控制域多种解释。

3.5 以太网VLAN技术

3.5.1 VLAN概述

VLAN(Virtual Local Area Network)即虚拟局域网,是一种通过将局域网内的设备逻辑地而不是物理地划分成一个个网段从而实现虚拟工作组的技术。IEEE于1999年颁布了用以标准化VLAN实现方案的802.1Q协议标准草案。

VLAN技术允许网络管理者将一个物理的LAN逻辑地划分成不同的广播域(或称虚拟LAN,即VLAN),每一个VLAN都包含一组有着相同需求的计算机工作站,与物理上形成的LAN有着相同的属性。但由于它是逻辑的而不是物理的划分,所以同一个VLAN内的各个工作站无须被放置在同一个物理空间里,即这些工作站不一定属于同一个物理LAN网段。一个VLAN内部的广播和单播流量都不会转发到其他VLAN中,从而有助于控制流量、减少设备投资、简化网络管理、提高网络的安全性。

VLAN是为解决以太网的广播问题和安全性而提出的一种协议,它在以太网帧的基础上增加了VLAN头,用VLAN ID把用户划分为更小的工作组,限制不同工作组间的用户二层互访,每个工作组就是一个虚拟局域网。虚拟局域网的好处是可以限制广播范围,并能够形成虚拟工作组,动态管理网络。VLAN在交换机上的实现方法有很多种:基于端口的VLAN、基于MAC地址的VLAN、基于第三层地址的VLAN以及根据IP组播划分VLAN等,下面分别予以介绍。

1. 基于端口划分的 VLAN

这种划分 VLAN 的方法是根据以太网交换机的端口来划分,例如某台交换机 1～4 端口为 VLAN 10,5～17 为 VLAN 20,18～24 为 VLAN 30,当然,这些属于同一 VLAN 的端口可以不连续,如何配置,由管理员决定。如果有多个交换机,例如,可以指定交换机 1 的 1～6 端口和交换机 2 的 1～4 端口为同一 VLAN,即同一 VLAN 可以跨越数个以太网交换机,根据端口划分是目前定义 VLAN 的最广泛的方法。

这种划分方法的优点是定义 VLAN 成员时非常简单,只要将所有的端口都定义一下就可以了。它的缺点是如果 VLAN A 的用户离开了原来的端口,到了一个新的交换机的某个端口,那么就必须重新定义。

2. 基于 MAC 地址划分 VLAN

这种划分 VLAN 的方法是根据每个主机的 MAC 地址来划分,即对每个 MAC 地址的主机都配置其所属的该个组。这种划分 VLAN 的方法的最大优点就是当用户物理位置移动时,即从一个交换机换到其他的交换机时,VLAN 不用重新配置,所以可以认为这种根据 MAC 地址的划分方法是基于用户的 VLAN。这种方法的缺点是初始化时,所有的用户都必须进行配置,如果有几百个甚至上千个用户的话,配置是非常累的。而且这种划分的方法也导致了交换机执行效率的降低,因为在每一个交换机的端口都可能存在很多个 VLAN 组的成员,这样就无法限制广播包了。另外,对于使用笔记本电脑的用户来说,他们的网卡可能经常更换,这样,VLAN 就必须不停地配置。

3. 基于网络层划分 VLAN

这种划分 VLAN 的方法是根据每个主机的网络层地址或协议类型(如果支持多协议)划分的,虽然这种划分方法是根据网络地址,例如 IP 地址,但它不是路由,与网络层的路由毫无关系。它虽然查看每个数据包的 IP 地址,但由于不是路由,所以没有 RIP、OSPF 等路由协议,而是根据生成树算法进行桥交换。

这种方法的优点是用户的物理位置改变了,不需要重新配置所属的 VLAN,而且可以根据协议类型来划分 VLAN,这对网络管理者来说很重要;还有,这种方法不需要附加的帧标签来识别 VLAN,这样可以减少网络的通信量。

这种方法的缺点是效率低,因为检查每一个数据包的网络层地址是需要消耗处理时间的(相对于前面两种方法),一般的交换机芯片都可以自动检查网络上数据包的以太网帧头,但要让芯片能检查 IP 帧头,需要更高的技术,同时也更费时。当然,这与各个厂商的实现方法有关。

4. 根据 IP 组播划分 VLAN

IP 组播实际上也是一种 VLAN 的定义,即认为一个组播组就是一个 VLAN,这种划分的方法将 VLAN 扩大到了广域网,因此这种方法具有更大的灵活性,而且也很容易通过路由器进行扩展,当然这种方法不适合局域网,主要是效率不高。

3.5.2 IEEE 802.1Q 协议

IEEE 于 1999 年正式签发了 802.1Q 标准,即 Virtual Bridged Local Area Networks 协议,规定了 VLAN 的国际标准实现,从而使得不同厂商之间的 VLAN 互通成为可能。802.1Q 协议规定了一段新的以太网帧字段,如图 3-15 所示。与标准的以太网帧头相比,

VLAN 报文格式在源地址后增加了一个 4 字节的 802.1Q 标签。4 个字节的 802.1Q 标签中,包含了两个字节的标签协议标识(Tag Protocol Identifier,TPID,它的值是 8 100)和两个字节的标签控制信息(Tag Control Information,TCI),TPID 是 IEEE 定义的新的类型,表明这是一个加了 802.1Q 标签的报文。

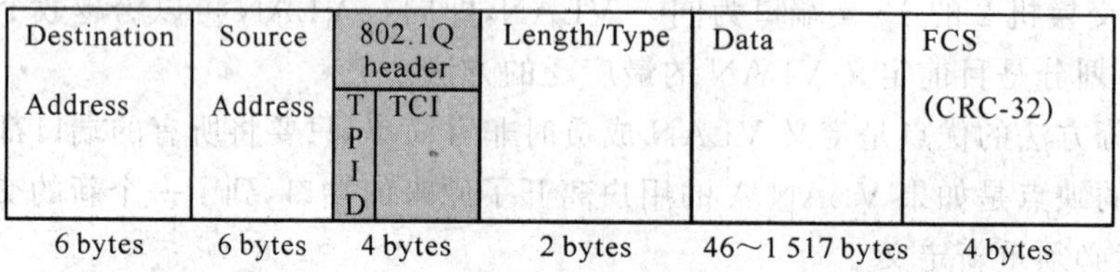

Destination Address	Source Address	802.1Q header		Length/Type	Data	FCS (CRC-32)
		TPID	TCI			
6 bytes	6 bytes	4 bytes		2 bytes	46~1 517 bytes	4 bytes

图 3-15　带有 802.1Q 标签的以太网帧

图 3-16 显示了 802.1Q 标签头的详细内容,该标签头中的信息解释如下。

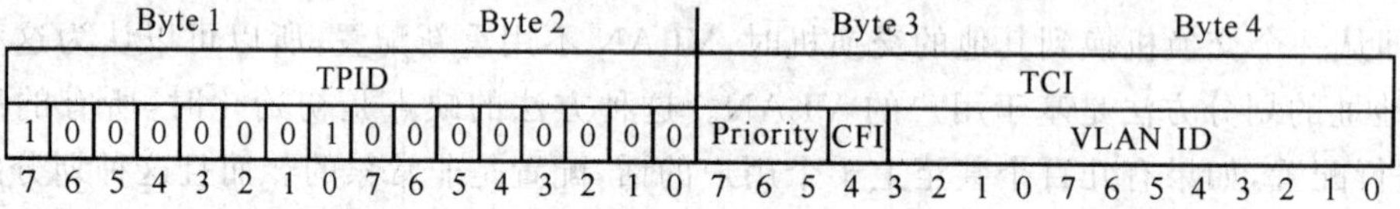

Byte 1	Byte 2	Byte 3	Byte 4
TPID		TCI	
1 0 0 0 0 0 0 0	1 0 0 0 0 0 0 0	Priority CFI	VLAN ID
7 6 5 4 3 2 1 0	7 6 5 4 3 2 1 0	7 6 5 4 3 2 1 0	7 6 5 4 3 2 1 0

图 3-16　802.1Q 标签头

• VLAN ID:这是一个 12 位的域,指明 VLAN 的 ID,一共 4 096 个,每个支持 802.1Q 协议的主机发送出来的数据包都会包含这个域,以指明自己所属的 VLAN。

• CFI(Canonical Format Indicator):这一位主要用于总线型的以太网与 FDDI、令牌环网交换数据时的帧格式。

• Priority:这 3 位指明帧的优先级。一共有 8 种优先级,主要用于当交换机阻塞时,优先发送优先级高的数据包。

目前使用的大多数计算机并不支持 802.1Q,即计算机发送出去的数据包的以太网帧头还不包含这 4 个字节,同时也无法识别这 4 个字节,将来会有软件和硬件支持 802.1Q 协议的。在交换机中,直接与主机相连的端口是无法识别 802.1Q 报文的,那么这种端口称为 Access 端口;对于交换机相连的端口,可以识别和发送 802.1Q 报文,那么这种端口称为 Tag Aware 端口。在目前的大多数交换机产品中,用户可以直接规定交换机端口的类型,来确定端口相连的设备是否能够识别 802.1Q 报文。

在交换机中的报文转发过程中,802.1Q 报文标识了报文所属的 VLAN,在跨越交换机的报文中,带有 VLAN 标签信息的报文尤其显得重要。例如,定义交换机中的 1 端口属于 VLAN 2,且该端口类型为 Access,当 1 端口接收到一个数据报文后,交换机会查看该报文中有没有 802.1Q 标签,那么交换机根据 1 端口所属的 VLAN 2,自动给该数据包添加一个 VLAN 2 的标签头,然后再将数据包交给数据库查询模块,数据库查询模块会根据数据包的目的地址和所属的 VLAN 进行查找,之后交给转发模块,转发模块看到这是一个包含标签头的数据包,根据报文的出端口的性质来决定是保留还是去掉标签头。如果端口是 Tag Aware 端口,则保留标签,否则删除标签头。一般情况下,两个交换机互连的端口都是 Tag Aware 端口,交换机和交换机之间交换数据包时是没有必要去掉标签的。

虚拟局域网是将一组位于不同物理网段上的用户在逻辑上划分成一个局域网,在功能和操作上与传统 LAN 基本相同,可以提供一定范围内终端系统的互联。VLAN 与传统的 LAN 相比,具有以下优势。

- 减少移动和改变的代价。即所说的动态管理网络,也就是当一个用户从一个位置移动到另一个位置时,他的网络属性不需要重新配置,而是动态地完成,这种动态管理网络给网络管理者和使用者都带来了极大的好处。一个用户,无论他到哪里,他都能不做任何修改地接入网络,这种前景是非常美好的。当然,并不是所有的 VLAN 定义方法都能做到这一点。

- 虚拟工作组。使用 VLAN 的最终目标就是建立虚拟工作组模型,例如,在企业网中,同一个部门的就好像在同一个 LAN 上一样,很容易互相访问,交流信息,同时,所有的广播包也都限制在该虚拟 LAN 上,而不影响其他 VLAN 的人。一个人如果从一个办公地点换到另外一个地点,而他仍然在该部门,那么该用户的配置无须改变;同时,如果一个人虽然办公地点没有变,但他更换了部门,那么只需网络管理员更改一下该用户的配置即可。这个功能的目标就是建立一个动态的组织环境,当然,这只是一个理想的目标,要实现它,还需要一些其他方面的支持。

- 限制广播包。按照 802.1D 透明网桥的算法,如果一个数据包找不到路由,那么交换机就会将该数据包向除接收端口以外的其他所有端口发送,这就是桥的广播方式的转发,这样的结果,毫无疑问极大地浪费了带宽。如果配置了 VLAN,那么当一个数据包没有路由时,交换机只会将此数据包发送到所有属于该 VLAN 的其他端口,而不是所有的交换机的端口,这样,就将数据包限制到了一个 VLAN 内。在一定程度上可以节省带宽。

- 安全性。由于配置了 VLAN 后,一个 VLAN 的数据包不会发送到另一个 VLAN,这样,其他 VLAN 的用户的网络上是收不到任何该 VLAN 的数据包的,这样就确保了该 VLAN 的信息不会被其他 VLAN 的人窃听,从而实现了信息的保密。

随着以太网技术在运营商网络中的大量部署(即城域以太网),利用 802.1Q VLAN 对用户进行隔离和标识受到很大限制,因为 IEEE 802.1Q 中定义的 VLAN tag 域只有 12 个比特,仅能表示 4K 个 VLAN,这对于城域以太网中需要标识的大量用户捉襟见肘,于是 QinQ 技术应运而生。

QinQ 最初主要是为拓展 VLAN 的数量空间而产生的,它是在原有的 802.1Q 报文的基础上又增加一层 802.1Q 标签实现的,使 VLAN 数量增加到 4K×4K。随着城域以太网的发展以及运营商精细化运作的要求,QinQ 的双层标签又有了进一步的使用场景,它的内外层标签可以代表不同的信息,如内层标签代表用户,外层标签代表业务。另外,QinQ 报文带着两层 tag 穿越运营商网络,内层 tag 透明传送,也是一种简单、实用的 VPN 技术,因此它又可以作为核心 MPLS VPN 在城域以太网 VPN 的延伸,最终形成端到端的 VPN 技术。

QinQ 报文有固定的格式,就是在 802.1Q 的标签之上再打一层 802.1Q 标签,QinQ 报文比正常的 802.1Q 报文多四个字节。

另外,对于 QinQ 报文的 ETYPE 值,不同的厂家有不同的设置,华为公司采用默认的 0x8100,有些厂家采用 0x9100,为了实现互通,华为公司设备支持基于端口的 QinQ 协议配置,即用户可以在设备端口上设置 QinQ protocol 0x9100(该值可以由用户任意指定),这样端口就会将报文外层 VLAN tag 中的 ETYPE 值替换为 0x9100 再进行发送,从而使发送到其他设备端口的 QinQ 报文可以被设备识别。

3.6 宽带接入对以太网的要求

用户对宽带接入网的要求首先是带宽,目前接入速率为 2 Mbit/s,今后应该能够升级到 100 Mbit/s 甚至 1 Gbit/s。带宽最好是上下行对称的。用户可以按业务,根据 QoS 保证协议和实际使用量付费。用户使用带宽可以根据需要以小增量增减,一旦用户提出一切要求可以快速供应。

运营商对宽带接入网的要求:支持 QoS 和多播;要便于管理按照使用(SLA、QoS 和流量)计费;在速率和规模方面的可扩展性;增加新用户不需要中断业务;对时延、统计、安全的控制和反馈;某用户设备故障不影响或只影响少数其他用户,并能快速发现确定故障点;在 MTU 和 MDU 内使用同样的部件,家庭和企业使用同样设备,以保证配置的灵活性。提到廉价,人们会很自然地想到以太网技术,但是这种局域网的技术能否应用到接入网这样一个公用网络的环境中还需要认真研究。

3.6.1 以太网接入需要解决的问题

由于接入网是一个公用的网络环境,因此其要求与局域网这样一个私有网络环境的要求会有很大不同,主要反映在用户管理、安全管理、业务管理和计费管理上。

所谓用户管理是指用户需要在接入网运营商那里进行开户登记,并且在用户进行通信时对用户进行认证、授权。对所有运营商而言,掌握用户信息是十分重要的,从而便于对用户的管理,因此需要对每个用户进行开户登记。而在用户进行通信时,要杜绝非法用户接入到网络中,占用网络资源,影响合法用户的使用,因此需要对用户进行合法性认证,并根据用户属性使用户享有其相应的权力。

所谓安全管理指的是接入网需要保障用户数据(单播地址的帧)的安全性,隔离携带有用户个人信息的广播消息(如 ARP(地址解析协议)、DHCP(动态主机配置协议)消息等),防止关键设备受到攻击。对每个用户而言,当然不希望他的信息别人能够接收到,因此要从物理上隔离用户数据(单播地址的帧),保证用户的单播地址的帧只有该用户可以接收到,不像在局域网中因为是共享总线方式单播地址的帧总线上的所有用户都可以接收到。另外,由于用户终端是以普通的以太网卡与接入网连接,在通信中会发送一些广播地址的帧(如 ARP、DHCP 消息等),而这些消息会携带用户的个人信息(如用户 MAC 等),如果不隔离这些广播消息而让其他用户接收到,容易造成 MAC/IP 地址仿冒,影响设备的正常运行,中断合法用户的通信过程。在接入网这样一个公用网络的环境,保证其中设备的安全性是十分重要的,需要采取一定的措施防止非法进入其管理系统造成设备无法正常工作,以及某些消息影响用户的通信。

所谓业务管理指的是接入网需要支持组播业务,需要为保护 QoS 提供一定手段。由于组播业务是未来 Internet 上的重要业务,因此接入网应能够以组播方式支持这项业务,而不以点到点方式来传送组播业务。另外,为了保证 QoS 接入网需要提供一定的带宽控制能力,例如保证用户最低接入速率,限制用户最高接入速率,从而支持对业务的 QoS 保证。

所谓计费管理指的是接入网需要提供有关计费的信息,包括用户的类别(是账号用户还是固定用户)、用户使用时长、用户流量等这些数据,支持计费系统对用户的计费管理。

3.6.2　现有以太网接入技术方案

以太网技术发展到今天,特别是交换机型以太网设备和全双工以太网技术的发展,使得人们开始思考将以太网技术应用到公用的网络环境,主要的解决方案有以下两种:VLAN方式和 VLAN+PPPoE 方式。

VLAN 方式的网络结构如图 3-17 所示,局域网交换机(LAN SWITCH)的每个端口配置成独立的 VLAN,享有独立的 VID(VLAN ID)。将每个用户配置成独立的 VLAN,利用支持 VLAN 的 LAN SWITCH 进行信息的隔离,用户的 IP 地址被绑定在端口的 VLAN 号上,以保证正确路由选择。在 VLAN 方式中,利用 VLAN 可以隔离 ARP、DHCP 等携带用户信息的广播消息,从而使用户数据的安全性得到了进一步提高。在这种方案中,虽然解决了用户数据的安全性问题,但是缺少对用户进行管理的手段,即无法对用户进行认证、授权。为了识别用户的合法性,可以将用户的 IP 地址与该用户所连接的端口 VID 进行绑定,这样设备可以通过核实 IP 地址与 VID 来识别用户是否合法。但是,这种解决方案带来的问题是用户 IP 地址与所在端口捆绑在一起,只能进行静态 IP 地址的配置。另外,因为每个用户处在逻辑上独立的网内,所以对每一个用户至少要配置 4 个 IP 地址:子网地址、网关地址、子网广播地址和用户主机地址,这样会造成地址利用率极低。

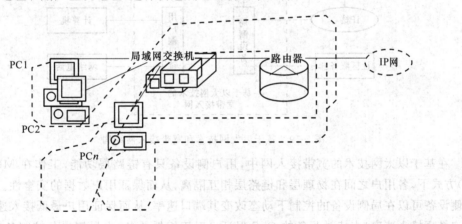

图 3-17　VLAN 解决方案网络结构图

提到用户的认证、授权,人们自然会想到 PPP,于是有了 VLAN+PPPoE 的解决方案,该方案的网络结构如图 3-18 所示。

VLAN+PPPoE 方案可以解决用户数据的安全性问题,同时由于 PPP 提供用户认证、授权以及分配用户 IP 地址的功能,所以不会造成上述 VLAN 方案所出现的问题。但是面向未来网络的发展,PPP 不能支持组播业务,因为它是一个点到点的技术,所以还不是一个很好的解决方案。

鉴于目前的解决方案和设备还不能完全满足接入网这样一个公用网络环境的要求,就需要研究适应公用网络环境的设备和技术,这就是基于以太网技术的宽带接入网,它的网络结构如图 3-19 所示。基于以太网技术的宽带接入网由局侧设备和用户设备组成。局侧设备一般位于小区内,用户侧设备一般位于居民楼内;或者局侧设备位于商业大楼内,而用户

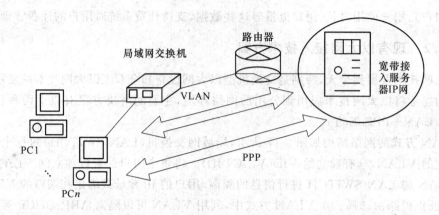

图 3-18　VLAN＋PPPoE 网络结构

侧设备位于楼层内。局侧设备提供与 IP 骨干网的接口,用户侧设备提供与用户终端计算机相接的 10/100BASE-T 接口。局侧设备具有汇聚用户侧设备网管信息的功能。

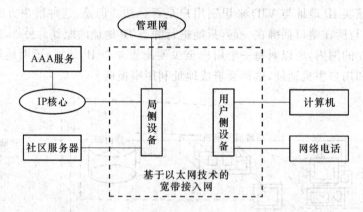

图 3-19　基于以太网技术和宽带接入网结构

在基于以太网技术的宽带接入网中,用户侧设备只有链路层功能,工作在 MUX(复用器)方式下,各用户之间在物理层和链路层相互隔离,从而保证用户数据的安全性。另外,用户侧设备可以在局侧设备的控制下动态改变其端口速率,从而保证用户最低接入速率、限制用户最高接入速率,支持对业务的 QoS 保证。对于组播业务,由局侧设备控制各多播组状态和组内成员的情况,用户侧设备只执行受控的多播复制,不需要多播组管理功能。局侧设备还支持对用户的认证、授权和计费以及用户 IP 地址的动态分配。为了保证设备的安全性,局侧设备与用户侧设备之间采用逻辑上独立的内部管理通道。

在基于以太网技术的宽带接入网中,局侧设备不同于路由器,路由器维护的是端口—网络地址映射表,而局侧设备维护的是端口—主机地址映射表;用户侧设备不同于以太网交换机,以太网交换机隔离单播数据帧,不隔离广播地址的数据帧,而用户侧设备完成的功能仅仅是以太网帧的复用和解复用。

基于以太网技术的宽带接入网还具有强大的网管功能。与其他接入网技术一样,能进行配置管理、性能管理、故障管理和安全管理;还可以向计费系统提供丰富的计费信息,使计费系统能够按信息量、按连接时长或包月进行计费。

基于以太网技术的宽带接入网与传统的用于计算机局域网的以太网技术大不一样。它仅借用了以太网的帧结构和接口,网络结构和工作原理完全不一样。它具有高度的信息安全性、电信级的网络可靠性、强大的网管功能,并且能保证用户的接入带宽,这些都是传统的以太网技术根本做不到的。因此基于以太网技术的宽带接入网完全可以应用在公网环境中,为用户提供稳定可靠的宽带接入服务。另外,由于基于以太网技术的宽带接入网给用户提供标准的以太网接口,能够兼容所有带标准以太网接口的终端,用户不需要另配任何新的接口卡或协议软件,因而它又是一种十分廉价的宽带接入技术。基于以太网技术的宽带接入网无论是网络设备还是用户端设备,都比 ADSL、Cable Modem 等便宜很多。基于以上考虑,基于以太网技术的宽带接入网将在以后的宽带 IP 接入中发挥重要作用。

如果接入网也采用以太网,将形成从局域网、接入网、城域网到广域网全部是以太网的结构。采用与 IP 一致的统一的以太网帧结构,各网之间无缝连接,中间不需要任何格式转换。这将可以提高运行效率,方便管理,降低成本。这种结构可以提供端到端的连接,根据与用户签订的 SLA,保证服务质量。

第 4 章
无线接入技术

无线传输技术用于接入领域有其不可替代的特点。在无线传输技术取得关键的重大突破之后，近年来在无线接入领域的技术进步令人瞩目，已经制定了一批重要的技术标准，还有更重要的标准在制定、补充和完善之中。无线接入的产品种类和市场正在迅猛扩大。无线接入特别是宽带无线接入（BWA）正在发展成宽带接入的一个越来越重要的组成部分。

无线接入技术的最大特点和最大优点是具有接入不受线缆约束的自由性，这在日益追求随时随地均可通信的今天，越发显得可贵。虽然长期以来人们都知道无线接入的优点，但无线接入一直未能得到广泛应用，其原因是无线传输面临很多技术难题难以解决。例如，无线频率是不可再生的资源且十分有限；无线传输环境不良，特别是在城市中和建筑物中的传输环境可能相当恶劣，传输干扰起伏较大；无线信道是一种复杂的广播型信道，无线网络的 MAC 协议十分复杂而且经常效率不高等。在相当长的时期内，无线传输的性能不好且不稳定，使得无线接入仅仅是其他接入方式无法使用时的一种应急措施或一种备份措施。近年来，由于编码和调制领域的突破性进步及 DSP 的算法和硬件的发展，无线网络的 MAC 协议的访问率越来越高，无线接入可以在不宽的频段上实现高速传输，实现对高误码率数据的强力纠错，可以在变化起伏的环境中实现稳定的通信，可以在同一频段实现多个通信系统的共存，可以有效地实现分布式的网络拓扑。大量的技术进步支撑无线接入特别是 BWA 的蓬勃发展。

在标准化活动的广泛支持下，BWA 的产品种类和市场也开始迅猛扩大。WLAN 已经开始了广泛的应用。在园区网中，包括企业网和校园网，已经开始建设 WLAN 以提供更为灵活游牧式的接入。电信运营商开始在热点区域部署 WLAN 实现随时随地的运营商网络接入。WLAN 的应用已经初现规模并正在快速扩大。WMAN 已经开始步入系统试运行和产品完善期。随着需要分流庞大的网络数据，以及带 Wi-Fi 功能的终端设备（智能手机、平板电脑等）的越来越多，扩大 Wi-Fi 覆盖范围成为三个运营商的一大重要课题。2011 年，中国移动计划在三年内将全国范围内的 Wi-Fi 热点数量增加至 100 万个。报告显示，截至 2014 年，中国 Wi-Fi 热点数量已超过 491 万个。

4.1 无线接入技术概述

4.1.1 无线接入技术的发展

无线接入技术是指通过无线介质将用户终端与网络节点连接起来,以实现用户与网络间的信息传递。无线信道传输的信号应遵循一定的协议,这些协议即构成无线接入技术的主要内容。由无线接入系统所构成的用户接入网称为无线接入网。无线接入网按照空中接口承载业务带宽的大小,也可分为宽带无线接入网和窄带无线接入网。其中,宽带无线接入(BWA)技术是指从网络节点到用户终端采用无线通信并能实现宽带业务接入的技术。

BWA 技术涉及的应用领域很广,按应用需求可分为固定宽带无线接入技术和移动宽带无线接入技术。按不同的覆盖区域,可分为无线个域网(WPAN)、无线局域网(WLAN)、无线城域网(WMAN)和无线广域网(WWAN),以及无线区域网(WRAN)。

1. 无线个域网

WPAN 是一种采用无线连接的个人局域网。现通常指覆盖范围在 10 m 半径以内的短距离无线网络,尤其是指能在便携式消费者电器和通信设备之间进行短距离特别连接的自组织网。WPAN 被定位于短距离无线通信技术,但根据不同的应用场合又分为高速WPAN(HR-WPAN)和低速 WPAN(LR-WPAN)两种。

IEEE 802.15 工作组负责 WPAN 标准的制定工作。目前,IEEE 802.15.1 标准协议主要基于蓝牙(Bluetooth)技术,由蓝牙小组 SIG 负责。IEEE 802.15.2 是对蓝牙和 IEEE 802.15.1 标准的修改,其目的是减轻对 IEEE 802.11b 和 IEEE 802.11g 的干扰。IEEE 802.15.3 旨在实现高速率,支持介于 20 Mbit/s 和 1 Gbit/s 之间的多媒体传输速率,而 IEEE 802.15.3a 则使用超宽带(UWB)的多频段 OFDM 联盟(MBOA)的物理层,速率可达 480 Mbit/s。IEEE 802.15.4 标准协议主要基于 ZigBee 技术,由 ZigBee 联盟负责,是为了满足低功耗、低成本的无线网络要求,开发一个低数据率的 WPAN 标准。

目前,低成本、低功耗和对等通信是短距离无线通信技术的三个重要特征和优势。支持WPAN 的短距离无线通信技术包括蓝牙、ZigBee、UWB、IrDA、HomeRF 等,其中蓝牙技术使用最广泛。

2. 无线局域网

无线局域网是计算机网络与无线通信技术相结合的产物,以无线多址信道为传输媒介,利用电磁波完成数据交互,实现传统有线局域网的功能,与有线网络比,具有安装便捷、高移动性、易扩展和可靠等特点。一般来说,WLAN 的覆盖范围在室外可达 300 m,在办公室环境下为 10~100 m。目前,主要以 IEEE 802.11 和 ETSI Hiper LAN2 标准为代表。早期的WLAN 可能要追溯到 1971 年夏威夷大学学者创造的第一个基于封包式技术的无线电通信网络,也称为 ALOHANET 网络。而 WLAN 的成长始于 20 世纪 80 年代中期,由美国 FCC为 ISM 频段的公共应用提供授权而产生的。由于缺乏统一的标准,不同产品间缺乏兼容性,1991 年 IEEE 成立了 802.11 工作组。1997 年发布了第一个 WLAN 标准:802.11。目前,WLAN 的推广和认证工作主要由产业标准组织无线保真(Wi-Fi)联盟完成,所以

WLAN 技术常常被称为 Wi-Fi。

802.11 是 1997 年 IEEE 最初制定的一个 WLAN 标准,工作在 2.4 GHz 开放频段,支持 1 Mbit/s 和 2 Mbit/s 的数据传输速率,定义了物理层和 MAC 层规范,允许无线局域网及无线设备制造商建立互操作网络设备。基于 IEEE 802.11 系列的 WLAN 标准目前已包括共 21 个标准,其中 802.11a、802.11b 和 802.11g 最具代表性。802.11a 在整个覆盖范围内可提供高达 54 Mbit/s 的速率,工作在 5 GHz 频段。802.11b 工作在 2.4～2.483 GHz 频段,数据速率可根据噪声状况自动调整。为了解决 802.11a 与 802.11b 产品无法互通的问题,IEEE 批准了新的 802.11g 标准。IEEE 的新标准 802.11n 可将 WLAN 的传输速率由目前的 54 Mbit/s 提高到 108 Mbit/s,甚至高达 500 Mbit/s。另外,为了支持网状网(Mesh)技术,IEEE 还成立了一个工作组制定 802.1ls。

3. 无线城域网

WMAN 的覆盖范围一般为几千米到几十千米,旨在提供城域覆盖和高数据传输速率,以支持 QoS 和一定范围移动性的共享接入。其标准的主要开发组织为 IEEE 802.16 工作组(802.16 系列标准)和欧洲 ETSI 的 HiperAccess 标准,802.16 和 HiperAccess 构成了宽带 MAN 的无线接入标准。

IEEE 802.16 标准的初衷是在 MAN 领域提供高性能的、工作于 10～66 GHz 频段的最后一千米宽带无线接入技术,正式名称是"固定宽带无线接入系统空中接口",又称为 IEEE Wireless MAN 空中接口,是一点对多点技术。由于该标准只能提供可视范围内的承载业务,IEEE 在 2003 年 1 月发布了 802.16a,引入了 OFDM 来抵抗多径效应,强化了 MAC,工作频段为 2～11 GHz。后来,IEEE-2004 对 802.16、802.16a、802.16c 做了整合和修订,成为 802.16 家族中最成熟的 2～66 GHz 固定宽带无线接入系统的标准。

IEEE 802.16 工作组主要针对无线城域网的物理层和 MAC 层制定规范和标准。2001 年 4 月成立 WiMAX(全球微波接入互操作性)联盟,其宗旨是在全球范围内推广遵循 IEEE 802.16 和 ETSI HIPERMAN 标准的宽带无线接入设备,从此 WiMAX 成为 802.16 的代名词。目前 WiMAX 主要有两种标准,即固定宽带无线接入空中接口标准和移动宽带接入空中接口标准,都是通过核心网向用户提供业务。

4. 无线广域网络

无线广域网络覆盖范围更广,最主要的是支持全球范围内广泛的移动性。WWAN 满足了超出一个城市范围的信息交流和网际接入需求,IEEE 802.20 和现有的蜂窝移动通信系统共同构成 WWAN 的无线接入。目前国际上主要由 IEEE 802.20 工作组负责 WWAN 空中接口的标准化工作。

由于 Wi-Fi 和 WiMAX 受到覆盖距离的限制,2002 年 9 月,IEEE 802.20 工作组正式成立。2006 年 1 月,IEEE 802.20 工作组确定了两种基本传输方式,即 MB-FDD 和 MB-TDD。IEEE 802.20 弥补了 802.1x 协议族在移动性方面的不足,实现了在高速移动环境下的高速率数据传输。在物理层技术上,以 OFDM 和 MIMO 为核心,在设计理念上,强调基于分组数据的纯 IP 架构,在应对突发性数据业务的能力上,与现有的 3.5G(HSDPA、EV-DO)性能相当。

5. 无线区域网络

无线区域网络技术主要面向无线宽带(远程)接入,面向独立分散的、人口稀疏的区域,传输范围半径可达 40~100 km。

　WRAN 规范被 IEEE 802.22 工作委员会定义。2004 年,美国 FCC 提出利用认知无线电技术实现通信系统与广播电视系统共享电视频谱的建议。2004 年 10 月,IEEE 正式成立 802.22 工作组,命名为"WRAN",其主要目标是在不对电视等授权系统造成有害干扰的情况下,使用认知无线电技术动态利用空闲的电视频段(VHF/UHF 频带,北美为 54~862 MHz)来实现农村和偏远地区的无线宽带接入。这是继 2002 年实现民用的 UWB 之后又一个无线频率应用技术,802.22 是第一个世界范围的基于认知无线电技术的空中接口标准。目前,IEEE 802.22 工作组基本完成了其技术需求的规范。

4.1.2　无线接入网络接口与信令

　从概念上而言,无线接入网是由业务节点(交换机)接口和相关用户网络接口之间的系列传送实体组成的,为传送电信业务提供所需传送承载能力的无线实施系统。从广义看,无线接入是一个含义十分广泛的概念,只要能用于接入网的一部分,无论是固定接入,还是移动接入,也无论服务半径多大,服务用户数多少,皆可归入无线接入技术的范畴。

　一个无线接入系统一般是由四个基础模块组成的:用户台(SS)、基站(BS)、基站控制器(BSC)、网络管理系统(NMS)。图 4-1 为无线接入系统示意图。

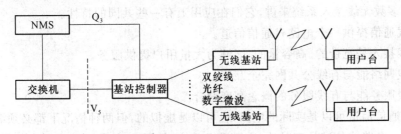

图 4-1　无线接入系统

　无线用户台指的是由用户携带的或固定在某一位置的无线收发机,用户台可分为固定式、移动式和便携式三种。在移动通信应用中,无线用户台是汽车或人手中的无线移动单元,这一般是移动式或便携式的无线用户台。而固定式终端常常被固定安装在建筑物内,用于固定的点对通信。

　用户台的功能是将用户信息(语音、数据、图像等)从原始形式转换成适于无线传输的信号,建立到基站和网络的无线连接,并通过特定的无线通道向基站传输信号。这个过程通常是双向的。用户台除了无线收发机外,还包括电源和用户接口,这三部分有时被放在一起做成一个整体,如便携式手机;有时也可以是相互分离的,可根据需要放置在不同地点。

　有时用户台还可以通过有线、无线或混合等多种方式接入通信网络。

　无线基站实际上是一个多路无线收发机,其发射覆盖范围称为一个"小区"(对全向天线)或一个"扇区"(对方向性天线),小区范围从几百米到几十千米不等。一个基站一般由四个功能模块组成:①无线模块,包括发射机、接收机、电源、连接器、滤波器、天线等;②基带或数字信号处理模块;③网络接口模块;④公共设备,包括电源控制系统等。这些模块可以分离放置,也可以集成在一起。

　基站控制器是控制整个无线接入运行的子系统,它决定各个用户的电路分配、监控系统的性能,提供并控制无线接入系统与外部网络间的接口,同时还提供其他诸如切换和定位等功能,一个基站控制器可以控制多个基站。基站控制器可以安装在电话局交换机内,也可以使用标准线路接口与现有的交换机相连,从而实现与有线网络的连接,并用一个小的辅助处理器来完成无线信道的分配。

网络管理系统是无线接入系统的重要组成部分,负责所有信息的存储与管理。

一般而言,无线接入网的拓扑结构分为无中心拓扑结构和有中心拓扑结构两种方式。

采用无中心拓扑方式的无线接入网中,一般所有节点都使用公共的无线广播信道,并采用相同协议争用公共的无线信道。任意两个节点之间均可以互相直接通信。这种结构的优点是组网简单,费用低,网络稳定。但当节点较多时,由于每个节点都要通过公共信道与其他节点进行直接通信,因此网络服务质量将会降低,网络的布局受到限制。无中心拓扑结构只适用于用户较少的情况。

采用有中心拓扑方式的无线接入网中,需要设置一个无线中继器(即基站),即以基站为中心的"一点对多点"的网络结构。基站控制接入网所有其他节点对网络的访问。由于基站对节点接入网络实施控制,所以当网络中节点数目增加时,网络的服务质量可以控制在一定范围内,而不会像无中心网络结构中那样急剧下降。同时,网络扩容也较容易。但是,这种网络结构抗毁性较差。一旦基站出现故障,网络将陷入瘫痪。

对于大多数无线接入系统来讲,它们在应用上有一些共同的特性。

① 无线通信提供一个电路式通信信道。

② 无线接入是宽带的、高容量的,能够为大量用户提供服务。

③ 无线网络能与有线公共网完全互连。

④ 无线服务能与有线服务的概念高度融合。

电路式通信信道可以是实际的电路,也可以是虚拟的,但两种情况下都必须满足一些功能上的要求。电路式信道是实时的,适于语音通信;是用户对用户的、点对点的信道,而非广播式或网络式信道;是专用的和模块化的,可以增减或替换。

无线接入系统可以应用于公共电话交换网(PSTN)、DDN、ISDN、Internet 或专用(MAN、LAN、WAN)等。现在,越来越多的无线接入系统已经能够与公共网连为一体,无论是直接相连还是通过专用网与 PSTN 接口。

对于用户而言,能否从网络中获取高质量的服务才是最重要的。集成的无线接入系统的通信能力与信道本身无关,无线接入系统所能提供的通信质量与有线相当。

互连质量的一个方面是服务的等级,真正的无线接入系统应有与有线系统相近的阻塞概率。另一方面是系统对新业务的透明度,如果有线电话能够支持传真,那么无线系统应该也可以,无线用户有权要求获得与有线用户相同的服务。

从 OSI 参考模型的角度来考虑,网络的接口设计网络中各个站点要在网络的哪一层接入系统。对于无线接入网络接口而言,可以选择在 OSI 参考模型的物理层或者数据链路层。如果无线系统从物理层接入,即用无线信道代替原来的有线信道,而物理层以上的各层则完全不用改变。这种接口方式的最大优点是网络操作系统及相应的驱动程序可以不作改动,实现较为简单。

另一种接口方式是从数据链路层接入网络,在这种接口方式中采用适用于无线传输环境的 MAC。在具体实现时只需配置相应的启动程序来完成与上层的接口任务即可,这样现有有线网络的操作系统或者应用软件就可以在无线网络上运行。

从网络的组成结构来看,无线接入网的接口包括本地交换机与基站控制器的接口、基站控制器与网络管理系统的接口、基站控制器与基站的接口、基站与用户台之间的接口。

本地交换机与基站控制器之间的接口方式有两类:一是用户接口方式(Z 接口);二是数字中继线接口方式(V5)。由于 Z 接口处理模拟信号,因此不适合现在的数字化网络的需要。V5 接口已经有标准化建议,因此 V5 接口非常重要。

基站控制器与网络管理系统接口采用 Q_3 接口。基站控制器与基站之间的接口目前还没有标准的协议,不同产品采用不同的协议,可以参见具体的产品说明。

用户台(SS)和基站(BS)之间的接口称为无线接口,常标为 U_m。各种类型的系统有自己特定的接口标准。如常用无线接入系统 DECT、PHS 等都有自己的无线接口标准。在设备生产中必须严格执行这些标准,否则不同公司生产的 SS 和 BS 就不能互通。

无线接口中的一个重要内容是信令,它用于控制用户台和基站的接续过程,还要能适应接入系统与 PSTN/ISDN 的联网要求。在适用于 PSTN/ISDN 的 7 号信令系统中,也包含有一个移动应用部分(MAP)。虽然各种接入系统信令的设计差别较大,但都应能满足与 PSTN/ISDN 的联网要求。

采用扩频方式的码分多址移动通信系统 CDMA 是一种先进的移动通信制式,在无线接入网方面的应用也显示了很强的生命力。Motorola(摩托罗拉)公司的 Will 接入系统就是根据美国电信标准协会(TIA)的 IS-95 标准开发的 CDMA 无线接入系统。它的信令设计也是在 7 号信令的基础上编制的。下面以 IS-95 标准为例,介绍无线接口 U_m。

1. 无线接口三层模型

无线接口的功能可以采用一个通用的三层模型来描述,下面介绍各层功能。

(1) 物理层

这一层为上层信息在无线接口(无线频段)中的传输提供不同的物理信道。在 CDMA 方式中,这些物理信道用不同的地址码区分。BS 和 SS 间的信息传递是以数据分组(突发脉冲串)的形式进行,每一个数据组有一定的帧结构。

物理信道按传输方向可以分为由基站到用户台的正向信道和用户台到基站的反向信道,经常分别称为下行信道和上行信道。

(2) 链路层

它的功能是在用户台和基站之间建立可靠的数据传输的通道,它的主要作用如下。

① 根据要求形成数据传输帧结构。完成数据流量(每帧所含比特数)的检查和控制,数据的纠、检错编译码过程。

② 选择确认或不确认操作之类的通信方式。确认、不确认指收到数据后,是否要把收信状态通知发端。

③ 根据不同的业务接入点(SAP)要求,将通信数据插入发信数据帧或从收信帧中取出。

(3) 管理层

管理层又分为三个子层:

① 无线资源管理子层(RM)

该子层负责处理和无线信道管理相关的一些事务,如无信线道的设置、分配、切换、性能监测等。

② 移动管理子层(MM)

MM 子层运行移动管理协议,该协议主要支持用户的移动性。如跟踪漫游移动台的位置、对位置信息的登记、处理移动用户通信过程中连接的切换等。其功能是在 SS 和基站控制器(MSC)间建立、保持及释放一个连接,管理由移动台启动的位置更新(数据库更新),以及加密、识别和用户鉴权等事务。

③ 连接管理(CM)

CM 子层支持以交换信息的通信。它是由呼叫控制(CC)、补充业务(SS)、短消息业务(SMS)组成的。呼叫控制具有移动台主呼(或被呼)的呼叫建立(或拆除)电路交换连接所必需的功能。补充业务支持呼叫的管理功能,如呼叫转移、计费等。短消息业务指利用信令信道为用户提供天气预报之类的短消息服务,属于分组消息传输。

2. 信道分类

窄带 CDMA 系统(N-CDMA)是具有 64 个码分多址信道的 CDMA 系统。正向信道利用 64 个沃尔什码字进行信道分割,反向信道利用具有不同特征的 64 个 PN 序列作为地址码。正、反向信道使用不同的地址码可以增强系统的保密性。

在 64 个正向信道中含有导频信道、同步信道等。而且在正向、反向业务信道中不仅含有业务数据信道,也可以同时安排随路信令信道。业务数据信道用于话音编码数据的传输,而且信道的传输速率可变,以提高功率利用率,减小对其他信道的干扰。为了方便信道的分类,又把各种功能信道的总和称为逻辑信道。

3. 正向信道的构成和帧结构

从基站至用户台正向信道的结构用户中,包括一个导频信道、一个同步信道(必要时可以改作业务信道)、7 个寻呼信道(必要时可以改作业务信道,直至全部用完)和 55 个(最多可达 63 个)正向业务信道。

4. 反向信道的构成和帧结构

由用户台到基站方向的反向信道中有两类信道:接入信道(Access)和反向业务信道(Traffic)。业务信道用于用户信号传输。反向信道中业务信道数和接入信道数的分配可变,信道数变化范围为 1～32,余下的则为业务信道。

4.2　无线局域网的关键技术

无线局域网(Wireless Local Area Network,WLAN)是计算机网络与无线通信技术相结合的产物,它以无线多址信道作为传输媒介,利用电磁波完成数据交互,实现传统有线局域网的功能。

无线局域网的网络速度与以太网相当。一个接入点最多可支持 100 多个用户的接入,最大传输范围可达到几十千米,具有以下几大优点。

(1) 具有高移动性,通信范围不受环境条件的限制,拓宽了网络的传输范围。在有线局域网中,两个站点的距离在使用铜缆(粗缆)时被限制在 500 m,即使采用单模光纤也只能达到 3 000 m,而无线局域网中两个站点之间的距离目前可达到 50 km。

（2）建网容易，管理方便，扩展能力强。相对于有线网络，无线局域网的组建、配置和维护较为容易，一般计算机工作人员都可以胜任网络的管理工作。并且在已有无线网络的基础上，只需通过增加无线接入点及相应的软件设置即可对现有的网络进行有效扩展。无线网络的易扩展性是有线网络所不能比拟的。

（3）抗干扰性强。微波信号传输质量低，往往是因为在发送信号的中心频点附近有能量较强的同频噪声干扰，导致信号失真。无线局域网使用的无线扩频设备直扩技术产生的11b 随机码元能将源信号在中心频点向上下各展宽 11 MHz，使源信号独占 22 MHz 的带宽，且信号平均能量降低。在实际传输中，接收端接收到的是混合信号，即混合了（高能量低频带的）噪声。混合信号经过同步随机码元解调，在中心频点处重新解析出高能的源信号，依据同样算法，混合的噪声反而被解调为平均能量很低可忽略不计的背景噪声。

（4）安全性能强。无线扩频通信本身就起源于军事上的防窃听技术；扩频无线传输技术本身使盗听者难以捕捉到有用的数据；无线局域网采用网络隔离及网络认证措施；无线局域网设置有严密的用户口令及认证措施，防止非法用户入侵；无线局域网设置附加的第三方数据加密方案，即使信号被盗听也难以理解其中的内容。对于有线局域网中的诸多安全问题，在无线局域网中基本上可以避免。

（5）开发运营成本低。无线局域网在人们的印象中是价格昂贵的，但实际上，在购买时不能只考虑设备的价格，因为无线局域网可以在其他方面降低成本。有线通信的开通必须架设电缆，或挖掘电缆沟或架设架空明线；而架设无线链路则不需要架线挖沟，线路开通速度快。将所有成本和工程周期统筹考虑，无线扩频的投资是相当节省的。使用无线局域网不仅可以减少对布线的需求和与布线相关的一些开支，还可以为用户提供灵活性更高、移动性更强的信息获取方法。

目前，无线局域网还不能完全脱离有线网络，它只是有线网络的补充，而不是替换。与有线网络相比，无线局域网有以下不足。

（1）网络产品昂贵，相对于有线网络，无线网络设备的一次性投入费用较高，增加了组网的成本。

（2）数据传输的速率慢，虽然无线局域网的数据传输速率目前可达 10 Mbit/s 左右，但相对于有线以太网可实现 1 Gbit/s 的传输速率来说，还是有相当大的差距的。

无线局域网与有线局域网的区别是标准不统一，不同的标准有不同的应用，目前，最具代表性的 WLAN 协议是美国 IEEE 的 802.11 系列标准和欧洲 ETSI 的 HiperLAN 标准。

2.4 GHz 带宽的高速物理层 IEEE 802.11 标准是 IEEE 于 1997 年推出的，它工作于 2.4 GHz 频段，物理层采用红外、DSSS（直接序列扩频）或 FSSS（跳频扩频）技术，共享数据速率最高可达 2 Mbit/s。它主要用于解决办公室局域网和校园网中用户终端的无线接入问题。IEEE 802.11 的数据速率不能满足日益发展的业务需要，于是，IEEE 在 1999 年相继推出了 IEEE 802.11b 和 IEEE 802.11a 两个标准。

IEEE 802.11a 工作 5 GHz 频段上，使用 OFDM 调制技术，可支持 54 Mbit/s 的传输速率。IEEE 802.11a 与 IEEE 802.11b 两个标准都存在着各自的优缺点，IEEE 802.11b 的优势在于价格低廉，但速率较低（最高 11 Mbit/s）；而 IEEE 802.11a 优势在于传输速率快（最高 54 Mbit/s）且受干扰少，但价格相对较高。另外，IEEE 802.11a 与 IEEE 802.11b 工作在不同的频段上，不能工作在同一 AP 的网络里，因此，IEEE 802.11a 与 IEEE 802.11b 互不兼容。

2003 年 7 月，IEEE 802.11 工作组批准了新的物理层标准 IEEE 802.11g，该标准与以前的 IEEE 802.11 协议标准相比有以下两个特点：其在 2.4 GHz 频段使用 OFDM 调制技术，使数据传输速率提高到 20 Mbit/s 以上；IEEE 802.11g 标准能够与 IEEE 802.11b 系统互相连通，共存在同一 AP 的网络里，保障了后向兼容性。这样原有的 WLAN 系统可以平滑地向高速无线局域网过渡，延长了 IEEE 802.11b 产品的使用寿命，降低了用户的投资。

IEEE 802.11 系列主要规范的特性比较如表 4-1 所示。

表 4-1　IEEE 802.11 系列主要规范的特性

标准名称	发布时间	工作频段	传输速率	传输距离	业务支持	调制方式	其他
802.11	1997	2.4 GHz	1 Mbit/s 2 Mbit/s	100 m	数据	BPSK/QPSK	Web加密
802.11a	1999	5 GHz	可达54 Mbit/s	5～10 km	数据图像	BPSK/QPSK/OFDM/16QAM/64QAM	
802.11b	1999	2.4 GHz	可达11 Mbit/s	300～400 m	语音、数据、图像	BPSK/QPSK/CCK	目前主导标准
802.11g	2001	2.4 GHz 5 GHz	可达54 Mbit/s	5～10 km	语音、数据、图像	OFDM/CCK	前后兼容

IEEE 802.11 除上述主流标准外，还有 IEEE 802.11d（支持无线局域网漫游）、IEEE 802.11e（在 MAC 层纳入 QoS 要求）、IEEE 802.11f（解决不同 AP 之间的兼容性）、IEEE 802.11h（更好地控制发送功率和选择无线信道）、IEEE 802.11i（解决 WEP 安全缺点）、IEEE 802.11j（使 802.11a 与 HiperLAN2 能够互通）、IEEE 802.1x（认证方式和认证体系结构）等。

IEEE 802.11ac 是一个 802.11 无线局域网通信标准，它通过 5 GHz 频带（也是其得名原因）进行通信。理论上，它能够提供最少 1 Gbit/s 带宽进行多站式无线局域网通信，或是最少 500 Mbit/s 的单一连接传输带宽。802.11ac 是 802.11n 的继承者。它采用并扩展了源自 802.11n 的空中接口概念，包括：更宽的 RF 带宽（提升至 160 MHz）、更多的 MIMO 空间流（增加到 8）、多用户的 MIMO 以及更高阶的调制（达到 256QAM）。

802.11ad 的出现针对的是多路高清视频和无损音频超过 1 Gbit/s 的码率的要求，它将被用于实现家庭内部无线高清音视频信号的传输，为家庭多媒体应用带来更完备的高清视频解决方案。从无线传输最为重要的频段使用上分析，由于应用难度的增大，6 GHz 以下的频段都不能满足要求，经过标准制定小组的确定，高频载波 60 GHz 频谱成为 11ad 的工作频段。目前看来，在此频段上世界上大多数国家具备足够空间以供其工作。并且通过对 MIMO 技术的支持，在实现多路传输的基础上，将使单一信道传输速率超过 1 GHz，目前 802.11ad 草案中显示的资料表明其将支持近 7 Gbit/s 的吞吐量。

面对如此惊人的无线传输能力，背后肯定将有一些短板来限制标准达到这一水平。由于 60 GHz 频率的载波穿透能力很差，在空气中信号衰减也比较严重，这就严重限制了其传输距离与信号覆盖范围，有效连接只能局限于一个不大的范围内。不过虽然其信号覆盖范围受限制，但其频谱将会比以往更加"纯净"，因为现在来看，当今在此频率下工作的设备还比较少。所以从应用的角度来看,11ad 的出现主要是用来服务于家庭中各个房间内设备的高速无线传输,比如实现高清信号的传输就相当不错。图 4-2 是 WLAN 的标准化进展。

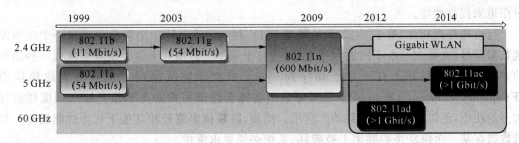

图 4-2　WLAN 的标准化进展

此外,ETSI 标准组织发布了 HiperLAN 标准,由于 HiperLAN 工作目前已推出 HiperLAN/1 和 HiperLAN/2。HiperLAN/1 采用 GMSK 调制方式,工作在欧洲专用频段 5.150～5.300 GHz 上,因此无须采用扩频技术,数据传输速率可达 23.5 Mbit/s; HiperLAN/2 采用 OFDM 调制方式,工作在欧洲专用频段 5.470～5.725 GHz 上,数据传输速率可达 54 Mbit/s,它具有高速率传输、面向连接、支持 QoS 要求、自动频率配置、支持高速(54 Mbit/s)的无线接入系统。

4.2.1　IEEE 802.11 协议结构

IEEE 802.11 的协议结构着重定义网络操作,如图 4-3 所示。每个站点所应用的 802.11 标准的协议结构包括一个单一 MAC 和多个 PHY 中的一个。

图 4-3　IEEE 802.11 协议结构

MAC 层的目的是在 LLC 层的支持下为共享介质 PHY 提供访问控制功能(如寻址方式、访问协调、帧校验序列生成和检查,以及 LLC PDU 定界)。MAC 层在 LLC 层的支持下执行寻址方式和帧识别功能。802.11 标准利用 CSMA/CA(载波监听多路访问/冲突防止);而标准以太网利用 CSMA/CD(载波监听多路访问/冲突检测)。在同一个信道上利用无线电收发器既传输又接收是不可能的,因此,802.11 无线 LAN 采取措施仅是为了避免冲突,而不是检测它们。

1992 年 7 月,工作组决定将无线电频率研究和标准化研究集中到 2.4 GHz 扩谱 ISM 波段,用于直接序列和跳频 PHY 上。最终标准确定为 2.4 GHz,因为该波段在世界大部分地区适用,无须官方的许可。在美国,FCC15 部分规定 ISM 波段的放射 RF 功率。15 部分限制无线增益最大到 6 dbm,放射功率不超过 1 W。欧洲和日本的调整小组限制放射功率为 10 mW/1 MHz。

1993 年 3 月,802.11 标准委员会接受建议,制定一个直接序列物理层标准。经过多方讨论,委员会同意在标准中包含一章确定使用直接序列。直接序列物理层规定两个数据速率:利用差动四进制相移键控(DQPSK)调制的 2 Mbit/s;利用差动二进制相移键控(DBP/SK)的 1 Mbit/s。

标准定义了 7 个直接序列信道,一个信道为日本专用,3 对信道用于美国和欧洲。信道按对工作时能避免相互干扰。另外,通过发展一个避免信号冲突的频率规划,能同时使用 3 对信道来提高性能。

与直接序列相比,基于 802.11 的跳频 PHY 利用无线电从一个频率跳到另一个频率发送数据信号,在移到一个不同的频率之前,在每个频率上传输几个位。跳频系统以一种随机的方式跳跃,但实际上有一个已知序列。一个单独的跳跃序列一般被称为跳频信道(Frequency Hopping Channel)。跳频系统的实施会逐渐便宜而且不像直接序列那样消耗太多的功率,所以更加适用于移动式应用。然而,跳频抗多路径和其他干扰源性能较差。如果数据在某一个跳跃序列频率上被破坏,系统必须要求重传。

802.11 委员会规定跳频物理层有一个利用 2 级高斯频率移动键控(GFSK)的 1 Mbit/s 数据速率。该规定描述了已在美国被确定的 79 信道中心频率,其间解释说明了三组 22 跳跃序列。红外线物理层描述了一种在 850~950 nm 波段运行的调制类型,用于小型设备和低速应用软件。这种红外线介质的基本数据速率是利用 16PPM(脉冲位置调制)的 1 Mbit/s 速率和利用 4PPM 的 2 Mbit/s 增强速率。基于红外线设备的峰值功率被限定为 2 W。像 IEEE 802.3 标准一样,802.11 工作组正在考虑将辅助 PHY 作为可用技术,让它充分发挥作用。

4.2.2 IEEE 802.11 物理层

物理层由以下两部分组成。

(1) 物理层会聚过程(PLCP)子层:MAC 层和 PLCP 通过物理层服务访问点利用原语进行通信。MAC 层发出指示后,PLCP 就开始准备需要传输的介质协议数据单元(MPDU)。PLCP 也从无线介质向 MAC 层传递引入帧。PLCP 为 MPDU 附加字段,字段中包含物理层发送器和接收器所需的信息。802.11 标准称这个合成帧为 PLCP 协议数据单元(PPDU)。PPDU 的帧结构提供了工作站之间 MPDU 的异步传输,因此接收工作站的物理层必须同步每个单独的即将到来的帧。

(2) 物理介质依赖(PMD)子层:在 PLC 下方,PMD 支持两个工作站之间通过无介质实现物理层实体的发送和接收。为了实现以上功能,PMD 需直接面向无线介质(空气),并向帧传送提供调制和解调。PLCP 和 PMD 之间通过原语通信,控制发送和接收功能。

随着无线局域网技术的应用日渐广泛,用户对数据传输速率的要求越来越高。但是在室内这个较为复杂的电磁环境中,多径效应、频率选择性衰落和其他干扰源的存在使得实现无线信道中的高速数据传输比有线信道中困难,WLAN 需要采用合适的调制技术。

IEEE 802.11 无线局域网络是一种能支持较高数据传输速率(1~54 Mbit/s),采用微蜂窝和微微蜂窝结构的自主管理的计算机局域网络,其关键技术大致有 4 种:DSSS/CCK 技术、PBCC 技术、OFDM 技术,每种技术皆有其特点。目前,扩频调制技术正成为主流,而 OFDM 技术由于其优越的传输性能成为人们关注的新焦点。

(1) 调制技术

基于 DSSS 的调制技术有 3 种,最初,IEEE 802.11 标准制定在 1 Mbit/s 数据速率下采用 DBPSK,如提供 2 Mbit/s 的数据速率,要采用 DQPSK,这种方法每次处理两个比特码元,成为双比特。第 3 种是基于 CCK 的 QPSK,是 IEEE 802.11b 标准采用的基本数据调制方式。它采用了补码序列与直序列扩频技术,是一种单载波调制技术,通过 PSK 方式传输数据,传输速率分为 1 Mbit/s、2 Mbit/s、5.5 Mbit/s 和 11 Mbit/s。CCK 通过与接收端的 Rake 接收机配合使用,能够在高效率传输数据的同时有效地克服多径效应。IEEE 802.11b 使用 CCK 调制技术来提高数据传输速率,最高可达 11 Mbit/s。但是传输速率超过 11 Mbit/s,CCK 为了对抗多径干扰,需要更复杂的均衡及调制,实现起来非常困难。因此,IEEE 802.11 工作组为了推动无线局域网的发展,又引入新的调制技术。

（2）PBCC 调制技术

PBCC 调制技术是由 TI 公司提出的,已作为 IEEE 802.11g 的可选项被采纳。PBCC 也是单载波调制,但它与 CCK 不同,它使用了更多复杂的信号星座图。PBCC 采用 8PSK,而 CCK 使用 BPSK/QPSK;另外,PBCC 使用了卷积码,而 CCK 使用区块码。因此,它们的解调过程是十分不同的。PBCC 可以完成更高速率的数据传输,其传输速率为 11 Mbit/s、22 Mbit/s 和 3 Mbit/s。

（3）OFDM 技术

OFDM 技术是一种无线环境下的高速多载波传输技术。无线信道的频率响应曲线大多是非平坦的,而 OFDM 技术的主要思想是:在频域内将给定信道分成许多正交子信道,在每个子信道上使用一个子载波进行调制,各子载波并行传输,从而能有效地抑制无线信道的时间弥散所带来的符号门干扰(ISI)。这样就减少了接收机内均衡的复杂度,有时甚至可以不采用均衡器,仅通过插入循环前缀的方式消除 ISI 的不利影响。

由于在 OFDM 系统中各个子信道的载波相互正交,所以它们的频谱是相互重叠的,这样不但减小了子载波间的相互干扰,而且提高了频谱利用率。在各个子信道中的这种正交调制和解调可以采用 IFFT 和 FFT 方法来实现,随着大规模集成电路技术与 DSP 技术的发展,IFFT 和 FFT 都是非常容易实现的。FFT 的引入大大降低了 OFDM 的实现复杂性,提升了系统的性能。

无线数据业务一般都存在非对称性,即下行链路中传输的数据量要远远大于上行链路中的数据传输量。因此,无论从用户高速数据传输业务的需求,还是从无线通信来考虑,都希望物理层支持非对称高速数据传输,而 OFDM 容易通过使用不同数量的子信道来实现上行和下行链路中不同的传输速率。

由于无线信道存在频率选择性,所有的子信道不会同时处于比较深的衰落情况中,因此,可以通过动态比特分配以及动态子信道分配的方法,充分利用信噪比高的子信道,从而提升系统性能。由于窄带干扰只能影响一小部分子载波,所以 OFDM 系统在某种程度上可以抵抗这种干扰。另外,同单载波系统相比,OFDM 还存在一些缺点,例如,易受频率偏差的影响,存在较高的 PAR。

OFDM 技术有非常广阔的发展前景,已成为第四代移动通信的核心技术。IEEE 802.11a,g 标准为了支持高速数据传输都采用了 OFDM 调制技术。目前,OFDM 结合时空编码、分集、干扰(包括符号间干扰(ISI)和邻道干扰(IC))抑制以及智能天线技术,最大限度地提高了物理层的可靠性;如再结合自适应调制、自适应编码以及动态子载波分配和动态比特分配算法等技术,可以使其性能进一步优化。

（4）MIMO OFDM 技术

MIMO 技术能在不增加带宽的情况下,成倍地提高通信系统的容量和频谱利用率。它可以定义为发送端和接收端之间存在多个独立信道,也就是说天线单元之间存在充分的间隔,因此,消除了天线间信号的相关性,提高了信号的链路性能,增加了数据吞吐量。

现代信息论表明,对于发射天线数为 N、接收天线数为 M 的多输入多输出(MIMO)系统,假定信道为独立的瑞利衰落信道,并假设 N 和 M 很大,则信道容量 C 近似为

$$C = [\min(M,N)]B\log 2(p/2)$$

式中,B 为信号带宽,p 为接收端平均信噪比,$[\min(M,N)]$ 为 M、N 的较小者。

该式表明,MIMO 技术能在不增加带宽的情况下,成倍地提高通信系统的容量和频谱利用率。研究表明,在瑞利衰落信道环境下。OFDM 系统会使用 MIMO 技术来提高容量。采用 MIMO 系统是提高频谱效率的有效方法。多径衰落是影响通信质量的主要因素,但 MIMO 系统却能有效地利用多径的影响来提高系统容量。系统容量是干扰受限的,不能通过增加发射功率来提高系统容量。而采用 MIMO 结构不需要增加发射功率就能获得很高的系统容量。因此,将 MIMO 技术与 OFDM 技术相结合是下一代无线局域网发展的趋势。

在 OFDM 系统中,采用多发射天线实际上就是根据需要在各个子信道上应用多发射天线技术,每个子信道都对应一个多天线子系统、一个多发射天线的 OFDM 系统。目前,正在开发的设备由两组 IEEE 802.11a 收发器、发送天线和接收天线各两个(2×2)以及负责运算处理过程的 MIMO 系统组成,能够实现最大 108 Mbit/s 的传输速率,支持 AP 和客户端之间的传输速率为 108 Mbit/s;当客户端不支持该技术时(IEEE 802.11a 客户端的情况),通信速率为 54 Mbit/s。

4.2.3　IEEE 802.11 MAC 层

1. MAC 帧结构

IEEE 802.11 定义了 MAC 帧格式的主体框架,如图 4-4 所示。工作发送的所有类型的帧都采用这种帧结构。形成正确的帧之后,MAC 层将帧传给物理层集中处理子层(PLCP)。帧从控制字段第一位开始,以帧校验域(FCS)的最后一位结束。

2	2	6	6	6	2	6	0~2 312	4
帧控制	持续时间/标志	地址1	地址2	地址3	序列控制	地址4	数据	帧校验序列

图 4-4　MAC 帧格式

下面分别对 MAC 帧的各主要字段进行说明。

帧控制:这个字段载有在工作站之间发送的控制信息。图对帧控制手段的子字段结构进行了说明。

持续时间/标志:大多数帧,在这个域内包含持续时间的值,值的大小取决于帧的类型。通常,每个帧一般都包含表示下一个帧发送的持续时间信息。例如,数据帧和应答帧中的 Duration/ID 字段表明下一个分段和应答的持续时间。网络中的工作站就是通过监视这个字段,依据持续时间信息来推迟发送的。只有在轮询控制帧中,Duration/ID 字段载有发送端工作站 14 位重要的连接特性,置两个保留位为 1。这个标识符的取值范围一般为 1～2007(十进制)。

地址 1、2、3、4：地址字段包含不同类型的地址，地址的类型取决于发送帧的类型。这些地址类型可以包含基本服务组标识(BSSID)、源地址、目标地址、发送站地址和接收站地址。IEEE 802-1990 标准定义了这些地址的结构，长度为 48 位。其有单独地址和组地址之分。组地址又有两种：多点传送地址，是指和一组逻辑相连的工作站连接；广播地址，广播到一个局域网中的所有工作站。广播地址的所有位均为 1。

序列控制：该字段最左边的 4 位由分段号子字段组成，这个子字段标明一个特定MSDU(介质服务数据单元)的分段号。第一个分段号为 0，后面的发送分段的分段号依次加 1。下面 12 个位是序列号子字段，从 0 开始，对于每一个发送的 MSDU 子序列依次加 1。一个特定 MSDU 的每一个分段都拥有相同的序列号。

在同一时刻只有一个 MSDU 是重要的。接收帧时，工作站通过监视序列号和分段号来过滤重复帧。如果帧的序列号和分段号与先前的帧相同，或者重传位置为 1，那么工作站就可以判断该帧是一个重复帧。

工作站无误地接收到一个帧之后，会马上向发送工作站返回一个 ACK 帧，如果传输差错破坏了途中的 ACK 帧，这样就会产生重复帧。一段特定的时间内还没有收到 ACK，发送工作站将重新发送该帧，即使这个帧被重复帧过滤机制丢弃掉了，但目标工作站还是会对这个帧进行响应的。

帧主体：这个字段的有效长度可变，所载的信息取决于发送帧。如果发送帧是数据帧，那么该字段会包含一个 LLC 数据单元(也叫 MSDU)。MAC 管理和控制帧会在帧体中包含一些特定的参数，这些参数由该帧所提供的特殊的服务所决定。如果帧不需要承载信息，那么帧体字段的长度为 0。接收工作站从物理层适配头的一个字段判断帧的长度。

帧校验序列(FCS)：发送工作站的 MAC 层利用循环冗余码校验法(Cyclic Redundancy Check,CRC)计算一个 32 位的帧校验序列(FCS)，并将结果存入这个字段。

MAC 层利用下面的覆盖 MAC 头所有字段和帧体的生成多项式来计算 FCS：

$$G(x) = X^{32} + X^{26} + X^{23} + X^{22} + X^{16} + X^{12} + X^{11} + X^{10} + X^8 + X^7 + X^5 + X^4 + X^2 + X + 1$$

结果的高阶系数放在字段中，形成最左边的位。接收端也利用 CRC 检查帧中的发送差错。

2. 无线局域网的 MAC 层关键技术

CSMA 协议是在 Aloha 协议的基础上发展起来的随机竞争类 MAC 协议。由于其性能比 Aloha 大大提高且算法简单，故在实际系统中得到了广泛的应用。

CSMA/CD 协议已成功地应用于使用有线连接的局域网，但在无线局域网的环境下，却不能简单地搬用 CSMA/CD 协议，特别是碰撞检测部分。这里主要有两个原因：第一，在无线局域网的适配器上，接收信号的强度往往会远小于发送信号的强度，因此若要实现碰撞检测，那么在硬件上需要的花费就会过大。第二，在无线局域网中，并非所有的站点都能够听见对方，而"所有站点都能够听见对方"正是实现 CSMA/CD 协议必须具备的基础。

下面用图 4-5 的例子来说明这点。虽然无线电波能够向所有方向传播，但其传播距离受限，而且当电磁波在传播过程中遇到障碍物时，其传播距离就更短。图中画出四个无线移动站，并假定无线电信号传播的范围是以发送站为圆心的一个圆形面积。

图 4-5(a)表示站点 A 和 C 都想和 B 通信。但 A 和 C 相距较远，彼此都听不见对方。当 A 和 C 检测到信道空闲时，就都向 B 发送数据，结果发生了碰撞。这种未能检测出信道

上其他站点信号的问题叫作隐藏站点问题。

当移动站之间有障碍物时也有可能出现上述问题。例如，三个站点 A、B 和 C 彼此距离都差不多，相当于在一个等边三角形的三个顶点。但 A 和 C 之间有一座山，因此 A 和 C 彼此都听不见对方。若 A 和 C 同时向 B 发送数据就会发生碰撞，使 B 无法正常接收。

图 4-5(b)给出了另一种情况。站点 B 向 A 发送数据，而 C 又想和 D 通信。但 C 检测到信道忙，于是就停止向 D 发送数据，其实 B 向 A 发送数据并不影响 C 向 D 发送数据（如果这时不是 B 向 A 发送数据而是 A 向 B 发送数据，则当 C 向 D 发送数据时就会干扰 B 接收 A 发来的数据）。这就是暴露站点问题。在无线局域网中，在不发生干扰的情况下，可允许同时多个移动站进行通信。这点与有线局域网有很大的差别。

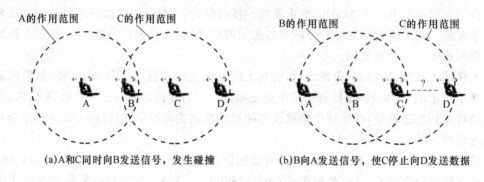

(a)A和C同时向B发送信号，发生碰撞　　　(b)B向A发送信号，使C停止向D发送数据

图 4-5　无线局域网中的站点有时听不见对方

由此可见，无线局域网可能出现检测错误的情况：检测到信道空闲，其实并不空闲；而检测到信道忙，其实并不忙。

CSMA/CD 有两个要点。一是发送前先检测信道。信道空闲就立即发送，信道忙就随机推迟发送。二是边发送边检测信道，一发现碰撞就立即停止发送。因此偶尔发生的碰撞并不会使局域网的运行效率降低很多。既然无线局域网不能使用碰撞检测，那么就应当尽量减少碰撞的发生。为此，802.11 委员会对 CSMA/CD 协议进行了修改，把碰撞检测改成碰撞避免。这样，802.11 局域网就使用 CSMA/CA 协议。碰撞避免的思路是：协议的设计要尽量减少碰撞发生的概率。请注意，在无线局域网中，即使在发送过程中发生了碰撞，也要把整个帧发送完毕。因此在无线局域网中一旦出现碰撞，在这个帧的发送时间内信道资源都被浪费了。

802.11 局域网在使用 CSMA/CA 的同时还使用停止等待协议。这是因为无线信道的通信质量远不如有线信道，因此无线站点每通过无线局域网发送完一帧后，要等到收到对方的确认帧后才能继续发送下一帧。这叫作链路层确认。

802.11 标准设计了独特的 MAC 层，如图 4-6 所示。它通过协调功能来确定在基本服务集 BSS 中的移动站在何时能发送数据或接收数据。802.11 的 MAC 层在物理层的上面，它包括两个子层。

一是分布协调功能（Distributed Coordination Function，DCF）。DCF 不采用任何中心控制，而是在每一个节点使用 CSMA 机制的分布式接入算法，让每个站通过争用信道来获取发送权。因此 DCF 向上提供争用服务。802.11 协议规定，所有的实现都必须有 DCF 功能。

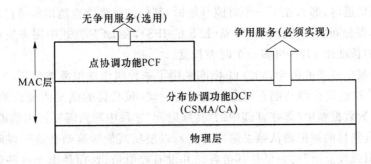

图 4-6　802.11 的 MAC 层

二是点协调功能(Point Coordination Function,PCF)。PCF 是选项,是用接入点集中控制整个 BSS 内的活动,因此自组网络就没有 PCF 子层。PCF 使用集中控制的接入算法,用类似于探询的方法把发送数据权轮流交给各个站,从而避免了碰撞的产生。对于时间敏感的业务,如分组话音,就应使用提供无争用服务的 PCF。

为了尽量避免碰撞,802.11 规定,所有的站在完成发送后,必须再等待一段很短的时间(继续监听)才能发送下一帧。这段时间统称为帧间间隔(InterFrame Spare,IFS)。帧间间隔的长短取决于该站要发送的帧类型。高优先级帧需要等待的时间较短,因此可优先获得发送权,但低优先级帧就必须等待较长的时间。若低优先级帧还没来得及发送而其他站的高优先级帧已发送到媒体,则媒体变为忙态因而低优先级帧就只能再推迟发送了。这样就减少了发送碰撞的机会。至于各种帧间间隔的具体长度,则取决于所使用的物理层特性。下面解释常用的三种帧间间隔的作用,如图 4-7 所示。

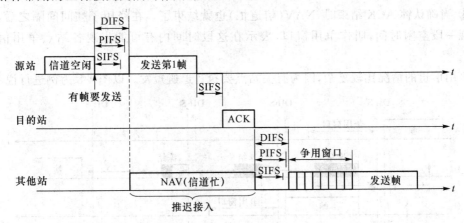

图 4-7　CSMA/CA 协议的工作原理

① SIFS,即短帧间间隔。SIFS 是最短的帧间间隔,用来分隔开属于一次对话的各帧。在这段时间内,一个站应当能够从发送方式切换到接收方式。使用 SIFS 的帧类型有:ACK帧、CTS 帧、由过长的 MAC 帧分片后的数据帧,以及所有回答 AP 的探询的帧和在 PCF 方式中接入点 AP 发送出的任何帧。

② PIFS,即点协调功能帧间间隔(比 SIFS 长),是为了在开始使用 PCF 方式时(在 PCF方式下使用,没有争用)优先获得接入到媒体中。PIFS 的长度是 SIFS 加一个时隙时间(Slot Time)长度。时隙的长度是这样确定的:在一个基本服务集内,当某个站在一个时隙

开始时接入到信道时,那么在下一个时隙开始时,其他站就都能检测出信道已转变为忙态。

③ DIFS,即分布协调功能帧间间隔(最长的 IFS),在 DCF 方式中用来发送数据帧和管理帧。DIFS 的长度比 PIFS 再多一个时隙长度。

为了尽量减少碰撞的机会,802.11 标准采用了一种叫作虚拟载波监听(Virtual Carrier Sense)的机制,这就是让源站把它要占用信道的时间(包括目的站发回确认帧所需的时间)写入到所发送的数据帧中(即在首部中的"持续时间"字段中写入需要占用信道的时间,以微秒为单位,一直到目的站把确认帧发送完为止),以便使其他所有站在这一段时间都不要发送数据。"虚拟载波监听"的意思是其他各站并没有监听信道,而是由于这些站知道了源站正在占用信道才不发送数据。这种效果好像是其他站都监听了信道。

当站点检测到正在信道中传送的帧中的"持续时间"字段时,就调整自己的网络分配向量(Network Allocation Vector,NAV)。NAV 指出了信道处于忙状态的持续时间。信道处于忙状态就表示:或者是由于物理层的载波监听检测到信道忙,或者是由于 MAC 层的虚拟载波监听机制指出了信道忙。

CSMA/CA 协议的工作原理比较复杂,先讨论比较简单的情况。

当某个站点有数据帧要发送时:

① 先检测信道(进行载波监听)。若检测到信道空闲,则在等待一段时间 DIFS 后(如果这段时间内信道一直是空闲的)就发送整个数据帧,并等待确认。为什么信道空闲还要再等待呢? 就是考虑可能有其他站点有高优先级的帧要发送。如有,就让高优先级帧先发送。

② 目的站若正确收到此帧,则经过时间间隔 SIFS 后,向源站发送确认帧 ACK。

③ 所有其他站都设置 NAV,表明在这段时间内信道忙,不能发送数据。

④ 当确认帧 ACK 结束时,NAV(信道忙)也就结束了。在经历了帧间间隔之后,接着会出现一段空闲时间,叫作争用窗口,表示在这段时间内有可能出现各站点争用信道的情况。

争用信道的情况比较复杂,因为有关站点要执行退避短发。以图 4-8 为例进行说明。

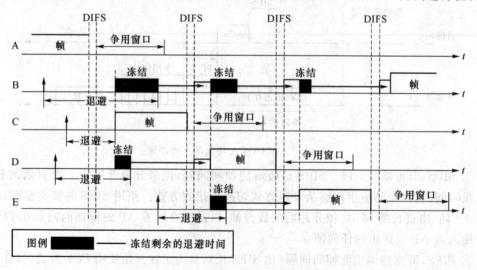

图 4-8 802.11 退避机制的概念

该图表示当 A 正在发送数据时,B、C 和 D 都有数据要发送(用向上的箭头表示)。由于它们都检测到信道忙,因此都要执行退避算法,各自随机退避一段时间再发送数据。802.11 标准规定,退避时间必须是整数倍的时隙时间。

802.11 使用的退避算法和以太网的稍有不同。第 i 次退避是在时隙 $\{0,1,\cdots,2^{2+i}-1\}$ 中随机地选择一个。这样做是为了使不同站点选择相同退避时间的概率减少。这就是说,第 i 次退避($i=1$)要推迟发送的时间是在时隙 $\{0,1,\cdots,7\}$ 中(共 8 个时隙)随机选择一个,而第 2 次退避是在时隙 $\{0,1,\cdots,15\}$ 中(共 16 个时隙)随机选择一个。当时隙编号达到 255 时(这对应于第 6 次退避)就不再增加了。

退避时间选定后,就相当于设置了一个退避计时器。站点每经过一个时隙的时间就检测一次信道。这可能发生两种情况。若检测到信道空闲,退避计时器就继续倒计时。若检测到信道忙,就冻结退避计时器的剩余时间,重新等待信道变为空闲并再经过时间 DIFS 后,从剩余时间开始继续倒计时。如果退避计时器的时间减小到零时,就开始发送整个数据帧。

从图中可以看出,C 的退避计时器最先减到零,于是 C 立即把整个数据帧发送出去。A 发送完数据后信道就变为空闲。C 的退避计时器一直在倒计时。当 C 在发送数据的过程中,B 和 D 检测到信道忙,就冻结各自的退避计时器的数值,重新期待信道变为空闲。正在这时 E 也想发送数据。由于 E 检测到信道忙,因此 E 就执行退避算法和设置退避计时器。

以后 E 的退避计时器比 B 先减少到零。当 E 发送数据时,B 再次冻结其退避计时器。等到 E 发送完数据并经过时间 DIFS 后,B 的退避计时器才继续工作,一直到把最后剩余的时间用完,然后就发送数据。冻结退避计时器剩余时间的做法是为了使协议对所有站点更加公平。

根据以上讨论的情况,可把 CSMA/CA 协议算法归纳如下。

① 若站点最初有数据要发送(而不是发送不成功再进行重传),且检测到信道空闲,在等待时间 DIFS 后,就发送整个数据帧。

② 否则,站点执行 CSMA/CA 协议的退避算法。一旦检测到信道忙,就冻结退避计时器。只要信道空闲,退避计时器就进行倒计时。

③ 当退避计时器时间减少到零时(这时信道只可能是空闲的),站点就发送整个帧并等待确认。

④ 发送站若收到确认,就知道已发送的帧被目的站正确收到了。这时如果要发送第二帧,就要从上面的步骤②开始,执行 CSMA/CA 协议的退避算法,随机选定一段退避时间。

若源站在规定时间内没有收到确认帧 ACK(由重传计时器控制这段时间),就必须重传此帧(再次使用 CSMA/CA 协议争用接入信道),直到收到确认为止,或者经过若干次的重传失败后放弃发送。

应当指出,当一个站要发送数据帧时,仅在下面的情况才不使用退避算法:检测到信道是空闲的,并且这个数据帧是它想发送的第一个数据帧。

除此之外的所有情况,都必须使用退避算法。具体来说,以下几种情况都必须使用退避算法。

① 在发送第一个帧之前检测到信道处于忙态。

② 每一次的重传。

③ 每一次的成功发送后再要发送下一帧。

忙音多路访问(BTMA)协议就是为解决暴露站点的问题而设计的。BTMA把可用的频带划分成数据(报文)通道和忙音通道。当一个设备在接收信息时,它把特别的数据即一个"音"放到忙音通道上,其他要给该接收站发送数据的设备在它的忙音通道上听到忙音,知道不要发送数据。使用BTMA,在上面的例子中,在B向A发送的同时,C就可以向D发送(假定C已感知B和D不在同一个无线范围内),因为C没有在D的忙音通道上接收到由于其他站的发送而引起的忙音。另外,使用BTMA,如果C在向B发送,A也可以知道而不向B发送,因为A可以在B的忙音通道上接收到由于C的发送而引起的忙音。在暴露终端的情况下,在一个无线覆盖区域中的一个设备检测不到在邻接覆盖区域中忙音通道上的忙音。

4.3　无线局域网的安全技术

无线信道是一个开放的环境,物理上的安全性较低,可以通过对用户身份进行确定和对用户数据进行加密等逻辑方法来增强网络的安全性。

安全技术内涵丰富。其中,认证有多种协议,加密有多种算法,数据完整性保证也有相关的协议。一个保密系统就可能存在认证、加密和完整性保证等多种技术的组合,当然也需要这多种技术之间的相互配合。例如认证过程交换的信息需要加密,通过认证的目的之一是为了获得通信的密钥等。三个方面的技术既相互配合又有各自发展的领域,网络的安全性会因为采用不同的技术和不同技术组合而有所不同。

802.11标准定义了两种链路级的认证服务:开放式系统认证和共享密钥认证。在WLAN接入应用中这两种方法都不够安全,研究人员陆续开发出更多的加密算法和移植了一些以太网中的安全技术来加强,基于802.1X的认证和安全体系在WLAN中建立起来,称为WPA(Wi-Fi Protected Access,Wi-Fi受保护接入)和WPA2。802.11 WLAN安全方面的扩展协议于2004年制定,肯定了802.1X认证框架在WLAN中的应用,推出了更好的加密算法和更复杂、完备的RSN(Robust Security Network,健壮的安全网络)安全体系。

自2001年6月始,在信息产业部、国家标准化管理委员会等领导下,下达了无线局域网国家标准立项,并组建"宽带无线IP标准工作组"开展宽带无线IP技术应用领域标准制定和研究活动,自主提出WAPI安全机制,可以弥补国际标准的不足。

至2006年初步建立基于WAPI的无线局域网国家标准体系。2006年3月7日,WAPI产业联盟在国家发改委、信息产业部、科技部等指导下成立。到2008年年底,WAPI已被中国移动、中国电信和中国联通等电信运营企业标准采纳。在国内WAPI产业发展的有力支撑下,2008年4月WAPI在SC6再次获得启动,进入国际标准研究阶段。2009年6月举行的ISO/IEC JTC1/SC6东京全会上,包括美、英、法等在内的SC6国家成员体一致同意,WAPI以独立文本形式成为国际标准。

1. 开放式系统认证

开放式系统认证(Open System Authentication)其实是一种不对站点身份进行认证的认证方式。原理上用户站点向接入点发出认证请求,仅仅是一个请求,不含任何用户名、口令等信息,就可以获得认证。

具体过程包含两个阶段。

（1）发送认证请求

发起认证的 STA（Authentication Initiating STA）将认证帧传给认证 STA（Authenticating STA，通常是 AP），帧内容如下：

- 消息类型：管理类。
- 消息子类型：认证。
- 信息内容（条项）：

认证算法标识＝"Open System"

认证业务序列号＝1

（2）发送认证结果

认证 STA 发送认证结果给发起的 STA，帧内容如下：

- 消息类型：管理类。
- 消息子类型：认证。
- 信息内容（条项）：

认证算法标识＝"Open System"

认证业务序列号＝2

认证结果＝"successful"

如果 AP 支持开放系统认证，这个认证的结果通常是成功。

结合帧格式一段中描述的内容，可以发现，这个认证过程要获得成功还有一个先决条件：发起者和认证者必须有相间的 SSID，发起者事先不断扫描各个信道，获得各信道上 AP 广播的 SSID，然后选择其中的一个发起请求。反过来，如果 AP 关闭了 SSID 的广播动作，就能够从一定程度上阻挡没有掌握接入网 SSID 的非法用户的接入，当然这种阻挡十分原始，也容易被破解。

开放系统认证的主要功能是让站点互相感知对方的存在，以便进一步建立通信关系——建立关联。

2. 共享密钥认证与 WEP

共享密钥认证（Shared Key Authentication）方式通过判决对方是否掌握相同的密钥来确定对方身份是否合法。密钥是网络上所有合法用户共有的，而不从属于单个用户，故称为"共享"密钥。密钥对应的加密方法是有线等效保密（Wired Equivalent Privacy，WEP）。

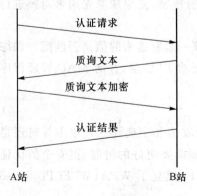

图 4-9　共享密钥认证

（1）认证过程

共享密钥认证方式是建立在假定认证双方事先已经通过某种方式得到了密钥的基础上。

假如 A、B 双方各掌握一个密钥，认证过程如图 4-9 所示。

- A 向 B 发起认证请求。
- B 向 A 发送一个质询文本。
- A 用自己的密钥将质询文本加密后发回给 B。
- B 用自己的密钥把 A 的加密文本解密，对比先前的原文，就可以确定 A 是否有和自己相同的密钥了。
- B 将验证的结果告诉 A。

在实际应用中，AP 往往作为 B 站，由用户站主动发起认证。

（2）WEP 的原理

为了向帧发送提供和有线网络相近的安全性，802.11 规范定义了可选的 WEP。WEP 生成并用加密密钥，发送端和接收端工作站均可用它改变帧位，以避免信息的泄露。这个过程也称为对称加密。工作站可以只实施 WEP 而放弃认证服务，但是如果要避免局域网易受安全威胁攻击的可能性，就必须同时实施 WEP 和认证服务。

图 4-10 所示是 WEP 算法程序。

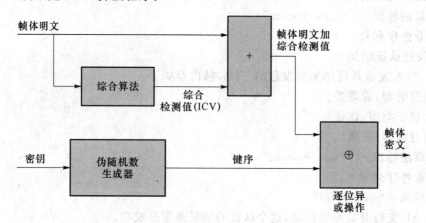

图 4-10　WEP 算法程序

WEP 利用共用密钥进行一系列操作，实现对数据传送的安全保护。

① 在发送端工作站，WEP 首先利用一种综合算法，对 MAC 帧中未加密的帧体（Frame Body）字段进行加密，生成四字节的综合检测值。检测值和数据一起被发送，在接收端对检测值进行检查，以监视非法的数据改动。

② WEP 程序将共享密钥输入伪随机数生成器生成一个键序；这个键序的长度等于明文和综合检测值的长度。

③ WEP 对明文和综合检测值逐位进行异或运算，生成密文，完成对数据的加密。伪随机数生成器可以很早就完成密钥的分配，因为每台工作站只会用到共享密钥，而不是长度可变的键序。

④ 在接收端工作站，WEP 再利用共享密钥把密文进行解密，复原成原先用来对帧进行加密的键序。

⑤ 工作站计算综合检测值，随后确认计算结果与随帧一起发送来的值是否匹配。如综合检测失败，工作站不会把 MSDU（介质服务数据单元）交给 LLC 层，并向 MAC 管理程序发回失败声明。

3. WPA 与 TKIP

共享密钥的认证方式在防范被动译码攻击、主动译码攻击和字典建立式攻击等时还是有明显的弱点。WLAN 接入环境对安全的要求更高，从而需要更好的机制、更安全的认证方式和加密算法。在新的安全标准制定并推广之前，Wi-Fi 成立了 WPA（Wi-Fi Protected Access）组织来推动 WLAN 上的安全技术工作。

WPA 首先对 WEP 进行改进，提出一种新的加密算法，称为 WPA-PSK。此后 WPA 又借鉴以太接入网的安全机制，推出基于 802.1X 框架的认证安全体制。

（1）WPA-PSK

WPA-PSK（WPA-Preshared Key，WPA 预共享密钥）沿用 WEP 预分配共享密钥的认证方式，在加密方式和密钥的验证方式上作了修改，使其安全性更高。客户的认证仍采用验证用户是否使用事先分配的正确密钥。

WPA-PSK 提出一种新的加密方法：时限密钥完整性协议（Temporal Key Integrity Protocol，TKIP）。预先分配的密钥仅仅用于认证过程，而不用于数据加密过程，因此不会导致像 WEP 密钥那样严重的安全问题。

（2）基于 802.1X 的认证体系

WPA 认为目前最安全的认证方式是结合 802.1X 框架的认证体系，该体系由客户、认证系统和认证服务系统组成。

图 4-11 所示描述了 WPA 认证系统的组成。在 WPA 中，客户系统主要是运行请求认证 PAE，将认证请求通过 EAPoL 封装送到认证系统。目前的操作系统和 WLAN 网卡对 WPA 的支持不够，需要第三方软件。

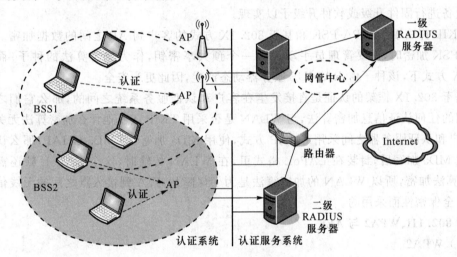

图 4-11　WPA 认证系统的组成

认证系统在 AP 上运行，它接收客户请求，通过 EAP 封装送到认证服务系统，在获得授权后打开客户的逻辑端口（在 WLAN 中通过 MAC 识别），AP 成为接入体系中的链路级控制点。

认证服务系统有多个种类可供选择，简单的如 PAP 和 CHAP，复杂的有 TLS 基于数字证书的方式等。通过 EAP 封装认证信息，客户的认证过程直接面向认证服务系统，认证系统——AP 只是起到一个中转的作用。认证服务系统与 AP 之间的交互过程一般由 RADIUS 协议来规范，此时 AP 是作为 RADIUS 的认证代理存在。认证服务系统可以运行在 RADIUS 服务器上，也可以在别的指定地方，这是非常灵活的。虽然认证过程是直接在客户和认证服务器之间，但 RADIUS 服务器要取得认证的结果，以便对 AP 进行授权。

在这样的系统中，认证方式由客户和认证服务系统共同决定；接入控制点和 RADIUS 服务器共同决定向哪个认证服务系统认证；WLAN 上的加密方法由客户和接入控制点共同决定；加密密钥是在认证通过后动态产生的。系统从多个角度保护系统的安全性，单独攻击任意一点都不能获得全局破解。

（3）TKIP

虽然 TKIP 核心加密算法仍然采用 WEP 协议中的 RC4 算法，但 TKIP 引入了四种新算法以提高加密强度。

- 扩展的 48 位初始化向量（IV）和 IV 顺序规则（IV Sequencing Rule）。
- 逐个报文的密钥构建机制（Per-packet Key Construction）。
- Michael 消息完整性代码（Message Integrity Code，MIC）。
- 密钥重新获取和分发机制。

TKIP 并不直接使用由 PTK（Pairwise Transient Key）/GTK（Group Transient Key）分解出来的密钥作为加密报文的密钥，而是将该密钥作为基础密钥。经过两个阶段的密钥混合过程后，生成一个新的、每一次报文传输都不一样的密钥，该密钥才是用作直接加密的密钥，通过这种方式可以进一步增强 WLAN 的安全性。

TKIP 在增强 WLAN 的保密强度的同时并不明显增加计算量，因此 TKIP 可以通过对原有设备进行固件升级或软件升级予以实现。

TKIP 算法用于 WPA-PSK 和基于 802.1X 方式的客户到 AP 之间的数据加密。对于 WPA-PSK 加密时，需要管理员手动设置一个预共享密钥，作为加密算法的种子；而基于 802.1X 方式下，该种子由 RADIUS 服务器动态产生，因此更为安全。

基于 802.1X 框架的认证是直接发生在客户和认证服务系统之间的，那么它们之间决定采用的任何认证信息加密算法，与 WLAN 是否采用 TKIP 或其他什么加密算法无关。例如，客户和认证服务器之间采用 CHAP 方式，使用 MD5 加密，即 MD5-CHAP，那么认证信息经过 MD5 加密后，封装在 EAPoL 格式里，在 WLAN 传输时，这个 EAPoL 帧还需要被 TKIP 算法加密，所以 WLAN 的加密算法是为了保障从 STA 到接入点之间的无线信道链路级安全保密性而采用的。

4. 802.11i、WPA2 与 AES

（1）WPA2

WPA 是一个过渡性的技术，它为 802.11i 这个安全方面的扩展协议打下很好的基础，进行了有力的前期实践。在 802.11 标准于 2004 年制定以后，由于标准内容复杂，推广有待时日，WPA 以 WPA2 的形式对其中的关键技术进行推动，所以又可以认为 WPA 是 802.11i 的子集。

WPA2 继承 WPA 的基于 802.1X 的框架，主推 AES（Advanced Encryption Standard）加密算法和基于该算法的 CCMP。在 WPA 中就有了两种可选的加密算法：TKIP 和 AES。

（2）AES

AES 是一种对称的分组加密技术，使用 128 位分组加密数据，提供比 WEP/TKIPS 的 RC4 算法更高的加密强度。

AES 的加密码表和解密码表是分开的，并且支持子密钥加密，这种做法优于以前用一个特殊的密钥解密的做法。AES 算法支持任意分组大小，初始时间快。特别是它具有的并行性可以有效地利用处理器资源。

AES 具有应用范围广、等待时间短、相对容易隐藏、吞吐量高等优点，在性能等各方面都优于 WEP 算法。利用此算法加密，WLAN 的安全性将会获得大幅度提高。AES 算法已经在 802.11i 标准中得到最终确认,成为取代 WEP 的新一代的加密算法。但是由于 AES 算法对硬件要求比较高,因此 AES 无法通过在原有设备上升级固件实现,必须重新设计芯片。

(3) 802.11i 标准

WPA 协议其实是当时正处于制定阶段的 802.11i 标准中的一个选项,WPA 协议使用了 802.11i 标准草案中部分已经能够投放市场的成熟技术,但并没有包含草案中尚未完全确定的高强度数据保密技术。作为一个等级不高的网络安全协议,WPA 虽然较 WEP 做了多项技术改进,但仍然不能提供足够的保密强度。因此,Wi-Fi 联盟只是将 WPA 协议作为一个过渡性的标准予以推广,并计划在 IEEE 802.11i 标准发布后,根据 802.11i 标准进行进一步的推广工作。

802.11i 标准于 2004 年着手制定。标准内容不仅仅是提高加密算法的强度和采用基于 802.1X 的认证体系,它进一步提出了健壮的安全网络(Robust Security Network,RSN)的新概念,如图 4-12 所示。

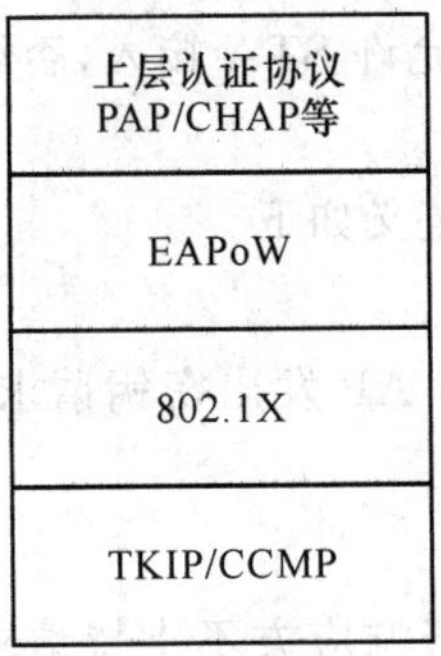

| 上层认证协议
PAP/CHAP等 |
| EAPoW |
| 802.1X |
| TKIP/CCMP |

图 4-12　RSN 结构

在 RSN 的结构中,基于 802.1X 的认证体系以标准的形式得到确定。EAP 封装各种上层认证协议的作用也得到认可,此处不再使用 EAPoL,而是 EAPoW(EAP over WLAN),虽然两者没有本质不同,但 EAPoW 标注着 EAP 封装在 WLAN 安全体系的正式地位。EAP 为认证协议提供了非常灵活的平台,大量成熟的技术和新技术都可以进入 RSN,使得 WLAN 更健壮。

在无线信道上,RSN 将主推 TKIP 和 AES(CCMP 基于 AES)这两种优秀的加密算法,使得 WLAN 更安全。

5. WAPI

WLAN 的安全问题近年来已经得到了包括中国在内越来越多国家的重视,我国也开展了 WLAN 国家标准的研究和制定工作。2003 年 5 月我国颁布了 WLAN 国家标准 GB 15629.11 和 GB 15629.1102,称为 WAPI(无线局域网认证与保密基础结构)标准。WAPI 标准的颁布表明我国已经强烈意识到在 WLAN 安全方面制定基础性国家标准的重要性。但由于一个技术标准的实行尚需要大量的实验和协调工作,因此 WAPI 的实施还有待进一步的改进和完善。

对比 802.11—1999 中标准的共享密钥认证方式和 WEP 加密方法,WAPI 有诸多重要特点:更可靠的安全认证与保密体制,"用户—AP"双向认证,集中式或分布集中式认证管理,证书公钥双认证,灵活多样的证书管理与分发体制,可控的会话协商动态密钥,高强度的加密算法。

WAPI 分为单点式和集中式两种:单点式主要用于家庭和小型公司的小范围应用;集中式主要用于热点地区和大型企业,可以和运营商的管理系统结合起来,共同搭建安全的无线应用平台。

WAPI 认证的基本过程如下。

(1) 认证激活

当 STA 关联或重新关联至 AP 时,由 AP 向 STA 发送认证激活以启动整个认证过程。

(2) 接入认证请求

STA 向 AP 发出接入认证请求,即将 STA 证书与 STA 的当前系统时间发往 AP,其中系统时间称为接入认证请求时间。

（3）证书认证请求

AP 收到 STA 接入认证请求后，首先记录认证请求时间，然后向认证服务器发出证书认证请求，即将 STA 证书、接入认证请求时间、AP 证书及 AP 的私钥对它们的签名构成证书认证请求发送给 ASU。

（4）证书认证响应

认证服务器收到 AP 的证书认证请求后，验证 AP 的签名和 AP 证书的有效性，若不正确，则认证过程失败，否则进一步验证 STA 证书。验证完毕后，认证服务器将 STA 证书认证结果信息（包括 STA 证书和认证结果）、AP 证书认证结果信息（包括 AP 证书、认证结果及接入认证请求时间）和 ASU 对它们的签名构成的证书认证响应发送给 AP。

（5）接入认证响应

AP 对认证服务器返回的证书认证响应进行签名验证，得到 STA 证书的认证结果，根据此结果对 STA 进行接入控制。AP 将收到的证书认证响应回送至 STA。STA 验证认证服务器的签名后，得到 AP 证书的认证结果，根据该认证结果决定是否接入该 AP。

至此 STA 与 AP 之间完成了证书认证过程。若认证成功，则 AP 允许 STA 接入，否则解除其关联。

STA 与 AP 证书认证成功之后进行会话密钥协商，密钥协商过程定义如下。

（1）密钥协商请求

STA 产生一个随机序列 STA_random，利用 AP 的公钥加密后，向 AP 发出密钥请求。此请求包含请求方所有的备选会话算法信息。

（2）密钥协商响应

AP 收到 STA 发来的密钥协商请求后，首先进行会话算法协商，若响应方不支持请求方的所有备选会话算法，则向请求方响应会话算法协商失败，否则在请求方提供的算法中选择一种自己支持的算法；再利用本地的私钥解密协商数据，得到 STA 产生的随机序列，然后产生一个随机序列 ap_random，利用 STA 的公钥加密后，再发送给 STA。

密钥协商成功后，STA 与 AP 将自己与对方产生的随机数据进行按位异或运算生成会话密钥 Session_Key＝ap_random XOR sta_random，利用加密算法对通信数据进行加、解密。

为了进一步提高通信的保密性，在通信一段时间或交换一定数量的数据之后，与 AP 之间重新进行会话密钥的协商。

在上述过程中，STA、AP 和认证服务器都进行了双向认证，采用了 192/224/256 位椭圆曲线数字签名算法，提高了认证过程的安全性。数据加密方式采用了一种认证的分组加密方法，密钥动态更新，具有较高的安全强度。

4.4　无线局域网的系统结构

根据不同的应用环境和业务需求，WLAN 可通过无线电、采取不同网络结构来实现互连，通常将相互连接的设备称为站，将无线电波覆盖的范围称为服务区。WLAN 中的站有 3 类：固定站、移动站和半移动站，如装有无线网卡的台式计算机、笔记本电脑、个人数字助理（PDA）、802.11 手机等；WLAN 中的服务区分为基本服务区（BSA）和扩展服务区（ESA）

两类,BSA 是 WLAN 中最小的服务区,又称为小区。

4.4.1 WLAN 拓扑结构

无线接入网的拓扑结构通常分为无中心拓扑结构和有中心拓扑结构,前者用于少量用户的对等无线连接,后者用于大量用户之间的无线连接,是 WLAN 应用的主要结构模式。

1. 无中心拓扑结构

无中心拓扑结构是最简单的对等互联结构,基于这种结构建立的自组织型 WLAN 至少有两个站,各个用户站(STA)对等互连成网形结构,称为 Ad hoc 网络,如图 4-13(a)所示。在每个站(STA)的计算机终端均配置无线网卡,终端可以通过无线网卡直接进行相互通信,这些终端的集合称为基本服务集(BSS)。

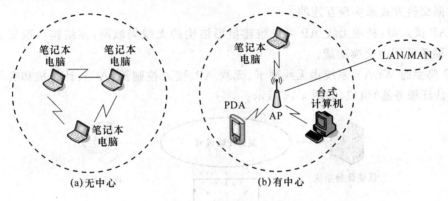

图 4-13　WLAN 拓扑结构

无中心拓扑结构 WLAN 的主要特点是:无须布线,建网容易,稳定性好,但容量有限,只适用于个人用户站之间互联通信,不能用来开展公众无线接入业务。

2. 有中心拓扑结构

有中心拓扑结构是 WLAN 的基本结构,至少包含一个 AP 作为中心站构成星形结构,如图 4-13(b)所示。在 AP 覆盖范围内的所有站点之间的通信和接入因特网均由 AP 控制,AP 与有线以太网中的 Hub 类似,因此有中心拓扑结构也称为基础网络结构。一个 AP 一般有两个接口,即支持 IEEE 802.11 协议的 WLAN 接口。

在基本结构中,不同站点之间不能直接进行通信,只能通过访问 AP 建立连接,而在 Ad hoc 网络的 BSS 中,任一站点可与其他站点直接进行相互通信。一个 BSS 可配置一个 AP,多个 AP 即多个 BSS 就组成了一个更大的网络,称为扩展服务集(ESS)。

AP 在理论上可支持较多用户,但实际应用只能支持 15～50 个用户,这是因为一个 AP 在同一时间只能接入一个用户终端,当信道空闲时,再由其他用户终端争用,如果一个 AP 所支持的用户过多,则网络接入速率将会降低。AP 覆盖范围是有限的,室内一般为 100 m 左右,室外一般为 300 m 左右,对于覆盖较大区域范围时,需要安装多个 AP,这时需要勘察确定 AP 的安装位置,避免邻近 AP 的干扰,考虑频率重用。这种网络结构与目前蜂窝移动通信网相似,用户可以在网络内进行越区切换和漫游,当用户从一个 AP 覆盖区域漫游到另一个 AP 覆盖区域时,用户站设备搜索并试图连接到信号最好的信道,同时还可随时进行切换,由 AP 对切换过程进行协调和管理。为了保证用户站在整个 WLAN 内自由移动时,保持与网络的正常连接,相邻 AP 的覆盖区域存在一定范围的重叠。

有中心拓扑结构 WLAN 的主要特点是:无须布线,建网容易,扩容方便,但网络稳定性差,一旦中心站点出现故障,网络将陷入瘫痪,AP 的引入增加了网络成本。

4.4.2　WLAN 系统的组成

根据不同的应用环境和业务需求,WLAN 可采取不同的网络结构来实现互连,主要有以下 3 种类型。

① 网桥连接型:不同局域网之间互连时,可利用无线网桥的方式实现点对点的连接,无线网桥不仅提供物理层和数据链路层的连接,而且还提供高层的路由与协议转换。

② 基站接入型:当采用移动蜂窝方式组建 WLAN 时,各个站点之间的通信是通过基站接入、数据交换方式来实现互连的。

③ AP 接入型:利用无线 AP 可以组建星形结构的无线局域网,该结构一般要求无线 AP 具有简单的网内交换功能。

一个典型的 WLAN 系统由无线网卡、无线 AP、接入控制器(AC)、计算机和有关设备组成(如认证服务器)组成,如图 4-14 所示。

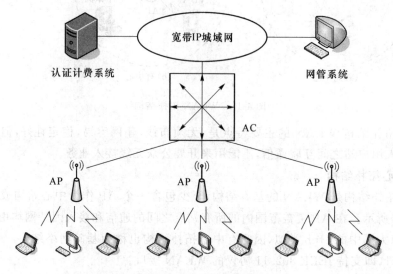

图 4-14　WLAN 的系统结构

1. 无线网卡

无线网卡称为站适配器,是计算机终端与无线局域网的连接设备,在功能上相当于有线局域网设备中的网卡。无线网卡由网络接口卡(NIC)、扩频通信机和天线组成,NIC 在数据链路层负责建立主机与物理层之间的连接,扩频通信机通过天线实现无线电信号的发射与接收。

无线网卡是用户站的收发设备,一般有 USB、PCI 和 PCMCIA 无线网卡。无线网卡支持的 WLAN 协议标准有 802.11b、802.11a/b、802.11g。

要将计算机终端连接到无线局域网,必须先在计算机终端上安装无线网卡,安装过程是:①将无线网卡插入到计算机的扩展槽内;②在操作系统中安装该无线网卡的设备驱动程序;③对无线网卡进行参数设置,如网络类型、ESSID、加密方式及密码等。

2. 无线 AP

无线 AP 称为无线 Hub,是 WLAN 系统中的关键设备。无线 AP 是 WLAN 的小型无线基站,也是 WLAN 的管理控制中心,负责以无线方式将用户站相互连接起来,并可将用户站接入有线网络,连接到因特网,在功能上相当于有线局域网设备中的 Hub,也是一个桥接器。无线 AP 使用以太网接口,提供无线工作站与有线以太网的物理连接,部分无线 AP 还支持点对点和点对多点的无线桥接以及无线中继功能。

3. AC

AC 是面向宽带网络应用的新型网关,可以实现 WLAN 用户 IP/ATM 接入,其主要功能是对用户身份进行认证、计费等,将来自不同 AP 的数据进行汇聚,并支持用户安全控制、业务控制、计费信息采集及对网络的监控。

在用户身份认证上,AC 通常支持 PPPOE 认证方式和 Web 认证方式,在电信级 WLAN 中一般采用 Web+DHCP 认证方式。在移动 WLAN 中,AC 通过 NO.7 信令网关与 GSM/GPRS、CDMA 网络相连,完成对使用 SIM 卡用户的认证。AC 一般内置于 RADIUS 客户端,通过 RADIUS 服务器支持"用户名+密码"的认证方式,无线 AP 与 RADIUS 服务器之间基于共享密钥完成认证过程协商出的会话密钥为静态管理,在存储、使用和认证信息传递中存在一定的安全隐患,如泄漏、丢失等。例如华为公司在移动 WLAN 建设中,AC 为 MA5200 宽带 IP 接入服务器,支持普通上网模式、Web 认证上网模式和基于 SIM 卡上网模式,接入控制器 MA5200 作为计费采集点将计费信息发送给计费网关。

4.5　无线局域网接入的产品与应用

无线局域网的应用场合有很多,从大范围分,可用于工业控制、医疗护理、仓库保管、会展、会议、办公系统、旅游服务、金融服务等领域,应用特色主要体现为不需布线、快速建立、移动数据通信等。

(1) 大型会展

会展往往是参展商和客户短时间聚集的场所,在这里信息的交流占主体地位。进入 21 世纪以来,为了加大信息流动的力度和自由度,以及提升会展的形象,会展中心都向各参展厂商提供有线网络信息点,方便他们利用网络下载公司宣传资料,展示形象,以及利用网络及时通信,交流会展信息。

以往采用有线以太网接入技术,会展大厅信息点的布设往往令主办方十分头痛。会展主题一个接一个,场馆布置必须随之变化,信息点位置固定就很难跟随变化。对于那些带便携机入场的客户,他们在下载参展厂商资料、接洽业务时,也很难找到适合的信息点接入会展网络。

采用无线组网后,只需在固定位置安放 AP。参展商和客户通过无线上网,既省去了布线的麻烦,又提供了方便灵活的接入方式。

(2) 会议厅

会议厅也是一个人员流动大、信息交流密集的场合。会议演讲者大多准备了电子文稿,他们有时还需要从网络下载资料辅助说明,同时与会者中携带便携机的人数越来越多,他们可能希望在自己的便携机上看清演示文稿或者下载会议资料。那么,是否需要在每个座位上设置信息点呢?

采用无线局域网组网,会议的召集和解散不会为信息点的位置和数量发愁了。会议召开,可以实现临时、快速组网;会议结束,不会因拆除网络给会议厅维护人员带来麻烦。

（3）仓库

仓库中货品的出库和入库都要实行严格管理,可以利用计算机,但是录入计算机的过程很麻烦。日常对堆积如山的货物点算也不是件轻松的工作,需要爬高走低,逐个核对货物标签。

利用无线局域网能够使仓库的管理工作变得轻松又准确。货品上贴着射频标签,入库和出库时,检测设备能迅速识别货物,并通过网络跳出相关资料供管理员决策。日常维护时,仓库管理员也只需手持设备在仓库里走上一圈,货物的存放资料也能及时通过网络传到管理员手中,管理员可以根据这些信息进行移仓和清仓。

（4）机场候机厅

机场候机是一段无聊的时光,如果能无线上网,不仅能消磨时光,对于那些惜时如金的工作忙人更是受益匪浅。在候机厅布设无线局域网并接入互联网,投资小、伸缩性强,既具有社会效益,又能获得丰厚的经济效益。

4.5.1 典型应用产品

无线局域网 AP 接入设备如图 4-15 所示,主要完成 WLAN 的无线覆盖。该 FH-AP2400 系列产品是武汉虹信通信技术有限公司自主研发的无线接入点,可广泛应用于各种向用户提供 WLAN 接入的无线网络。FH-AP2400 系列产品包括室内型 AP 和室外型 AP,适合于不同环境的要求,如运营商对咖啡厅、酒店、快餐厅、会议室等室内热点区域进行覆盖,GSM、CDMA、PHS 等 2G 系统以及 3G 系统的室内分布式系统的多网合路覆盖,运营商对园区、居民小区、港口、广场等室外热点区域进行覆盖,园区、居民小区对于区域内无线化组网要求等。

武汉虹信通信技术有限公司研发的无线局域网 AC 接入设备如图 4-16 所示。该 AC 是宽带运营网的接入控制设备,能为使用 802.11 无线网络的机构、企业和服务供应商提供独立的可升级的安全、QoS 管理解决方案。单机最高可支持 10 000 并发用户,具有用户认证、角色认证、侦测非法入侵、保护用户免受病毒威胁、RF 入侵监测与对抗、RADIUS 记账、远程管理等功能,适用于运营级无线局域网组网应用。

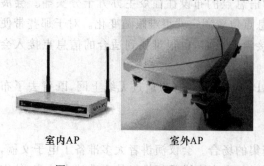

室内AP　　　　　　　室外AP

图 4-15　FH-AP2400 系列产品　　　　　图 4-16　FH2400AC 系列产品

4.5.2　WLAN 在机场接入方案中的应用

机场 WLAN 建设的目的是为机场旅客提供方便快捷的上网服务,重点保证机场旅客在候机厅、中心广场、餐厅和休息室等地方能使用个人笔记本电脑、PDA 等终端快速接入因特网。对于机场环境,由于用户流动性很大且停留时间较短,因此提供一个简便的上网认证方式是机场 WLAN 接入方案中需要重点考虑的问题。

机场 WLAN 系统主要由用户无线网卡、多个无线 AP、1 个 AC 和相关设备等组成,如图 4-17 所示。

(1) 针对机场的实际环境情况,布放一定数量的无线 AP 设备,根据机场大小的不同,可能需要几十到上百个无线 AP,每个无线 AP 与 AC 设备通过有线以太网连接。

(2) 用户站设备配置无线网卡,通过空中接口与无线 AP 相连,机场 WLAN 系统采用远程供电方式,直流电通过以太网的 5 类双绞线传送到 AP。

(3) AC 通过网络交换机或路由器等设备与电信接入设备相连。机场 WLAN 系统选用的 AC 应具有以下功能:①即插即用,这是机场 WLAN 系统中的 AC 必须具备的功能;②方便的认证、计费、授权性能;③支持 RADIUS;④用户站不需要安装任何软件、不需要更改任何网络配置;⑤广告服务。

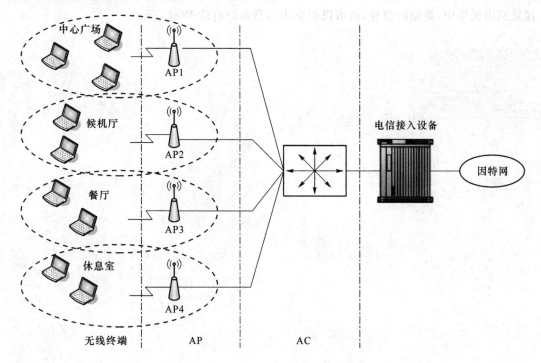

图 4-17　机场 WLAN 系统的构成

无线局域网的发展已日趋完善,目前已经有 20 余个 802.11 标准出台或准备出台。"全球最大商用 Wi-Fi 网络提供商"的 iPass 公司 2015 年 1 月公布的数据显示,2014 年公用 Wi-Fi 热点数量超过了 5000 万个,较 2013 年增长了 80%。iPass 公司预计,Wi-Fi 热点数量将快速增长,到 2018 年时的全球热点数量将达到 3.4 亿个。2014 年一个 Wi-Fi 热点对应的全球人口数量为 150 人。到 2018 年,一个 Wi-Fi 热点将对应 20 人。种种迹象表明,无线局域网正在飞速发展。

目前企业内部的无线局域网已经得到了广泛应用,但运营商级别的网络尚待大力发展。相信运营商经营的无线局域网一定会成为其新的业务增长点。无线局域网为移动运营商提供了涉足互联网接入服务领域的机会,同本身所经营的蜂窝移动通信业务形成了差异化,丰富了用户体验,提高了用户忠诚度,为用户提供高质量的服务,通过自己已有的用户群,完成用户在蜂窝移动网络和无线局域网的无缝垂直切换,在有无线局域网覆盖的区域提供高带宽的接入,在无线局域网覆盖不到的地方切换到蜂窝移动通信网络。

尽管 Wi-Fi 目前被定位为 3G/4G 数据分流的功能,但是 Wi-Fi 目前有着 3G/4G 不可替代的优点,最大的优点就是低成本(省钱)带来市场需求的扩张。广州亚运会期间,广东电信就曾经面向广州市民免费开放全城的 Wi-Fi 网络,据统计,当时电信的活跃 Wi-Fi 用户从 2 万多户快速增长到 15 万户,而在亚运会后随着免费 Wi-Fi 业务的停止,其活跃用户下降到 6 万户。

目前,中国的 Wi-Fi 运营模式依然处于探索之中,不过,我们依然没有看到这种探索体现出多样性。其实,运营商可考虑提供限时免费,而这种成本补贴可考虑向赞助商收取,而赞助商可以在 Wi-Fi 中植入广告,在美国,ebay 就曾在特定时段特定地点自行提供免费 Wi-Fi,而用户需要首先浏览 ebay 广告。又比如,地方政府可以将对无线城市的财力支持直接发到市民手中,类似购物券,由市民去享用运营商的有偿 Wi-Fi 等。

第 5 章
HFC 接入技术

自 1950 年在美国诞生共用天线电视(CATV)以来,电缆传送的有线电视正把电视信号送到千家万户,其技术开始得到迅速发展。同轴电缆与宽带放大器结合,使有线电视传送距离从一幢大楼到多幢大楼乃至一片生活小区,这就是早期的 Cable TV(电缆电视)。20 世纪 90 年代初 DFB 激光器的研制成功使得模拟宽带有线电视信号能调制在光信号上通过光纤传送。由于光纤具有低损耗、宽带的优良传输特性,可将有线电视传送到更远的距离,有线电视网络覆盖范围也从原有的 5～10 km 范围扩大至 30 km 乃至一个城区(100～200 km)。现有的城市有线电视网基本上是由光纤与同轴电缆的混合网组成,这种网络就称为 HFC(Hybrid Fiber Coaxial)网。由于接入到用户的同轴电缆带宽较宽(达 1 000 MHz以上),因而 HFC 有线电视网加以适当改造,可演变成一种宽带的接入网,是信息高速公路一种很好的用户接入方式,它不仅可传送宽带的多节目有线电视信号,而且可以实施交互式业务,如点播电视(VOD)、高速 Internet 接入、高速数据通信(计算机远程联网)及话音等,从而达到实施三网(数据、话音、图像)融合。HFC 网的多业务功能前景引发了各种技术的发展,这些技术发展又促使 HFC 网多功能业务向实用化、标准化转换。下面简单叙述一下宽带 HFC 网络新技术及其展望。

由于我国拥有世界第一大有线电视网,截至 2010 年 8 月底,我国有线数字电视用户达到 7 200 万户,有线数字化程度达到 42%,双向化程度不到 5%(有线电视用户基数为 17 800万户)。基于以上数据不难发现,广电网络存在以下特点:用户量庞大,数字化程度较低,双向化程度更低。由于同轴电缆可提供较宽的工作频带和良好的信号传输质量,所以基于现有有线电视网设施的 HFC 接入网技术越来越引起人们的重视。HFC 接入网是以模拟频分复用技术为基础,综合应用模拟和数字传输技术、光纤和同轴电缆技术、射频技术及高度分布式智能技术的宽带接入网络。通过对现有有线电视网进行双向化改造,有线电视网除了可提供丰富良好的电视节目之外,还可提供电话、Internet 接入、高速数据传输和多媒体等业务。从网络架构来看,我国广电城域网基本为总前端＋分前端模式,总前端与分前端之间通过 MSTP/SDH 环网进行连接,分前端机房向下的 HFC 网络包括光纤分配网及同轴电缆分配网两部分,其中从分前端到小区光节点间的光纤分配网采用 1 550 nm 或 1 310 nm 光纤的星形网络结构,每个光节点覆盖用户数从 100 多户到 1 000 多户不等;小区内的同轴电缆网络实现广播电视节目由光节点向用户的电视机/机顶盒的推送,对部分小区的楼内布线,采用同轴电缆＋五类线的双线入户方式。广电网络基本结构如图 5-1 所示。

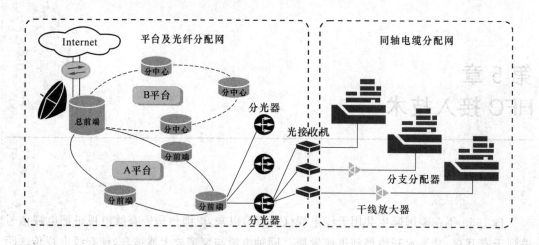

图 5-1　广电网络基本结构图

由图 5-1 可以看到,在 HFC 网络中有线电视台的前端设备通过路由器与数据网相连,并通过局用数据端机与公用电话网(PSTN)相连。有线电视台的电视信号、公用电话网来的话音信号和数据网的数据信号送入合路器形成混合信号后,通过光缆线路送至各个小区节点,再经过同轴分配网络送至用户本地综合服务单元,并分别将电视信号送到电视机,语音信号送到电话,数据信号经综合服务单元内的 Cable Modem 送到各种用户终端(通常为PC)。如果是多个用户共享 1 台 Cable Modem,则需在本地的 Cable Modem 中添加一个以太网集线器;如果是通过一个局域网与 Cable Modem 相连,在 Cable Modem 和局域网之间需接一个路由器。反向链路则由用户本地服务单元的 Cable Modem 将用户终端发出的信号调制复接送入反向信道,并由前端设备解调后送往网络。其中反向信道可以用电话拨号的形式,也可利用经过改造的 HFC 网络的反向链路。

在城市有线电视光缆同轴混合网上,使用电缆调制解调器进行数据传输,构成宽带 IP接入网。下行利用空余的电视广播频道或 750 MHz 以上频段,采用 64QAM 调制传输数据。一个 PAL 制 8 MHz 带宽信道传输速率为 40 Mbit/s。对于有回传通道的双向 HFC网,可以在回传通道上进行上行数据传输,采用 QPSK 调制。如果是单向 HFC 网可以采用电话调制解调器发送上行数据。电缆调制解调器的传输体制在历史发展过程中有两种,一种是由 IEEE 802.14 组制定的标准,采用 ATM 传输。另一种主要是由设备制造公司和有线电视公司组成的 MCNS 组织制定的 DOCSIS 标准,采用 IP 体制。作为宽带 IP 接入网,采用 ATM 体制没有任何好处,只会增加设备复杂程度,增加成本,IEEE 802.14 标准实际已经死亡,DOCSIS 标准成为事实上的工业标准。为了保证各个厂商设计的电缆调制解调器的互联性,各种 DOCSIS 电缆调制解调器都要通过 Cable Lab 组织的测试。

HFC 网络系统和其他网络相比具有高速率接入、不占用电话线路及无须拨号专线连接的优势。但是要实现 HFC 网络,必须对现有的有线电视网进行双向化和数字化改造,这将引入同步、信令和网络管理等难点,特别是反向信道的噪声抑制成为主要的技术难题。

5.1 光纤 CATV 系统

5.1.1 光纤 CATV 的调制传输方式

光纤有线电视的调制传输方式分为副载波模拟调频、副载波残留边带调幅和副载波数字调制三种。副载波是一种射频正弦波,用以携带基带视频/音频信号,并借助一系列副载波频率的不同来实现同一根光纤内的多频道电视信号的传输。现在所用的副载波频率选在 5~40 MHz、48~750 MHz,用于有线电视网的上行和下行传输。

1. FM 光纤传输方式

FM 调制方式是将多频道视频/音频信号先分别对不同频率的副载波调频后混合再进行光波强度的调制,经光纤传输后的光波,先被光电检测器还原为多频道调频信号,然后分路鉴频使视频、音频信号恢复。

FM 光纤传输的优点是接收机灵敏度高,传输距离远。例如光接收灵敏度为 -16 dBm,发送光功率为 0 dBm 时,可传送距离达 40 km。另外,该调制方式,其多个副载波的交互调制产物仅表现为接收调频波的背景噪声,对视频图像没有直接干扰,因此对光器件的线性要求就不高。

FM 光纤传输的缺点是其频道安排和调制方式与现在的电视系统不能兼容,其射频输出信号不能为家用电视机所直接接收,所以只适用于点到点的基带信号传送。若要进入有线电视网的分配网络,在发端和收端就要增加一系列的 AM-VSB 解调器、频率调制器、频率解调器和 AM-VSB 调制器,从而使系统造价陡升。所以现在 FM 光纤传输系统在有线电视网中只适用于超长距离,如前端到分前端的超干线的视频/音频节目传送。

FM 光纤传输的特例是微波副载波光纤传输系统。把卫星地面接收站的微波信号不经卫星接收机的解调装置解调,而直接由光纤传输系统传送。由于卫星电视信号本来就采用调频制式,所以 FM 光纤传输的作用相当于卫星天线馈线的延伸。

2. 数字光纤传输方式

在数字技术日益成熟的今天,数字电视传输技术已成为研究和开发的重点。目前市场早已出现基带未经压缩的数字电视光纤传输系统产品。一个信道包含一路视频信号和 2~4 路音频信号。经取样、编码、复接后的总数据率达 150 Mbit/s 左右,最多可传 16 个信道,总传输速率约为 2.4 Gbit/s。由此可见,这种系统占用频带宽,是数字压缩电视光纤传输系统商品化之前的过渡系统。其传输性能优于 FM 系统,传输距离也更远,无中继时,大于 80 km,还可以加中继,但系统造价比 FM 系统还高。

视频数字压缩技术能够把数字电视的原始数据率压缩到 1/100,而且广播电视的数字压缩标准 MPEG-2 已经问世。这个标准规定了视频/音频数据的编码表示方法,恢复原始信号的译码过程,视频、音频、数据的复用结构和同步方法,以及用于传输的数据包格式。此外,为了达到有效的数据压缩,已经应用色度/亮度预处理、离散余弦变换、可变长度编码(Huffman Coding)、运动估计与补偿、自适应场/帧间编码、速率缓冲控制和统计复接等一系列先进技术。在传输时若通过卫星线路,则先经前向纠错编码,再对微波载波进行正交相位调制(QPSK),达到一个 36 MHz 卫星转发器,最多能传送 16 套电视节目。若通过有线电视网传输,则采用副载波 4VSB-16VSB 调制(4-16 电平残留边带调幅)或 16QAM-64QAM 调制(16-64 电平正交幅度调制),使一个 6～8 MHz 的有线电视频道最多能传送 10 个频道的节目。因此高比率的数字压缩和带宽高效利用的多电平数字调制方式是实现大容量数字电视光纤传输的关键技术。随着技术的发展,有线电视网的光纤干线将逐步向副载波数字调制转变。

3. AM-VSB(残余边带调幅)光纤传输方式

在 FM 光纤传输系统价格昂贵,而数字调制光纤传输系统尚未商用的今天,AM-VSB 光纤传输方式为有线电视网的发展提供了一种高质量、经济有效的联网手段。

AM-VSB 光纤传输方式的突出优点是它的调制制式与广播电视相兼容,因而其输出信号可以不经转换直接提供给用户,而且它的光路部分可以沿用到今后,作为综合数字业务宽带用户网的一部分。AM-VSB 光纤传输系统的缺点是:它对 AM-VSB 射频信号的载噪比要求高,导致光接收灵敏度低,使得传输距离较短,加大了对光源发射光功率的要求。在发射光功率小于 15 mW 的条件下,若利用全部频道,传输距离不能超过 35 km。

5.1.2 光纤 CATV 的性能指标

光纤传输的系统冗余是保证整个网络正常运行的一个重要指标。根据光发射机的光输出功率和光接收机的光输入功率确定光纤链路的允许损耗。除了光纤自身的损耗外,还要计入光纤熔接点损耗,一般按 0.5～1.0 dB/个计算,端机的活动连接损耗按 1 dB/个计算,系统还要预留 3 dB 左右的保护值,以防光纤老化、设备的不稳定和环境条件变化的影响等。

系统冗余应满足如下关系式:

$$P_{\text{T·out}} - P_{\text{R·min}} \geq a_{\text{opt}} = L_n \cdot B_0 + (n-1)B_1 + 2B_e + B_a + \Delta a \tag{5-1}$$

式中,$P_{\text{T·out}}$ 为光发射机的输出功率(入纤功率);$P_{\text{R·min}}$ 为光接收机的输入功率(或接收机的灵敏度);a_{opt} 为光纤线路损耗;L_n 为光纤总长(km);B_0 为光纤损耗(dB/km);n 为光纤段数;B_1 为熔接头损耗(0.5～1)dB/个;B_e 为光纤活动接头损耗(dB/个);B_a 为其他损耗(dB);Δa 为损耗裕量。

1. 噪声和主要非线性失真指标的分配

有线电视网主要性能指标有载噪比(C/N)、组合二阶互调(CSO)和组合三阶差拍(CTB)。这三大性能指标与诸多因素有关。一个完整的光纤 CATV 网络由前端、光纤干线、同轴电缆支干线和分配网构成。根据光发射机、光接收机能够达到的链路指标,对于一级光纤链路,C/N 宜取 50 dB,其他指标可取 60 个频道,CSO=−61 dB;CTB=−65 dB。网络其他部分的指标可以依表 5-1 分配。对于三级光纤链路的级联,光缆干线的 C/N 取 47 dB,而用户端口的 C/N 降为 44.5 dB。

2. 光缆及光路的光功率分配

应当预先注意的是,AM-VSB 光纤传输链路的容许光损耗范围是不大的,通常为 10～12 dB,而光发射机和光接收机的价格却相当高,因此每个 dB 的成本便很高。在设计光路损耗和进行光功率分配时,一定要精打细算,不可能像其他光纤工程那样,随便留有充裕的功率裕量。

表 5-1　前端、干线、分配网络及系统的指标分配

项目	用户端口		前端	光缆干线	电缆网
	国标	设计值			
C/N/dB	43	45.9	55	50	49
CSO/dB	54	57.2	−70	−61	−60
CTB/dB	54	55.1	−74	−65	−60

　　光功率分配是光纤干线的关键环节,因为从光发射机到光接收机的全程光路衰耗值决定了光纤干线的载噪比。光缆路由确定之后,每一条光路的损耗也就确定了。搭配使用适当的光分路器,可使不同的光路具有基本相同的损耗值。如果计算出来的光路损耗过大,就应减少光分路的分支数。发送光功率与接收光功率之差,称为光路损耗。

　　光路损耗采用下式计算:

$$A = aL + 10\lg(k/100) + 0.5 + 1.0 (dB) \tag{5-2}$$

式中,a 为光路损耗;L 为光缆长度(km);$k\%$ 为光分路器的分光比例;0.5 dB 为光分路器的插入损耗;1.0 dB 为光发射机活动连接器的插入损耗与光路损耗裕量之和。因为在测量其发送光功率时,已通过了光发射机的活动连接器,因而在计算光路损耗时,就不必再计入该连接器的损耗。在 1.31 μm 波长时,单模光纤的损耗常数一般为 0.35 dB/km,所以如果取 $a = 0.4$ dB/km,则不另外计算熔接点的损耗。在 1.55 μm 波长时,可取 $a = 0.25$ dB/km,同样也包括了熔接点的损耗。上述两个取值是否要包容熔接点损耗,要视情况而定。

　　光功率分配所依赖的关键元件是光分路器。光分路器一般采用经熔融双向拉伸的双锥形光耦合器。现在进口的和绝大部分国产的熔锥形光分路器都是 1:2 光分路器,其分光比按 5% 分挡,如 0.50/0.50、0.45/0.55 等。要想把一路输入光束分成各路输出光束,若采用几个靠熔接级联的 1:2 光分路器,会造成较大的熔接损耗,而且熔接点还会引起多重反射,致使噪声增加和信号失真变大。现在有一种熔融拉锥技术,已经能保证生产出 1:n($n = 2\sim9$)光分路器。这种光分路器具有插入损耗小($n = 2$ 时,0.2 dB;$n = 3$ 时,0.3 dB;$n = 4\sim9$ 时,0.5 dB)、各分支分光比可任意指定的突出优点,特别适用于光纤 CATV 网,可保证不同长度光路的接收机获得相同的或任意指定的接收光功率。

　　当采用 1:n 光分路器时,如果要求各接收点光功率一致,则各分支的分光比和光路损耗按下列公式计算:

$$K_i = \frac{10^{0.1aL_i}}{\sum_{j=1}^{n} 10^{0.1aL_j}} \tag{5-3}$$

$$A = \sum_{j=1}^{n} 10^{0.1aL_j} + (0.2\sim0.5) + 1.0 \text{ dB} \tag{5-4}$$

式中,K_i 为第 i 个分支的分光比;L_j 为第 i 条路的光纤长度(km);(0.2~0.5)dB 是光分路器的插入损耗;1.0 dB 为光纤活动连接器的损耗与系统损耗裕量之和。

5.2 HFC 的关键技术

5.2.1 HFC 的发展

HFC 是从传统的有线电视网发展而来的。有线电视网最初是以向广大用户提供廉价、高质量的视频广播业务为目的发展起来的,它出现于 1970 年左右,自 80 年代中后期以来有了较快的发展。在许多国家,有线电视网覆盖率已与公用电话网不相上下,甚至超过了公用电话网。有线电视已成为社会重要的基础设施之一。例如,在美国各有线电视公司所建的 CATV 网已接入了约 95%的家庭。在我国有线电视起步较晚,但发展迅速。

从技术角度来看,近年来 CATV 的新发展也有利于它向宽带用户网过渡。CATV 已从最初单一的同轴电缆演变为光纤与同轴电缆混合使用,单模光纤和高频同轴电缆(带宽为 750 MHz 或 1 GHz)已逐渐成为主要传输媒介。传统的 CATV 网正在演变为一种 HFC 网,这为发展宽带交互式业务打下了良好的基础。这种树形结构对于一点对多点的广播式业务来说是一种经济有效的选择;但对于开发双向的、交互式业务则存在着两个严重的缺陷。第一,树形结构的系统可靠性较差,干线上每一点或每个放大器的故障对于其后的所有用户都将产生影响,系统难以达到像公用电话网的高可靠性。第二,限制了对上行信道的利用。原因很简单,成千上万个用户必须分享同一干线上的有限带宽,同时在干线上还将产生严重的噪声积累;在这种情况下,即使是电话业务的开展也是困难的。

当有线电视网重建分布网以升级现有的服务时,大部分转向了一种新的网络体系结构,通常称之为"光纤到用户区",在这种体系结构中,单根光纤用于把有线电视网的前端连到 200～1 500 户家庭的居民小区,这些光纤由前端的模拟激光发射机驱动,并连到光纤接收器上(一般为"节点")。这些光纤接收器的输出驱动一个标准的用户同轴网。

"光纤到用户群"(光纤到用户区)的体系结构与传统的由电缆组成的网络相比较,主要好处在于它消除了一系列的宽带 RF 放大器,需要用来补偿同轴干线的前端到用户群的信号衰减,这些放大器逐步衰减系统的性能,并且要求很多维护。一个典型"光纤到用户群"的衰减边界效应是要额外的波段来支持新的视频服务,而现在已经可以提供这些服务。在典型"光纤到用户群"的体系结构中,支持标准的有线电视网广播节目选择,每个从前端出去的光纤载有相同的信号或频道。通过使用无源光纤分离器,以驱动多路接收节点,它位于前端激光发射器的输出处。

Cable Modem 技术是在 HFC 上发展起来的。由于有线电视的普及,同轴电缆基本已经入户。基于这一有利条件,有线电视公司推出了基本光纤和同轴电缆混合网络的接入技术——HFC,同电信部门争夺接入市场。HFC 出现的初期主要致力于传统话音业务的传送。但是,随着在许多地方试验的相继失败(主要问题是供电、成本等),目前有线电视运营者已经放弃在 HFC 上传送传统话音业务,转向 Cable Modem,在 HFC 上进行数据传输,提供 Internet 接入,争夺宽带接入业务。

因此基于有线电视网的 HFC 接入网技术在我国具有典型的现实意义和广阔的发展前景,并逐渐引起业内人士越来越多的关注。

5.2.2 HFC 的结构

HFC 的概念最初是由 Bellcore 提出的。它的基本特征是在目前有线电视网的基础上,以模拟传输方式综合接入多种业务信息,可用于解决 CATV、电话、数据等业务的综合接入问题。HFC 主干系统使用光纤,采取频分复用方式传输多种信息;配线部分使用树状拓扑结构的同轴电缆系统传输和分配用户信息。图 5-2 为典型 HFC 的网络结构。

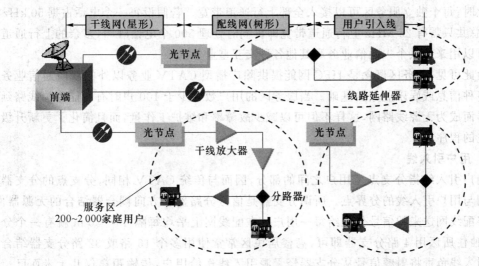

图 5-2 典型 HFC 的网络结构

1. 馈线网

HFC 的馈线网指前端至服务区(SA)的光纤节点之间的部分,大致对应 CATV 网的干线段。其区别在于从前端至每一服务区的光纤节点都有一专用的直接的无源光连接,即用一根单模光纤代替了传统的粗大的干线电缆和一连串几个有源干线放大器。从结构上则相当于用星形结构代替了传统的树形——分支结构。由于服务区又称光纤服务区,因此这种结构又称光纤到服务区(FSA)。

目前,一个典型服务区的用户数为 500 户(若用集中器可扩大至数千户),将来可进一步降至 125 户甚至更少。由于取消了传统 CATV 网干线段的一系列放大器,仅保留了有限几个放大器,放大器失效所影响的用户数减少至 500 户;无须电源供给(而这两者失效约占传统网络失效原因的 26%),因而 HFC 网可以使每一用户的年平均不可用时间减小至 170 min,使网络可用性提高到 99.97%,可以与电话网(99.99%)相比。此外,采用了高质量的光纤传输,使得图像质量获得了改进,维护运行成本得以降低。

2. 配线网

在传统 CATV 网中,配线网指干线/桥接放大器与分支点之间的部分,典型距离 1~3 km。而在 HFC 网中,配线网指服务区光纤节点与分支点之间的部分。在 HFC 网中,配线网部分采用与传统 CATV 网相同的树形——分支同轴电缆网,但其覆盖范围则已大大扩展,可达 5~10 km,因而仍需保留几个干线/桥接放大器。这一部分的设计好坏往往决定了整个 HFC 网的业务量和业务类型,十分重要。

在设计配线网时采用服务区的概念是一个重要的革新。在一般光纤网络中,服务区越小,各个用户可用的双向通信带宽就越大,通信质量也就越好。然而,随着光纤逐渐靠近用户,成本会迅速上升。HFC采用了光纤与同轴电缆混合结构,从而妥善地解决了这一矛盾,既保证了足够小的服务区(约500户),又避免了成本上升。

采用了服务区的概念后可以将一个网络分解为一个个物理上独立的基本相同的子网,每一子网服务于较少的用户,允许采用价格较低的上行通道设备。同时每个子网允许采用同一套频谱安排而互不影响,与蜂窝通信网和个人通信网十分类似,具有最大的频谱再用可能。此时,每个独立服务区可以接入全部上行通道带宽。若假设每一个电话占据50 kHz带宽,则总共只需有25 MHz上行通道带宽即可同时处理500个电话呼叫,多余的上行通道带宽还可以用来提供个人通信业务和其他各种交互型业务。

由此可见,服务区概念是HFC网能提供除广播型CATV业务以外的双向通信业务和其他各种信息或娱乐业务的基础。当服务区的用户数目少于100户时有可能省掉线路延伸放大器而成为无源线路网,这样不但可以减少故障率和维护工作量,而且简化了更新升级至高带宽的程序。

3. 用户引入线

用户引入线指分支点至用户之间的部分,因而与传统CATV相同,分支点的分支器是配线网与用户引入线的分界点。所谓分支器是信号分路器和方向耦合器结合的无源器件,负责将配线网送来的信号分配给每一用户。在配线网上平均每隔40~50 m就有一个分支器,单独住所区用4路分支器即可,高楼居民区常常使用多个16路或32路分支器结合应用。引入线负责将射频信号从分支器经无源引入线送给用户,传输距离仅几十米而已。与配线网使用的同轴电缆不同,引入线电缆采用灵活的软电缆形式以便适应住宅用户的线缆敷设条件及作为电视、录像机、机顶盒之间的跳线连接电缆。

传统CATV网所用分支器只允许通过射频信号,从而阻断了交流供电电流。HFC网由于需要为用户话机提供振铃电流,因而分支器需要重新设计以便允许交流供电电流通过引入线(无论是同轴电缆还是附加双绞线)到达话机。

基于HFC网的基本结构具备了顺利引入新业务的能力,通过远端指配可以增加新通道如新电话线或其他业务而不影响现有业务,也无须派人去现场。现代住宅用户的业务范围除了电视节目外,有至少两条标准电话线,也应能提供数据传输业务及可视电话等。当然,也会包括更多的新颖的服务,如用户用电管理等。

由于HFC具有经济地提供双向通信业务的能力,因而不仅对住宅用户有吸引力,而且对企事业用户也有吸引力,例如HFC可以使得Internet接入速度和成本优于普通电话线,可以提供家庭办公、远程教学、电视会议和VOD等各种双向通信业务,甚至可以提供高达40/10 Mbit/s的双向数据业务和个人通信服务。

HFC的最大特点是只用一条缆线入户而提供综合宽带业务。从长远来看,HFC计划提供的是所谓全业务网(FSN),即以单个网络提供各种类型的模拟和数字通信业务,包括有线和无线、语音和数据、图像信息业务、多媒体和事物处理业务等。这种全业务网络将连接CATV网前端、传统电话交换机、其他图像和信息服务设施(如VOD服务器)、蜂窝移动交换机、个人通信交换机等,许多信息和娱乐型业务将通过网关来提供,今天的前端将发展成为用户接入开放的宽带信息高速公路的重要网关。用户将能从多种服务器接入各种业务,共享昂贵的服务器资源,诸如VOD中心和ATM交换资源等。简而言之,这种由HFC所提供的全业务网将是一种新型的宽带业务网,为我们提供了一条通向宽带通信的道路。

5.2.3　频谱分配方案

HFC 采用副载波频分复用方式,各种图像、数据和语音信号通过调制解调器同时在同轴电缆上传输。因此合理地安排频谱十分重要,频谱分配既要考虑历史和现在,又要考虑未来的发展。有关同轴电缆中各种信号的频谱安排尚无正式国际标准,但已有多种建议方案。图 5-3 是比较典型的一种方案。

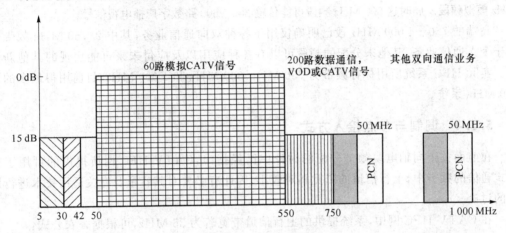

图 5-3　一种典型的频谱分配建议

低频端的 5～30 MHz 共 25 MHz 频带安排为上行通道,即所谓回传通道,主要传电话信号。在传统广播型 CATV 网中尽管也保留有同样的频带用于回传信号,然而由于下述两个原因这部分频谱基本没有利用。第一,在 HFC 出来前,一个地区的所有用户(可达几万至十几万)都只能经由这 25 MHz 频带才能与首端相连。显然这 25 MHz 带宽对这么大量的用户是远远不够的。第二,这一频段对无线和家用电器产生的干扰很敏感,而传统树形——分支结构的回传"漏斗效应"使各部分来的干扰叠加在一起,使总的回传通道的信噪比很低,通信质量很差。HFC 网妥善地解决了上述两个限制因素。首先,HFC 将整个网络划分为一个个服务区,每个服务区仅有几百用户,这样由几百用户共享这 25 MHz 频带就不紧张了。其次,由于用户数少了,由之引入到回传通道的干扰也大大减少了,可用频带几乎接近 100%。另外,采用先进的调制技术也将进一步减小外部干扰的影响。最后,减小服务区的用户数可以进一步改进干扰和增加每一用户在回传通道中的带宽。

近来,随着滤波器质量的改进,且考虑到点播电视的信令以及电话数据等其他应用的需要,上行通道的频段倾向于扩展为 5～42 MHz,共 37 MHz 频带,有些国家甚至计划扩展至更高的频率。其中,5～8 MHz 可用来传状态监视信息,8～12 MHz 传 VOD 信令,15～40 MHz 用来传电话信号,频率仍然为 25 MHz。50～1 000 MHz 频段均用于下行信道。其中,50～550 MHz 频段用来传输现有的模拟 CATV 信号,每一通路的带宽为 6～8 MHz,因而总共可传输各种不同制式的电视信号 60～80 路。

550～750 MHz 频段允许用来传输附加的模拟 CATV 信号或数字 CATV 信号,但目前倾向于传输双向交互型通信业务,特别是点播电视业务。假设采用 64QAM 调制方式和 4 Mbit/s 速率的 MPEG-2 图像信号,则频谱效率可达 5 bit/(s·Hz),从而允许在一个 6～8 MHz 的模拟通路内传输 30～40 Mbit/s 速率的数字信号,若扣除必需的前向纠错等辅助比特后,则大致相当于 6～8 路 4 Mbit/s 速率的 MPEG-2 图像信号。于是这 200 MHz 带宽可以至少传输约 200 路 VOD 信号。当然也可以利用这部分频带来传输电话、数据和多媒体信号,可选取若干 6～8 MHz 通路传电话,若采用 QPSK 调制方式,每 3.5 MHz 带宽可传 90 路 64 kbit/s 速率的语音信号和 128 kbit/s 信令及控制信息。适当选取 6 个 3.5 MHz 子频带单位置入 6～8 MHz 通路,即可提供 540 路下行电话通路。通常该 200 MHz 频段用来传输混合型业务信号。将来随着数字编解码技术的成熟和芯片成本的大幅度下降,550～750 MHz 频带可以向下扩展至 450 MHz,乃至最终全部取代 50～550 MHz 模拟频段。届时这 500 MHz 频段可能传输 300～600 路数字广播电视信号。

高端的 750～1 000 MHz 段已明确仅用于各种双向通信业务,其中 2×50 MHz 频带可用于个人通信业务,其他未分配的频段可以有各种应用以及应付未来可能出现的其他新业务。实际 HFC 系统所用标称频带为 750 MHz、860 MHz 和 1 000 MHz,目前用得最多的是 750 MHz 系统。

5.2.4　调制与多点接入方式

在前面关于同轴电缆频谱分配的讨论中已经指出,CATV-HFC 网所提供的可用于交互式通信的频带中,上行信道的带宽相对较小,因此有必要对其容量及有关适用技术进行详细的讨论。

在 CATV-HFC 网中,系统提供的上行信道带宽若为 35 MHz,可根据香农公式:

$$R = W\log_2(1 + S/N)(\text{bit/s}) \tag{5-5}$$

求得其极限信息传输速率。设信噪比 S/N 为 28 dB,带宽 W 为 35 MHz,则其极限信息速率可达 325 Mbit/s。在实际中可得到的传输速率要低于这个值,且与所采用的调制方式和多点接入方式有关。35 MHz 的带宽将信道的极限码元速率限制为 35 Mbaud,因此信息速率将决定于不同调制方式的频谱效率。若采用 16QAM 调制时,上行信息速率为 140 Mbit/s;而采用 64QAM 调制方式,则可达 210 Mbit/s。另外,上行信道的信息传输速率还要受到树形分配网噪声积累特性的限制。更高的用户上行信息速率只有通过增加光节点引出的分配网的个数来获得,如采用 10×50 的用户分配网,则当采用 16QAM 调制时,每个用户可以获得 2.8 Mbit/s 的上行信息速率,已经可以满足一部分宽带业务的要求。

由于 CATV-HFC 网仍然采用树形的同轴分配网,因此还需考虑上行信道的多点接入问题。目前比较成熟的多点接入方式主要有频分多址(FDMA)、时分多址(TDMA)和码分多址(CDMA) 3 种,在理论上三者所能提供的通信容量是一样的。其中 FDMA 实现简单,有利于降低成本和提高系统可靠性,且各用户之间的相互影响小;CDMA 需要精确的同步,一个用户的故障有可能干扰其他用户,甚至导致全网无法工作,因此目前倾向于采用 FDMA 实现多用户接入。需要指出的是,随着分配结构向纯星形的转化,每个用户将可以独占全部信道带宽。

5.2.5　HFC 的特点

由 CATV 网逐渐演变成的 HFC 网在开展交互式双向电信业务上有着明显的优势。

(1) 具有双绞线所不可比拟的带宽优势,可向每个用户提供高达 2 Mbits/s 以上的交互式宽带业务。在一个较长的时期内完全能够满足用户的业务需求。

（2）是向 FTTH 过渡的好形式。可利用现有网络资源，在满足用户需求的同时逐步投资进行升级改造，避免了一次性的巨额投资。

（3）供电问题易于解决。CATV-HFC 网中采用同轴分配网，允许由光节点对服务区内的用户终端实行集中供电，而不必由用户自行提供后备电源，有利于提高系统可靠性。

（4）采用射频混合技术，保留了原来 CATV 网提供的模拟射频信号传输，用户端无须昂贵的机顶盒就可以继续使用原来的模拟电视接收机。机顶盒不仅解决电视信号的数/模转换，更重要的是解决宽带综合业务的分离，以及相应的计费功能等。

（5）与基于传统双绞线的数字用户环路技术相比，随着用户渗透率的提高在价格上也将具有优势。

当然这种 CATV-HFC 网也存在缺陷。如在网络拓扑结构上还须进一步改进，必须考虑在光节点之间增设光缆线路作为迂回路由以进一步提高网络的可靠性。抑制反向噪声一直是困惑 Cable Modem 厂商的难题。现有的方法分为网络侧和用户侧两部分。首先在网络侧，在地区内的每个接头附近都装上全阻滤波器。滤波器禁止所有用户反向传送信息。当用户要求双向服务时，则移去全阻滤波器，并为用户安装一个低通滤波器以限制反向通道，这样就可以阻塞高频分量。在用户端，抑制技术主要体现在 Cable Modem 的上行链路所采用的调制技术。为了抑制反向链路噪声，各厂家通常在 QPSK、S-CDMA 调制和跳频技术中选择其一作为反向链路的调制方式。但 QPSK 调制将限制上行传输速率，而 S-CDMA 调制和跳频技术的设备复杂，所需费用太高。

由于 HFC 网络是共享资源，当用户增多及每个用户使用量增加时必须避免出现拥塞。此时必须有相应的技术扩容。目前主要的技术为：每个前向信道配多个反向信道；使用额外的前向信道，类似移动通信采取微区和微微区的方法将光纤进一步向小区延伸形成更小的服务区。另外，CATV-HFC 网只是提供了较好的用户接入网基础，它仍须依靠公用网的支持才能发挥作用。

5.3 Cable Modem 系统

我国的城市有线电视网经过近年来的升级改造，正逐步从传统的同轴电缆网升级到以光纤为主干的双向 HFC 网。利用 HFC 网络大大提高了网络传输的可靠性、稳定性，而且扩展了网络传输带宽。HFC 的数据通信系统是通过电缆调制解调器（Cable Modem）系统实现的，可以使 Internet 的高速接入由窄带向宽带过渡。网络爱好者可以通过 HFC 网络获得高于电话 Modem 几百倍的接入速度，真正享受到宽带网络带来的无限喜悦。

5.3.1 Cable Modem 系统结构

HFC 的数据通信系统如图 5-4 所示。CMTS 是指 Cable Modem 前端设备，采用 10Base-T，100Base-T 等接口通过交换型 HUB 与外界设备相连，通过路由器与 Internet 连接，或者可以直接连到本地服务器，享受本地业务。CM（Cable Modem）是用户端设备，放在用户的家中，通过 10Base-T 接口，与用户的计算机相连。一般 CM 有两种类型：外置式和内置式。

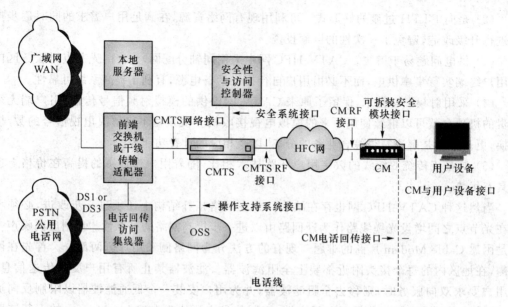

图 5-4 HFC 的数据通信系统

Cable Modem(线缆调制解调器)是利用 HFC 网络进行高速访问的一种重要的通信设备。图 5-5 表示了 Cable Modem 的内部结构。由图示可知,Cable Modem 的结构要比传统的 Modem 更为复杂。它的内部结构主要包括双工滤波器、调制解调器、去交织/FEC 模块、FEC/交织模块、数据成帧电路、MAC 处理器、数据编码电路和微处理器。同时在 Cable Modem 中还有一些扩展口,用于插入一些新的功能模块以支持多种应用。例如用于工程和野外应用的维护模块,用于单项网络操作的电话恢复模块,以及支持二路电话线的二路电话模块。利用现有模块和扩展模块,Cable Modem 不仅可以对 Internet 进行高速度访问,还可以提供音频服务、视频服务、访问 CD-ROM 服务器以及其他一些服务。

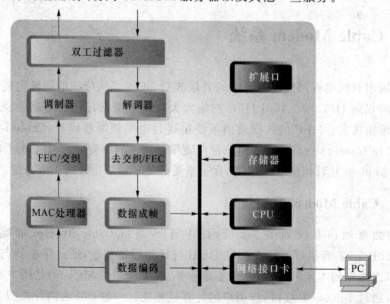

图 5-5 Cable Modem 的内部原理图

Cable Modem 和前端设备的配置是分别进行的。Cable Modem 设备有用于配置的 Consol 接口，可通过 VT 终端或 Win 9x 的超级终端程序进行设置。

Cable Modem 加电工作后，首先自动搜索前端的下行频率，找到下行频率后，从下行数据中确定上行通道，与前端设备 CMTS 建立连接，并交换信息，包括上行电平数值、动态主机配置协议（DHCP）和小文件传送协议（TFTP）、服务器的 IP 地址等。Cable Modem 有在线功能，即使用户不使用，只要不切断电源，则与前端始终保持信息交换，用户可随时上线。Cable Modem 具有记忆功能，断电后再次上电时，使用断电前存储的数据与前端进行信息交换，可快速地完成搜索过程。

从以上可看出，在实际使用中，Cable Modem 一般不需要人工配置和操作。如果进行了设置，例如改变了上行电平数值，它会在信息交换过程中自动设置到 CMTS 指定的合适数值上。

每一台 Cable Modem 在使用前，都需在前端登记，在 TFTP 服务器上形成一个配置文件。一个配置文件对应一台 Cable Modem，其中含有设备的硬件地址，用于识别不同的设备。Cable Modem 的硬件地址标示在产品的外部，有 RF 和以太两个地址，TFTP 服务器的配置文件需要 RF 地址。有些产品的地址需通过 Consol 接口联机后读出。对于只标示一个地址的产品，该地址为通用地址。

前端设备 CMTS 是管理控制 Cable Modem 的设备，其配置可通过 Consol 接口或以太网接口完成。通过 Consol 接口配置的过程与 Cable Modem 配置类似，以行命令的方式逐项进行，而通过以太网接口的配置，需使用厂家提供的专用软件，例如北电网络公司的 LCN 配置软件。

CMTS 的配置内容主要有：下行频率、下行调制方式、下行电平等。下行频率在指定的频率范围内可以任意设定，但为了不干扰其他频道的信号，应参照有线电视的频道划分表选定在规定的频点上，例如，选择 DS34 频道的中心频率 682 MHz。调制方式的选择需考虑信道的传输质量。此外，还必须设置 DHCP、TFTP 服务器的 IP 地址、CMTS 的 IP 地址等。

上述设置完成后，如果中间的线路无故障，信号电平的衰减符合要求，则启动 DHCP、TFTP 服务器，就可以在前端和 Cable Modem 间建立正常的通信通道。

一般地说，CMTS 的下行输出电平为 $50\sim61$ dBmV（$110\sim121$ dBμV），接收的输入电平为 $-16\sim26$ dBmV；Cable Modem 接收的电平范围为 $-15\sim15$ dBmV；上行信号的电平为 $8\sim58$ dBmV（QPSK）或 $8\sim55$ dBmV（16QAM）。上下行信号经过 HFC 网络传输衰减后，电平数值应满足这些要求。

CMTS 设备中的上行通道接口和下行通道接口是分开的，使用时需经过高低通滤波器混合为一路信号，再送入同轴电缆。实际使用中，也可用分支分配器完成信号的混合，但对 CMTS 设备内部的上下行通道的干扰较大。

在 CMTS 和 Cable Modem 间的通道建立后，可使用简单网络管理协议（SNMP）进行网络管理。SNMP 是一个通用的网络管理程序，对于不同厂家的 CMTS 和 Cable Modem 设备，需将厂家提供的管理信息库（MIB）文件装入到 SNMP 中，才能管理相应的设备。也可使用行命令的方式进行管理，但操作不直观，容易出现错误。

不同厂家的 CMTS 支持的下行通道数也不同，一台北电网络公司的 CMTS1000 支持一个下行通道，Cisco 的 UBR7246 有 4 个插槽，全部插满时可支持 4 个下行通道。当用户数较多或传输的数据量较大时,必须考虑使用多个下行通道,可将多台 CMTS 设备连成网络。

在这个结构中,一个 CMTS 对应一个 Cable Modem 用户群,采用一对光纤连接,CMTS 间通过交换机实现全网的连接。各 CMTS 可使用相同或不同的下行频率。如果使用不同 的下行频率,则可将多个 CMTS 的下行输出混合成一路信号,送入 HFC 网络,而在前端 TFTP 服务器的配置文件中,将同一个用户群内的 Cable Modem 编排分配在同一个网络 内,并将其下行频率设成相同的数值。

在这种结构中,可在分中心配置服务器,例如视频服务器等,以减少用户对总中心的访 问量,提高整个网络的访问速度。分中心可以将适合自己特点的信息源放入服务器,供本区 用户访问。网络中各 CMTS 是独立的。其下行频率可以不同。

在用户端,Cable Modem 后通常接一台 PC,但考虑到价格因素,也常接多台 PC,此时需 在 Cable Modem 后接一台以太网集线器(Hub)或交换机(Switch)。多数 Cable Modem 具 有带 16 个 PC 用户的能力,每个用户均可通过一条双绞线连到 Hub 的一个 RJ45 接口。这 种使用方法的不足之处是,需要重新布线,没有发挥原有同轴电缆入户的优越性。

5.3.2 Cable Modem 系统的工作原理

Cable Modem 中的数据传输过程如下:通过内部的双工滤波器接收来自 HFC 网络的 射频信号,将其送至解调模块进行解调,HFC 网络的下行信号所采用的调制方式主要是 64QAM 或 256QAM 方式,用户端 Cable Modem 的解调电路通常兼容这两种方式。信号经 解调后再由去交织/FEC 模块进行去交织和纠错处理,再送至成帧模块成帧,最后通过网络 接口卡(NIC)到达用户终端。

上行链路中,先由 MAC 模块中的访问协议对用户的访问请求进行处理,当前端允许访 问后,PC 产生上行数据,并通过网络接口卡把数据送给线缆调制器。在线缆解调器中先对 数据进行编码,再经交织/FEC 模块处理,送入调制模块进行调制。上行链路通常采用对噪 声抑制能力较好的 QPSK 或 S-CDMA 调制方式。已调信号通过双工滤波器送至网络端。 MCNS 把每个上行信道看成是一个由小时隙(Mini-slot)组成的流,CMTS 通过控制各个 CM 对这些小时隙的访问来进行带宽分配。CMTS 进行带宽分配的基本机制是分配映射 (MAP)。MAP 是一个由 CMTS 发出的 MAC 管理报文,它描述了上行信道的小时隙如何 使用,例如,一个 MAP 可以把一些时隙分配给一个特定的 CM,另外一些时隙用于竞争传 输。每个 MAP 可以描述不同数量的小时隙数,最小为一个小时隙,最大可以持续几十毫 秒,所有的 MAP 要描述全部小时隙的使用方式。MCNS 没有定义具体的带宽分配算法,只 定义进行带宽请求和分配的协议机制,具体的带宽分配算法可由生产厂商自己实现。 CMTS 根据带宽分配算法可将一个小时隙定义为预约小时隙或竞争小时隙,因此,CM 在通 过小时隙向 CMTS 传输数据也有预约和竞争两种方式。CM 可以通过竞争小时隙进行带 宽请求,随后在 CMTS 为其分配的小时隙中传输数据。另外,CM 也可以直接在竞争小时 隙中以竞争方式传输数据。当 CM 使用竞争小时隙传输带宽请求或数据时有可能产生碰 撞,若产生碰撞,CM 执行退避算法(Back-off)。

MCNS 除了给每个 CM 分配一个 48 比特的物理地址(与局域网络适配器物理地址一 样)之外,还给每个 Cable Modem 分配了至少一个服务标识(Service ID),服务标识在 CMTS 与 CM 之间建立一个映射,CMTS 将基于该映射,给每个 CM 分配带宽。CMTS 通过给 CM 分配多个服务标识，来支持不同的服务类型，每个服务标识对应于一个服务类型。MCNS 采用服务类型的方式来实现 QoS 管理。

CM 在加电之后，必须进行初始化，才能进入网络，接收 CMTS 发送的数据及向 CMTS 传输数据。CM 的初始化是经过与 CMTS 的一系列交互过程来实现的。

1. 获得上行信道参数

在这个阶段中，CMTS 重复发送 3 个 MAC 信息：同步信息（SYNC），用以给所有 CM 提供一个时间基准；上行信道描述（UCD），CM 必须找到一个描述内容与 CM 本身上行信道特性相符的 UCD；由 UCD 所描述的上行信道的 MAP，MAP 信息包含了微时隙的信息，指出了 CM 何时可以发送和发送的持续时间（SYNC 提供这些发送的时间基准）。

2. 测距（Range）

测距包括了以下 3 个 CM 必须完成的过程：时间参考的精确调整、发送频率的精确调整、发送功率的精确调整。因为各个 CM 与 CMTS 的距离是不相同的，所以每个 CM 对这些参数的设置也是不同的。在测距开始时，CM 在初始维护时隙中给 CMTS 发送一个测距请求信息，这个时隙的起始时刻的确定是根据初步的时间同步与 CM 对 MAP 的解释得到的。在收到这个信息后，CMTS 给该 CM 发送一个测距响应信号。如果在一个超时时间段中 CM 没有收到 CMTS 发来的测距响应信号，有两种可能的情况：因为初始维护时隙是提供给刚刚入网的所有 CM 的，来自各个 CM 的测距请求信息有可能发生碰撞；CM 的输出电平太低，以致 CMTS 没有正确地检测到。这样，如果 CM 没有收到测距响应信号，它将增加发送功率或等待一个随机时间段后再发送测距请求。

在准备发送测距响应信号时，CMTS 应获得以下信息：收到测距请求信息的时刻与实际初始维护发送时隙起始时刻的差、CM 发送的确切频率、接收到的功率。在这些数据的基础上，CMTS 得到矫正数据并将这些数据在测距响应信息中发送给 CM。CM 根据这些数据调节自己的参数设置，并给 CMTS 发出第二个测距请求。如果有必要，CMTS 将再次返回一个测距响应，包含时间、频率、功率等矫正数据，这个过程一直持续下去，直到 CMTS 对 CM 的时间基准、发送频率和功率设置满意为止。这个过程结束后，两者的定时误差将小于 $1\,\mu s$，发送、接收频率误差将小于 10 Hz，功率误差将小于 0.25 dB。

当 CM 刚入网时，测距过程发生在初始维护时隙中。当注册完毕后，测距过程发生在 CMTS 规定的周期性维护时隙中。CM 周期性地调整时间基准、发送频率和发送功率以保证 CM 与 CMTS 的可靠通信。

3. 建立 IP 连接

Cable Modem 根据动态主机配置协议（DHCP）分得地址资源。当用户要求地址资源时，Cable Modem 在反向通道上发出一个特殊的广播信息包——DHCP 请求。前端路由器收到 DHCP 请求后，将其转发给一个它知道的 DHCP 地址服务器，服务器向路由器发回一个 IP 地址。另外，DHCP 服务器的响应中还必须包括一个包含配置参数文件的文件名、放置这些文件的 TFTP 服务器的 IP 地址、时间服务器的 IP 地址等信息。路由器把地址记录下来并通知用户。经过测距并确定上下行频率及分配 IP 地址后，Cable Modem 就可以访问网络了。

4. 建立时间

CM 和 CMTS 需要有当前的日期和时间。CM 采用 IETF 定义的 RFC868 协议从时间服务器中获得当前的日期和时间。RFC868定义了获得时间的两种方式,一种是面向连接的,一种是面向无连接的。MCNS采用面向无连接的方式从TOD服务器获得CM所需的时间概念。

5. 建立安全机制

如果有RSM模块存在,并且没有安全协定建立,那么CM必须与安全服务器建立安全协定。安全服务器的IP地址可以从DHCP服务器的响应中获得。接下来,CM必须使用TFTP从TFTP服务器上下载配置参数文件,获得所需的各种参数。在获得配置参数后,若RSM模块没有被检测到,CM将初始化基本保密(Baseline Privacy)机制。在完成初始化后,CM将使用下载的配置参数向CMTS申请注册,当CM接收到CMTS发出的注册响应后,Cable Modem就进入了正常工作状态。

5.4 DOCSIS 协议

一般的广播电视网络是为单向传输广播电视信号建立的,为了实现通过Cable Modem上网,必须进行系统升级改造,包括数据前端的建立、HFC网络双向改造和用户接入三大部分。建设宽带综合业务信息网是一个系统工程,选择一个优秀的方案至关重要。优秀的方案应采用效率高、开放性、得到众多产品支持、具有广泛发展前途的技术。在Cable Modem发展初期,由于标准不统一,各厂家的Cable Modem和前端系统彼此不能互通。1996年1月,由几个著名的有线电视系统经营者成立了多媒体线缆网络系统有限公司,即MCNS,制定了Cable Modem的标准,简称DOCSIS。

1997年,Cable Labs颁布了电缆数据传输业务接口规范(DOCSIS),版本1.0,简称DOCSIS 1.0,它首次定义了用于通过有线电视网络开展高速数据传输的标准电缆调制解调器(Cable Modem,CM)。1998年3月,DOCSIS被国际电信组织接受,成为ITU-T J.112国际标准,是目前Cable Modem唯一的国际标准。选择符合这个标准的CMTS系统,可得到众多Cable Modem的支持。1999年Cable Labs又颁布了DOCSIS 1.1标准,它在QoS、安全机制等方面日趋完善,为在同轴电缆中开展VoIP(Vice over IP)业务提供了保证。2001年12月,Cable Labs颁布了DOCSIS 2.0标准。2006年8月Cable Labs颁布了DOCSIS 3.0标准。相比1.x标准,DOCSIS 2.0标准对下行通道基本没有做更改,CMTS和CM之间数据传输速率仍为每通道40 Mbit/s。需要指出的是,由于采用了高级时分多址(A-TDMA)技术、同步码分多址(S-CDMA)技术,系统抵抗噪声和干扰的能力大大高于前面两个版本。采用该标准后,利用其中的高阶调制技术,可以提高频谱利用效率,速率比上一版标准提高很多,上行通道内数据速率可达30 Mbit/s。相比以前的标准,DOCSIS 3.0标准的去耦合设计和通道绑定打破了原标准的上下行速度桎梏,DOCSIS 3.0标准单个物理端口下行将达120~200 Mbit/s,上行将有120 Mbit/s。

DOCSIS 2.0标准在部署及运行中的两个缺点。首先,随着用户的迅速发展,单个物理端口的下行带宽不能满足宽带业务的发展需要。一般来讲CMTS的下行规划是遵循于CATV的下行规划的,所以DOCSIS 2.0标准的CMTS单个物理下行端口覆盖2 000~10 000有线电视用户。不考虑建设成本,以单个下行端口覆盖2 000户为例,假设宽带用户入网率达到 25%，即 500 用户共享 40 Mbit/s 下行带宽，由于视频、下载和游戏等网络应用的迅猛发展，如果按照高峰期 50% 的并发比率计算，平均每个用户大约可以得到 0.15 Mbit/s 的带宽，这使得 CM 的接入方式和 ADSL 相比处于劣势（单用户下载带宽只有 ADSL 的 50% 左右）。依照我们的观察，这种网速只会带来大量的用户投诉和抱怨。而关闭 BT 等网络应用，则是行不通的。其次，DOCSIS 2.0 的 MAC DOMAIN 是固定的，一旦硬件设备选定后，MAC DOMAIN 的大小和上下行的比率将无法调整，我们称之为耦合，这种耦合模式是无法满足发展需要的。这是由于：①CATV 网络的建设具有不确定性，它是随着楼宇建设而建设的，而房地产项目经常是分期建设，且时间跨度难以确定，这样采用 DOCSIS 2.0 建设网络将会出现同一区域分别属于不同上下行甚至不同 CMTS 的情况，从而为管理与维护工作带来困难。②耦合缺乏灵活性，做不到按需扩容。考虑初期建设投资，假设采用耦合方式以 25% 的入网率为目标，由于网络发展不均衡性，假设部分区域超过设计容量（5%～50% 不等），由于采用耦合方式，将需要对包括有线电视线路在内的全部网络进行大的改动，这种改动造成用户投诉的同时也会增加建设成本。

DOCSIS 3.0 主要特点是去耦合、绑定（Bonding）、模块化的 CMTS 架构以及对 IPv6 的支持。DOCSIS 3.0 通过去耦合设计实现了灵活的下行和上行通道比率。DOCSIS 3.0 不需要在 CMTS（电缆调制解调器终端系统）中固定下行—上行通道比率，这便允许运营商在必要时只需要单独扩容下行或者上行资源。通过上下行的绑定实现在下行传输中支持至少 4 个、最多 32 个频道绑定成一个虚拟通道，有效数据率达到 120 Mbit/s（如果是欧洲国家使用的 8 MHz PAL 制式数据率为 160 Mbit/s）至 960 Mbit/s（PAL 制式时的数据率为 1 280 Mbit/s）。上行传输通道中可以绑定 2～8 个通道，绑定后的通道组中的任何一个上行通道都可以支持 DOCSIS 1.0、1.1 或 2.0 调制解调器接入。

DOCSIS 3.0 模块化的 CMTS（M-CMTS）架构被确定为一种选项，运营商可使宽带码流能够共享边缘 QAM（IP QAM）资源。DOCSIS 3.0 支持 IPv6.0，它提供了更大的 IP 地址空间，支持较 IPv4 更多的 IP 地址，同时运营商还能向个别设备分配地址，增强了 IP 模式下目标应用的灵活性。DOCSIS 3.0 引入了负载均衡技术，能够根据 Modem 数量或者带宽利用率动态调整 Modem 的分布，让 Modem 均匀分布在不同的频点，从而充分利用每个频点的带宽资源。

Cable Modem 方式是信息家电控制平台外向联网的最具潜力的方式。它主要采用 QAM 信道调制方式，其中 64QAM 下行数据传输为 27 Mbit/s，256QAM 下行数据传输为 36 Mbit/s，16QAM 下行数据传输为 10 Mbit/s。MCNS-DOCSIS 的物理层支持 ITU Annex B，协议访问层支持变长数据包机制。Cable Modem 的接口部分包括 10/100 Base-T Ethernet 卡、外部通用串行总线 Modem、外部 IEEE 1394 和内部 PCI Modem。DOCSIS 是 HFC 网络上的高速双向数据传输协议，基于 DOCSIS 的 Cable Modem 系统具有充分的互操作性，如图 5-6 所示。本节在介绍了该系统的组成和基本原理后，详细论述了数据调制和解调、MAC 层带宽分配、CM 初始化过程和数据链路层加密等功能。

1. 物理层

下行信道物理层规范是基于 ITU-T J.83(04/97)——视频信号的数字传输 Annex B（ITU-T J.83B）。DOCSIS 的下行信道可以占用从 88～860 MHz 的任意 6 MHz 带宽。调制方式采用 64QAM 或 256QAM。采用 QAM 调制的下行信道的可靠性是由 ITU-T J.83B 所提供的强大的 FEC 功能来保证的，多层的差错检验和纠正及可变深度的交织能给用户提

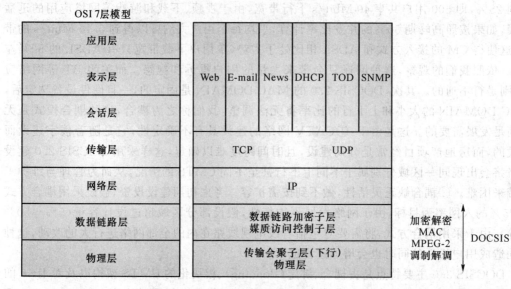

图 5-6　DOCSIS 数据传输协议

供一个满意的误码率。高的数据率和低的误码率保证了 DOCSIS 的下行信道是一个带宽高效的信道。

　　DOCSIS 的下行 FEC 包括可变深度交织、(128,122)RS 编码、TCM 和数据随机化等。在存在前向误码纠错(FEC)时,DOCSIS 下行信道在 64QAM 调制 C/N 为 23.5 dB、256QAM 调制 C/N 为 30 dB 时应能提供 10^{-8} 的误码率,相当于每秒 3～5 个误码。采用 FEC 的额外好处是允许下行数字载波的幅度比模拟视频载波的幅度低 10 dB,这有助于减轻系统负载并减少对模拟信号的干扰,但仍能提供可靠的数据业务。

　　采用交织的一个负面影响是它增加了下行信道的时延。好处是一个突发噪声只影响到不相关的码元。从而当码元位置重新恢复原来的顺序后,因为突发噪声没有破坏很多连续的相关码元,FEC 能纠正被破坏的码元。交织的深度与所引起的时延有一个固有的关系,DOCSIS RF 标准的最深交织深度能提供 95 ms 的突发错误保护,代价是 4 ms 的时延。4 ms 的时延对观看数字电视或进行 Web 浏览、E-mail、FTP 等 Internet 业务来说是微不足道的,但是对于对端到端时延有严格要求的准实时恒定比特率业务(如 IP Phone)来说,可能会有影响。可变深度交织使系统工程师能在需要的突发错误保护时间与业务所能容忍的时延间进行折中选择。交织深度也可由 CMTS 根据 RF 信道的情况进行动态控制。

　　上行信道的频率范围为 5～42 MHz。DOCSIS 的上行信道使用 FDMA 与 TDMA 两种接入方式的组合,频分多址方式使系统拥有多个上行信道,能支持多个 CM 同时接入。标准规定了 CM 时分多址接入时的突发传输格式,支持灵活的调制方式、多种传输符号率和前置比特,同时支持固定和可变长度的数据帧及可编程的 Reed Solomon 块编码等。DOCSIS 灵活的上行 FEC 编码使系统经营者能自己规定纠错数据包的长度及每个包内的可纠正误码数。在以前的 Cable Modem 系统中,当干扰造成一个信道有太多的误码时,唯一的解决方法是放弃这个频率而将信道转向一个更干净的频率。尽管 DOCSIS 系统也能工作于这种方式,但灵活的 FEC 编码方式使系统运营者仍能使用这个频率,而只动态地调节该信道的纠错能力。尽管为纠错而增加的少量额外字节会使信道的有用信息率有所降低,但这能保证上行频谱有更高的利用率。

2. 传输会聚子层(TC)

传输会聚子层能使不同的业务类型共享相同的下行 RF 载波。对 DOCSIS 来说,TC 层是 MPEG-2。使用 MPEG-2 格式意味着其他也封装成 MPEG-2 帧格式的信息(语音或视频信号)可以与计算机数据包相复接,在同一个 RF 载波通道中传输。

MPEG-2 提供了在一个 MPEG-2 流中识别每个包的方式,这样,CM 或机上盒(STB)就能识别出各自的包。这种方式依赖于节目识别符(PID),它存在于所有 MPEG-2 帧中。DOCSIS 使用 0x1FFF 作为所有 Cable Modem 数据包的公共包识别符(PID),DOCSIS CM 将只对具有该 PID 的 MPEG-2 帧进行操作。

另外,MPEG-2 还提供了一个便于同步的帧结构。188 字节的 MPEG-2 帧起始于一个同步字节,搜索这个以一定的不太长的时间间隔重复出现的 MPEG-2 同步字节就能很容易地完成该信道的帧同步。

3. MAC 子层

在 DOCSIS 标准中,MAC 处于上行的物理层(或下行的传输汇聚子层)之上,链路安全子层之下。MAC 帧格式如图 5-7 所示。MAC 协议的主要特点之一是由 CMTS 给 CM 分配上行信道带宽。上行信道由小时隙流构成,在上行信道中采用竞争与预留动态混合接入方式,支持可变长度数据包的传输以提高带宽利用率,并可扩展成支持 ATM 传输。

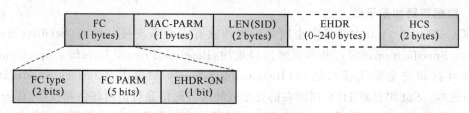

图 5-7   MAC 帧格式

具有业务分类功能,提供各种数据传输速率,并在数据链路层支持虚拟 LAN。

CM 在通电复位后,每隔 6 MHz 频带间隔连续搜索下行信道,锁定 QAM 数据流,CM 可能需要搜索很多 QAM 信道,才能找到 DOCSIS 数据信道。CM 有一个存储器(Non Volatile Storage),其中存放上次的操作参数,CM 将首先尝试重新获得存储的那个下行信道,如果尝试失败,CM 将连续地对下行信道进行扫描,直到发现一个有效的下行信号。CM 与下行信号同步的标准为:与 QAM 码元定时同步、与 FEC 帧同步、与 MPEG 分组同步并能识别下行 MAC 的 SYNC 报文。

建立同步之后,CM 必须等待一个从 CMTS 发送出来的 UCD,以获得上行信道的传输参数。CMTS 周期性地传输 UCD 给所有的 CM,CM 必须从其中的信道描述参数中确定它是否可使用该上行信道。

若该信道不合适,那么 CM 必须等待,直到有一个信道描述符指定的信道适合于它。若在一定的时间内没找到这样的上行信道,那么 CM 必须继续扫描,找到另一个下行信道,再重复该过程。

在找到一个上行信道后,CM 必须从 UCD 中取出参数,然后等待下一个 SYNC 报文,并从该报文中取出上行小时隙的时间标记(Time Stamp),随后,CM 等待一个给所选择的信道的带宽分配映射,然后它可以按照 MAC 操作和带宽分配机制在上行信道中传输信息。

CM 在获得上行信道的传输参数后,就可以与 CMTS 进行通信。CMTS 会在 MAP 中给该 CM 分配一个初始维护的传输机会,用于调整 CM 传输信号的电平、频率等参数。另外,CMTS 还会周期性地给各个 CM 发周期维护报文,用于对 CM 进行周期性的校准。

当时间、频率及功率都设置完毕后,CM 必须建立 IP 协议连接,这是通过 DHCP 来完成的。CM 通过 DHCP 分配到一个 IP 地址。DHCP 在 CM 及通常置于 CMTS 一侧的 DHCP 服务器之间运行。只要 CM 被激活,它就将占用一个 IP 地址,在 CM 处于休息状态一段时间后,这个 IP 地址将被收回并分配给另一个被激活的 CM,这样就能节约 IP 地址。在获得了 IP 地址后,CM 应建立按 RFC868 规定的时间值。若有加密要求,则在 DHCP 的响应报文中必须有加密服务器的 IP 地址。

注册起始于 CM 下载一个配置文件。配置文件服务器的 IP 地址及 CM 需下载的配置文件名都包含在给 CM 的 DHCP 响应中。CM 使用简单文件传输协议从服务器下载配置文件。配置文件中包含了 CM 运行所需的信息,如允许 CM 使用的带宽及所能提供的服务类型等。

CM 完成初始化过程后,若有数据发送就可以进行带宽申请,在允许的竞争时隙内向 CMTS 发出请求,告知所需分配的时隙数,然后等待 CMTS 在下一个带宽分配表中的应答信号,如没有应答,说明发生了碰撞,CM 执行退避算法,直到请求有应答为止。接着 CM 就可以在预留的时隙内发送数据了。

4. 数据链路加密子层

DOCSIS 协议 v1.0 中涉及安全问题的规约就有安全系统接口规约(Security System Interface Specification,SSI)、基本保密接口规约(Baseline Privacy Interface Specification,BPI)和可拆卸安全模块接口规约(Removalbe Security Module Interface Specification,RSMI)三本。SSI 根据对 HFC 网潜在的安全威胁及传送信息价值的评估和权衡,首先确定了一组具体的安全需求,即系统的安全模型和可提供的安全服务;其次根据确定的安全要求选择并设计了合理的安全技术和机制,以期用很小的代价提供尽可能大的安全性保护。其安全体系结构包含了基本保密(Baseline Privacy)和充分安全(Full Security)两套安全方案。基本保密方案提供了用户端 CM 和前端 CMTS 之间基本的链路加密功能(由 BPI 定义),其密钥管理协议(BPKM)并未对 CM 实施认证,因而不能防止未授权用户使用"克隆"的 CM 伪装已授权用户;而充分安全方案利用一块 PCMCIA 接口的可拆卸安全模块(RSN)满足了较完整的安全需求(其电气及逻辑功能由 RSMI 定义)。但 RSM 带来的 CM 造价上升和传输性能降低使目前大多数 MSO 更青睐于 Baseline Privacy 方案。鉴于这种情况,1999 年 3 月,Cable Labs 除按期发布原 DOCSIS v1.0 版 BPI 的修订版之外,另颁布了新版 v1.1 中 BPI 的加强版——BPI+,加入了基于数字证书的 CM 认证机制。

5.5　EoC 技术的种类

从广播电视网络运用的方面简单来说,EoC 技术是把以太网数据与有线电视的数字或者模拟信号叠加成为混合信号,在同一根电缆中传输发送到用户端,使宽带各种接入业务在上下行都拥有独享的带宽,而且不会干扰到有线电视信号的正常传输。EoC 技术拥有较强的适应能力,使其能满足不同组网接入方案的实现要求,不需要实施大量铺设五类线到用户端,也不需要改造原来的 HFC 双向网络,EoC 技术的出现改变了有线电视网络双向改造过程中出现各种难题的局面,使得入户施工容易,缩短了改造工期,减少了改造过程中对原有网络资源的浪费,节约了工程开销。

从另一个角度来说,EoC 的概念相对宽泛,利用不同类型的电缆传送数据信号的技术都能够归到这个概念。与近几年 EoC 技术的讨论开始着重基于有线电视同轴电缆中承载数据信号不同,先前的 EoC 技术主要只是研究利用电话线以及电力线承载数据信号。现在 EoC 技术有无源 EoC 和有源 EoC 两大类型。

5.5.1 无源基带传输 EoC 技术

无源基带传输 EoC 是基于同轴电缆上的一种以太网信号传输技术,就是将满足 IEEE 802.3 系列标准的以太网数据帧,在无源 EoC 头端设备中利用平衡/非平衡变换和阻抗变换相结合的方式,在 10～25 MHz 的带宽范围内与带宽范围为 65～860 MHz 电视数据信号经过混合之后,实现共缆传输而不降低双方的信号质量。电视射频信号与以太网数据信号可以分别通过 EoC 头端侧的合路器和用户侧的分离器来完成信号融合与分离,最后接入各自相应的终端设备,从而完成对用户的双向网络综合业务的接入。

基带 EoC 技术实现的决定性问题是在同轴电缆两边连接的无源 EoC 头端设备和无源 EoC 终端设备采用哪种技术措施能完成和分离宽带数据信号和有线电视数字或者模拟信号。在以太网中用于传输的电缆均是平衡或者对称的非屏蔽双绞线,其特性阻抗为 100 Ω;而在有线电视网络中用于传输混合信号的电缆均是非对称或者非平衡的同轴电缆,其特性阻抗为 75 Ω,所以两线直接相连是不可行的,否则不但破坏匹配,网络也会失去平衡,只有通过阻抗变换器才能满足非屏蔽双绞线和同轴电缆的互联,在加入高低通滤波器和阻抗变换器之后,在同轴电缆的两侧就能分别完成有线电视信号和宽带数据信号的合成与分离。

无源基带 EoC 采用的技术是将在基带上传输的以太网数据信号直接混入或者分离,因为不涉及任何调制技术,所以 EoC 技术不需要选择或者变化载波频率,也不需要选择调制的方式,IP 以太网能够实现与 EoC 系统物理层和 MAC 层的无缝连接,完全符合 IEEE 802.3 的国际行业标准,不需要任何协议变换的操作。其原有的以太网信号的帧格式没有改变,改变的是从双绞线上的双极性(差分)信号转换成为适合同轴电缆传输的单极性信号。

基带 EoC 技术原理如图 5-8 所示,主要由二四变换、高/低通滤波两部分实现。由于采用基带传输,无须调制解调技术,楼道端、用户端设备均是无源设备。

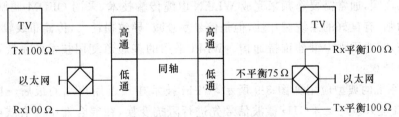

图 5-8　基带 EoC 技术原理图

与同轴电缆在逻辑上只相当于一对线相比,现有的以太网技术是收发共两对线,因此,无源滤波器中需要进行两线和四线的相互转换。

无源基带传输 EoC 的特点主要包括:

(1)每户独享足够大的 10 Mbit/s 带宽,日后还可平滑过渡到每户 100 Mbit/s 带宽的速率,支持广电网络话音、视频和数据等综合业务的并行传输。

(2)由于每户的干扰噪声以点到点的方式传送到以太同轴网桥,并在此被隔离,因此,漏斗噪声效应极低。单一用户的干扰噪声电平不足以干扰高电平的以太数据信号。系统稳定可靠,维护量小。

(3)用户家庭为无源终端,安装方便,价格低。

(4)完全遵循 IEEE 802.3 以太网协议,标准化程度高。

(5)只适用于星形结构的无源分配同轴网。

(6)避免了小区和楼内敷设五类线施工的工程量大、周期长的问题。相比其他技术,双向网改施工量较小,因此,能更迅速、更节省地进行网络的全面覆盖。

EoC 使用中出现的问题主要包括:

(1)楼道接入交换机要求太高。经过测试证明,低端交换机已经很难满足 EoC 系统的要求,换句话说,基带 EoC 系统稳定还不足以达到大规模推广的要求,而大量使用高端楼道接入交换机,会花费很大的成本。而且用于无源基带的交换机需要具备环路检测能力,否则当线路形成空载时,容易出现自环现象,导致交换机功能失常。

(2)传输距离很小。容易减小传输距离是无源基带 EoC 产品的另一个问题。同轴电缆的介入导致无源基带的信号分成了三部分传输,头端部分和尾段部分均为五类线传输,中间部分是同轴连接两端。如果一直在五类线上传输,最大传输距离可达 100 m 左右,以同轴电缆作为中间的传输介质,虽然不致使以太网信号造成过多的减弱,但由于以太网信号传输过程中经过了两次五类线和同轴电缆的耦合,难免会有所衰减,传输的最大距离也很难达到 100 m。

5.5.2　采用 WLAN 的 EoC

有源调制 EoC 与无源基带 EoC 的主要区别在于,以太网信号在通过同轴电缆传输之前需要经过调制到适合在有线电视同轴电缆上传输的特定频段上,以太网信号的帧格式也会发生改变。频段根据调制机制的不同可以分为高频和低频两大类。

有源调制传输相比于无源基带传输,能够在同轴电缆网络部分添加分支分配器,满足多用户家庭和树形网络。而且通过最近几年对无源 EoC 的测试发现,系统对耦合传输技术和阻抗匹配要求较高,容易导致系统故障,而有源调制 EoC 则相对稳定。

Wi-Fi over Coax 标准化程度高,满足 IEEE 802.11g 无线传输协议标准的要求,工作在 2.4 GHz 的高频,通常需要降频来完成 WLAN 电缆传输技术,采用 OFDM 调制方式,因此抗干扰能力强,有良好的系统健壮性,但是信号易衰减,导致损耗大,传输布线较长时不能保证可靠通信,需要添加中继器维持通信。Wi-Fi 采用的多通道复用技术使系统可以灵活地配置多用户带宽。

Wi-Fi 系统的典型应用如图 5-9 所示,Wi-Fi 技术在靠近用户端的最后一段接入线路中,将 Wi-Fi 接入点的 2.4 GHz 微波信号先进行阻抗变换,在混合器中与有线电视信号混合之后,进入同轴电缆并行传输。无线网卡接收支持两种连接方式:一种是使用无线方式进行连接;另一种是利用同轴电缆进行有线连接。Wi-Fi 技术实际最大吞吐量能够达到 22 Mbit/s,而其物理层速率最高能够达到 54 Mbit/s。

Wi-Fi 技术的最大优势是采用的规范成熟,无论无线网卡还是无线接入点,全世界都有很大的需求量。此外,基于无源同轴电缆网络传输数据不用集中分配改造。

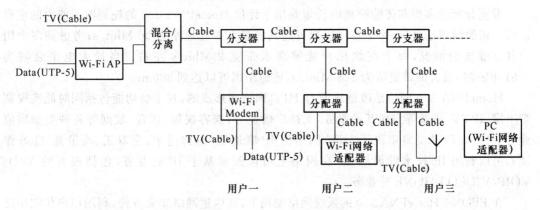

图 5-9 Wi-Fi 系统的典型应用

5.5.3 采用 MoCA 的 EoC

同轴电缆多媒体联盟(Multimedia over Coax Alliance,MoCA)希望利用同轴电缆来传输多媒体视频信息,能够管理配置上、下行带宽。

MoCA 支持多载波的 OFDM 调制方式,工作频率较高,对网络适应能力较差,通过分支分配器时如果超过 1 000 MHz,则要更换新的电缆和新的分支分配器,家中还需安装 MoCA Modem,价格高。一个 MoCA 主机可带 31 个 MoCA Modem。

MOCA 技术的主要优点是调制速率比较高,抗干扰能力较强,缺点很明显,不像 EoC 技术独享 10 Mbit/s 带宽,需要多用户共享带宽。

使用时对网络环境的要求如下。

(1) 当系统工作在>860 MHz 的时候,同轴电缆和其他无源器件的损耗开始增大,此时,当回传信号通过分支器时,必须检测其损耗是否大于承受能力。

(2) 用户端设备的噪声对 PLC 头端覆盖用户的干扰特别需要注意。要仿照运行在 Cable Modem 系统的处理方式,添加高通滤波器用于隔离非数据接收用户。

(3) 当信号通过放大器的时候,如果放大器的带宽不能满足系统要求,则需要在放大器处添加桥接器来增大带宽。

5.5.4 采用 HPNA 的 EoC

HPNA(Home Phone line Networking Alliance,家庭电话线网络联盟)是成立于 1998 年的标准组织,当时的主要目的是在现有电话线路的基础上,仿照以太网的宽带接入技术提供一种节约成本但具有高宽带网络的实现方案,而且能够扩展支持对同轴电缆线路的实现方案。

HNPA 1.0 技术采用脉位调制(PPM),HPNA 2.0 技术采用新的自适应 QAM (Adaptive QAM)技术,也可以把这种新调制技术称为 FDQAM(Frequency Diverse QAM),也叫作把话音和数据在同一条电话线上分开传送(话音:20~4 kHz,数据:5.5~

9.5 MHz),并与以太网兼容,上网与通话互不干扰。因为采用了自适应的调制方式与编码率,HNPA 2.0 的抗干扰能力得到了很大程度上的提高。当通信干扰出现时,网关自动降低编码率。其峰值数据速率可高达 32 Mbit/s,吞吐量将大于 20 Mbit/s。此带宽也考虑到下一代 100 Mbit/s HPNA 技术的兼容问题。

带宽分配的多少和传输距离的长短是用于评价 HomePNA 3.0 的规划覆盖能力的重要依据。按照纯理论分析,每个在线用户可达到的最大吞吐速率为 90 Mbit/s;考虑到多个用户共享带宽的情况,每个在线用户能够获取带宽 2 Mbit/s 左右。当最大电平衰减为 -61 dBm 时,最大的带宽值为 128 Mbit/s,传输距离可以达到 300 m。

HomePNA 3.0 网络是改造现原有 HFC 网络而形成的,其主要功能包括同时能实现宽带上网、IPTV、语音等双向互动服务,支持广播业务,兼容视频、话音、数据等各种类型增值业务。HomePNA 3.0 解决了 HFC 网络的 IP 联通性(对称速率、全双工、高带宽、QoS 保证),可以利用 IP 技术的灵活性,在网络上可以开展基于 IP 的业务,包括现有的 VoD/VOIP/VIDEO PHONE 等业务。

在 EPON+HomePNA 3.0 的系统网络架构下,其构建网络非常方便,利用用户住宅中已有的电话线,为用户提供互联网接入及其他信息化的服务。用户只需要将 Home PNA 卡安装于用户计算机上,再连接到 Home PNA 交换机和 ADSL Modem 上即可。

HomePNA 3.0 技术可以全程支持和应用不同的二层 QoS 策略,包括带宽、时延和抖动,实现广播信道上流的识别功能。

5.5.5 采用 HomePlug 技术的 EoC

HomePlug AV 是由电力线通信技术领域的权威国际机构——家庭插电联盟(HomePlug)制定的。HomePlug AV 是 PLC 有关音频/视频宽带家庭网络的技术规范,它支持多个数据和视频流的分配,包括遍布整个家庭的高清晰度电视(HDTV)和标清晰度电视(SDTV),支持家庭娱乐的应用和家庭影院。HomePlug 机构自 2000 年成立以来,制定了一系列的 PLC 技术规范,包括 HomePlug 1.0、HomePlug 1.0-Turbo、HomePlug AV、HomePlug BPL、HomePlug Command & Control,形成了一套完整的 PLC 技术标准体系,基本上覆盖了所有电力通信技术的应用领域。

HomePlug AV 物理层(PHY)在以正交频分复用技术(OFDM)作为基本的信息传输技术的基础上,采用里德所罗门(Reed Solomon,RS)码作为前向纠错技术。在处理敏感的控制信息时采用了 Turbo 码,保证了数据在物理信道上传输的可靠性和高效能。

HomePlug 技术的媒介访问控制协议由载波侦听多路访问/冲突检测(CSMA/CD)协议演变而来,并能进而支持优先等级协商、公平性竞争与延迟控制的功能。

HomePlug AV over Coax 是让 HomePlug AV 设备完整地借用 HomePlug 协议使之能用到同轴电缆网的技术。2~30 MHz/34~62 MHz 是它的低频工作段。采用 Turbo FEC 校验方式;一个频段的多个子载波可以单独进行调制;物理层使用 OFDM 调制方式,可以满足不同国家的频率管制,拥有较高的速率和净荷,通信容量达到电力线信道的标准。

由于 HomePlug 技术本身具有局限性,单个 HomePlug AV 的头端设备最多只能满足 64 个单独的用户端设备共享的需要,然而用户端设备数量的增加必然会导致单个用户端设备带宽的降低。特别要注意用户家里的噪声对整个 HomePlug AV 头端覆盖用户的影响,必须要使用高通滤波器过滤非用户端的数据;需要将回传链路的损耗均衡功能运用于串接分支分配器系统。

HomePlug BPL 技术与 HomePlug AV 技术类似,也是基于电力线和铜线上网的技术。HomePlug BPL 主要是为接入网设计的带宽应用,全面保证带宽管理支持上下行的带宽限制;并且支持 VLAN、QoS、DBA;支持广播、组播、单播;支持 SNMPv2,可实现本地和远程的管理。

HomePlug BPL 最大物理层带宽可达 224 Mbit/s,数据传输部分完全采用 TDMA 方式,仅安排极少量时间段采用 CSMA 方式专门用于终端初始上线时的连接,保证多用户共享信道时保持高传输流量,单个局端通信模块可支持 64 个终端同时在线,且每个终端可以获得最大通信速率,远大于采用 CSMA/CA 技术。

5.5.6 各种 EoC 技术的比较

通过表 5-2 的分类、对比和本章前面的分析可以得知:

(1) EoC 在网络架构上应该满足广电网络树形结构的要求。

(2) 虽然 EoC 技术尚且没有形成行业统一的技术规范和标准,但至少每一种 EoC 实现技术都拥有自己引用的国际国内标准,为多种标准将来的共存打下了良好的基础。

(3) 无论是在现有广电网络系统的构建和改造上,还是在行业标准的选择和制定上都有较大技术发展空间,以满足广电下一代接入网络实现多业务共存、开展三网融合的基本要求。

表 5-2 各种 EoC 技术的比较

比较项目	无源 EoC	MoCA	HomePlug	HomePNA	WLAN
标准化	IEEE 802.3	MoCA 1.0	HomePlug AV	ITU G.9954	IEEE 802.11/g/n
占用频段	0.5~25 MHz	800~1 500 MHz	2~28 MHz	4~28 MHz	2 400 MHz 或者变频
调制方式	基带 Manchester 编码	OFDM/子载波 QAM	OFDM/子载波 QAM	FDQAM/QAM	DSS,OFDM
可用信道	1	15	1	1	13
信道带宽	25 MHz	50 MHz	26 MHz	24 MHz	20/24 MHz
物理层速率	10 Mbit/s 独享	270 Mbit/s 共享	200 Mbit/s 共享	128 Mbit/s 共享	54/108 Mbit/s 共享
客户端数量	不受限制/由交换端口数确定	31	16 或者 32	16/32 或者 64	32 左右
MAC 层速率	9.6 Mbit/s 独享	135 Mbit/s 共享	100 Mbit/s 共享	80 Mbit/s 共享	25 Mbit/s 共享
MAC 层协议	CSMA	TDMA	CSMA/TDMA	CSMA	CSMA+S-TDMA
接入介质	同轴电缆	同轴电缆	同轴电缆或电力线	同轴电缆或电话线	无线或同轴电缆
客户端数量	由交换端口数确定	31	16 或 32	16、32 或 64	32 左右
时延	<1 ms	<5 ms	<30 ms	<30 ms	<30 ms

纵观整个广电行业,EoC 技术现在尚处于起步阶段和小规模试用阶段,暂未形成行业规模。大部分设备厂家只是通过市场观望、技术跟踪的方式选择一种 EoC 技术开始尝试性开发和研制 EoC 产品。

5.6 HFC 网络改造

在 1993 年左右,国内不少大中城市建设了较为完善的、带宽为 550 MHz 的 HFC 网。由于当时光设备昂贵、光纤链路少,只有大中城市才能负担得起。即使是已建起 HFC 网的地方,光节点数目也较少,在光节点后还需加若干级干线放大器才能将信号传输到城市的各个住宅小区。随着时间的推移,光设备、光缆的价格大幅下降,变得连中小城市都负担得起了。于是出现了 750 MHz 光纤网的建设高潮,使小城市的干线网短时间内就超越了大城市。那么,对于较早建立了 HFC 网的城市,应如何进行干线网的更新换代呢?还没铺设光纤干线的地方,又应如何建立自己的 HFC 网呢?以下将对 HFC 网络建设中应注意的问题进行探讨。

结合广电现网情况,广电 HFC 网络的双向改造应遵照两个原则,一是避免对现有承载网产生较大的影响,以保证用户原有业务体验不变;二是结合目前的网络特征、入户缆线情况,选择合理的双向改造接入方式。从以上两个原则出发,数字电视广播 CATV 业务仍然在原有承载网中传播,而双向网改造解决 VoD 点播、宽带上网等其他新业务的需求。随着 EPON 技术的不断成熟,在众多可选方案中,建议优先选择 EPON 方案。首先,随着铜缆价格的上涨,以及光纤成本的大大降低,光进铜退已经成为接入层建设的首选方案;其次,广电的基础网络工作已经逐步实现了光纤到楼道,为接入网 EPON 方案提供了线路基础;第三,EPON 网络和广电网络具有相同的广播下传方式,均为点对多点树形结构,可以轻松地在广电网络中实现 EPON 组网。

基于 EPON 的广电双向网改方案需要在原有线电视承载网上叠加一套 EPON 网络,该网络可提供数据双向传输通道,解决分前端到楼道的光纤双向传输问题,可承载数据传输、视频点播、VoIP 等多种业务。而最后的宽带入户方案则需结合楼内布线情况,选择五类线入户的 LAN 方案或利用原有同轴电缆入户的 EoC 方案,两者皆可满足当前广电对接入网双向改造的要求。

EPON 由局端 OLT 设备、ODN(分光器)、用户侧 ONU 设备组成。为利用已有机房及光缆资源,OLT 局端设备可置于承载网分前端机房,与电信网络不同的是,一般要求 OLT 能够提供交流供电,提供容量为 4~40PON 口,同时具备多 GE 上联接入 IP 承载网。PON 口下行的 ODN 网络利用目前已有的承载网冗余光纤,将 EPON 分光器置于光交接箱或小区机房内,由分光器分光后接入位于光节点或楼道的 ONU 设备,由 ONU 提供若干以太网端口,用于接入 EoC 设备或直接实现 LAN 方式的宽带入户。

5.6.1 EPON+LAN 组网方案

对已实现五类线入户的用户场景,双向网改造可直接采用 EPON+LAN 方案,即利用入户五类线承载数字电视点播信令上传和宽带上网等多业务,而 CATV 信号仍沿原有 HFC 线路,通过同轴电缆入户,最终实现双线入户,一劳永逸地解决广电数字网络双向问题。这种方案又可分为两种组网方式:一种是利用楼道型 ONU(MDU)直接实现用户的 LAN 接入,另一种是以少量以太网口的 ONU(SFU)+楼道交换机混合组网来实现 LAN

接入(如图 5-10 所示)。前者通常要求 ONU 提供 8 个以上的 FE 端口,满足 ONU 所在单元楼内用户的接入需求。其优势在于 ONU 与 OLT 作为统一的 PON 系统,网络结构简单清晰,维护、管理方便,便于网络的下一步演进;缺点是设备成本较高,以及光纤接入点较多,涉及多次的熔纤、跳纤操作。后者则只要 ONU 提供 4 个左右的 FE 端口即可,接入用户五类线的以太网口通过楼道交换机扩展,对同一栋楼的多个用户单元,通常将 ONU 安装在中间单元,而楼道交换机分别置于各用户单元,上行通过五类线与 ONU 的以太网口互连,下行通过 FE 口连接用户侧的数字机顶盒或 PC。这种组网方式的主要优势在于建网成本较低,网络灵活,相比前者单 PON 口接入用户数量更多;缺点是网络层次较多,结构复杂,楼道交换机难以与 EPON 统一维护管理,且存在网络升级能力差等问题。

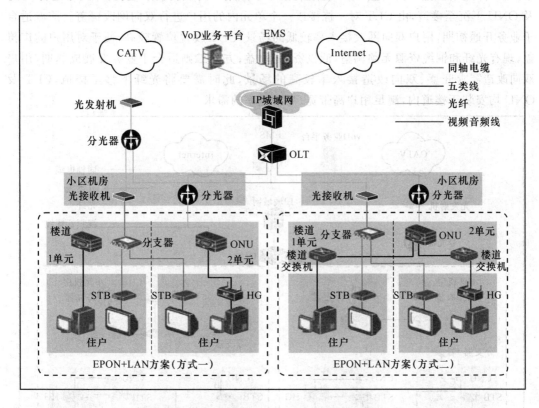

图 5-10 双向网改造 EPON+LAN 方案组网方式

现阶段运营商主要采用方式二进行 EPON＋LAN 的双向改造,但随着 EPON 技术在国内光进铜退中的大规模应用,EPON 设备价格不断下降,目前楼道型 ONU 与楼道交换机的每端口价格差距已经相当小,考虑网络的管理维护方便以及网络长期升级演进的需求,方式一在后期将更具应用价值。

通过上述方式实现网络双向改造后,入户五类线与用户的双向数字机顶盒或 PC 连接,实现 VoD 点播或宽带上网业务,若两种业务需求同时存在,广电运营商可以选择多个 FE 接口的机顶盒,既提供 VoD 点播,也可以通过机顶盒的其他以太网口与 PC 连接。若机顶盒不具备多个以太网口,可以在用户侧增加家庭网关设备,完成对多业务终端的接入需求。

5.6.2 EPON＋EoC 组网方案

在国内大部分小区,广电运营商仅有同轴电缆入户,此时双向网改适合采用 EPON＋EoC 方案(如图 5-11 所示)。EoC 是在同轴电缆上传输以太网数据信号的一种技术,系统由局端 CLT 及用户端 CNU 组成。CLT 将 CATV 信号和 EPON 网络的数据信号进行合成,通过原有同轴电缆传送到用户侧,最终通过用户侧的用户端 CNU 分离出 CATV 信号和数据信号,从而实现对点播信号回传及宽带上网业务的承载。对于 EPON＋EoC 的解决方案,根据 CLT 及 ONU 放置位置不同,也有两种建网方式,方式一是将 CLT 及 ONU 放置于小区机房(光站位置),由少量 CLT 完成对整个小区用户的双向网改覆盖;方式二是将 CLT 及 ONU 下沉至楼道,由 CLT 对一栋楼或一个单元内的用户进行双向网改覆盖。前者适合于业务开通初期,用户双向网改接入率较低的场景,CLT 放置位置较高,便于对用户的广覆盖,现有光纤和铜缆资源无须调整,低投资,高收益;方式二则适合于业务发展成熟期,用户双向改造需求旺盛、双向改造接入率较高的场景,此时需要将光纤下移至楼道,CLT 及 ONU 均安装于楼道内,满足用户高带宽、高渗透率的需求。

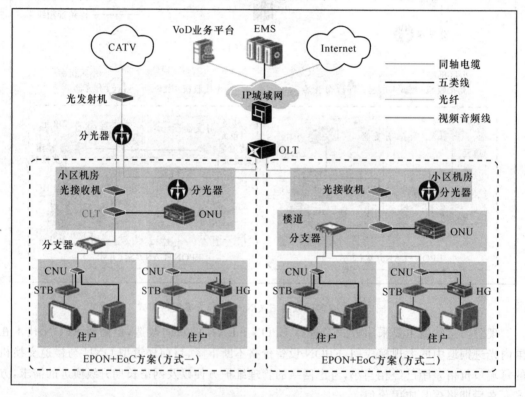

图 5-11　EPON＋EoC 建网方式

随着三网融合的不断发展和深入,积极、主动地进行网络的双向改造,实现对用户的全面覆盖、全面接入既符合竞争性需求,也将为整个网络的运营带来巨大的利益空间。因此相较之下,直接将 CLT 及 ONU 放置于楼道,更加符合广电的自身利益。

广电双向改造的不断发展也在推动 EPON 与 EoC 设备逐步走向融合。目前业界可以提供 CLT 与 ONU 合一的一体化缆桥交换机,这避免了 CLT 与 ONU 分别设置所带来的设备安装、网络连接、维护管理等一系列问题,使网络更加简化,也为广电运营商的网络改造提供了较大的方便。

而对用户家庭内部,CNU 可以提供 RF 口及多个以太网接口,部分设备也具备内置 Wi-Fi 的功能,可以满足 VoD 点播、宽带上网、WLAN 覆盖等多种业务需求。

5.6.3 基于 EPON 的双向改造方案

在结合 EPON 技术的双向网络改造过程中,光分配网(ODN)将成为重要的基础网络资源,而大量分光器和末端楼道配线、入户光缆的部署对广电双向网改的建设和运营管理带来极大考验。

对于 OLT 至 ONU 之间的光缆,可以利用广电原有光缆的空余纤芯,如果纤芯资源不足,可以利用 EPON 单纤三波的特点,将 CATV 广播信号与 EPON 的数据信号复用在一根光纤上,实现共纤传播,至小区后再通过 WDM 光接收机将 CATV 信号分离出来。在光缆的选择上,由于 EPON 的单纤双向传输采用 WDM 方式,下行利用 1 490 nm 波长,上行利用 1 310 nm 波长,CATV 的下行传输则占用 1 550 nm 波长,因此工程实施时,需选择 G.652 光缆。

在分光器的布放位置上,由于在网改中每个小区一般仅需少量 PON 口即可完成对用户的覆盖工作,因此主要考虑将分光器放置在小区机房或者光交接箱中。分光器分光比的选择主要考虑用户对带宽的需求以及该小区改造所需 ONU 数量,典型业务需求模型如表 5-3 所示。

表 5-3 宽带业务典型需求模型

业务类型	带宽需求/户	渗透率	在线率
宽带互联网	2 Mbit/s	30%	50%
VoD 业务	50 kbit/s	100%	100%

按每 PON 口 1 Gbit/s 的带宽计算,每 PON 口可覆盖 2 800 多用户,按每台 ONU 接入 64 个以内用户的典型情况,分光器的分光比可以选择 1:32。实际方案设计中,还需要考虑 OLT 上联口所带来的带宽瓶颈。

对每台 OLT 的覆盖半径,主要考虑整体 ODN 光通道功率衰耗的门限值。ODN 衰耗主要包括分光器衰耗、光纤衰耗、熔接点衰耗、活接头衰耗等。按业界 PX20+光模块的技术标准,发端 PON 口光功率与收端 PON 口接收灵敏度差值一般大于 28 dB,即要求整体光衰耗不能大于 28 dB,主要衰耗及工程余量的常用取值如表 5-4 所示。

表 5-4 ODN 主要衰耗及工程余量

	主干光缆	1:32 分光器	活接头	光缆熔接点	工程余量
单位衰耗	0.4 dB/km	16.5 dB/个	0.4 dB/个	0.1 dB/个	2 dB

采用基于 EPON 的广电数字网络双向改造方案,充分结合了 EPON 技术以及现有广电网络的特点,可以为广电运营商提供低成本的网络改造以及丰富的用户业务。

网络结构及工程上,EPON 的星形组网充分利用了现有广电星、树形承载网络,局端 OLT 可与现有分前端设置于相同机房,降低建设难度以及机房部署成本。ODN 网络可利用广电现有光缆的空余光纤,入户线缆可根据实际情况共用现有同轴或五类线,主要的工程部署仅集中在用户侧的 ONU 部署上,业务部署速度快。

成本上,随着目前 EPON 产品在国内电信运营商光进铜退中的大规模应用,价格得以迅速下降,基于 EPON 的双向网络改造方案相比传统 CMTS 解决方案,具有相当大的成本优势,而且用户可以获得更高的接入带宽。

业务提供上,通过网络的双向改造,有线电视网络具备了同时支持传统 CATV 业务以及互动业务的能力,有线电视网络可提供诸如视频点播、音乐点播、远程教育、远程医疗、家庭办公、网上商场、网上证券交易、高速因特网接入、会议电视、物业管理等多种类型的宽带多媒体业务。

运行维护上,EPON 支持电信级的计费、认证、用户隔离、安全控制、QoS 等特性,ONU设备支持集中、自动配置,远程复位,极大地方便了后期的网络维护工作。

EPON 是当今世界上新兴的覆盖最后一千米的宽带光纤接入技术,中间采用光分路等无源设备,单纤接入各个用户点,节省光缆资源,并具有带宽资源共享、节省机房投资、设备安全性高、建网速度快、综合建网成本低等优点。

在三网融合的背景下,广电网络采用 EPON 技术进行双向网改工作,将会在较短时间内,实现宽带数据传输及 VoD 点播等增值业务的发展,从而稳固广电网络在未来综合业务提供商中的地位。

在宽带信息网的建设中,反向回传信号的汇聚噪声和系统的安全性是系统改造和管理必须要十分重视的问题。HFC 网络的上下行传输信道是非对称的,其下行信道具有良好的传输特性,具有较高的信噪比,完全可以达到通信传输的技术指标要求。影响 HFC 系统传输质量的主要问题是来自上行信道的噪声。在双向 HFC 系统中,由于电缆传输部分一般是树枝状的拓扑结构,用户至光节点到前端的信号回传共同使用上行带宽,因此由用户终端和电缆设备引入的噪声在上行系统中产生严重的汇聚,造成所谓的"漏斗效应",从而严重影响上行信道的性能。

1. 上行噪声的来源

上行噪声的来源很多,通常可分为 4 种。

(1) 窄带干扰,主要是 5～30 MHz 内的短波广播信号以及单频连续波的干扰,它们在大气传播时通过用户终端和分配设施耦合到上行信道中,并随时间呈慢变化,造成信道容量的下降。

(2) 宽带脉冲噪声,来自于所有能电弧放电或产生电磁场的电气设备以及自然噪声源,随时间快速变化,其影响是使误码率升高。虽然脉冲噪声的频谱不一定在反向通道内,但由于它的幅度较高,它的各次谐波也对反向通道产生影响。

(3) 内部噪声,直接来自于有线电视系统组成部分,如用户终端设备、故障设备、不良接头及电源开关等。由于各用户的情况千差万别,在使用各种电器时,会有意无意地产生频道在 30 MHz 以下的干扰信号和噪声,这些干扰信号和噪声一旦耦合进反向通道,便会产生干扰。这些噪声往往很难控制,且有很大的随机性和持久性。

(4) 共模失真,由设备的非线性引起。

在上述噪声中,窄带干扰的影响最大。

2. 克服上行噪声的主要方法

由于交互式业务的开展,解决上行噪声的问题势在必行。从理论上讲,保证系统有足够的信噪比就可以克服噪声和干扰的影响,但在实际的 HFC 系统中,用户终端的回传功率是受限的,因此必须采取其他措施来解决上行噪声问题。

(1)减少 HFC 网络中每个光节点的服务用户是较为彻底的解决方法,但会增加系统造价。一般来说,以每个光节点的服务用户不超过 500 户为宜。

(2)采用具有较强抗干扰能力的调制方式和合适的编码方式。上行干扰较小的系统可采用 16QAM 方式,上行干扰较大的系统可采用 QPSK 方式,对于上行干扰特别严重的系统可采用 S-CDMA 方式(但这种方式目前尚未列入 DOCSIS 标准)。

(3)脉冲干扰的持续时间较短,通常只造成一段码流的误码率增高,所以采用前向纠错技术可以有效地消除脉冲噪声带来的影响。

(4)采用优质的 Cable Modem 作为系统的终端设备。一方面优质的 Cable Modem 具有自动调频的功能,它可在设定的频段内自动寻找干扰最小的频率点来进行信号的回传,同时还可以自动调整其上行输出信号的电平,以达到最佳的信噪比;另一方面,在没有上行信号时可自动关断上行信号的载波,减少系统噪声的汇聚。

(5)由于 CM2000 型 Cable Modem 可以支持 16 个 IP 地址,因此可以对广大的家庭用户,采用楼栋单元内的 8~16 个用户之间通过 Hub 连接成 10Base-T 的局域网方式作为最基本的网络单元。采用这种方式,Hub 可有效地隔离用户的噪声,减少系统的汇聚噪声,同时也可以降低用户的成本。

第6章
光纤接入技术基础

光纤在接入网中也占有传输媒介的主导位置,特别是当带宽成为业务瓶颈的时候。光纤接入是指局端与用户之间以光纤作为传输媒体。根据光接入网(OAN)中光配线网(ODN)是由无源器件还是由有源器件组成,可分为有源光网络和无源光网络(PON);根据技术体制,则可分为 PDH 光接入技术、SDH 光接入技术、ATM 光接入技术、以太网光接入技术等。目前光纤传输的复用技术发展相当快,多数已处于实用化。复用技术用得最多的有时分复用(TDM)、波分复用(WDM)、频分复用(FDM)、码分复用(CDM)等。根据光纤深入用户的程度,可分为 FTTC、FTTZ、FTTB、FTTO、FTTH 等。

全球固定宽带接入市场已经进入到 100M 时代,在中国宽带战略的大背景下,宽带提速也进入关键时期,运营商开始逐步推进"光进铜退",然而其施工难度等正阻碍着提速的步伐,因此"光铜互补"策略价值开始凸显,但 FTTH 依然是光纤接入的最终目标。

为完成"宽带中国"的发展目标,迎合当前以及未来业务的发展趋势,多快好省地建设固定宽带网络,中国运营商必须采取灵活多变的部署策略来不断提升固网宽带能力。"宽带中国"战略及实施方案将"宽带中国"计划正式上升为中国国家战略。"宽带中国"战略从中长期的战略考虑制定了宽带发展目标。到 2015 年,固定宽带用户超过 2.7 亿户,城市和农村家庭固定宽带普及率分别达到 65% 和 30%;3G/LTE 用户超过 4.5 亿户,用户普及率达到32.5%;行政村通宽带比例达到 95%;城市家庭宽带接入能力基本达到 20 Mbit/s,部分发达城市达到 100 Mbit/s,农村家庭宽带接入能力达到 4 Mbit/s;3G 网络基本覆盖城乡,LTE实现规模商用,无线局域网全面实现公共区域热点覆盖,服务质量全面提升;互联网网民规模达到 8.5 亿,应用能力和服务水平显著提高;全国有线电视网络互联互通平台覆盖有线电视网络用户比例达到 80%;互联网骨干网间互通质量、互联网服务提供商接入带宽和质量满足业务发展需求;在宽带无线通信、云计算等重点领域掌握一批拥有自主知识产权的核心关键技术;宽带技术标准体系逐步完善,国际标准话语权明显提高。

宽带中国对于我国信息消费的提升力将具有决定性影响力。信息消费对经济转型发挥作用,首先依赖网络基础设施建设的完善。宽带网络建设其根本目的是为了推动上层的应用服务,最终拉动整体的信息消费。

我国接入网当前发展的战略重点已经转向能满足未来宽带多媒体需求的宽带接入领域(网络瓶颈之所在)。而在实现宽带接入的各种技术手段中,光纤接入网是最能适应未来发展的解决方案。在光纤一步一步向用户延伸的过程中,正如书的第 1 章就提到的,光纤接入技术往往是与前面的铜线、铜缆、无线接入技术结合应用的,分别形成所谓的 FTTB＋xDSL、FTTB＋LAN、FTTB＋EoC 等。

6.1 光纤接入技术概述

6.1.1 光接入网的概念

所谓 OAN 就是采用光纤传输技术的接入网,泛指本地交换机或远端模块与用户之间采用光纤通信或部分采用光纤通信的系统。通常,OAN 指采用基带数字传输技术,并以传输双向交互式业务为目的的接入传输系统,将来应能以数字或模拟技术升级传输带宽广播式和交互式业务。在北美,美国贝尔通信研究所规范了一种称为光纤环路系统(FITL)的概念,其实质和目的与 ITU-T 所规定的 OAN 基本一致,两者都是指电话公司采用的主要适用于双向交互式通信业务的光接入网结构。

目前的铜缆网的故障率很高,维护运行成本也很高,仅美国贝尔电话运营公司每年用于其用户铜缆网维护运行和满足新用户增长要求的花费,就达 30 亿美元。在光通信时代,花费巨额费用去维护运行一个将要淘汰的铜缆网,实在是迫不得已之举。OAN 和 FITL 概念的提出正是为了达到将上述大规模接入网投资和花费逐渐转向光纤的目的。

从发展的角度来看,前述的各种接入技术都只是一种过渡性的措施。在很多宽带业务需求尚不确定的近期,这些技术可以暂时满足一部分较有需求的新业务的提供。但是,如果要真正解决宽带多媒体业务的接入,就必须将光纤引入接入网中。

众所周知,光纤通信的优点是以极大的传输容量使众多电路通过复用共享较贵的设备,从而使得每话路的费用大大低于其他的通信方法。毫无疑问,线路越长,传输信号的带宽越宽,采用光纤通信技术也就越有利。在以前的通信网络中,光纤主要应用于长途和局间通信,而用户系统引入光纤从成本竞争上讲则很不利,但现在的情况出现了以下变化。

① 随着用户的增多和通信范围的扩大,必须要求交换机的容量和服务半径增大,传统的铜线接入已经满足不了网络架构的演进。光纤具有传输容量大、传输质量高、高可靠性、传输距离长、抗电磁干扰等优点。

② 电信业务从单一的话音业务向声音、数据和视频相结合的多媒体宽带业务转变,使得接入线路的传输带宽需求不断地增加。

③ 光纤通信的高速发展和激烈的市场竞争使得光通信用光纤、系统和器件等设备的价格急剧降低,进一步提高了光纤通信在接入网中的竞争能力。

这些变化无疑有利于在接入网中引入光纤。

6.1.2 光接入网的应用

ITU-T 建议 G.982 提出了一个与业务和应用无关的光接入网功能参考配置。尽管参考配置是以 PON 为例的,但原则上也适用其他配置结构,例如将无源光分路器用复用器代替就成了有源双星形结构。

实际上,关于光接入网的提法有很多种,可以分为有源光网络,例如以 SDH 和 PDH 为传输平台;无源光网络,又可分为宽带和窄带无源光网络,关于这一部分的内容将在后续的相关章节中详细说明。按照光网络单元在光接入网中所处的具体位置不同,根据光纤深入用户群的程度,可将光纤接入网分为 FTTC(光纤到路边)、FTTZ(光纤到小区)、FTTB(光纤到大楼)、FTTO(光纤到办公室)和 FTTH(光纤到户)等,它们统称为 FTTx。图 6-1 为光接入网的应用类型。FTTx 不是具体的接入技术,而是光纤在接入网中的推进程度或使用策略。在网络发展过程中,每种结构都有其应用和优势,而且在经济地向全业务演进过程中,每种结构都是关键的一环。下面分别介绍各自的优缺点及适用场合。

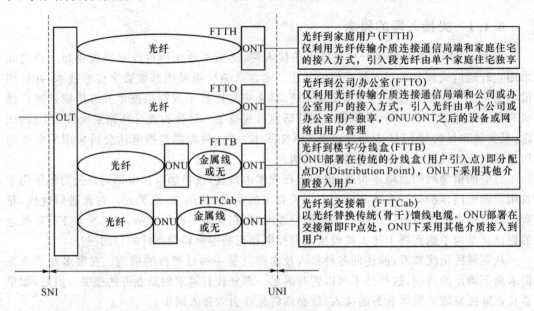

图 6-1 光接入网的应用类型

1. FTTC

在 FTTC 结构中,光网络单元设置在路边的小孔或电线杆上的分线盒处。此时从光网络单元到各个用户之间的部分仍为双绞线铜缆。若要传送宽带图像业务,则这一部分可能会需要同轴电缆或者 ADSL。这样 FTTC 将比传统的数字环路载波系统的光纤化程度更靠近用户,增加了更多的光缆共享部分。有人将之看作一种小型的数字环路载波系统。

FTTC 结构主要适用于点到点或点到多点的树形分支拓扑。用户为居民住宅用户和小企事业用户,典型用户数在 128 个以下,经济用户数正逐渐降低至 8~32 乃至 4 个左右。还有一种称为光纤到远端的结构,实际是 FTTC 的一种变形,只是将光网络单元的位置移到远离用户的远端(RT)处,可以服务于更多的用户(多于 256 个),从而降低了成本。

FTTC 结构的主要特点如下。

① 其引入线部分是用户专用的,现有的铜缆设施仍能利用,因而可以推迟引入线部分(有时甚至配线部分,取决于光网络单元的位置)的光纤投资,具有较好的经济性。

② 预先敷设了一条很靠近用户的潜在宽带传输链路,一旦有宽带业务需要,可以很快地将光纤引至用户处,实现光纤到家的战略目标。同样,如果考虑经济因素,也可以用同轴电缆将宽带业务提供给用户。

③ 由于其光纤化程度已十分靠近用户,因而可以较充分地体现光纤化所带来的一系列优点,诸如节省管道空间,易于维护,传输距离长,带宽大等。

由于 FTTC 结构是一种光缆/铜缆混合系统,最后一段仍然为铜缆,还有室外有源设备需要维护,从维护运行的观点来看仍不理想。但是如果综合考虑初始投资和年维护运行费用的话,FTTC 结构在提供 2 Mbit/s 以下窄带业务时仍然是光接入网中最现实经济的。然而当将来要同时提供窄带和宽带业务时,这种结构就不够理想了。届时,初期适合窄带业务的光功率预算值对今后的宽带业务就不够了,可能不得不减少节点数和用户数,或者采用 1.5 μm 波长区来传送宽带业务。还有一种方案是干脆将宽带业务放在独立的光纤中传输,例如采用 HFC 结构,此时在 HFC 上传模拟或数字图像业务,而 FTTC 主要用来传窄带交互型业务。这样做具有一定的灵活性和独立性,但需要有两套独立的基础设施。

2. FTTB

FTTB 也可以看作是 FTTC 的一种类型,不同之处在于将光网络单元直接放到楼内(通常为居民住宅公寓或小企事业单位办公楼),再经多对双绞线将业务分送给各个用户。FTTB 是一种点到多点结构,通常不用于点到点结构。FTTB 的光纤化程度比 FTTC 更进一步,光纤已敷设到楼,因而更适于高密度用户区,也更接近于长远发展目标,预计会获得越来越广泛的应用,特别是那些新建工业区或居民楼以及宽带传输系统共处一地的场合。

3. FTTH 和 FTTO

在原来的 FTTC 结构中,如果将设置在路边的光网络单元换成无源光分路器,然后将光网络单元移到用户家,即为 FTTH 结构。如果将光网络单元放在大企事业用户(公司、大学、研究所、政府机关等)终端设备处并能提供一定范围的灵活业务,则构成所谓的 FTTO 结构。由于大企事业单位所需业务量大,因而 FTTO 结构在经济上比较容易成功,发展很快。考虑到 FTTO 也是一种纯光纤连接网络,因而可以归入与 FTTH 同类的结构。然而,由于两者的应用场合不同,因此结构特点也不同。FTTO 主要用于大企事业用户,业务量需求大,因而适合于点到点或环形结构。而 FTTH 用于居民住宅用户,对于 FTTO 而言业务量需求较小,因而更经济的结构是点到多点方式。

4. 固网改造 FTTN＋VDSL

从目前国内主流运营商的固网建设情况来看,FTTH 无疑获得了运营商的青睐,但是全面使用 FTTH 技术来实现宽带提速,多少存在一些问题,比如说建设成本高、收益率低、工程部署周期长、老小区光纤入户难、互联互通等。那么,如何解决这些困扰运营商的问题呢? VDSL 技术则是一个很有潜力的解决方案。

从技术成熟度的角度来看,VDSL 技术在欧洲、北美等地区经过多年的商用得到了普及。相对 FTTH 建设中存在的异厂家 PON 局端和 PON 终端之间的互通问题来说,VDSL 局端和 VDSL 终端的互联互通已相当成熟。目前 VDSL 局端主芯片只有 Broadcom、Lantiq、Ikanos,主流的终端 VDSL 芯片包括 Broadcom、Lantiq、MTK、创达特、Ikanos,局端和终端芯片需遵循 DSL 互联互通的规范 TR67/TR100/TR114,且必须通过宽带论坛(Broadband Forum)的 DSL 互联互通实验室的 IOP 测试才能商用。VDSL 设备的互通能力由主芯片固件保证,合格的 VDSL CO 或 CPE 主芯必须通过宽带论坛的认证,包括 TR67(ADSL)、TR100(ADSL2/2＋)、TR114(VDSL2)、TR115(VDSL SRA 等)规范测试。国内出货的主流 VDSL 终端芯片厂家有 Broadcom、Lantiq、MTK、创达特。2013 年中国电信组织了 VDSL 的互联互通测试,包括 G. Vector、G. INP 等高级功能的互通测试,测试情况理想,能满足异厂家互通的要求。此外,VDSL 终端芯片除支持 VDSL2 局端外,还后向兼容 ADSL/2/2＋,能满足 ADSL 和 VDSL 混接的应用场景。

从带宽承载能力的角度来看,VDSL 技术同样可以满足宽带中国战略提出的 2020 年中国城市宽带接入能力达到 50 Mbit/s,农村宽带接入能力达到 12 Mbit/s 的要求。VDSL2 技术已相当成熟,具备 300 m 内 50 Mbit/s 带宽的能力。另外,Vectoring 技术在 2014 年已批量商用,实测可支持下行 300 m 内 100 Mbit/s 的带宽能力,500 m 内 80 Mbit/s 的带宽能力,这已非常接近 FTTH 的带宽。铜缆新贵 G.fast 技术的出现则加快了 FTTH/B 的步伐。G.fast 技术不仅能提供高达 1 Gbit/s 的下行速率,还能提供高速上行速率。由于与 VDSL2 网络的共存性,运营商可以考虑将网络从 VDSL2 向 G.fast 平滑演进的策略,目前先在 FTTx 场景下部署 VDSL2 网络,一旦 G.fast 技术成熟,则可将已部署的 VDSL2 小节点更换为 G.fast 技术。因此,VDSL+FTTB 或 VDSL+FTTC 这种应用模式可很好地满足宽带中国战略的宽带提速要求。

5. 移动回传与前传

近年来,面对爆炸式增长的移动数据流量压力,各运营商在 LTE 时代要吸引更多的用户,又要保证市场占有率和获取收益,需要大量部署 Small Cell 微基站来获得快速的网络容量提升和保证网络覆盖,以此来提供卓越的用户体验,增强自身市场竞争力。但大量 Small Cell 的部署要考虑承载资源和成本等问题。一方面,密集的建筑和现存的大量基站天线使得没有足够的空间来放置新的大量基站;另一方面,用户担心基站辐射有害身体健康,拒绝运营商在自己的房屋附近设置新的基站。这给移动运营商带来了很大的挑战。

小基站因其具有小巧轻便、易于安装、高覆盖等特点受到移动运营商的青睐。针对 LTE 网络覆盖和容量不足的区域,Small Cell 部署的应用场景可分为室内和室外,室内场景包括家庭、企业、高层楼宇内的覆盖和扩容,室外场景主要包括室外热点、补盲分流和城市边缘及乡村覆盖等。单位面积内微基站提供的带宽能力是宏基站的 100 倍。但与宏基站相比,微基站在整个移动回传网络中所占的成本比例较大,如何降低移动回传网络的成本成为各大移动运营商面临的难题。利用现有的低成本、广覆盖的 PON 网络为小基站提供回传,按需部署 Small Cell,FTTM 是一种较合理的方式。

基于 FTTx 的网络可以很好地承载 LTE 基站,在国际上,包括美国、日本、韩国、西班牙、俄罗斯、加拿大等国家在内的全球多家运营商均已采用 xPON FTTx 接入网络承载 LTE 宏站和 Small Cell 的回传,取得很好的投资回报效果。目前国内包括华为、中兴、烽火在内的几大运营商也提供了 FTTM 的解决方案和产品。图 6-2 是烽火通信公司提供的一个典型的 FTTM 解决方案。

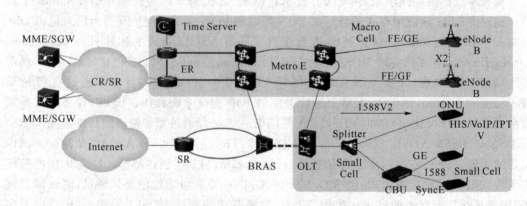

图 6-2 一个典型的 FTTM 解决方案

OLT 位于中心机房,向上通过 GE 口上联到 Metro E,向下通过 ODN 网络连接 LTE

移动回传 ONU CBU,CBU 提供 GE 接口连接到 Small Cell。与传统的 SDH/PTN 相比,
PON 是一个点到多点结构的网络,这就意味着一个中心机房下可以接更多的用户,这样就
节省了中心机房和光纤资源。FTTM 能提供从 3G 到 4G/5G 的平滑过渡,我们需要做的只
是改变 ONU,而 SDH/PTN 需要改变整个回传网络。同时 PON 结构简单,易于管理。

接入网处于整个电信网的网络边缘,用户的各种业务通过接入网进入核心网。近年来,
核心网上的可用带宽由于光传输网技术的发展而迅速增长,用户侧的业务量也由于
Internet 业务的爆炸式增长而急剧增加,作为用户与核心网之间桥梁的接入网则由于入户
媒质的带宽限制而跟不上骨干网和用户业务需求的发展,成为用户与核心网之间的接入"瓶
颈"。骨干网上的巨大带宽如果得不到充分利用,也是一种投资的浪费。因而,接入网的宽
带化成为亟待解决的问题。但是,接入网在整个电信网中所占投资比重最大,且对成本、政
策、用户需求等问题都很敏感,因而技术选择五花八门,没有任何一种技术可以绝对占据主
导地位。尽管在接入网的建设中存在不少的争议问题,但毋庸置疑的一点是:发展光纤接入
是解决接入网宽带化的最根本和行之有效的办法。光纤应尽量向用户延伸,尽量靠近用户。

6.2　光接入技术的分类

进入 2008 年以来,我国 FTTx 开始步入大规模建设阶段,呈现出"千树万树梨花开"的
可喜局面。究其原因,主要缘于以下几个方面的因素。

其一,部署光纤接入网的成本得到了极大的降低。首先从设备方面来看,由于 ONU 的
价格占到 FTTx 网络总体投资成本的 90% 以上,而新出现的 FTTB、FTTN 等新型建网模
式可以让多个家庭共享一个终端设备,每户成本下降到 500~600 元甚至更低,与现有的铜
线接入成本基本持平,但是所提供的带宽和业务承载能力却是传统的宽带接入方式不可比
的。再者,从线路方面来看,近两年铜缆价格持续上涨,给运营商的宽带接入网络建设成本
增加了一定的压力。更为严重的是,铜缆盗割行为非常猖獗,据保守估计,仅四川这样的中
等省份每年因铜缆被盗的损失就达 1 亿元以上,全国每年经济损失高达几十亿元。并且,线
路中断还会对运营商的商业信誉造成不利影响。而与之相比,光缆的价格却不断下滑,如果
将铜线资源回收出售补贴建设成本,那么新建光缆所需要的投资并不多。

其二,以 IPTV 为代表的高带宽视频类业务的开展,对带宽提出了更高的要求。像视频
会议、在线游戏和 HDTV 这样的应用,每个用户的带宽将达到 20~50 Mbit/s。在如此高的
带宽需求下,传统的宽带接入技术将无法胜任。比如新一代 xDSL 技术虽然也能达到很高
的带宽,但只能在短距离范围内使用,而且对线路条件有较高的要求。而光纤接入在 20 km
范围内很容易达到千兆带宽,并且性能稳定。所以光节点逐渐下移,接入层逐渐向 FTTX
演进是必然的趋势。

其三,运营商的网络转型加速了"光进铜退"的步伐。近几年,传统语音业务发展速度明
显放缓,逐渐走向低值化和微利化,因此固网运营商都积极转向提供语音、数据、视频融合的
Triple-play 业务,以期提高 ARPU 值,而光纤接入凭借无可比拟的巨大带宽优势为宽带化
业务提供了最理想的选择,是任何宽带战略的基础。于是,采用这一技术对传统宽带接入网
进行升级成为当务之急。

在这几大因素的共同驱动下,我国光纤接入市场一改前两年"雷声大,雨点小"的现状,正进入一个前所未有的高速增长期,尤其是 FTTB、FTTN 更是出现"爆炸式"增长。2008年3月,中国电信展开了第二次 EPON 集采,建设需求超过百万线,主要以 FTTB 为主。在中国电信积极推进 FTTX 建设时,各省级分公司也纷纷跟进,南方很多省份新建规模都达到几万线,安徽甚至达到 10 万线以上。传统电信业务与商业模式衰落之势已无法扭转,转型成为必然的抉择;随着铜缆价格大幅上涨,继续使用铜原料增加带宽成本太高,而光纤光缆和光收发模块的价格却逐步降低;普通的上网业务,包括未来的 IPTV 对带宽都提出了新的要求,因此带宽的提速成为迫切的要求。同时,业务的融合,包括宽带上网、VoIP 等业务促使光纤逐渐成为解决用户需求的必然之选。光进铜退是中国固网运营商为逐步实现光纤接入(FTTx),用光纤代替铜缆所提出的一项工程。中国固网运营商现在所采用的 ADSL 接入网一般都是局端集中方式,即用户家 ADSL Modem 需要同电信分局的 ADSL 局端设备同步信号,这段距离一般超过 3 km。这样,距离成为国内 ADSL 技术提速的最大问题。所以,"光进铜退"的策略就是将 FTTx 技术同 ADSL 技术相结合,尽可能缩短 ADSL 局端设备(DSLAM)同用户家这段铜线的距离,以提供高带宽接入。

从国外城市的信息化发展经验来看,城市光网大量普及,逐渐超过铜缆成为主流宽带接入方式,尤其是铜价连续大幅攀升的背景下,无论是成本还是应用,光纤是各国宽带业务的发展趋势。光纤到户后宽带和资费将呈现"跳变式"变化,会经历一个"跳变期"。根据上海电信规划,在 2011 年实现平均带宽 8 Mbit/s 以上之后,2013 年上海电信宽带平均带宽达到32 Mbit/s,2015 年达到 50 Mbit/s。2008 年,在奥运会、信息化建设的直接推动下,我国FTTx 用户规模突破 300 万户。在此后的十年间,继续保持快速增长的势头,至 2015 年年底,用户规模达到 1.2 亿户。

6.2.1 有源光网络接入技术

宽带光纤接入技术经历着从起初的有源光纤接入,发展到基于无源光分路器的点到多点光网络。有源光接入技术包括 PDH、SDH、MSTP、PTN、IP RAN、点到点以太网系统;无源光网络技术包括 APON、BPON、EPON、GPON、10G-EPON、NG-PON。

1. SDH

最早提出 SDH 概念的是美国贝尔通信研究所,称为光同步网络(SONET)。它是高速、大容量光纤传输技术和高度灵活又便于管理控制的智能网技术的有机结合。最初的目的是在光路上实现标准化,便于不同厂家的产品能在光路上互通,从而提高网络的灵活性。1988年,国际电报电话咨询委员会(CCITT)接受了 SONET 的概念,重新命名为"同步数字系列(SDH)",使它不仅适用于光纤,也适用于微波和卫星传输的技术体制,并且使其网络管理功能大大增强。SDH 与 PDH 相比,具有显著的优点:统一的比特率,统一的接口标准,便于设备间的互联;网络管理能力大大加强;具有自愈保护功能。SDH 的主要缺点在于,是为传输 TDM 信息而设计的。该技术缺少处理基于 TDM 技术的传统语音信息以外的其他信息所需的功能,不适合于传送除 TDM 以外的 ATM 和以太网业务。

2. MSTP

多业务传送平台(Multi-Service Transfer Platform,MSTP)基于 SDH,同时实现 TDM、ATM、以太网等业务接入、处理和传送,并能提供统一的网管。其具有优势:提供多种物理接口,满足新业务快速接入,包括 IP、ATM、SDH、FR;基于现有 SDH 传输网络,可以很好地兼容现有技术,保证现有投资;MSTP 采用 VC 虚级联技术,有效地利用带宽并实现了较小颗粒的宽带管理;MSTP 采用 LCAS 技术,保证了在不中断数据流的情况下动态地调整虚级联的个数;MSTP 技术支持网状、树形、星形、多环切接等组网方式,这样可以提高网络的可扩展性,便于灵活高效地配置系统环境;传输的高可靠性和自动保护恢复功能。MSTP 的缺点主要有:带宽利用率较低;最大提供带宽有限;主要实现二层功能,以及较为简单的三层功能;灵活提供业务能力不足;光纤的占用较多。

3. PTN

PTN 是面向分组的传送网络,PTN 网络是基于包交换、端到端连接、多业务支持、低成本的网络。

近年来作为 IP over WDM 解决方案的 PTN 和 OTN 逐渐成为光通信领域的两个技术热点,其应用场景分别针对不同的传送层面。PTN 针对分组业务流量特征优化传送带宽,同时秉承 SDH 技术的高可靠性、可用性和可管理性优势,适用于 FE/GE/10GE 以太网接口传输,兼容 TDM。OTN 包含了完整的电域和光域功能,对信号的处理也定义了完善的层次体系,自 20 世纪末提出以来,经过多年的发展与等待,终于在大颗粒业务需求的推动下看到了大规模系统应用的可能,最适用于 10G POS 传送。

PTN 是能够以最高效率传输 IP 的光网络。它是在以以太网为外部表现形式的业务层和 WDM 等光传输介质之间设置的一个层面,针对 IP 业务流量的突发性和统计复用传送的要求而设计,以分组业务为核心并支持多业务提供,具有更低的总体使用成本(TCO),同时秉承 SDH 的传统优势,包括高可用性和可靠性、高效的业务调度机制和流量工程、便捷的 OAM 和网管、易扩展、业务隔离与高安全性等。

PTN 作为传输技术,最低的每比特传送成本依然是最核心的要求,高可靠性、多业务同时基于分组业务特征而优化、可确定的服务质量、强大的 OAM 机制和网管能力等依然是其核心技术特征。在现有的技术条件和业务环境下,在 PTN 层面上需要解决网络定位、业务承载、网络架构、设备形态、QoS 和时钟等一系列关键技术问题。

4. IP RAN

多年来,无线接入技术一直朝着 IP 化的方向发展。从 3G 标准的发展演进轨迹来看,3GPP 从 2001 年开始无线接入网 IP 化的研究和标准化,推动从 UTRAN 到 CN 的 IP 化演进,到 R5 版本,已经完成了全 IP 的架构。从 2006 年开始,各厂家产品均可支持全 IP 的协议栈架构的能力。在承载网方面,传统 MSTP 已经无法满足未来 IP 化的需求。业内提出了几种演进方案,其中 IPRAN 是解决无线接入 IP 化最直接的方式。

IP-RAN 是针对无线基站回传应用场景进行优化定制整体解决方案,是一种基于 IP 包的分组复用网络,以路由器技术为核心,具备伪线(Pseudo Wire,PW)仿真、同步等能力,通过提升交换容量,提高了 OAM 能力和保护能力。

IP RAN 本质为分组化的移动回传,简单地说是 IP 化的移动回传网,从无线基站到基站控制器之间的传送网络 IP 化。在 2G 时代就是 BTS 和 BSC 之间的网络,3G 就是 Node B 和 RNC,LTE 就是 e Node B 到核心网之间的网络,进行 IP 化。国外普遍称之为 IP Mobile Backhaul。

IP RAN 是用 L3+L2 的技术,在核心汇聚层用 L3VPN,在接入层用的是 L2VPN。这个技术偏向路由器属于 2/3 层的设备。在核心层主流用 ISIS 协议,接入层用 OSPF 协议。

业务采用多段伪线的方式。其倒换机制比 PTN 丰富安全,但存在路由重优化的时间缺陷。PTN 用的 L2VPN 技术,属于 2 层设备。配置采用点到点业务配置方法,保护是基于隧道的保护方式。

5. 点到点光以太网系统

点到点光以太网系统是最直接的以太网光纤接入技术。每个用户通过一根/对光纤直接连接到局端以太网交换机的一个用户光接口。点到点光以太网接入技术的早期主要通过"媒质转换器(MC)+传统以太网交换机"方式实现,用于小区接入和部分企业客户专线接入。其优点是:接入带宽高,网络升级方便;网络层次简单,接入网和用户以太网无缝连接;以太网交换机放在大楼、小区或者局端机房,局端和用户端之间直接通过光纤连接,整个接入网结构简单;业务开通率高,投资回收快;通过局端交换机可以对用户端设备进行远程管理,在局端就可以轻松进行线路检测、故障定位,降低了维护难度。缺点是:需要重新铺设光纤线路;每个用户占用一根/对光纤,光纤数量多,施工较困难;因为以太网技术的固有机制不提供端到端的包时延、包丢失率和带宽控制,难以保证实时业务的服务质量,提供 TDM 业务比较困难;维护成本很高;缺乏安全机制保证。为了改善传统 MC 方式的点对点光以太网的网络管理能力弱的问题,国际标准组织 IEEE、ITU-T 分别推出了点对点光以太网接入技术标准。其中,IEEE 推出的 802.3ah 标准由于较为完善、适用范围广、OAM 能力及可扩展性较强,正成为点对点光以太网的主流标准。但目前符合 802.3ah 标准的 P2P 设备尚不成熟,还处于研发阶段,能提供测试的设备厂商也较少。特别是由于业界对宽带 PON 技术的高度关注,主流设备厂商都不愿意在点到点光以太网接入商进行过多投入,这将在很大程度上限制标准的点对点光以太网接入技术的商用进程。

6.2.2 无源光网络接入技术

在光纤用户网的研究中,为了满足用户对于网络灵活性的要求,1987 年英国电信公司的研究人员最早提出了 PON 的概念。后来由于 ATM 技术发展及其作为标准传递模式的地位,研究人员开始注意到把 ATM 技术运用到 PON 的可能性,并于 90 年代初提出了 APON 的建议。

1. PON 的基本概念和特点

在 OAN 中若光配线网(ODN)全部由无源器件组成,不包括任何有源节点,则这种光接入网就是 PON。OLT 为光线路终端,它为 ODN 提供网络接口并连至一个或多个 ODN。ODN 为光配线网,它为 OLT 和 ONU 提供传输手段。ONU 为光网络单元,它为 OAN 提供用户侧接口并和 ODN 相连。如果 ODN 全部由光分路器(Optical Splitter)等无源器件组成,不包含任何有源节点,则这种光接入网就是 PON,其中的光分路器也称为光分支器(Optical Branching Device,OBD),通常也称为分光器。

由于受历史条件、地貌条件和经济发展等各种因素影响,实际接入网中的用户分布非常复杂。为了降低建造费用和提高网络的运行效率,实际的 OAN 拓扑结构往往比较复杂。根据 OAN 参考配置可知,OAN 由 OLT、ODN 和 ONU 三大部分组成。OAN 的拓扑结构取决于 ODN 的结构。通常 ODN 可归纳为单星、多星(树形)、总线和环形四种基本结构,相应地,PON 也具有这四种基本拓扑结构。

PON 的基本结构:中心局(CO)、光线路终端(OLT)、OBD。

2. 光线路终端设备逻辑功能

为了保证 PON 设备的横向兼容,必须对各种设备的功能进行规范。为此,人们的关注点集中在 PON 网络中所用设备的标准上,国际组织采用功能参考模型的方法对 E/GPON 设备的功能进行了规范,将设备所应完成的功能分解为更为基本的功能模块组合。这些基本功能模块称为逻辑功能块。逻辑功能块的实现与设备的物理实现无关,不同的设备由某些基本的功能块灵活组成。

每个 OLT 由核心功能块、服务功能块及通用功能块组成。OLT 核心功能块包括数字交叉连接、传输复用和 ODN 接口功能。数字交叉连接功能提供网络端与 ODN 端允许的连接;传输复用功能通过 ODN 的发送和接收通道提供必要的服务,它包括复用需要送至各ONU 的信息及识别各 ONU 送来的信息;ODN 接口功能提供光物理接口与 ODN 相关的一系列光纤相连,当与 ODN 相连的光纤出现故障时,OAN 启动自动保护倒换功能,通过ODN 保护光纤与别的 ODN 接口相连来恢复服务。OLT 服务功能块提供服务端功能,它可支持一种或若干种不同的服务。OLT 通用功能块提供供电功能和 OAM 功能。图 6-3 为OLT 的功能结构。

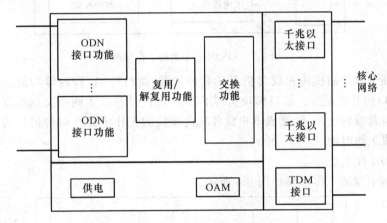

图 6-3　OLT 的功能结构

实用的各种 OLT 设备的内部结构比较复杂,为了简化,采用一般化方式描述 OLT 设备的总体框图,主体部分包括核心功能块、服务功能块和通用功能块。其中,核心功能块由核心交换盘和线卡盘实现;服务功能块由上联盘实现;通用功能块由电源盘、风扇盘和公共盘实现。

（1）核心交换盘
核心交换盘的工作原理如图 6-4 所示。

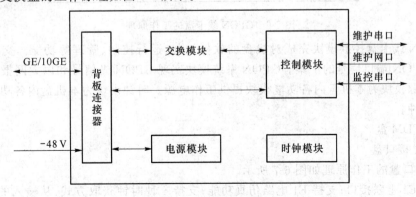

图 6-4　核心交换盘的工作原理

核心交换盘的控制模块用于整个系统的配置、状态搜集上报和协议处理,同时对外提供网口和串口。交换模块用于以太网数据交换。电源模块为机盘内各功能模块提供工作电源。时钟模块为机盘内各功能模块提供工作时钟。

（2）EPON 线卡盘

EPON 线卡盘的工作原理如图 6-5 所示。

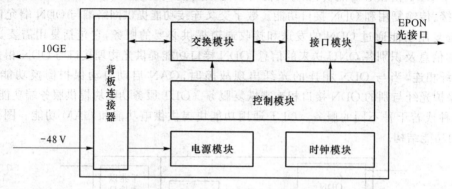

图 6-5　EPON 线卡盘的工作原理

EPON 线卡盘控制模块完成对机盘的软件加载、运行控制、管理等功能。交换模块实现 EPON 端口信号的汇聚。接口模块实现 EPON 光信号和以太网报文的相互转换。电源模块接收来自背板的电源,转换成本机盘各功能模块的工作电源。时钟模块为本机盘内各功能模块提供工作时钟。

（3）GPON 线卡盘

GPON 线卡盘的工作原理如图 6-6 所示。

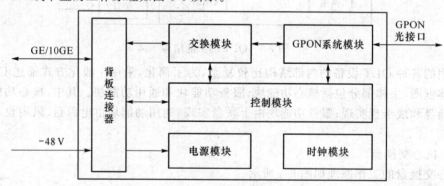

图 6-6　GPON 线卡盘的工作原理

GPON 线卡盘控制模块完成对机盘的软件加载、运行控制、管理等功能。交换模块实现 4 个 GPON 端口信号的汇聚。GPON 系统模块实现 GPON 光信号和以太网报文的相互转换。电源模块为本机盘内各功能模块提供工作电源。时钟模块为本机盘内各功能模块提供工作时钟。

（4）TDM 盘

① E1 接口盘

E1 接口盘的工作原理如图 6-7 所示。

提供 E1 上联接口;支持 E1 电路仿真功能;支持 4 种时钟获取方式:从输入的 E1 线路

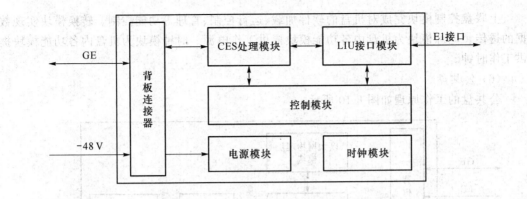

图 6-7　E1 接口盘的工作原理

提取时钟、外部输入参考时钟、内部自由振荡时钟、接收其他时间盘的时钟,可根据网络情况进行选择。

②STM-1 接口盘

STM-1 接口盘的工作原理如图 6-8 所示。

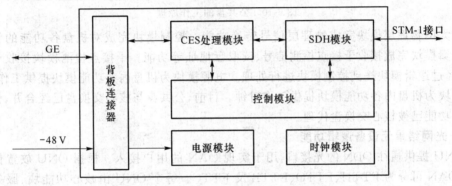

图 6-8　STM-1 接口盘的工作原理

STM-1 接口盘的 CES 处理模块完成以太网报文和 TDM 信号的转换。SDH 模块完成 E1 信号和 STM-1 信号之间的转换。控制模块完成整个机盘的管理和控制。电源模块为机盘内各功能模块提供工作电源。时钟模块为机盘内各功能模块提供工作时钟。

(5)上联盘

上联盘的工作原理如图 6-9 所示。

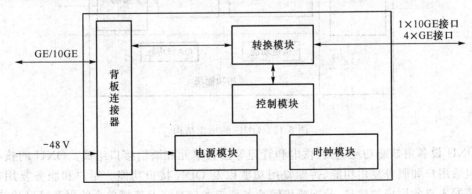

图 6-9　上联盘的工作原理

上联盘控制模块完成对机盘的软件加载、运行控制、管理等功能控制。转换模块实现数据的透传。电源模块为机盘内各功能模块提供工作电源。时钟模块为机盘内各功能模块提供工作时钟。

（6）公共盘

公共盘的工作原理如图 6-10 所示。

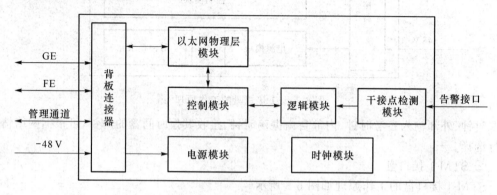

图 6-10　公共盘的工作原理

以太网物理层模块完成物理层信号转换功能。控制模块完成对机盘各功能的管理控制。逻辑模块完成接收干接点检测信号、读取盘地址等功能。干接点检测模块接收干接点信号，经过逻辑模块送到控制模块进行处理。电源模块为机盘内各功能模块提供工作电源。时钟模块为机盘内各功能模块提供工作时钟。目前，公共盘与核心交换盘已经合并，公共盘的所有功能已被核心交换盘代理。

3. 光网络单元设备逻辑功能

ONU 提供通往 ODN 的光接口，用于实现 OAN 的用户接入。根据 ONU 放置位置的不同，OAN 可分为 FTTH、FTTO、FTTB 及 FTTC。每个 ONU 由核心功能块、服务功能块及通用功能块组成。ONU 的功能结构如图 6-11 所示。

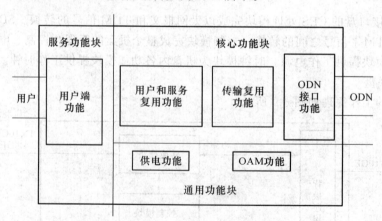

图 6-11　ONU 的功能结构

ONU 设备由核心功能电路、供电和管理等公共单元和通信接口组成。ONU 的核心功能块包括用户和服务复用功能、传输复用功能以及 ODN 接口功能。用户和服务复用功能包括装配来自各用户的信息、分配要传输给各用户的信息以及连接单个的服务接口功能；传输复用功能包括分析从 ODN 过来的信号并取出属于该 ONU 的部分以及合理地安排要发送给 ODN 的信息；ODN 接口功能则提供一系列光物理接口功能，包括光/电和电/光转换。如果每个 ONU 使用不止一根光纤与 ODN 相连，那么就存在不止一个物理接口。

ONU 服务功能块提供用户端功能，它包括提供用户服务接口并将用户信息适配为 64 kbit/s 或 $n \times 64$ kbit/s 的形式；该功能块可为一个或若干个用户服务，并能根据其物理接口提供信令转换功能。

ONU 通用功能块提供供电功能及系统的运行、管理和维护（OAM）功能。供电功能包括交流变直流或直流变交流，供电方式为本地供电或远端供电，若干个 ONU 可共享一个电源，ONU 应在用备用电源供电时也能正常工作。

无源 ONU 是 PON 系统的用户侧设备，通过 PON 用于终结从 OLT（光线路终端）传送来的业务。与 OLT 配合，ONU 可向相连的用户提供各种宽带服务，如 Internet Surfing、VoIP、HDTV、Video Conference 等业务。ONU 作为 FTTx 应用的用户侧设备，是"铜缆时代"过渡到"光纤时代"所必备的高带宽高性价比的终端设备。PONONU 作为用户有线接入的终极解决方案，在将来下一代网络（NGN）整体网络建设中具有举足轻重的作用。ONU 设备类型有很多，如 SFU、HGU、SBU、MDU、MTU 等。

① HGU：Home Gateway Unit，家庭网关单元。

② SFU、SBU：Single Family Unit/Single Business Unit，单个家庭用户单元/单个商业用户单元。

③ MDU、MTU：Multi-Dwelling Unit/Multi-Tenant Unit，多住户单元/多租户单元。

即面向不同用户和应用厂家，对应不同的说法，实际设备本身形态也会有所差别。

后 10G PON 时代采用什么技术，现在还没有一个明确的结论。一直超前研究 PON 技术的 IEEE 目前没有相关计划，而 FSAN 虽然有此方面的讨论，但还无实质性定论。基于 WDM 及 WDM/TDM 技术是可能的技术方向，但也存在诸如 OFDM、OCDMA 等技术应用于 PON 领域的可能。PON 技术的发展路线如图 6-12 所示。

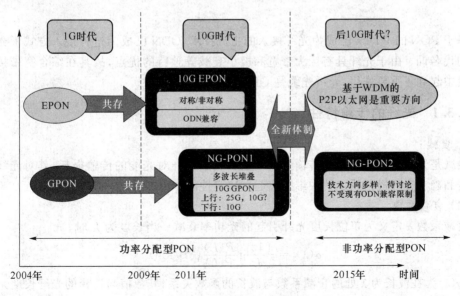

图 6-12 PON 技术的发展路线图

6.2.3 SDN/NFV 在接入网的应用前景

但与此同时,运营商 FTTx 部署正面临"剪刀差"困境,如何抑制成本的快速增长、如何创造新的收入来源、如何提升网络基础技术能力满足带宽膨胀需求成为摆在运营商面前的难题。如何更高效地经营巨大带宽容量的 PON 网络、灵活提供更多增值业务(如一张网络三个虚拟管道)、差异化的业务和运营模式、绿色节能等将成为运营商对未来光接入网在带宽之外的另一个重要诉求。

与运营商需求相对应,全业务、全场景接入将成为 PON 的新需求,管道弹性化、设备功能虚拟化、设备软件可编程/定义将成为 PON 技术发展新的技术趋势。

支持 SDN 的 PON 网络架构初现苗头,据了解,FlexPON 系统具有光纤基础设施的弹性化、光电物理层的弹性化、MAC 协议弹性化、业务弹性化的四大特征,从而帮助运营商在资源高效利用、绿色节能的基础上,基于已有的光纤基础设施及归一化、可编程的硬件,实现全场景、全业务接入,开拓差异化运营及赢利模式。

弹性化、虚拟化、软件定义是 FlexPON 发展的三个阶段。FlexPON 同时拥有六大价值:一是全场景、全业务接入,归一化硬件以及基础设施;二是差异化运营以及增值业务;三是全层级 Open Access;四是超大带宽,带宽可按需软升级;五是资源高效利用、绿色节能;六是 ODN 重用、平滑升级、保护投资。

目前,支持未来 SDN 的 PON 网络架构已经初现苗头,SDN 正自上而下地冲击着传统电信网络的各个层面,也将影响 PON 未来的技术发展。中国电信于 2013 年 6 月在 ITU-T Q4/SG11 中提出控制面与转发面分离的 PON 架构,FSAN 在 2013 年 8 月向运营商征集 SDN 在 PON 领域应用的需求兴趣文稿(Call For Contribution,CFC)。

6.3 光纤的特性和种类

基于 PON 的 FTTx 已成为光纤接入的主流技术,ODN 已成为这种接入方式下光纤物理网的代名词。由于光纤具有巨大带宽和极小衰减等独特的优点,故其在综合宽带接入网的建设中起到了重要作用,光纤光缆是 ODN 解决方案的核心。

6.3.1 光纤的传输特性

1. 衰减

衰减是光纤的一个重要的传输参数。它表明了光纤对光能的传输损耗,其对光纤质量的评定和确定光纤通信系统的中继距离起着决定性的作用。

(1)衰减系数

衰减系数 α 定义为单位长度光纤引起的光功率衰减。当长度为 L 时,

$$\alpha(\lambda) = -\frac{10}{L}\lg\frac{P(L)}{P(0)}(\text{dB/km}) \tag{6-1}$$

式中,$\alpha(\lambda)$ 为在波长为 λ 处的衰减系数与波长的函数关系,其数值与选择的光纤长度无关。

(2)衰减谱

衰减谱图 6-13 形象直观地描绘了衰减系数与波长的函数关系,同时也示出了光纤的五

个工作窗口的波长范围及引起衰减的原因。

由图 6-13 得知,石英玻璃光纤的衰减谱具有三个主要特征:①衰减随波长的增大而呈降低趋势;②衰减吸收峰与 OH-离子有关;③在波长大于 1 600 nm 时衰减增大的原因是微(或宏)观弯曲损耗和石英玻璃吸收损耗。

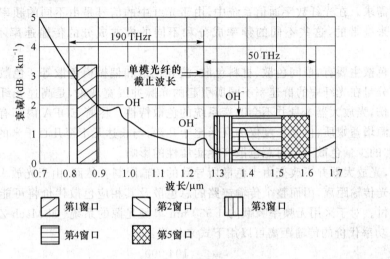

图 6-13　石英玻璃光纤的衰减

众所周知,早期的光纤通信系统传输所用的是多模光纤,其工作波长在 850 nm 的第一个工作窗口。1983 年,非色散位移单模光纤(G. 652 光纤)首先工作在 1 310 nm 附近的第二个工作窗口,即 1 280～1 325 nm。在 1 310 nm 处,G. 652 光纤色散为零,衰减典型值为0. 35 dB/km。后来,激光器和光接收机等的工作波长都在 1 550 nm 附近的第三个工作窗口,即 1 530～1 565 nm。恰好 G. 652 光纤工作波长为 1 550 nm 的衰减最小约为 0. 20 dB/km。但其色散高达 18 ps/(nm · km)。1985 年,人们为克服 G. 652 光纤在 1 550 nm 处高色散的限制,研究开发出了色散位移单模光纤(G. 653 光纤)。在波长为 1 550 nm 处,G. 653 光纤色散为零,衰减最小。正是 20 世纪 90 年代初,掺铒光纤放大器(Erbium Doped Optical Fiber Amplifier,EDFA)和密集波分复用系统的出现,G. 653 光纤因其在 1 550 nm 处的零色散造成光纤的非线性效应,迫使其退出带有掺铒光纤放大器的密集波分复用系统。1993 年为消除 G. 653 光纤在第三个工作窗口的非线性效应,人们又研究发明了非零色散位移单模光纤(G. 655 光纤),其在第三个工作窗口中以较低的色散来抑制非线性效应,衰减又很小,故它满足了远距离、高速率、大容量的密集波分复用系统的需要。

当今,密集波分复用系统工作在第三个工作窗口,即 1 530～1 565 nm 的 C 带。然而,光纤放大器的工作波长已扩展到 1 625 nm 附近的第四个工作窗口,即 1 565～1 625 nm 的L 带。

历史上,1 350～1 450 nm 波长范围没有得到利用,其原因是 OH⁻离子在这一范围使光纤有很高的吸收损耗。1998 年,美国朗讯科技公司采用一种能消除光纤在 1 385 nm 附近的OH⁻吸收峰的光纤制造工艺,研究出一种低水峰光纤——全波光纤。低水峰光纤可工作在1 400 nm 附近的第五个工作窗口,即 1 350～1 530 nm。光纤未来迹象工作波长为 1 260～1 650 nm,其带宽潜力约为 50 THz。其后,ITU-T 在 G. 652 标准中增加了 G. 652C 和G. 652D 两种无水峰光纤的规范。

2. 色散

随着 EDFA、WDM 技术在光纤通信系统中的商用化，光纤色散便再度成为最热门的研究课题之一。研究光纤的色散特性是在具体弄清色散的致因、种类及相互作用的前提下，设法设计和制造出优质的、合适的色散的光纤，以满足光纤通信系统的高速率、大容量和远距离传输的需求。在光纤数字通信系统中，由于光纤中的信号是由不同的频率成分和不同的模式成分来携带的，这些不同的频率成分和不同的模式成分的传输速率不同，从而引起色散。

光纤色散主要有：模间色散、材料色散、波导色散和偏振模色散等。色散指光源光谱中不同波长分量在光纤中的群速率不同所引起的光脉冲展宽现象，是高速光纤通信系统的主要传输损伤，光放大器本身并不会改变系统的色散特性。尽管 EDFA 内部有一小段掺铒光纤作为有源增益媒质，但其长度仅为几米至十几米，与长达几十至几百千米的光传输链路相比，其附加的少量色散不会对总色散产生实质性的影响。

通常，光放大器并不改变由于色散所导致的传输限制。然而，由于光放大器极大地延长了无中继光传输距离，因而整个传输链路的总色散及其相应色散代价将可能变得很大而必须认真对付。对于采用无频率啁啾的 1 550 nm 单频光源的系统（如 Mach-Zehnder 外调制器），1 dB 功率代价的传输距离可以用下式来估算：

$$L = \frac{104\ 000}{DB^2} \tag{6-2}$$

式中，B 为系统比特率，Gbit/s；D 为光纤色散系数，ps/(nm·km)；L 为总的路由长度，km。

例如，采用无频率啁啾的 1 550 nm 单频光源的 2.5 Gbit/s 系统在 G.652 光纤 1 550 nm 为 18 ps/(nm·km) 上大约能传 1 000 km。对于采用有频率啁啾的光源的系统，1 dB 功率代价的传输距离可以用下式来估算：

$$L = \frac{71\ 400}{\alpha DB^2 \lambda^2} \tag{6-3}$$

式中，α 为光波的频率啁啾系数。一般量子阱分布反馈激光器的 α 值为 2～4，应力量子阱分布反馈激光器的 α 值为 1～2，电吸收调制器的 α 值为 0.5～1，Mach-Zehnder 调制器的 α 值趋近 0。以工作在 1 550 nm 波长的 2.5 Gbit/s 系统为例，采用一般量子阱分布反馈激光器和电吸收调制器后在 G.652 光纤上可以至少分别传输 100 km 和 600 km。

由上述两式可知，决定色散受限距离的关键因素是光纤色散系数和光源啁啾系数。因而仅从减少色散的角度，采用 G.653 光纤和 G.655 光纤是有利的，若全面考虑其他非线性效应，则长途传输中 G.655 光纤的综合性能是最佳的。

但是在高速光纤通信系统中，由于采用了相干技术和数字信号处理技术，可以在电域很好地补偿色散引起的信号劣化，可以容忍的光纤色散值达到数万 ps/nm，这是非线性凸显为限制传输距离的主要因素。

6.3.2　光纤的类型

依据国际电工委员会（International Electrotechnical Commission）标准 IEC60893-1-1 (1995)《光纤第 1 部分总规范》光纤的分类方法，按光纤所用材料、折射率分布形状、零色散波长等，光纤被分为 A 和 B 两大类：A 类为多模光纤，B 类为单模光纤。表 6-1 和表 6-2 分别给出了 A 类多模光纤和 B 类单模光纤的特点及分类方法等。

表 6-1　多模光纤的种类

类别	材 料	类 型	折射率分布指数 g 极限值
A1	玻璃芯/玻璃包层	梯度折射率光纤	$1 \leqslant g < 3$
A2.1	玻璃芯/玻璃包层	准阶跃折射率光纤	$3 \leqslant g < 10$
A2.2	玻璃芯/玻璃包层	阶跃折射率光纤	$10 \leqslant g \leqslant \infty$
A3	玻璃芯/塑料包层	阶跃折射率光纤	$10 \leqslant g \leqslant \infty$
A4	塑料光纤		

表 6-2　单模光纤的种类

类 别	特 点	零色散波长标称值/nm	工作波长标称值/nm
B1.1	非色散位移光纤	1 310	1 310 和 1 550
B1.2	截止波长位移光纤	1 310	1 550
B1.3	波长段扩展的非色散位移光纤	1 300～1 324	1 310、1 360～1 530、1 550
B2	色散位移光纤	1 550	1 550
B3	色散平坦光纤	1 310 和 1 550	1 310 和 1 550
B4	非零色散位移光纤	1 550	1 550

　　单模光纤以其衰减小、频带宽、容量大、成本低、易于扩容等优点,作为一种理想的光通信传输媒介,在全世界得到极为广泛的应用。目前,随着信息社会的到来,人们研究出了光纤放大器、时分复用、波分复用、频分复用技术,从而使单模光纤的传输距离、通信容量和传输速率进一步提高。

　　值得提出的是,光纤放大器延伸了传输距离,复用技术在带来高速率、大容量信号传输的同时,使色散、非线性效应对系统的传输质量的影响更大。因此,人们专门研究开发了几种光纤:色散位移光纤、非零色散位移光纤、色散平坦光纤和色散补偿光纤,它们在解决色散和非线性效应问题上各有独到之处。

　　按照零色散波长和截止波长位移与否可将单模光纤分为 6 种,ITU-T 已给出建议:G. 652、G. 653、G. 654、G. 655、G. 656 和 G. 657 光纤。单模光纤的分类、名称、IEC 和 ITU-T 命名对应关系如表 6-3 所示。

表 6-3　单模光纤的分类

名称	ITU-T	IEC
非色散位移单模光纤	G. 652:A、B、C、D	B1.1 和 B1.3
色散位移单模光纤	G. 653	B2
截止波长位移单模光纤	G. 654	B1.2
非零色散位移单模光纤	G. 655:A、B	B4
非零色散宽带传输光纤	G. 656	B5
弯曲不敏感光纤	G. 657	B6
色散平坦单模光纤		B3
色散补偿单模光纤		

1. 非色散位移单模光纤

2000 年 2 月国际电信联盟第 15 专家组会议对非色散位移单模光纤(ITU-T G.652)提

出修订,即按 G.652 光纤的衰减、色散、偏振模色散、工作波长范围及其在不同的传输速率的 SDH 系统的应用情况,将 G.652 光纤进一步细分为 G.652A、G.652B、G.652C 和 G.652D。究其实质而言,G.652 光纤可分为两种,即常规单模光纤(G.652A 和 G.652B)和低水峰单模光纤(G.652C、D)。G.652A、C 光纤和 G.652B、D 光纤的主要区别在于对 PMD 系数的要求不同,前者 PMD 系数为 $0.5 \, \text{ps}/\sqrt{\text{km}}$,后者 PMD 系数为 $0.2 \, \text{ps}/\sqrt{\text{km}}$。因此,G.652A 光纤只能工作在 2.5 Gbit/s 及其以下速率,G.652B 光纤可工作于 10 Gbit/s 速率。

(1)常规单模光纤

常规单模光纤于 1983 年开始商用。常规单模光纤的性能特点是:①在 1 310 nm 波长的色散为零;②在波长为 1 550 nm 附近衰减系数最小约为 0.22 dB/km,但在 1 550 nm 附近其具有最大色散系数,为 18 ps/(nm·km);③这种光纤的工作波长可选在 1 310 nm 波长区域,又可选在 1 550 nm 波长区域,它的最佳工作波长在 1 310 nm 区域。这种光纤常称为"常规"或"标准"单模光纤。它是当前最为广泛使用的光纤。迄今为止,其在全世界各地累计敷设数量已高达 8 000 万千米。

今天,绝大多数光通信传输系统都选用常规单模光纤。这些系统包括在 1 310 nm 和 1 550 nm 工作窗口的高速数字和 CATV 模拟系统。然而,在 1 550 nm 波长的大色散成为高速系统中这种光纤中继距离延长的"瓶颈"。

利用常规单模光纤进行速率大于 2.5 Gbit/s 的信号长途传输时,必须采取色散补偿措施进行色散补偿,并需引入更多的掺铒光纤放大器来补偿由引入色散补偿产生的损耗。常规单模光纤(G.652A 和 G.652B)的色散如图 6-14 所示。常规单模光纤的传输性能及其应用场所如表 6-4 所示。

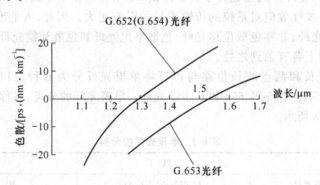

图 6-14　G.652 光纤的色散

表 6-4　常规单模光纤的性能及应用

性能	模场直径 /μm	截止波长 λ_{cc}/nm	零色散波长 /nm	工作波长 /nm	最大衰减系数 /(dB·km^{-1})	最大色散系数 /[ps·(nm·km)$^{-1}$]
要求值	1 310 nm 8.6～9.5±0.7	$\lambda_{cc} \leqslant 1\ 260$ $\lambda_c \leqslant 1\ 250$ $\lambda_{cj} \leqslant 1\ 250$	1 310	1 310 或 1 550	1 310 nm<0.40 1 550 nm<0.35	1 310 nm:0 1 550 nm:18
应用场合	最广泛用于数据通信和模拟图像传输媒介,其缺点是工作波长为 1 550 nm 时色散系数高达 18 ps/(nm·km)阻碍了高速率、远距离通信的发展					

(2) 低水峰单模光纤

为解决城域网发展面临着业务环境复杂多变、直接支持用户多、传输距离短(通常仅为50~80 km)等问题,人们采取的解决方案是选用数十至上百个复用波长的高密集波分复用技术,即将不同速率和性质的业务分配到不同的波长,在光路上进行业务量的选路和分插。为此,需要研发出具有更宽的工作波长区的低水峰光纤(ITU-T G.652C、D)来满足高密集波分城域网发展的需求。

众所周知,制约常规单模光纤 G.652 工作波长区窄的原因是 1 385 nm 附近高的水吸收峰。在 1 385 nm 附近,常规 G.652 光纤中只要含有几个 ppb 的 OH⁻ 离子就会产生几个分贝的衰减,使其在 1 350~1 450 nm 的频谱区因衰减太高而无法使用。为此,国外著名光纤公司都纷纷致力于研究消除这一高水峰的新工艺技术,从而研发出了工作波长区大大拓宽的低水峰光纤。

现以美国朗讯科技公司 1998 年研究出的低水峰光纤——全波光纤为例,说明该光纤的性能特点。

全波光纤与常规单模光纤 G.652 的折射率剖面一样。所不同的是全波光纤的生产中采用一种新的工艺,几乎完全去掉了石英玻璃中的 OH⁻ 离子,从而彻底地消除了由 OH⁻ 离子引起的附加水峰衰减。这样,光纤即使暴露在氢气环境下也不会形成水峰衰减,具有长期的衰减稳定性。

由于低水峰,光纤的工作窗口开放出第五个低损耗传输窗口,进而带来了诸多的优越性:①波段宽。由于降低了水峰使光纤可在 1 280~1 625 nm 全波段进行传输,即全部可用波段比常规单模光纤 G.652 增加约一半,同时可复用的波长数也大大增多,故 IEC 又将低水峰光纤命名 B1.3 光纤,即波长段扩展的非色散位移单模光纤。②色散系数和 PMD 系数小。在 1 280~1 625 nm 全波长区,光纤的色散仅为 1 550 nm 波长区的一半,这样就易于实现高速率、远距离传输。例如,在 1 400 nm 波长附近,10 Gbit/s 速率的信号可以传输200 km,而无须色散补偿。③改进网管。可以分配不同的业务给最适合这种业务的波长传输,改进网络管理。例如,在 1 310 nm 波长区传输模拟图像业务,在 1 350~1 450 nm 波长区传输高速数据(10 Gbit/s)业务,在 1 450 nm 以上波长区传输其他业务。④系统成本低。光纤可用波长区拓宽后,允许使用波长间隔宽、波长精度和稳定度要求低的光源、合(分)波器和其他元件,网络中使用有源、无源器件成本降低,进而降低了系统的成本。全波光纤的性能及应用如表 6-5 所示。

表 6-5 全波单模光纤

性能	模场直径 /μm	截止波长 λ_{cc}/nm	零色散波长 λ_0/nm	工作波长 /nm	最大衰减系数 /(dB·km⁻¹)
要求值	1 310 nm: 9.3±0.5 1 550 nm: 10.5±1.0	$\lambda_{cc} \leqslant 1\ 260$ $\lambda_c \leqslant 1\ 250$ $\lambda_{cj} \leqslant 1\ 250$	1 300~1 322	1 280~1 625	1 310 nm: 0.35 1 385 nm: 0.31 1 550 nm: 0.21~0.25
应用场合	这种光纤的优点是工作波长范围宽,即 1 280~1 625 nm,故其主要用于密集波分复用的城域网的传输系统,它可提供 120 或更多的可用信道				

2. 色散位移单模光纤

色散位移单模光纤(ITU-G.653 光纤)于 1985 年商用。色散位移光纤是通过改变光纤的结构参数、折射率分布形状,力求加大波导色散,从而将最小零色散点从 1 310 nm 位移到 1 550 nm,实现 1 550 nm 处最低衰减和零色散波长一致,并且在掺铒光纤放大器 1 530～1 565 nm 工作波长区域内。这种光纤非常适合于长距离单信道高速光放大系统,例如,可在这种光纤上直接开通 20 Gbit/s 系统,不需要采取任何色散补偿措施。

色散位移光纤的富有生命力的应用场所为单信道数千千米信号传输的海底光纤通信系统。另外,陆地长途干线通信网也已敷设一定数量的色散位移光纤。

虽然,业已证明色散位移光纤特别适用于单信道通信系统,但该光纤在 EDFA 通道进行波分复用信号传输时,存在的严重问题是在 1 550 nm 波长区的零色散产生了四波混频非线性效应。据最新研究报道,只要将色散位移单模光纤的工作波长选在大于 1 550 nm 的非零色散区,其仍可用作波长复用系统的光传输介质。

色散位移单模光纤的性能及应用场合列于表 6-6 中。

表 6-6　色散位移单模光纤

性能	模场直径 /μm	截止波长 /nm	零色散波长 /nm	工作波长 /nm	最大衰减系数 /(dB·km⁻¹)	色散系数 /[ps·(nm·km)⁻¹]
要求值	1 310 nm:8.3	$\lambda_{cc}\leqslant 1\ 280$ $\lambda_c\leqslant 1\ 250$ $\lambda_{cj}\leqslant 1\ 280$	1 550	1 550	1 550 nm:≤0.25	1 525～1 585 nm:8.5
应用场合	这种光纤的优点是在 1 550 nm 工作波长衰减系数和色散系数均很小。它最适用于单信道几千千米海底系统和长距离陆地通信干线					

色散位移单模光纤的色散如图 6-15 所示。

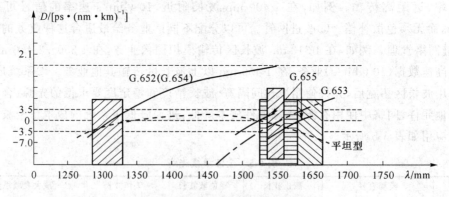

图 6-15　色散位移单模光纤的色散

3. 截止波长位移单模光纤

1 550 nm 截止波长位移单模光纤是非色散位移光纤(ITU-TG.654 光纤),其零色散波长在 1 310 nm 附近,截止波长移到了较长波长,在 1 550 nm 波长区域衰减极小,最佳工作波长范围为 1 500～1 600 nm。

获得低衰减光纤的方法是:①选用纯石英玻璃作为纤芯和掺氟的凹陷包层;②以长截止波长来减小光纤对弯曲附加损耗的敏感。

因为这种光纤制造特别困难,最低衰减光纤十分昂贵,且很少使用。它们主要应用在传输距离很长,且不能插入有源器件的无中继海底光纤通信系统。

截止波长位移单模光纤的性能及应用场合如表 6-7 所示。

表 6-7　1 550 nm 截止波长位移单模光纤

性能	模场直径 /μm	截止波长 /nm	零色散波长 /nm	工作波长 /nm	最大衰减系数 /(dB・km^{-1})	最大色散系数 /[ps・(nm・km)$^{-1}$]
要求值	1 550 nm: 10.5	$\lambda_{cc} \leqslant 1\,530$ $1\,350 < \lambda_c < 1\,600$	1 310	1 550	1 550 nm: $\leqslant 0.20$	1 550 nm: 20
应用场合	这种光纤的优点是在 1 550 nm 工作波长衰减系数极小,其有效面积大。它主要用于远距离无须插入有源器件的无中继海底系统,其缺点是制造困难,价格昂贵					

4. 非零色散位移光纤

非零色散位移光纤是在 1994 年美国朗讯和康宁专门为新一代带有光纤放大器的波分复用传输系统设计和制造的新型光纤(ITU-G.655 光纤)。这种光纤是在色散位移单模光纤的基础上通过改变折射剖面结构的方法来使得光纤在 1 550 nm 波长色散不为零,故其被称为"非零色散位移"光纤。

2000 年 ITU-T 第十五研究组(SG15)通过的 G.655 光纤修订版,将 G.655 光纤分为两种类型:G.655A 和 G.655B。G.655A 光纤主要适用于 ITU-T G.691 规定的带光放大的单信道 SDH 传输系统和通道间隔不小于 200 GHz 的 STM-64 的 ITU-T G.692 带光放大的波分复用传输系统;G.655B 光纤主要适用于通道间隔不大于 100 GHz 的 ITU-T G.692 密集波分复用传输系统。G.655A 光纤和 G.655B 光纤的主要区别是:①工作波带。G.655A 光纤只能使用于 C 波带,G.655B 光纤既可以使用在 C 波带,也可以使用在 L 波带。②色散系数。G.655A 光纤 C 波带色散系数为 0.1～6.0 ps/(nm・km),G.655B 光纤 C 波带色散系数为 1.0～10.0 ps/(nm・km)。

G.655 光纤的基本设计思想是 1 550 nm 波长区域具有合理的低色散,足以支持 10 Gbit/s 的长距离传输而无须色散补偿;同时,其色散值又必须保持非零特性来抑制四波混频和交叉相位调制等非线性效应的影响,以求 G.655 光纤适宜同时满足开通时分复用和密集波分复用系统的需要。

5. G.656 光纤

G.656 光纤描述了一种单模光纤,在 1 460 nm～1 625 nm 波长范围内,其色散为一个大于零的数值。该色散减小了链路中的非线性效应,这些非线性效应对 DWDM 系统非常有害。该光纤在比 G.655 光纤更宽的波长范围内,利用非零色散减小 FWM、XPM 效应。能将该光纤的应用扩展到 1 460 nm～1 625 nm 波长范围以外。在 1 460 nm～1 625 nm 波长范围内,该光纤可以用于 CWDM 和 DWDM 系统的传输。

在 2004 年 2 月的专家中期会议上,中国贡献了两篇文稿,其中一篇是长飞公司联合荷兰 DFT 公司共同提出的。该文稿同意该光纤建议适用于 CWDM 和 DWDM 应用,并建议将 Raman 放大加入该建议;考虑到制造容差和光纤的色散补偿是基于光纤链路色散,建议光纤色散值的范围为 2～14 ps/(nm・km);支持该光纤建议仅包含一个光纤类别,并反对将色散符号改为可正可负,均被采纳。另外一篇文稿来源于中国信息产业部,是由长飞光纤光缆有限公司、电信科学技术第五研究所、武汉邮电科学研究院联合提出的。文稿代表中国支持 G.656 光纤建议在 2004 年 4 月通过,并对该光纤的应用和具体指标提出了建议,该文稿建议的内容绝大部分被采纳。

6. G.657 光纤

目前国内普遍应用的 G.652 标准光纤的弯曲半径为 25 mm,受弯曲半径的限制,光纤不能随意地进行小角度拐弯安装,FTTx 的施工比较困难,需要专业技术人员才能够进行。因此,业内急需一种弯曲半径更小的光纤。2006 年 12 月,ITU-T 第十五研究组通过了一个新的光纤标准,即 G.657,称为"用于接入网的低弯曲损耗敏感单模光纤和光缆特性"。根据 G.657 标准,光纤的弯曲半径可达 5~10 mm,因此符合 G.657 标准的光纤可以像铜缆一样,沿着建筑物内很小的拐角安装,非专业的技术人员也可以掌握施工的方法,降低了 FTTx 网络布线的成本。除此以外,实际施工中光纤的弯曲半径一般会小于该类光纤的最小弯曲半径,当光纤发生一定程度的老化时,信号仍然可以正常传送。因此,G.657 标准有助于提高光纤的抗老化能力,降低 FTTx 的维护成本。

对于 G.657 光纤的应用前景,Ovum-RHK 发布的研究报告显示,2008 年铺设的光纤 33% 用于 FTTx,中国自 2009 年起将引领世界敷设 FTTx 光纤。2008 年开始,国内就已经有部分运营商对 G.657 进行了铺设,在北京、上海、广州、武汉及其他 FTTH 试点城市,楼宇内综合布线都采用 G.657.A 或者 G.657.B 光纤。用于 FTTx 的光纤要能降低用户的平均成本,并满足各种接入网用光缆的设计要求,如微缆、气吹缆和室内/室外两用缆及多种引入方式,还要能满足抗弯曲,在密集布线、小弯曲半径下低的弯曲附加损耗和高的机械可靠性,同时便于施工,易于接续或连接。

FTTx 基础设施通常分为室内和室外,与 G.652D 光纤完全兼容的 G.657 光纤将有助于简化系统设计和降低安装维护成本。在抗弯曲光纤设计和应用方面,需要避免一些误区,G.657 光纤不仅关注弯曲附加损耗,而且还需要对机械性能给予足够的关注。G.657B 小 MFD 光纤也是一个误区,即使采用全玻璃结构的光纤,采用下陷包层设计,同样能够获得与 G.652 相匹配的 MFD 直径。对于 FTTx 光纤要求,需要低成本和良好的适应性,满足各种接入网用光缆的设计要求,室内室外、气吹缆、微缆和多种接入方式,抗弯曲,支持密集布线、小弯曲半径下低弯曲附加损耗和高机械可靠性,便于施工和光缆的分配,易于接续或连接。这些都要求光纤具有低宏弯和微弯损耗,满足 G.657B 对弯曲的要求。光纤有高抗疲劳参数,与 G.652D 兼容,并且具有全玻璃包层结构,另外要求有先进的制造工艺。

考虑光纤抗弯曲性能时,必须考虑两点,一是低弯曲附加损耗,无论光学性能还是机械性能,都要能够抗弯曲。G.657A 光纤设计相对简单一些,因为和 G.652D 完全兼容,弯曲性能要求也相对低一些,在常规 G.652 光纤设计上通过适当减小光纤弯曲,增加波长,就能够和 G.652D 完全兼容。对于弯曲性能要求更高的 G.657B 光纤,有不同的解决方案。从光纤材料看,目前主要有两种,一种是全玻璃光纤结构,又有两类,在光纤光学外层增加一个下陷包层,增加对光的限制,但这种光纤不能够与 G.652D 兼容,在应用上会带来一些连接上的问题。另一类就是空气包层光纤,又分为多孔包层光纤或微孔结构光纤和随机分布微孔包层光纤,它对光的限制作用更强,所以很容易实现很高的抗弯曲性能,但是这些光纤在与 G.652D 兼容性上有一些问题。

二是很小弯曲半径下的机械可靠性。光纤在弯曲时,光纤外侧必然受到张应力的作用,弯曲半径越小受到的张应力越大,设计光纤时必须考虑张应力作用对光纤寿命的影响。通过改善光纤疲劳参数 ND 值,改善光纤的机械可靠性。对一段光纤进行弯曲,光纤动态疲劳参数越大,光纤弯曲半径就越小。同时满足 G.657A、G.657B 的光纤才是真正满足 FTTx 光纤要求的光纤。未来几年,G.657 光纤将替代 G.652 光纤,以协助运营商建设更好的 FTTx 光纤网络。

6.3.3 FTTH 建设中光纤选型

根据 YD/T 1636—2007《光纤到户(FTTH)体系结构和总体要求》,上行信号用波长范围 1 260～1 360 nm,下行信号用波长范围 1 480～1 500 nm,适合该窗口通道光纤通常选用 G.652 和 G.657 光纤。在 FTTH 建设中,部分光缆是在建筑物内部敷设的,特别是在户内布放。在施工时既要考虑不影响光缆的光学特性,又要考虑施工方便和装潢美观,而 G652 光纤在弯曲半径 30 mm 以上才具有较好的衰减特性,因此,目前 FTTH 建设中入户光缆有时使用弯曲不敏感型 G.657 光纤,使弯曲半径达到甚至小于 15 mm。G.652(A/B/C/D)光纤属于非色散位移单模光纤,是 BPON 和 GPON 标准指定用光纤,当前馈线和配线光缆基本上使用了 G.652D 光纤。G.657A 光纤模场直径与 G.652D 光纤兼容,具备了很低的宏弯曲损耗,用于弯曲半径为 10 mm 和 15 mm 的应用场合。G.657B 光纤模场直径和色散与 G.652D 明显不同,具备了更低的宏弯曲损耗,用于距离受限的楼内、弯曲半径为 7.5 mm 和 10 mm 的应用场合。熔接与连接特性与 G.652 光纤不同。实际应用中,还是 G.652D 光纤用的比例更大。

6.4　光缆的种类与结构

光缆通信在我国已有 30 多年的使用历史,现正在取代接入网的主干线和配线的市话主干电缆和配线电缆。光缆是 ODN 解决方案的核心。

6.4.1　光缆的分类

光缆制造技术日趋成熟,品种日益增多,应用场合不断拓宽,迫使我们对种类繁多的光缆进行科学的分类,以使读者在对光缆特点有个清晰理解的基础上,按使用场所的具体要求正确合理地选择光缆。

为了便于读者理解,我们按照光缆服役的网络层次、光纤状态、光纤形态、缆芯结构、敷设方式、使用环境等,将光缆作大致分类,如图 6-16 所示。

6.4.2　光缆的结构

众所周知,光缆是由光纤、高分子材料、金属—塑料复合带及金属加强件等共同构成的光信息传输介质。光缆结构设计要点是根据系统通信容量、使用环境条件、敷设方式、制造工艺等,通过合理选用各种材料来赋予光纤抵抗环境机械作用力、温度变化、阻水等保护。

如图 6-17 所示是所用材料种类最多的层绞式钢带纵包双层钢丝铠装光缆的横截面图。由图 6-17 得知,层绞式钢带纵包双层钢丝铠装光缆是由光纤、高分子材料、金属—塑料复合材料和金属加强件等共同构成的。

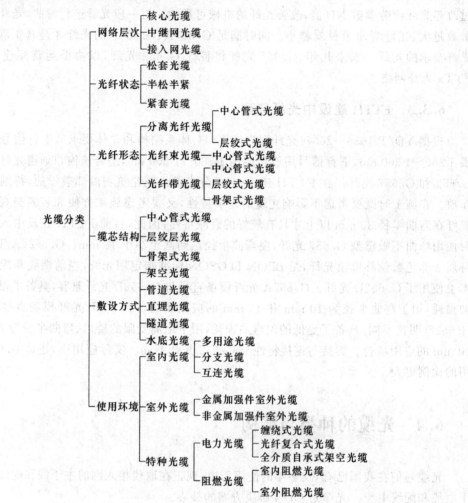

图 6-16　光缆的分类

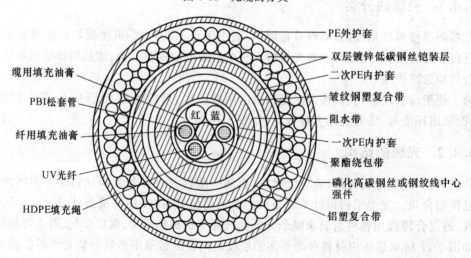

图 6-17　层绞式钢带纵包双层钢丝铠装光缆的结构

根据光缆结构特点和适用场所,光缆结构类型可归纳为室外光缆、室内光缆、特种光缆。

对各种结构类型的光缆,最重要的是确保光缆生产中和使用中光纤的传输性能不会发生永久性变化。除了要选择合适的光缆基本结构类型和松套管或骨架尺寸外,还要选择好合适的光纤种类。光缆基本结构类型的选择主要依据光缆线路所处的环境的路由情况,而光纤的选型则取决于设计的传输系统的传输速率和传输容量要求。总之,光纤的种类决定了光缆线路的传输容量,光缆的结构类型赋予机械、环境等性能保护。

1. 室外光缆

(1)中心管式光缆

中心管式光缆结构是由一根二次光纤松套管或螺旋形光纤松套管,无绞合直接放在缆中心位置,纵包阻水带和双面覆塑钢(铝)带,两根平行加强圆磷化碳钢丝或玻璃钢圆棒位于聚乙烯护层中组成的。按松套管中放入的是分离光纤、光纤束、光纤带,中心管式光缆可进一步分为分离光纤中心管式光缆、光纤束中心管式光缆和光纤带中心管式光缆。三种中心管式光缆的结构如图 6-18 所示。

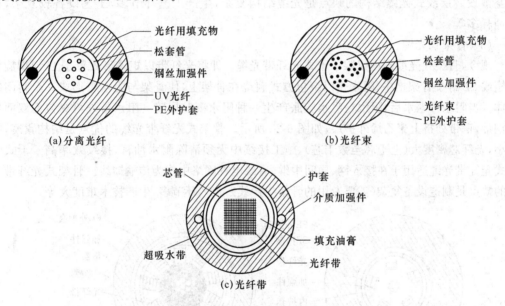

图 6-18　中心管式光缆的结构

中心管式光缆的结构优点是光缆结构简单,制造工艺简捷,光缆截面小,重量轻,很适宜架空敷设,也可用于管道或直埋敷设。中心管式光缆的缺点是缆中光纤芯数不宜多(例如,分离光纤为 12 芯,光纤束为 36 芯,光纤带为 216 芯),松套管挤塑工艺中松套管冷却不够,成品光缆中松套管会出现后缩大,光缆中光纤余长不易控制。

(2)层绞式光缆

层绞式光缆结构是由 4 根或更多根二次被覆光纤松套管(或部分填充绳)绕中心金属加强件绞合成圆整的缆芯,缆芯外先纵包复合铝带并挤上聚乙烯内护套,再纵包阻水带和双面覆膜皱纹钢(铝)带,最后上一层聚乙烯外护层组成的。

按松套管中放入的分离光纤、光纤带,层绞式光缆又可分为分离光纤层绞式光缆、光纤带层绞式光缆。它们的结构如图 6-19 所示。

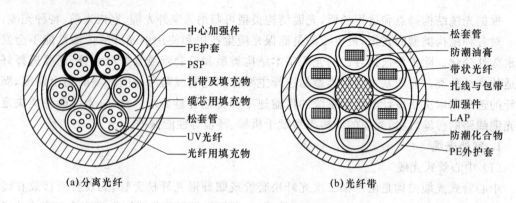

（a）分离光纤　　　　　　　　　（b）光纤带

图 6-19　层绞式光缆

层绞式光缆的结构特点是光缆中容纳的光纤数多（分离光纤 144 芯，光纤带 820 芯以下），光缆中光纤余长易控制，光缆的机械、环境性能好，它适宜于直埋、管道敷设，也可用于架空敷设。层绞式光缆结构的缺点是光缆结构复杂，生产工艺环节多，工艺设备较复杂，材料消耗多等。

（3）骨架式光缆

现今，骨架式光缆国内仅限于干式光纤带光缆。即将光纤带以矩阵形式置于 U 形螺旋骨架槽或 SZ 螺旋骨架槽中，阻水带以绕包方式缠绕在骨架上，使骨架与阻水带形成一个封闭的腔体。当阻水带遇水后，阻水粉吸水膨胀产生一种阻水凝胶屏障。阻水带外再纵包上双面覆塑钢带，钢带处挤上聚乙烯外护层，如图 6-20 所示。骨架式光纤带光缆的优点是结构紧凑，缆径小，光纤芯密度大（上千芯至数千芯），施工接续中无须清除阻水油膏，接续效率高。干式骨架式光纤带光缆适用于在接入网、局间中继、有线电视网络中作为传输馈线。骨架式光纤带光缆的缺点是制造设备复杂（需要专用的骨架生产线），工艺环节多，生产技术难度大等。

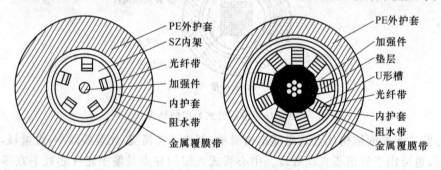

图 6-20　骨架式光纤带光缆的结构

2. 室内光缆

所有的室内光缆都是非金属的。由于这个原因，室内光缆无须接地或防雷保护。室内光缆采用全介质结构保证抗电磁干扰。各种类型的室内光缆都是极易剥离的。紧缓冲层光纤构成的绞合方式取决于光缆的类型。为便于识别，室内光缆的外护层上印有光纤类型、长度标记和制造厂家名称等。

与室外光缆所不同的是，室内光缆的结构特点为：尺寸小、重量轻、柔软、耐弯，便于布放、易于分支及阻燃等。

通常,室内光缆可分为三种类型:多用途室内光缆、分支光缆和互连光缆。

(1)多用途室内光缆

多用途室内光缆都是结实的、性能良好的光通信光缆。它们的设计是按照各种室内所用的场所的需要,包括在楼宇之间的管道内的路由、楼内向上的升井、天花板隔离层空间和光纤到桌面。

这种光缆适用的光纤数范围大,这种光缆系列为当今先进办公和工厂环境提供了通常所要传输各种语言、数据、视频图像、信令应满足的带宽容量。而且,该光缆的直径小、重量轻、柔软,易于敷设、维护和管理,特别适用于空间受限的场所。

多用途室内光缆是由绞合的紧缓冲层光纤和非金属加强件(如芳纶纱)构成的。光缆中的光纤数大于 6 芯时,光纤绕一根非金属中心加强件绞合形成一根更结实的光缆。

光纤数超过 24 芯的光缆采用子单元结构形式,以利于对光缆的结构控制,易于安装和维修快捷。这样的光缆中,每个子单元是由 6 根紧缓冲层光纤与一根非金属中心加强件绞合而成的。各子单元本身又绕一根非金属中心加强件绞合。光纤数大于 82 芯的光缆,每个子单元是由 12 根光纤组成的,多用途室内光缆的纤芯数的标准范围为 2~144 芯。图 6-21 给出了 6 芯子单元 48 芯多用途室内光缆的结构。

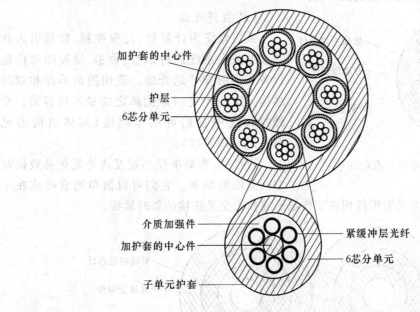

图 6-21　6 芯子单元 48 芯多用途室内光缆

(2)分支光缆

为终接和维护,分支光缆有利于各光纤的独立布线或分支。分支光缆分三种不同的结构:2.8 mm 子单元适合于业务繁忙的应用;2.4 mm 子单元适合于业务正常的应用;2.0 mm 子单元适合于业务少的应用。这些分支光缆的应用可布放在大楼之间冻点线下的管道内、大楼内向上的升井里、计算机机房地板下和光纤到桌面。图 6-22 给出了 8 芯分支光缆结构。

与多用途光缆相比,由于分支光缆成本更高、重量更重、尺寸更大,所以这些光缆主要应用在中、短传输距离场所。在绝大多数的情况下,多用途光缆能满足敷设要求。只有在极恶劣环境或真正需要独立单纤布线时,分支光缆的结构才显出优势。

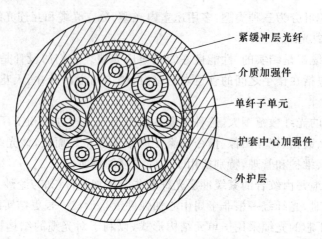

图 6-22　8 芯分支光缆

　　为易于识别,子单元应加注数字或色标。分支光缆的标准光纤数为 2～24 纤。分支光缆的最大长期抗拉强度范围:2 纤分支光缆为 300 N,24 纤分支光缆为 1 600 N,短期允许的抗拉强度是最大长期抗拉强度的 3 倍。

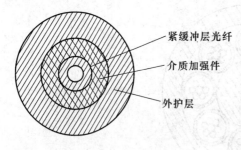

图 6-23　单纤互连光缆

（3）互连光缆

　　互连光缆为计算机、过程控制、数据引入和布线办公室系统进行语音、数据、视频图像传输设备互连所设计的光缆。通用的是单纤和双纤结构。这些光缆的最优越之处是连接容易。在楼内布线中它们可用作跳线（具体结构参见图 6-23～图 6-25）。

　　直径细、弯曲半径小使互连光缆更易敷设在空间受限的场所。它们可以简单地直接或在工厂进行预先连接作为光缆组件用在工作场所或作为交叉连接的临时软线。

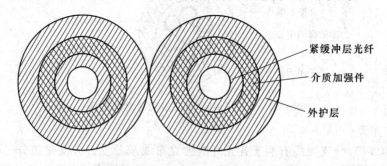

图 6-24　双纤互连光缆,拉链软线缆

3. 阻燃光缆

　　随着通信事业的迅速发展,通信用室外光缆和室内光缆都得到了广泛应用,并对这些光缆的性能提出了更高的要求,在人口稠密及一些特殊场合如商贸大厦、高层住宅、地铁、核电站、矿井、船舶、飞机中使用的光缆都应考虑阻燃化。特别是接入网的骤然兴建,大大地推动了人们对敷入室内的光缆提出无卤阻燃要求的迫切性。

为确保要求低烟、无卤阻燃场所的通信设备及网络的运行可靠,必须切实解决聚乙烯护层遇火易燃、滴落会造成火灾隐患,以及阻燃聚氯乙烯护层在火灾中易释放大量黑色浓烟和有毒气体,造成"二次"环境污染和逃离困难等问题。因此,20 世纪 90 年代以来,国内众多光缆厂家开发出无卤阻燃光缆,并陆续敷入要求低烟、无卤阻燃的各种场所。光缆阻燃有两个方面的含义:一方面是指光缆及其材料的阻燃性,包括可燃性、发热量、延燃性、熔滴性及发烟量等;另一方

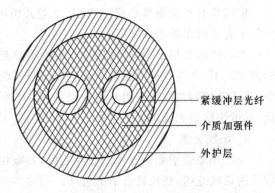

图 6-25　双纤互连光缆,DIB(双纤大楼内光缆)

面是指在火灾过程中,光缆处于高温及燃烧条件下保持正常传输信号的能力,即所谓耐火性。要达到光缆阻燃的目的,需要用适当的结构及选用性能优良的合适材料。

无卤阻燃光缆的结构形式包括层绞式、中心管式、骨架式或室内软光缆,可以是金属加强件光缆,也可以是非金属加强件光缆。最简单的无卤阻燃室内光缆的结构如图 6-26 所示。

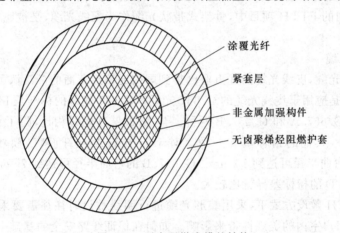

图 6-26　无卤阻燃光缆的结构

6.4.3　FTTH 建设中常用的光缆类型

根据光缆在 FTTH 网络系统中的位置不同可分为馈线光缆、配线光缆和入户光缆,考虑其应用场合,则归纳如下。

1. 馈线光缆

馈线光缆实际上属于城域网的一部分,在通常情况下,管道光缆和带状光缆是应用得比较多的类型。但随着城域网建设规模的快速增长,管道资源的紧缺越来越成为一个比较棘手的问题。在这样的情况下,雨水管道光缆、微型气吹光缆以及开槽浅埋光缆在国内的应用也越来越普遍。

在城市中,只要是有人居住的地方,就一定会有四通八达的下水管道。利用雨水管道来敷设通信光缆,在国外的应用起步比较早,但同类产品的成本却非常高,而且施工过程也比较复杂。

微型气吹光缆最早是荷兰 NKF 光缆公司所首创,由于大大提高了管孔的利用效率,在国际上有比较多的市场应用。

在小区改造项目中,有的区域可能会需要光缆穿越广场或者路面。在架空方式不被提倡的情况下,如果开挖路面敷设管道,工程量就会比较大。开槽浅埋光缆的敷设方式十分简单,只需要用切割机在路面开凿一条浅槽,宽度约 2 cm,深度约 10 cm,放入光缆后实施回填,就可快捷地完成路由的连通工作。

2. 配线光缆

配线光缆位于集中分光配线点之后,芯数相对较大,采用光纤组装密度较高且缆径相对较小的带状光缆,是比较合适的选择。同时,由于在光缆布放沿途的楼道或者楼层有较多的分歧下纤点,因此对光缆的分歧和接续效率也会有一定的要求。在这些方面,骨架式带状光缆的优势就十分明显。

首先,因为这种光缆采用了全干式的阻水结构,取消了在接续过程中擦拭纤膏、油膏的这个步骤,工作量大大降低,施工效率得以提高。再者,不同于普通光缆,当骨架式带状光缆在高层楼宇的楼道中垂直布放时,可以有效避免因油膏滴流而引发的安全隐患。同时,骨架式带状光缆在分歧下纤时,无须盘留,起到了开源节流的效果。

因此,在国内的 FTTH 项目中,骨架式带状光缆作为配线光缆,是被应用得最多的首选产品。

3. 入户线光缆

作为入户线光缆,皮线光缆的优点业已得到国内通信运营商的广泛认可。在这里,需要简单介绍一下的是应用于皮线光缆的 G.657 光纤。G.657 光纤的标准是 ITU-T 于 2006 年年底发布的,分 G.657.A 和 G.657.B 两种。与 G.652.D 光纤相比,除了在弯曲半径和模场直径有差异外,其他的指标基本一致。对于 G.657.A 光纤而言,模场直径的指标与 G.652.D 一致,弯曲半径可达到 10 mm。G.657.B 的弯曲半径可达到 7.5 mm,但模场直径的指标与 G.652.D 的指标差异就比较大。

在传统 FTTH 敷设方式下,采用蝶形光缆进行明线敷设时往往需要采用螺钉、线槽等固定件,从而对用户室内的美观性带来影响。如何在保证线路安全的基础上兼顾美观、易移除等特性,推进 FTTH 的广泛部署?针对这一需求,隐形光缆系列产品凭借快速、灵活、美观等特性得到了市场认可。

隐形光缆,从字义上理解,其具备"隐形"的特性,即敷设在用户家中能够完全不被察觉。而之所以能够做到"看不见",则是由光缆的尺寸、颜色以及敷设方式决定的。从具体的结构上看,隐形光缆一般由隐形微缆和外护层组成。从外形上看,隐形光缆可分为蝶形和半圆柱形。蝶形隐形光缆在室内敷设时,要先把隐形光单元从保护层中剥离出来,施工较麻烦,但体积小、重量轻。半圆柱形隐形光缆的底面所在平面设有黏结层和防黏层,敷设简单,但体积较大,隐形效果较差。

针对 FTTH 的入户部署需要,隐形光缆产品包括隐形微缆和隐形光缆。隐形微缆由光纤和紧套层组成,外径可控制在 450~950 μm。为了与室外光缆所使用的 900 μm 光器件完全兼容,其外径一般选择为 900 μm,紧套层的厚度约为 275 μm。隐形微缆在光纤的选择上也非常有"讲究"。由于室内布放路径多选择门框、踢脚线、柜门等,因此隐形微缆布放时的弯曲半径要比其他光缆小。为了满足这一特性,隐形微缆一般使用弯曲损耗不敏感的单模光纤,其中 G.657 B3 光纤效果最佳,最小弯曲半径可达到 5 mm。为了能够"隐形",隐形微缆的光纤无须着色而直接进行紧套,保持原有的透明色。紧套层选用具有高透明度的聚合物。这样就使得隐形微缆很好地融入环境,从而达到"看不见"的神奇效果。

有些经验丰富的用户,看了以上的描述以后,提出了一个尖锐的问题:这样的隐形微缆似乎有些"娇贵",能用于楼道内包括一些较为复杂的管道内吗? 关于这个问题,烽火通信科技股份有限公司给出了解决方案:一种结合隐形微缆和已经广泛应用的蝶形光缆优点的隐形蝶缆应运而生,烽火通信的这种结构外形尺寸与蝶形光缆完全一致,但它的里面包含的不是人们常见的光纤,而是隐形微缆。楼道中使用隐形蝶形,入户后剥去外皮即可使用隐形微缆进行敷设,完美地解决了这个问题。

众所周知,模场直径的差异最终会影响到接续损耗的指标。因此,为了保证网络建设的质量,通信运营商比较倾向于采用与 G.652.D 指标比较一致的 G.657.A 光纤。这并不是因为通信运营商不愿意采用弯曲效果更好的 G.657.B 产品,而是因为 G.657.B 的模场直径范围太过宽泛,难以控制对接续指标的要求。在光缆的选择问题上,FTTH 设计经验如下。

(1) 馈线光缆的缆芯采用普通 G.652 光纤,主要考虑因素是路由状况,在路由紧张的情况下推荐三种光缆:雨水管道光缆、开槽浅埋光缆和微型气吹光缆。

(2) 对配线光缆的要求是组装密度高,缆径相对较小,便于分歧和接续,在垂直布放时无油膏滴流隐患。

(3) 入户光缆要具有良好的抗拉伸、抗弯曲和抗侧压特性,结构小巧便于在楼宇间穿管布放,同时要便于现场端接,缆芯有时采用对弯曲不敏感的 G.657 光纤。

6.5 FTTH 技术发展的阶段与趋势

实现端到端的全程光网络是光通信开始应用就有的梦想。FTTH 概念提出的 30 多年里大致经历了三个发展阶段,第一次是 20 世纪 70 年代末,法国、加拿大和日本世界上第一批 FTTH 现场试验开始;第二次 1995 年左右主要是美国和日本进行了 BPON 的研究和实验。两次发展机遇全都由于成本太高,缺乏市场需求而夭折。2000 年开始,EPON 和 GPON 的概念提出并开始了标准化,FTTH 技术迎来了真正的发展浪潮,全球的光纤接入市场迅速增长,全球 FTTX 用户数也迅速增长,并且在全球宽带接入中所占的比率将逐步提高。我国则是在 90 年代中后期开始研究 FTTH 技术,迄今大致经历了技术选型的探索、确定技术标准进行试点和规模化及创新发展几个阶段。

1. 我国 FTTH 技术选型探索阶段

FTTH 是一种从通信局端一直到用户家庭全部采用光纤线路的接入方式,FTTH 技术主要包括点到点有源光接入技术和点到多点的 PON 技术。ITU-T 于 1998 年正式发布 G.983.1 建议,从此开始了基于 ATM 技术的 PON 系统的标准制定工作;后于 2001 年将 APON 改名为 BPON;ITU-T 在 2004 年发布 G.983.10,标志着 G.983 BPON 系列标准已全部完成。

1995,武汉邮电科学研究院开始开发窄带 PON 系统,实现系统商用。其主要技术特征是采用点到多点的拓扑结构来提供 PSTN 和 TDM 业务。1999 年,烽火通信第一代窄带 PON 产品曾应用于广西、辽宁等地,但由于技术复杂且成本昂贵,并没有获得广泛应用。

2001 年 3 月,武汉邮电科学研究院完成了国家 863 计划"全业务接入系统"即 APON 的研究项目,并通过了 863 专家的验收。2002 年,烽火和华为等相继开发了相应产品,但是考虑到 ATM 网络建设基本停滞,APON 技术在国内基本没有采用。

这一阶段正处于光纤通信技术快速发展和通信网转型变革时期,各种点到点和点到多点的技术先后用于光纤接入,相比较而言,PON 技术的标准化程度高,可以节省 OLT 光接口和光纤,系统扩展性好,便于维护管理,尽管由于 ATM 技术在网络中的部署并不如最初想象的那样顺利,业界推出的 BPON 产品也始终没有得到广泛应用。但是已经明确了 PON 将是 FTTH 的主要实现方式,BPON 是现在宽带 PON 技术的基础,后继发展起来的其他 PON 技术都直接或间接引用了 BPON 系列标准中的大量内容。

2. 我国确定 FTTH 技术标准、试点起步的阶段

2000 年,IEEE 成立了第一英里以太网工作组(EFM,802.3ah),并在其开发的技术标准中包含了基于以太网的 PON 规范,这就是我们所熟悉的 EPON 标准。2004 年,IEEE 将 IEEE 802.3ah EPON 协议方案正式批准。EPON 将以太网的廉价和 PON 的结构特性融于一体,使其在尚未推出正式标准的时候就得到了业界的广泛认同。相对于传统的 BPON,EPON 的封装更加简单高效,速率也提升到了 1 Gbit/s;相对于常规的 P2P 以太网,EPON 增强了其 OAM 方面的特性,EPON 的设备成本和维护成本也将大幅低于 P2P 的光纤以太网。吉比特无源光网络(GPON)是全业务接入网论坛(FSAN)组织于 2001 年提出的传输速率超过 1 Gbit/s 的 PON 系统,其在 APON/BPON 基础上发展而来。2003 年,ITU-T 批准了 GPON 标准 G.984.1 和 G.984.2,2004 年,相继批准了 G.984.3 和 G.984.4,形成了 G.984.x 系列标准。此后,G.984.5 和 G.984.6 相继推出,分别定义了增强带宽和距离延伸的 GPON。

业界很早就推出了 EPON 产品,但早期的产品均无成熟的标准可参照。2002—2003 年,烽火通信等承担的 863 项目"基于千兆以太网的宽带无源光网络(EPON)"实验系统完成。2005 年,烽火通信与武汉电信携手建设的武汉紫菘花园 FTTH 工程成功开通,该工程采用烽火科技承担的国家"863"计划项目研究成果的基础上形成的产品,能够为用户综合提供普通电话、传真、宽带上网、CATV、IPTV 等多种电信业务,由此拉开了由电信运营商主导的我国 FTTH 商用的序幕。中国光谷所在地的武汉市政府,全力支持 FTTH 在武汉的发展,在地方政策、组织形式、技术、标准制定、用户/房产开发企业/运营企业/制造企业之间的协调等方面做了大量的工作。2005 年完成了武汉市 FTTH 的一系列地方标准,更好地推动了 FTTH 的发展。

与此同时,我国的电信运营企业对 FTTH 给予了重视和关注,中国电信从 2005 年开始推动 EPON 芯片级的互通测试;2006 年,进行 EPON 系统级互通测试;2007 年,发布企业标准 v1.3,进行设备评估测试。中国电信在国际上首次实现了 EPON 设备全面的、大规模的芯片级和系统级互通。2006—2007 年,从武汉、北京、上海、广州等试点城市开始,全国各省(市、自治区)都有了 FTTH 的试验工程。随着试验工程的大量建设,FTTH 的建设成本有了大幅度的下降,具备了大规模应用的条件。这标志着我国已经确定 FTTH 技术标准,经过试点起步,拉开了规模的推广应用序幕。

3. 我国 FTTH 技术的标准化、规模化及创新发展阶段

2005 年,在中国通信标准化协会(CCSA)组织的传送网与接入网技术工作委员会(TC6)第三次全会上,完成了若干与 FTTH 相关的重要行业标准或研究项目的立项工作,武汉邮电科学研究院等单位牵头起草了《光纤到户(FTTH)体系结构和总体要求》标准。在起草过程中,对 FTTH 系统的体系结构、网络拓扑、业务类型、实现技术与要求、性能指标要求以及运行和维护要求等方面的内容进行了积极的探索,还概要地规范了 FTTH 光缆及线路辅助设施的基本要求等。《光纤到户(FTTH)体系结构和总体要求》的出台为后来标准工作的开展提供了参考和指导。2006 年,《接入网技术要求——基于以太网方式的无源光网络 E-PON》(YD/T1475)和《接入网设备测试方法——基于以太网方式的无源光网络 EPON》(YD/T1531)相继成为行业标准。在中国通信标准化协会的统一部署与领导下,各相关委员会和工作组已经开展了大量与 FTTH 相关的标准化工作。近年来已经完成的与 FTTH 相关的通信行业标准涵盖了有源/无源器件、系统、光纤光缆等多个方面。

2007 年,中国电信在武汉召开了现场会,全国 10 省的中国电信规划和建设部门的领导参加了会议。参观了烽火等在武汉完成的 FTTH 各种不同应用场景的试点,主要讨论了中国电信在 2008 年以后的"光进铜退"建设和部署工作,2008 年首次集采规模即达 200 万户。中国联通也进行了试点、测试、选型和集采,投入 150 亿元实施部分地区光纤到户。中国移动、广电部门以及其他专网也都采取了相应的行动,部署和推进 FTTH 的各种应用。2004—2008 年,烽火、中兴、华为的 EPON 产品先后投放市场,广泛服务于国内各地运营商和专网用户,在网装机容量超过 1 000 万线,产品经历了规模商用的实践检验,应用范围遍及全国 30 余个省份。

2008 年 10 月 24 日,我国"光纤接入产业联盟"在北京正式成立。首批参加联盟的单位包括电信运营商、电信设备制造商、光电子器件制造商、光纤光缆制造企业、电信设计单位、科研院所和大专院校等。根据联盟章程,联盟秘书处设在地处中国光谷的武汉邮电科学研究院。成立光纤接入产业联盟,积极推动光纤接入,包括光纤到户的技术进步与产业发展,是促进我国通信产业发展,不断提升国家信息通信领域创新能力与核心竞争力的重要内容。成立光纤接入产业联盟,可以更加充分地利用国内相关机构在光纤接入领域业已形成的良好基础,在行业主管部门的领导和指导下,积极研究采用多种形式加强光纤接入产业链各环节的产业合作、技术合作与知识共享,不断提升我国光纤接入技术创新水平和竞争力,推动产业发展。联盟的成立标志着我国 FTTH 技术进入规模化及创新发展的新阶段。

据统计,2013 年,我国 FTTH 覆盖家庭一年新增 7 200 万户(目标要求 3 500 万户),总量达到 1.67 亿户;光纤接入 FTTH/O 用户达到 4 082 万户。新增固定宽带接入互联网用户 1 900 万户,总量达到 1.89 亿户。

到 2015 年 9 月底,我国光纤接入 FTTH/O 用户比上年末净增 3 344.2 万户,达到 1.02 亿户,为全球第一。三家基础电信企业固定宽带接入用户净增 1 024.3 万户,达到 2.1 亿户,同样是全球第一。8 Mbit/s 和 20 Mbit/s 以上宽带接入用户占比分别达到 60.6%、25.3%。达到 2020 年的总目标完全没有问题,这是十分重要的市场机遇。

4. FTTH 技术发展的展望

长远看,现有 FTTH 技术带宽和分光比方面依然无法满足未来每用户 50~100 Mbit/s 发展需要。下一代 PON 已经成为业界的研究热点。EPON 和 GPON 今后都会向更高速率的 10G EPON 和 XG PON 方向发展。目前国际标准组织已经开始了标准的讨论和制定工作。其中对称速率 10G EPON 的标准 2009 年 9 月已经完成,一些非对称速率 10G EPON 系统已经在网络上开始应用。2008 年,ITU 开展了对新一代 10 Gbit/s PON 的标准化研究,即 10 Gbit/s G-PON 技术,简称 XG-PON。第一阶段采用 10 Gbit/s 下行速率、2.5 Gbit/s 上行速率标准的非对称 XG-PON1,第二阶段则采用 10 Gbit/s 上下行速率标准的对称 XG-PON2。2010 年 10 月,ITU 正式发布了 XG-PON1 系列标准 G.987,标准中定义和规范了 XG-PON1 的架构体系。NG-PON1 标准启动较晚,由于 PMD、TC 层等基础内容尚处于技术论证阶段,制约了产业链的发展。光模块和芯片产业发展与 GPON 类似,如果 NG-PON 标准定义的指标参数,如突发模块开/关时间与同步时序依然很严格,将为规模商用的器件产业成熟增加困难,会进一步延缓产业链的进程。

WDM PON 技术为每个 ONU 分配一个波长,并且能够透明传输各种协议的所有业务流,能满足未来很长时间的带宽需求。2010 年由烽火科技联合中国电信集团公司等共同承担的国家"十一五"863 重大项目课题"低成本的多波长以太网综合接入系统(λ-EMD)"完成,研制出的 WDM-TDM PON 系统是业界第一款单纤 32 波,每波支持 1∶64 分路,传输距离达 20 km 以上的 xPON 系统。采用 WDM 和 TDM 混合模式的 PON 结构,可以兼容现有的 1G/2.5G/10G EPON、GPON 和 P2P 等多种光纤接入技术;通过 WDM 方式可以承载现有 CATV 业务,方便实现"三网融合"业务接入,实现了我国下一代光纤接入技术研究的新跨越。

不断增加新业务带宽需求的推动下,运营商在建设 PON 网络时,必须考虑提供更高的带宽与业务能力,以满足不断增长的用户需求和竞争压力,展望 FTTH 技术的发展,下一代 PON 技术将向如下几个方向演进。

(1) 向更高速率演进:10G EPON/GPON 使得系统的接口速率增加了一个数量级,从而增加用户带宽到 50~100 Mbit/s 或增加 256~512 用户数,降低每个用户成本。

(2) 向更大分路比更长距离演进:下一代的 PON 的光功率预算应该大于 28 dB,分路比将从 32~128 乃至更高,覆盖距离从 20~60 km 扩大,减少局所数,大幅度降低整体运维成本和故障率。

(3) 向更多波长演进:WDM-PON 的成熟也能实现协议透明性和 100 Mbit/s 甚至 1 Gbit/s 更高用户速率。

第7章
ODN 关键技术

"宽带中国"战略促进了宽带接入技术的快速应用,目前发展最为迅速的是光接入网技术。为完成"宽带中国"的发展目标,迎合当前以及未来业务的发展趋势,三大运营商大力贯彻宽带普及提速工程,加大了接入网的投资力度,大规模普及 FTTx 建设,加快推广 FTTH模式。而作为 FTTx 网络的重要组成部分,ODN 网络的部署受到重点关注。本章主要讨论ODN 网络的基本结构和概念、ODN 网络的组成器件、组网和建设模式以及 ODN 网络的智能化发展趋势。

7.1 ODN 技术概述

随着现代通信技术的发展,FTTx 成为当前最理想的宽带接入方式,FTTx 网络的组网模式越来越凸显其重要性。而光分配网络及设备是 FTTx 综合接入技术中重要的一环,承载着整个光接入网的基础。因此,保持光分配网络的可靠性和可持续性,具有很强的现实意义。

7.1.1 ODN 的概念

在 FTTx 发展中,需要建一张巨大的光纤分配网络,即 ODN 网络。FTTx 系统由OLT、ONU 和 ODN 三部分组成。通常 OLT 使用年限为 5~10 年,ONU 使用年限为 4~6年,而 ODN 使用年限一般为 15~20 年。相对 PON 设备技术来说,ODN 网络的建设周期比较长,部署完成后需要长期使用,工作环境条件相对恶劣,所以它是 PON 系统中投资和管理的重点和难点。

2008—2010 年,中国 FTTx 主要采用 FTTB/C 的建设模式,FTTH 所占比例较小,2010 年开始步入 FTTH 规模建设启动阶段,2011 年已开始大规模 FTTH 建设;在 FTTB/C 的建设模式中,ODN 所比重很小,很多光缆线路都是利用原有资源。但在 FTTH 建设模式中,ODN 所占比重大幅增加,给 ODN 产业发展带来机遇。当前 FTTH 建设的首要任务是低成本、高效率地部署一张覆盖所有宽带用户的 ODN 网。ODN 已成为当前网络投资的主体,占 FTTH 初期建设投资中的 90% 以上,终期也达到近 60%。因此,ODN 对于宽带网络建设的重要性和地位犹如道路对交通一样,是能否成功实现"宽带中国"战略的基石。

ODN 的建设投入大、建设周期长,要求 ODN 要有较高的可靠性和较长的使用寿命,并能兼容不断翻新的 FTTH 新技术。因此运营商和厂商都对 ODN 投入了巨大精力。目前部分国家的运营商已有一些建设经验,但大部分国家和地区尚未形成完整的 ODN 建设规范。某些跨国运营商有能力实行 ODN 全球招标,而有些运营商需要将规划设计和施工建设交给供应商打包提供。国内非主流运营商尚没有形成建设规范,存在技术引导空间。国内主流电信运营商已有大量建设经验,大都通过集采招标方式采购标准化产品。而降低 ODN 的建设成本是每个运营商考虑的首要问题。

ODN 全部由无源器件构成,它具有无源分配功能。组成 ODN 的无源元件有光纤光缆、光无源器件、光配线设施等。其基本要求包括:为今后提供可靠的光缆设施;易于维护;具有纵向兼容性;具有可靠的网络结构;具有很大的传输容量;有效性高。

7.1.2 ODN 网络架构

1. ODN 的基本结构

ODN 是基于 PON 系统的光纤光缆分配网络,它是 OAN 中极其重要的组成部分,主要是为 OLT 和 ONU 之间提供光传输通道。ODN 的作用是将一个 OLT 和多个 ONU 连接起来,提供光信号的双向传输,其在 PON 系统中的定界如图 7-1 所示。

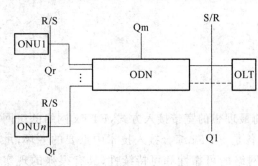

图 7-1　ODN 的定界

ODN 位于 OLT 和 ONU 之间,其定界接口为紧靠 OLT 的光连接器后的 S/R 参考点和 ONU 光连接器前的 R/S 参考点。

ODN 本身并不单指含有光分路器的 FTTx 光纤物理网,它同时包含点到点结构和点到多点结构的光纤接入物理网。从功能上分,ODN 从局端到用户端可分为馈线光缆子系统、配线光缆子系统和入户线光缆子系统。其框架结构如图 7-2 所示。

此分段为行业标准定义,需根据接入光缆网规划进行对应。馈线光缆子系统通常由连接光分路器和中心机房的光缆和配件组成,包括光缆接头盒、光缆交接箱、配线箱、ODF。配线光缆子系统通常由楼道配线箱、连接楼道配线箱和光分配点的光缆、分光器及光缆连接配件组成。光缆配线设施可以是光缆接头盒、光缆交接箱、ODF 等,一般不直接入户。入户光缆子系统由连接用户光纤终端插座和楼道配线箱的光缆及配件组成,是直接从接入点延伸至用户端的。

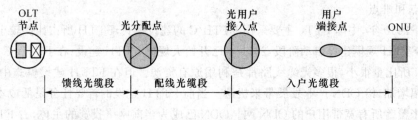

图 7-2　ODN 的框架结构

2. ODN 的拓扑结构

ODN 的点到多点结构,按照光分路器的连接方式不同可以组成多种结构,其中星形和树形是最常用结构。

(1) 星形结构

ONU 与 OLT 按照点到点配置,即一个 ONU 直接与 OLT 的一个 PON 口相连,中间没有光分路器时构成星形结构,如图 7-3 所示。OLT 和 ONU 间的光链路可以是一根光纤,也可以是两根光纤。

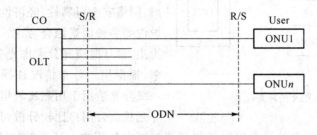

图 7-3　星形结构拓扑

(2) 树形结构

树形结构有两种基本形式,分光方式可采用一级分光或二级分光,如图 7-4 所示。ONU 与 OLT 之间按照点到多点配置,即多个 ONU 直接与 OLT 的一个 PON 口相连,中间有光分路器(平衡分光)时构成树形结构。

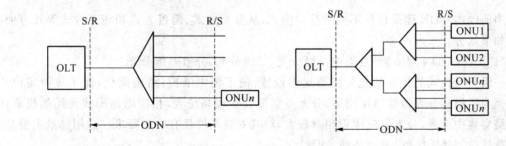

图 7-4　树形结构拓扑

(3) 总线形结构

ONU 与 OLT 之间按照点到多点配置,即多个 ONU 直接与 OLT 的一个 PON 口相连,中间有光分路器(非平衡分光)时构成总线形结构,如图 7-5 所示。

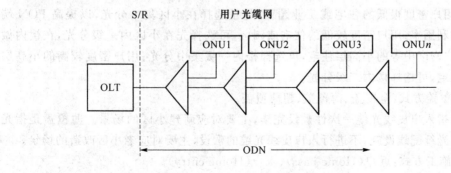

图 7-5　总线形结构拓扑

（4）环形结构

环形结构相当于总线结构组成的闭合环，如图7-6所示，因此其信号传输方式和所用器件与总线形结构差不多。但由于每个分支器（OBD）可从两个不同的方向通到OLT，故其可靠性大大优于总线形结构。

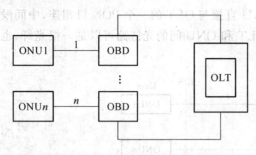

图7-6　ODN的环形结构

在选择ODN结构时，应根据用户性质、用户密度的分布情况、地理环境、管道资源、原有光缆的容量，以及OLT与ONU之间的距离、网络安全可靠性、经济性、操作管理和可维护性等多种因素综合考虑。ODN以树形结构为主，设计时应充分考虑光分路器的端口利用率，根据用户分布情况选择合适的分光方式：一级分光适用于用户比较集中的用户区，二级分光较适合用户比较分散，且管道资源较匮乏的区域。星形结构适用于有大数据量和高速率要求的用户。环形结构主要用于满足3G/4G基站、重要政企客户及大型接入点等自有业务的双路由保护需求。若用户分散、光缆线路距离相差悬殊，特别是郊区，可采用非均分光分路器，满足不同传输距离对光功率分配的需求，设计时须确认每个光分路器输出端口的插入损耗要求。

7.1.3　ODN建设模式

当前国内ODN建设存在不同的建设模式，从分光方式、覆盖方式和施工方式等几方面进行如下划分。

（1）三种ODN网络架构：集中一级分光、二级分光、分散一级分光。

一级分光方式的优点是光分路器集中设置，便于集中维护；结构简化，便于故障定位。缺点是为了提高分光器端口使用率，分光点宜设置在较高位置，相应增加配线光缆的投资；光分路器集中设置，分光设施体积相对较大，对其安装条件具有一定要求。适用场景主要是一些新建住宅楼宇区，以及商务楼、别墅区。

二级分光方式的优点主要体现在节省配线光缆投资；一级、二级分光设施体积相对较小，利于选点。缺点是分光设施较分散，不利于集中维护；故障定位比一级分光要难。适用场景为二次进线楼宇区，以及农村区域。

在分光方式上，运营商可根据建筑物的形态和用户分布，灵活选择一级或二级分光，总体的原则为：用户密度很低的住宅或工业园区，尽量选择在小区集中分光，以提高PON端口和分光器的利用率；用户密度较低的住宅或园区，可选择先在小区内一级分光，在楼内做二级分光；用户密度中等的小高层住宅，可选择楼内一级集中分光；用户密度较高的小高层塔楼或超高住宅，可选择楼内二级分光。

（2）三种覆盖方式：全覆盖、薄覆盖、超薄覆盖。

全覆盖是指入户皮线光缆一次性敷设完毕，主要对应新建小区的场景。薄覆盖是指光缆敷设至入户光纤配线设施，不进行入户皮线光缆的敷设，主要对应老小区改造的场景。

（3）两种施工方式：近户（Home-pass）、入户（Home-entry）。

由于各地区的经济发展状况、环境自然条件、人口密度以及原有光缆网资源情况等各不相同,在不同地区应采用适合本地资源特点的建设模式。

7.2 ODN 核心器件

ODN 多采用 P2MP 拓扑,网络中的接续节点多,网络管理复杂。ODN 网络的主要组成器件涵盖了光分路器、分纤箱、光缆交接箱、接头盒、尾纤等部分,从具体的器件构成来看,国内有很多光器件厂商都可以提供相应产品。但在 FTTH 时代对这些老产品赋予了新定义,以符合光纤接入网的应用需求。

7.2.1 光纤和光缆

基于 PON 的 FTTx 已成为光纤接入的主流技术,ODN 已成为这种接入方式下光纤物理网的代名词。由于光纤具有巨大带宽和极小衰减等独特的优点,故其在综合宽带接入网的建设中起到了重要作用,光纤、光缆是 ODN 解决方案的核心。在前面的章节中,已经对光纤、光缆的特性和类型进行了详细的介绍。下面简单介绍几种典型的光纤、光缆在 ODN 网络中的应用。

根据行业标准,ODN 网络可分为馈线部分、配线部分和引入线部分。G.652(A/B/C/D)光纤属于非色散位移单模光纤(BPON 和 GPON 标准指定用光纤),当前馈线和配线光缆基本上使用了 G.652D 光纤。G.657A 光纤模场直径与 G.652D 光纤兼容,具备了很低的宏弯曲损耗,用于弯曲半径为 10 mm 和 15 mm 的应用场合。G.657B 光纤模场直径和色散与 G.652D 明显不同,具备了更低的宏弯曲损耗,用于距离受限的楼内、弯曲半径为 7.5 mm 和 10 mm 的应用场合。熔接与连接特性与 G.652 光纤不同。当前引入光缆基本上采用的是 G.657 光纤。G.657 光纤可用作弯曲不敏感跳线和对光纤弯曲性能要求更高的其他场合。

馈线光缆指从局端延伸至光分配点的光缆,主要包括室外光缆和室内室外光缆;配线光缆指从光分配点延伸至用户接入点的光缆,主要包括室外光缆、室内室外光缆和室内光缆;引入光缆指从接入点延伸至用户端的光缆,主要包括室外光缆、室内室外光缆和室内光缆。

7.2.2 光分路器

光分路器又称分光器,是 ODN 光纤链路中最关键的无源器件之一,是具有多个输入端和多个输出端的光纤汇接器件,用来实现光波能量的分路与合路的器件。它将一根光纤中传输的光能量按照既定的比例分配给两根或者是多根光纤,或者将多根光纤中传输的光能量合成到一根光纤中。光分路器按分光原理可以分为熔融拉锥型和平面波导型(PLC 型)两种。

熔融拉锥法就是将两根(或两根以上)除去涂覆层的光纤以一定的方法靠拢,在高温加热下熔融,同时向两侧拉伸,最终在加热区形成双锥体形式的特殊波导结构,通过控制光纤扭转的角度和拉伸的长度,可得到不同的分光比例。最后把拉锥区用固化胶固化在石英基片上插入不锈铜管内。对于更多路数的分路器生产可以用多个二分路器组成,如图 7-7 所示。

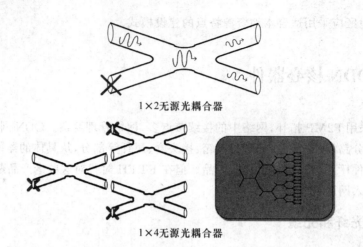

1×2无源光耦合器

1×4无源光耦合器

图 7-7　熔融拉锥型分光器

这种生产工艺因固化胶的热膨胀系数与石英基片、不锈钢管的不一致,在环境温度变化时热胀冷缩的程度就不一致,此种情况容易导致光分路器损坏,尤其把光分路器放在野外的情况更甚,这也是光分路器容易损坏的最主要原因。熔融拉锥技术器件损耗对光波长敏感,一般要根据波长选用器件;通道均匀性较差,不能确保均匀分光,可能影响整体传输距离;插入损耗随温度变化量大;大分路比时体积比较大,插损大;通常用于小分路比或不均匀分光的应用场合。

PLC 分路器采用半导体工艺(光刻、腐蚀、显影等技术)制作。光波导阵列位于芯片的上表面,分路功能集成在芯片上,也就是在一只芯片上实现 1:1 等分路;然后,在芯片两端分别耦合输入端以及输出端的多通道光纤阵列并进行封装。基于 PLC 技术的器件结构和封装形式如图 7-8 所示,其生产链可分为三个主要环节:PLC 芯片、光纤阵列和器件封装。

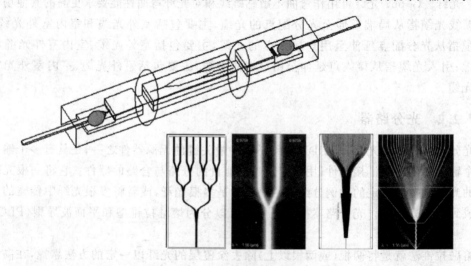

图 7-8　PLC 分路器的器件结构和封装

与熔融拉锥式分路器相比,PLC 分路器的优点有:①损耗对光波长不敏感,可以满足不同波长的传输需要。②分光均匀,可以将信号均匀分配给用户。③结构紧凑,体积小,可以直接安装在现有的各种交接箱内,不需留出很大的安装空间。④单只器件分路通道很多,可以达到 32 路以上。⑤多路成本低,分路数越多,成本优势越明显。

PLC 分路器的主要缺点有:①器件制作工艺复杂,技术门槛较高,目前芯片被国外几家公司垄断,国内能够大批量封装生产的企业很少。②相对于熔融拉锥式分路器成本较高,特别在低通道分路器方面更处于劣势。

PLC 是一种高端的分支器件生产技术,目前广泛应用于 FTTx 建设中的均为 PLC 型光分路器。PLC 器件采用半导体生产工艺,技术门槛高,目前只有美国、日本和韩国拥有芯片技术。初期 PLC 器件的成本很高,但随着 FTTH 技术普及,PLC 型光分路器成本已经大幅下降,目前 PLC 技术已全面替代熔融拉锥技术。华为、中兴、烽火等主流厂家作为国内领先的 FTTx 整体解决方案提供商,烽火作为国内唯一一家获得 Telcordia 国际认证和泰尔认证的分路器厂家,提供了丰富的光分路器封装形态:插片式分路器(电信主推)、微型封装的分路器、盒式封装的分路器(电信、联通主推)、1U/19 英寸机架式分路器、托盘出法兰分路器、LGX-M 光分路器等,如图 7-9 所示。

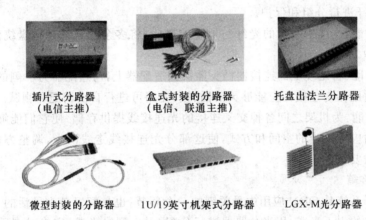

插片式分路器　　　盒式封装的分路器　　　托盘出法兰分路器
（电信主推）　　　　（电信、联通主推）

微型封装的分路器　　1U/19英寸机架式分路器　　LGX-M光分路器

图 7-9　各种不同封装形式的分路器

LGX-B 型插片式光分路器为电信规范定义,可以安装在符合相应规范的无跳接光交、DP 点各种箱体中;不同分光比可自由组合;可根据客户需求定制 SC/LC 接头,该类型为中国电信主推产品。

盒式封装的分路器是目前各运营商使用最多的类型,也是烽火通信主推的类型。直接出 2.0 mm 尾纤端子;尾纤采用 G.657A 光纤,弯曲损耗小;可提供专用安装托盘,安装在任何标准或非标准机架或机箱内;可提供光交用分路器子框,最多支持放置 10 个盒式分路器,可内置于烽火光交内。

托盘出法兰光分路器安装宽度可调,配合可调式滑道,可安装在各种商用的 ODF 或光缆交接箱中,输入输出形式可适配。

微型封装光分路器(松套管尾纤类型)直接引出 0.9 mm 的松套管尾纤端子,节省安装和存储空间;尾纤采用 G.657A 光纤,弯曲损耗小;适合安装在光纤 DP 盒、光缆接头盒或者其他小型终端盒内。微型封装光分路器(光纤带扇形尾纤类型)输入为 0.9 mm 的尾纤(或端子),输出为光纤带扇形尾纤,可有效地安装在光纤 DP 盒、光纤接头盒或者其他小型终端盒内。其可提供较大的光分路比,如 1:64。

7.2.3 光配线产品

ODN 网络的光配线产品包括 ODF 光纤配线架、光缆交接箱、光缆接头盒、分纤箱等。

1. 光纤配线架

光纤配线架是光缆和光通信设备之间或光通信设备之间的连接配线设备,是光传输系统中一个重要的配套设备。主要用于光纤通信系统中局端主干光缆的成端和分配,可方便地实现光纤线路的连接、分配和调度。随着网络集成程度越来越高,出现了集 ODF、DDF、电源分配单元于一体的光数混合配线架,适用于光纤到小区、光纤到大楼、远端模块局及无线基站的中小型配线系统。

一个光纤配线架应该能使局内的最大芯数的光缆完整上架,在可能的情况下,可将相互联系比较多的几条光缆安装在一个架中。光纤配线架的四大基本功能如下。

(1)固定功能:对光缆外护套和加强芯进行机械固定,加装地线保护部件,进行端头保护处理,并对光纤进行分组和保护。

(2)熔接功能:光缆中引出的光纤与尾缆熔接后,将多余的光纤进行盘绕储存,并对熔接接头进行保护。

(3)调配功能:将尾缆上的连接器插头插接到适配器上,与适配器另一侧的光连接器实现光路对接。适配器与连接器应能够灵活插、拔;光路可进行自由调配和测试。

(4)存储功能:为机架之间各种交叉连接的光连接线提供存储,使它们能够规则整齐地放置。配线架内应有适当的空间和方式,使这部分光连接线走线清晰,调整方便,并能满足最小弯曲半径的要求。

2. 光缆交接箱

配线光缆子系统是 ODN 应用中最关键的一个环节,也是配置最为灵活的一个环节,其连接从机房过来的主干光缆,用光分路器进行分配,引出配线光缆,完成对多用户的光纤线路分配功能。光缆交接箱是配线光缆子系统中极其重要的箱体产品,为主干局光缆、配线局光缆提供光缆成端、跳接的交接设备。光缆引入光缆交接箱后,经固定、端接、配纤后,使用跳纤将主干局光缆和配线局光缆连通。

光缆交接箱是安装在户外的连接设备,箱体是以不锈钢或者 SMC 材质制造(一般达到IP65 标准)的,对它最根本的要求就是能够抵受剧变的气候和恶劣的工作环境。它要具有防水气凝结、防水、防尘、防虫害和鼠害、抗冲击损坏能力强的特点。对光纤具有直接、跳接、盘绕、存储、调节等功能。光缆交接箱的容量是指光缆交接箱最大能成端纤芯的数目。容量的大小与箱体的体积、整体造价、施工维护难度成正比,一般不宜过大。

光缆交接箱按箱体材料分为 SMC 箱体和不锈钢箱体;按安装方式可分为落地、挂墙、挂杆。

3. 分纤箱

光缆分纤箱是 FTTH 系统中用户终端的配线分线设备,可以实现光纤的熔接、分配以及调度等功能。光纤分纤箱用于室外、楼道内或室内连接主干光缆与配线光缆的接口设备。特别适合于光纤接入网中的光纤终端点采用,集光纤的熔接、盘储、配线三种功能于一体,可实现主缆的直通和盘储。光缆分纤箱由箱体、内部结构件、光纤活动连接器、光分路器(可选)及备附件组成。它具有直通和分纤功能;光缆进出方便;方便重复开启,多次操作,容易密封;进出的光缆固定可靠。

室内分纤箱内应留有足够的接续区,并能满足接续时光缆的存储和分配。不同类的线缆应留有相对独立的进线孔,孔洞容量应满足满配时的需求。光纤在机箱内应有适当的预留,预留长度以方便二次接续的操作为宜。线缆引入空处应进行密封,防止水和锯齿类物体进入机箱。提供一定数量理线环或其他绑扎线配件,方便绑扎线的基本要求。用于室外电杆架设的分纤箱,应配有固定支架和螺栓,确保箱体的稳定性。室外箱体应保证所有线缆下出线的开孔口径。

4. 光纤连接器

光纤连接器是把两个光纤端面结合在一起,实现光纤与光纤之间的光耦合,并可拆卸连接的器件。光纤连接器的核心结构包括对中、插针、端面。对中可以采用套管结构、双锥结构、V 形槽结构或透镜耦合结构。套管结构实现对中效果最好,得到了广泛的应用;套管的材料可为铜材、不锈钢、硬全金、陶瓷。插针可以是微孔结构、三棒结构或多层结构。微孔结构的插针对光纤提供最有效的固定和保护方式。可适合大批量生产插针的材料有铜材、不锈钢、硬全金、陶瓷。连接器的端面有 FC 平面、PC 球面、APC 斜 8 度球面等,SC 连接器是国内 FTTH 建设的主流形态。

下面介绍与光纤连接器相关的几个基本概念。

跳线:一根两端带有光纤连接器插头的光缆。

尾纤:一根一端带有光纤连接器插头的光缆。

适配器:使插头与插头之间实现光学连接的器件。

光纤活动连接器:由单芯插头和适配器为基础组成的可插拔式连接器。

7.3 ODN 规划与组网

ODN 的规划内容包括光节点规划、组网方式和线路保护等。光节点的设置直接与用户分布相关,在进行接入光缆规划时,应首先确定光节点的位置和分布,再根据光节点的规划确定光缆路由和纤芯配置。

7.3.1 光节点规划

根据 7.1 节行业标准定义的接入网三层结构,光节点可分为 OLT 节点、主干光节点、配线光节点和引入光节点,如图 7-10 所示。

1. OLT 节点

OLT 设置位置有两种方式:集中式和分布式。集中式设置于端局,便于设备的集中管理,节约网络上联所需传输资源;分布式设置于接入点,可节约接入网管线资源和局端机房资源。

从 OLT 设备的交换能力、设备容量考虑,主流厂商的 OLT 已经达到了 A 类汇聚交换机的能力,是低成本的多业务接入与汇聚平台,OLT 节点应定位于汇聚以上网络节点,而不是作为接入设备使用。因此对于 OLT 节点的布局规划,在同等条件下,运营商应更倾向于OLT 集中部署方案。

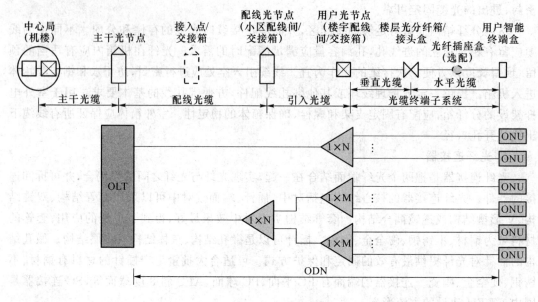

图 7-10 光节点规划

OLT 的部署优先选择端局或模块局集中设置。为适应现有接入光缆逐级汇聚的现状，避免出现反向占用主干纤芯，导致纤芯方向混乱的情况，OLT 节点机房在光缆网上的层次应不低于主干光节点。OLT 节点应选择机房条件好、管道路由丰富的现有接入机房，原则上不应为 OLT 节点新建机房。当小区覆盖面积很大，用户数量密集的情况下，可以选择小区机房作为 OLT 设备的次选放置点。OLT 覆盖范围定在 5 km 之内比较合理，不宜超过 10 km。农村地区也应控制在 15 km 以内，以 10 km 以内为宜。GPON OLT 覆盖范围定在 10 km 之内比较合理，不宜超过 20 km。

2. 主干光节点

主干光节点将多条配线光缆汇聚后形成主干光缆上联至中继节点，下连 5～15 个配线光节点，再由配线光节点下连若干个用户光节点，负责网格范围内半径 200～500 m 以内的用户接入。

主干光节点应根据 ODN 组网原则，结合区域内实际情况，按照用户分布特征进行设置。宜选择现有的室内接入点机房，设置在管道路由丰富、易于扩容、地理位置安全稳定的地方，且必须选用 576 芯以上大容量和光交接箱，为将来的网络安全和发展考虑预留足够扩容空间。主干光节点确定后，只能下连划分的配线光节点光缆，不能直接下连政企客户、接入网络节点、视频监控、基站光缆；主干光节点采用光交接箱或 ODF 架时，交接箱和 ODF 架内应设置好分区的成端位置，包括主干光节点至 OLT 节点的主干光缆成端区、主干光节点至配线光节点的配线成端区、分光器成端区。

3. 配线光节点

配线光节点将多条引入光缆汇聚后形成配线光缆上联至主干光节点，其在网络上的位置相当于铜缆网的电交接箱，每个配线光节点覆盖一个小区的范围。在城市内的配线光节点规划，运营商可按照每个配线光节点覆盖 200～500 m 进行。配线光节点主要形态为光缆交接箱（如 FTTH 采用二级分光，则放置一级分光器）。配线光节点应该设置在靠近人（手）

孔便于出入线的地方或配线光缆汇集点上,可下连用户光节点,也可以直接下连政企客户、接入网络节点、视频监控、基站光缆。

4. 引入光节点

引入光节点又叫用户光节点,其在网络上的位置相当于铜缆的分线盒,引入光节点一般下连 PON 接入网用户节点,但也可下连政企客户、视频监控、基站节点光缆。

7.3.2 ODN 组网方式

对于城区等通常应用场合,在 ODN 组网时尽量采用一级分光方式,也可以采用二级分光方式,尽量不采用三级及三级以上的分光方式。在 FTTB/FTTC 模式下,建设场景比较简单,一般分光器设置于小区或路边,分光比在 1∶4～1∶32,ODN 组网方式相对单一。在 FTTH 组网模式下,由于实际建设场景较为复杂,特别是受到建筑物形态、用户分布的影响,在同一场景下选择不同的 ODN 组网方式建设投资差异很大。按照分光级数、分光器安装的位置、分光比的选择来分,主要可以分为以下几种模式。

第一,小区集中一级分光模式。分光器选择 1∶64,全部集中设置在小区的光分配点,从分光器到住宅楼选用 4～6 芯市话光缆或室外蝶形光缆。这种组网方式一般适用于别墅、低层住宅小区及工业园区等用户密度较低的场景。

第二,小区二级分光模式。一级分光器集中设置在小区内的光交接箱或光交接间内,二级分光器设置在每个楼宇内,依据楼内用户数量,分光比选择 1∶4+4×1∶16、1∶8+8×1∶8 或 1∶16+16×1∶4 等多种组合方式。这种组网方式一般适用于低层住宅小区及工业园区等用户密度较低的场景。

第三,楼内集中一级分光模式。每栋楼宇设置一个分光点,楼内所有分光器采用 1∶64 分光比集中设置在该分光点内,垂直光缆采用大芯数光缆至各楼层,在楼层设置分纤盒,从分纤盒到用户家敷设蝶形光缆。分光器集中后可以提高 OLT PON 端口和分光器的利用率。但垂直光缆芯数较大,建设施工较为困难。

第四,楼内一级分散分光。采用一级分光方式,几个楼层合设一个分光器,分光器到用户采用蝶形光缆。这种组网方式比较适用于高层住宅楼,垂直光缆芯数较小,但建设初期分光器和 OLT 的 PON 端口利用率较低。

第五,楼内二级分光。一级分光器设置在每个楼宇一楼或地下室,采用 1∶8 或 1∶16 分光比;二级分光器设置在楼层,分光比根据一级分光器的分光比选择,使总分光比达到 1∶64。这种组网模式同样适合高层住宅楼或大开间商务办公楼,网络建设初期投资少,利用率高,后期扩容较为简单。

现阶段,应选择均匀分光的光分路器,以简化光通路损耗核算,便于工程实施和后期维护。对于一些偏远地区或接入点较分散的应用,可以考虑三级或三级以上的分光方式,以及采用不等分分光的分路器、减少光分路比等方式,以提高光缆纤芯利用效率、满足不同距离用户组网需求。设计时须确认每个光分路器输出端口的插入损耗要求。在分光比选择上,为了有效降低主干光缆的投资,运营商应尽量选用成熟的大分光比设备和器件(如 PX20+设备),尽量做到每个 PON 口总分光比 1∶64。

7.3.3 ODN 保护

在 ODN 网络中,主要的光纤保护倒换方式包括骨干光纤保护倒换、OLT 保护倒换和全光纤保护倒换三种方式。在光接入网中,对于公众用户,一般不考虑系统保护。对于有特殊要求的客户,根据客户的要求选用相应级别的保护方式。

1. 骨干光纤保护倒换方式

OLT 采用单个 PON 端口,PON 口处内置 1×2 光开关,采用 2∶N 光分路器,在分路器和 OLT 之间建立两条独立的、互相备份的光纤链路,由 OLT 检测线路状态,一旦主用光纤链路发生故障,切换至备用光纤链路,如图 7-11 所示。

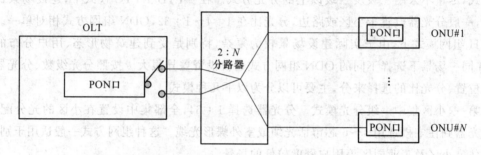

图 7-11　骨干光纤保护倒换方式

2. OLT PON 口保护倒换方式

OLT 采用两个 PON 端口,备用的 PON 端口处于冷备用状态,采用 2∶N 光分路器,在分路器和 OLT 之间建立两条独立的、互相备份的光纤链路,由 OLT 检测线路状态、OLT PON 端口状态,一旦主用光纤链路发生故障,由 OLT 完成倒换,如图 7-12 所示。

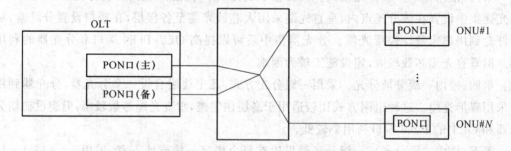

图 7-12　OLT PON 口保护倒换方式

3. 全光纤保护方式

全光纤保护有两种方式,一种是 OLT 采用两个 PON 端口,均处于工作状态;ONU 的 PON 端口前内置 1×2 光开关;采用 2 个 1∶N 光分路器,在 ONU 和 OLT 之间建立两条独立的、互相备份的光纤链路;由 ONU 检测线路状态,一旦主用光纤链路发生故障,由 ONU 完成倒换,如图 7-13 所示。另外一种 OLT 侧和分光器均与第一种相同,在 ONU 侧采用两个 PON 口,系统采用热备份保护方式,保护倒换时间小于 50 ms,如图 7-14 所示。

全光纤保护倒换配置对 OLT PON 口、ONU PON 口、光分路器和全部光纤进行备份。在这种配置方式下,通过倒换到备用设备可在任意故障点进行恢复,具有高可靠性。

全光纤保护倒换方式的一个特例是网络中有部分 ONU 以及 ONU 和光分路器之间的

光纤没有备份,此时没有备份的 ONU 不受保护。

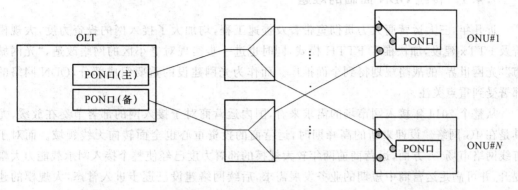

图 7-13　PON 系统全光纤保护倒换方式一

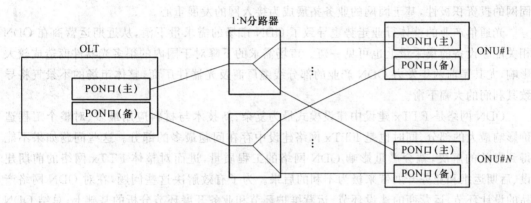

图 7-14　PON 系统全光纤保护倒换方式二

7.4　ODN 的发展趋势

随着 VoD、IPTV 和多媒体业务的需求量增加以及光接入技术的不断成熟,光纤在接入网中的应用正在逐步从接入的前馈部分逐步向用户侧挺进,FTTx 接入正在越来越接近用户住宅处。FTTH 是光网络接入发展的必然方向。近年来,围绕 ODN 网络建设和 FTTH 用户接入也发展出很多新技术和新概念,在发展较快的国家和地区也有了一些应用。但在大部分国家和地区尚未形成完整的网络设计和施工规范。

ODN 网络的主要组成器件涵盖了光分路器、分纤箱、分光器、光缆交接箱、接头盒、尾纤等部分,从具体的器件构成来看,国内有很多光器件厂商都可以提供相应产品,其技术门槛仍然不高,这也促成了国内 ODN 厂商的大量兴起。据了解,国内现有的 ODN 厂商已达 200 多家,由此可见整个产业的兴盛。如今在 ODN 产业呈现出了两极化发展的态势。以烽火通信等大型设备商为代表的企业在积极推广智能 ODN 的理念,以为运营商后期的运维管理提供便利,这一理念已逐步得到运营商的认同;另一方面,亨通、长飞等线缆企业以及日海等 ODN 厂商则结合自身优势,主推传统的 ODN 解决方案,这部分产品技术创新有所欠缺,但兼具成本及实用优势,能够切实满足地方运营商当下的部署需求。

7.4.1 传统 ODN 面临的难题

近几年,三大运营商大力贯彻宽带普及提速工程,均加大了接入网的投资力度,大规模普及 FTTx 建设,加快推广 FTTH 模式,同时也进一步实现对老小区的网络改造,"光网城市""光网世界"的战略规划得到全面推广。而作为光网建设的重要组成部分,ODN 网络的部署受到重点关注。

从整个 2014 年接入网市场的需求来看,国内运营商对于接入网的部署节奏在放缓,尤其是在 4G 网络建设迎来新的高峰期时,运营商的投资重心也全面转向无线领域。而对于有线网络市场,一方面,运营商前两年较大规模的部署力度已经使整个接入网承载能力大幅提升,并可满足运营商中短期的业务发展需求,后续网络建设已逐步进入常态,大规模的建网诉求不高;另一方面,运营商的固网投资回报率明显偏低,一定程度上降低了运营商对于固网的投资积极性,基于固网的业务拓展成为接入网的发展重心。

光通信产业的整体行业走势也导致了 ODN 市场的需求量下滑,从近期运营商在 ODN 相关配套设备的集采量上也可见一斑。市场需求的下降对于国内的很多光器件商造成较大影响,尤其是前两年发力 ODN 产业的部分线缆厂商及光器件厂商,整体市场的不景气将导致其利润的大幅下滑。

ODN 网络是 FTTx 建设中建设模式最为复杂、新技术与材料应用最多、对整个工程造价影响最大的部分,同时也是 FTTx 网络建设中存在问题最多的部分。这些问题如果不能得到有效的解决,就会严重影响 ODN 网络的工程质量,进而对整体 FTTx 网络的前期建设、后期运维和业务开展带来极为不利的后果。为了有效解决这些问题,在对 ODN 网络产品的设计环节、运营商的建设环节、运营维护环节和业务开展环节分析的基础上,总结 ODN 网络目前存在的问题如下。

1. 网络规划和部署困难

在网络规划和设计阶段,新建区域和老城区、独立房屋和多高层建筑、商业用户和住宅用户、架空部署和地下管线部署的区别,以及光纤覆盖和光纤接入界面的规划等,都将直接影响当前的建设成本和今后的运维成本。

在工程实施阶段,由于 ODN 网络组成部件繁杂,光纤以面铺开的形式到达千家万户,用户接入时间的不规律性和地点的离散性,面对的场景千变万化,以及光纤光缆的现场处理相对传统电缆的复杂性,这些都给光纤覆盖和光纤连接的实施带来巨大挑战。运营商在物料选择和认证、工程材料订单和库存管理、施工进度的管理以及交付验收等方面都感受到了巨大的压力。

2. 产品质量和成本高度敏感

随着今年大规模 FTTH 建设的推进,因 ODN 配线产品质量、稳定性引起的网络故障频发,严重影响了建设进度以及服务质量,究其原因还是 ODN 建设的配线产品难以满足相应标准,从而降低了网络的可靠性。部分 ODN 关键器件的标准及规范在 FTTH 建设多年后才制定,导致在制定标准时不得不迁就已经得到应用的指标较低的产品。标准化进程的缓慢,导致了标准必须适应现有市场上质量较低的产品,为产品质量埋下隐患。急需形成严格的企业规范以给各地实际应用者提供技术上的支撑基础。

另一方面,接入网络的成本高度敏感,设备商和运营商对投入产出比严格控制。在这样的情况下,如何在控制成本的情况下,保证 ODN 产品和 ODN 网络整体工程的质量便成为需要认真思考、妥善解决的问题。

3. 缺乏有效的管理和运维

传统的 ODN 网络是一个无源网络,其每个节点设备都是哑资源,没有用于传送业务的帧格式定义,没有用于网络管理的开销字节定义,不能终结光纤传输的业务信号,本身不具有管理和维护的特性。因此传统 ODN 只有简单、原始的管理和维护措施,ODN 管理和维护全部依赖人工。在规划阶段仍然使用纸质的图纸,修改和携带极为不便,对系统数据无法全局掌握,而且在规划完成后全部需要手工录入数据,工作量大,容易出错;在工程施工阶段仍需使用纸质工单,流转效率极低,现场施工后无法校验,结果无法及时反馈,造成前后台数据不一致;传统配线设备的管理主要通过给光纤连接器贴纸标签来实现端口识别和路由管理。而光纤宽带时代的来临,使得光纤泛化,光缆交接箱的数量和容量急剧增加,纸标签俯拾皆是,导致光纤查找困难,给光纤基础网络(也即 ODN 网络)的建设、施工以及运维带来极大挑战。此外,当前的 ODN 网络也不具备数据分析和统计的功能,无法为网络建设计划和决策提供有利的数据支持。

针对传统 ODN 网络面临的难题以及运营商的需求,许多 ODN 领域的公司都已展开相关研究,一些趋势也正在形成。目前,大部分国家和地区虽然尚未形成完整的 ODN 部署规范,但已有一些实用的典型场景模型和经验。主要从三个方面着手:一是大力研发新型设备,为网络的优化提供技术支持。二是对已投入运行的网络进行参数采集、数据分析,找出影响网络质量的原因,通过各种技术手段调整,使网络达到最佳运行状态,从而最大限度地发挥网络能力,使网络资源获得最佳效益。三是通过了解网络的发展趋势,从安全性、利用率等角度出发,在网络优化技术的指导下,为网络扩容或新建提供最优方案。

为了实现快速的网络部署,在 ODN 领域内的新产品、新工艺可谓层出不穷,有些还形成相互竞争的趋势。所以,供应商需要能够提供全系列的 ODN 产品,并可根据运营商特殊需求,提供产品快速定制或集成服务,从而免除运营商与多个供应商的复杂接口,在综合成本优势下,全面满足运营商的 ODN 快速建设需求。为了解决海量光纤网络的管理问题,业界也在探索如何在不改变 ODN 无源网络特性的前提下,为网络增加一定的智能特性,例如光纤连接的识别和管理、光纤智能指示、分光器智能管理等。

7.4.2　智能 ODN

随着新产品和新工艺的逐渐成熟和产品价格的下降,ODN 的大规模部署已成为可能,随之而来的就是如何对建成后的 ODN 进行高效运维和管理,而智能 ODN 的概念也正是在这种背景下出现的。目前,国内华为、中兴、烽火等主流厂家已经提出了具有自主知识产权的智能化 ODN 网络体系,涵盖了规划设计、施工、维护等各方面功能。采用智能化 ODN 可以实现端到端的智能化,极大提高光纤部署的自动化程度,减少手工操作,从而加快部署效率,提升光纤资源可用率和网路运维效率,最终达到整体部署成本的降低。未来 ODN 网络智能化是其发展的必然趋势。

华为提出了 iODN(智能 ODN)解决方案。在 iODN 解决方案中,ODN 产品新增了以下智能特性:光纤标识管理、端口状态收集、端口查找指示、可视化工具 PDA 等。

iODN 解决方案可以实现 ODN 光纤连接信息的自动录入和管理,保证存量系统信息的准确无误和及时同步。同时,通过 PDA 的可视化软件及 iODN 设备上的智能 LED 指示,可以实现光纤自动化查找、精确操作,极大提高运维效率,实现 ODN 网络的高效运营和维护。此外,基于 iODN 架构,在存量系统基础上可以开发出多种增值应用,实现施工、运维全流程自动化。

中兴则推出"eODN(easy ODN)",基于 GIS 地理信息系统与 R 智能标识系统。该系统ODN 网络周期中的规划、设计、施工和维护等各个环节将前期规划、中期建设以及后期维护有效结合起来,利用非接触智能系统提高光纤管理效率,实现各个部门对于光纤信息的共享和无缝传递,让 ODN 网络建设成为一个动态的良性循环,保证其可持续发展。

烽火通信公司坚持从传统 ODN 的实际情况出发设计产品,提出了"sODN(smart ODN)"的完整解决方案。系统充分考虑了现有传统 ODN 的运行维护特点,力求在智能化实施中确保现有的从业人员能够轻松地适应新的 ODN 智能化管理模式。系统兼具低功耗、长寿命、易维护的特点,通过新的信息化手段让 ODN 网络成为一个有机的整体,提升客户感知。

智能 ODN 的普及不仅会使宽带用户体验加强,对于运营商来说也是一个好消息。传统 ODN 的主要问题是靠人工进行管理,难以保证施工的准确性及资源数据的准确性,导致大量资源被闲置。据统计,目前业内普遍有 20%～30% 的光纤被闲置,平均给一个省带来的经济损失高达数十亿元。随着智能 ODN 的介入,这一损失将会大大缩小。传统管理还会导致故障排查难,如出现录入信息错误、光纤端口无法识别、端口限制等问题。应用了智能 ODN 后,过去处理普通故障需要一天,现在只需要半天。这样可以节省 30%～50% 的维护成本。从智能 ODN 产业的发展来看,技术已经渐趋成熟,从运营商所做的相关测试及试点情况来看,现网应用效果也被看好。与此同时,智能 ODN 的厂商阵营也在扩大化,一些线缆厂商已经开始加大对智能 ODN 的投入。

智能 ODN 技术是对 ODN 技术的重要理念创新,它给运营商在管线设施的规划设计、业务开通及管理维护几个环节都带来了巨大影响。但必须认识到,智能 ODN 的引入不是限于 ODN 线路设施资源的标签化,而是需要在整体架构上对系统进行改进,既涉及 OSS 系统和 ODN 管理系统,也涉及大量的 ODN 设备及线缆设施,同时需要对运营商的业务和管理流程进行改造,建设和改造在短期内会带来成本的增加。这也就意味着智能 ODN 技术在实际应用中会是一个循序渐进的过程。

智能 ODN 的核心思想是在不改变 ODN 无源网络特性的前提下,为网络增加一定的智能特性。智能 ODN 逻辑架构模型包含智能 ODN 管理系统、智能管理终端、智能 ODN 设备和电子标签载体四个功能实体以及各功能实体之间的接口。

为解决海量光纤的管理维护难题,智能 ODN 解决方案应运而生。与传输、接入设备直接通过网管管理的方式不同,光纤基础网络中的配线设备均为无源设备,也称为"哑资源",由施工人员直接进行管理维护,人为的误操作、遗漏不可避免。因此,为使"哑资源"能像有源设备一样得到准确、高效的管理,必须构建一套强大的管理无源网络的智能 ODN 网管,以避免人工管理的"不可控性",实现对光纤基础网络资源的有效管控。而光纤基础网络无源的特点,对智能 ODN 网管在资源数据管理、业务流程管理、业务承载能力分析等方面都提出了新的要求。

1. 准确高效的资源数据管理

准确的资源数据是运营商日常运营活动正常开展的基础,其重要性不言而喻。因此,实现准确高效的资源数据管理,是智能 ODN 网管必须具备的基本功能。同时,在准确管理资源数据的基础上,智能 ODN 网管也需要具备光纤路由、网路拓扑的管理能力,通过网管的可视化呈现,帮助维护人员快速掌握全网的资源分布及业务信息,提高管理维护效率。

2. 自动化闭环的业务流程管理

光路开通是光纤网络日常运营最重要的环节,能否快速开通直接影响运营商的收入及最终用户体验。因此,智能 ODN 网管必须具备业务发放流程的自动化闭环管理能力,保障光路的快速高效开通。与有源设备不同,光配线设备无法自动执行网管命令开通业务,需要施工人员手动操作。因此,对于智能 ODN 网管,一方面要能够像有源设备网管一样实现光路由的端到端自动调度;另一方面又要能够管控现场施工人员的操作,实现业务下发过程的自动化闭环管理。

3. 智能的业务承载能力分析

光纤基础网络建设以光缆铺设等土建工程为主,工程投资大,建设周期长,因此要求规划人员能够准确预判业务的发展趋势及网络容量,提前进行规划建设,避免因光缆新建周期长而导致客户流失。因此,智能 ODN 网管需要具备光纤基础网络业务承载能力分析的功能。

传统 ODN 资源管理以孤立的节点设备为主,其资源利用率只能反馈单节点的业务承载能力,很难真实反馈区域内的状况,且由于传统 ODN 资源数据准确率的限制,网络的规划往往与实际需求存在一定的冲突,难以完全满足业务发展的需要。智能 ODN 网管,在准确的端口数据管理的基础上,需要支持业务维度的综合资源统计分析,提供以下功能。

(1)业务承载能力分析:摆脱传统以单节点为单位的离散管理方式,以端到端的光纤路由为单位进行管理,真实反馈区域内光纤网络的业务承载能力。以综合业务区为例,网管能够统计综合业务区内可接入的用户总数、已接入的用户总数、主配光交的纤芯使用率等信息。对于使用率超过门限值的综合业务区提前预警,指导网络扩容建设。

(2)主配节点使用监控分析:网管能够统计分析主配节点内纤芯使用的合理性及接入点使用的合理性,如分光器是否接入到辅配光交箱,直通芯数与成端芯数的分配比例是否符合业务发展的趋势等,指导工程师合理使用。

4. 高可靠性的网络管理

与传输设备、接入设备不同,光纤基础网络存在大量的户外无源设备,需要借助 2G、3G、Wi-Fi 等公用网络与网管通信,即智能 ODN 网管需要与公网通信,因此更加容易受到病毒、木马的感染,甚至受到黑客的恶意攻击,这对智能 ODN 网管的安全性提出了更高的要求。所以,智能 ODN 网管需要从三个方面做好安全工作。

(1)账号密码管理:在智能 ODN 网络中,施工人员使用智能维护终端现场接入网管,对于施工账号的管理尤为重要。一方面,需要对施工人员账号权限进行控制,只保留现场施工必需的操作权限,高级操作权限严格控制;另一方面,由于施工人员具有很强的地域性,可以对施工人员账号进行分域管理,限制跨区域操作,消除网络隐患。

(2)网络安全管理:在安装杀毒软件、防火墙等传统保护措施的基础上,需要对公网的接入访问进行严格的限制,借助运营商现有的 VPN、APN 网络,在智能维护终端和网管间构建专用通道,防止恶意接入。

（3）异地容灾备份：在电信级应用中,成熟的备份恢复方案永远是不可或缺的。智能ODN网管也需要与其他网管一样,支持异地双机热备份的部署方案,主用网管故障时自动倒换,将对维护人员的影响降到最低。

5. 以 OTDR 为核心的综合诊断技术

针对 ODN 网络缺乏有效的故障诊断手段的问题,业内提出了利用 OTDR 技术,对ODN 网络的光纤链路进行链路级的故障诊断。OTDR 的工作原理是发送高功率光脉冲到光纤内,然后对反射回来的光进行测量。OTDR 可以检测出的故障有:光纤未对准、光纤断裂、弯曲以及连接器灰尘和松动等。

目前 ODN 最大的制约因素就是标准,并非没有标准,而是很多地方运营商并不执行全国标准,而是分别制定自己的标准。事实上这确实极大地阻碍了 ODN 的发展,无形增加了ODN 很多成本。要规模化必然要标准化,更要求企业严格执行标准。如此 ODN 才能朝着规模操作便捷化、产品规范化和智能化发展。

智能 ODN 设备包括用于实现光纤交叉连接和资源数据采集功能的智能 ODF、智能光缆交接箱、智能光缆分纤箱等设备。智能 ODN 设备主要实现智能 ODN 资源数据采集和端口控制等智能化功能。除此之外,智能 ODN 设备还需要实现传统 ODN 设备所具有的光纤连接、分配、调度等功能。

（1）电子标签载体:电子标签载体包括光纤连接头上具有电子标签的光跳纤、尾纤和光分路器等,主要完成承载电子标签和 ID 数据存储的功能。每个光纤端口、链接点均增加接触式电子标签或非接触式电子标签（RFID）,据此进行数据自动识别、采集。eID 是类似于MAC 地址,具有全球唯一性的识别码,它里面存储了该段光纤的全面信息,包括光纤路由、光纤在光缆中的序列位置,以及连接到这根光纤的分光器或配线模块的信息。通过管理eID,就能实现对整个 ODN 网络内各光纤链路的管理,比如自动生成拓扑、自动进行光纤连接校验等。

（2）智能管理终端:智能管理终端是一种便携式设备,提供管理操作界面,主要完成智能 ODN 设备的接入管理功能和现场施工管理功能。其中接入管理功能主要用于有些无源设备无法直接和智能 ODN 管理的系统,需要其作为接入代理而实现。总结起来,智能管理终端完成的主要功能包括:读取电子标签信息;完成下载、导入、导出、查询、删除、反馈工单处理结果等工单处理功能;通过管理界面提供可视化的施工指导服务;向智能 ODN 设备提供供电服务;为无源的智能 ODN 提供通信代理服务;与 OSS 或智能 ODN 管理系统进行通信。

（3）智能 ODN 管理系统:智能 ODN 管理系统主要完成智能 ODN 功能架构模型中管理层的内容,以实现直接管理智能 ODN 设备或通过智能管理终端管理智能 ODN 设备的功能。总结起来,智能 ODN 管理系统完成的主要功能包括:提供可视化的光纤路由拓扑;管理智能 ODN 设备,存储、导入和导出智能 ODN 设备信息;管理、下发工单;管理告警信息并上报 OSS;管理资源数据信息并和 OSS 进行同步;与智能 ODN 设备直接进行通信;与智能管理终端进行通信。

7.4.3 智能 ODN 技术展望

ODN 网络的主要组成器件涵盖了光分路器、分纤箱、分光器、光缆交接箱、接头盒、尾纤等部分，从具体的器件构成来看，国内有很多光器件厂商都可以提供相应产品，其技术门槛仍然不高，这也促成了国内 ODN 厂商的大量兴起。目前业内有近四五百家 ODN 厂商，产业链无序、竞争激烈、价格战严重。很多厂商以次充好、偷工减料来降低成本，但因为标准执行不严格，很多厂商都得以浑水摸鱼，目前的 ODN 网络其实隐藏着很大的危机。

而且，运营商在集采时采用低价中标策略压低厂商价格，过去几年的集采价格下降幅度平均为 20%～30%。而事实上，设备成本的降低远远跟不上销售价格的下降，如此一来在很多集采中，设备企业可能出现"赔本赚吆喝"的情况，甚至一些小厂商会推出价低质次的产品，为网络建设埋下隐患。这不利于运营商接入网的长远发展。

未来 ODN 行业将持续成长，其驱动主要有四点：未来城镇化战略推动大量人口进入城镇；宽带战略实施将为光配网加速建设铺路；前期运营商薄覆盖建设模式为后期宽带持续投资预留空间；未来传统 ODN 将快速向智能 ODN 升级带来新增需求。

尽管 ODN 市场近年来随着宽带网络建设兴起迅速成长、不断膨胀，但缺乏统一标准、产品质量和形态差异大、市场过度竞争等问题一直存在，导致整体偏向低端。技术上，传统 ODN 网络由于其无源特性，缺乏有效的资源和运维手段，无法对线路资源进行精确管理，无法实现故障监测和准确定位并及时处理，造成"哑资源"、业务开通和维护管理效率低下、成本不断增高，成为阻碍 ODN 进一步发展的核心问题，以及运营商建设和维护的"痛点"。

鉴于现实情况，智能化将是 ODN 后续发展的主要方向。现在业界谈论更多的还是狭义的智能 ODN，即通过采用电子标签技术，实现基于端口的可感知以及可视化管理能力，并结合相关安装和维护流程，提高资源准确性和装维效率的光分配网络。

从广义发展来看，智能 ODN 将与网络设备以及资源系统管理进行融合。通过与设备网管的融合，实现业务的端到端一次性发放，从而提高业务开通效率；通过与 PON 以及 OTDR 系统的融合，实现端到端光纤在线监测，一旦监测到链路故障便可以自动通过 ODN 网管下发相应维护工单，实现故障实时发现、故障点精确定位和故障主动快速响应，进一步提升运维效率和用户感知；通过与资源系统融合，提供网络规划、资源分析、地理信息等功能，实现线路资源全网可视化管理。

智能 ODN 的发展趋势一个是智能 ODN 与网络设备以及资源系统管理用户已有的管理系统实现的融合，通过与设备网管的融合将原先无法实现管理的 ODN 网络纳入到统一的管理平台中，实现全光网络的真正智能化管理，实现核心、接入网业务的端到端一次性发放，从而提高业务开通效率及网络管理能力；通过与 PON 以及 OTDR 系统的融合，实现端到端光纤在线监测、GIS、网络规划等辅助系统融合，实现对全网资源以及网络质量的实时监控、管理。一旦监测到链路故障，便可以自动通过 ODN 网管下发相应维护工单，实现故障实时发现、故障点精确定位和故障主动快速响应，进一步提升运维效率和用户感知；通过与资源系统融合，提供网络规划、资源分析、地理信息等功能，实现线路资源全网可视化管理。同时，智能 ODN 的另一个发展趋势是从接入网向核心网发展，成为光网络基础资源的必备设施。

智能 ODN 系统的潜力远不止于此，智能化理念的先天优势将会随着进一步的研究而逐渐显现出来,需要开发出更加完善的解决方案,才能跟得上时代的潮流,并推动网络的演进。目前的智能化 ODN 体系涵盖规划、设计、施工、维护等各方面功能。此后,运营商与设备提供商仍需要持续挖掘其价值,通过技术的不断创新,进一步简化运营商施工及运维操作,针对不同的应用场景,只有研究出真正与其紧密结合的特性,才是可持续发展的有活力的解决方案,以此带来的价值提升,才能实现产业的健康稳定发展。

首先,随着智能终端(智能手机)的普及,通过智能终端、云服务器(网管)来管理光纤基础网络必然成为未来发展的趋势,并且随着人力成本的不断提高,继续维系大量光纤管理调度人员的成本将会越来越高。目前部分运营商所采用的一线负责开通光纤业务然后上报资源管理记录的"反向开通"流程会由于海量业务的上线受到准确性及效率的双重挑战。因此,未来光纤基础网的第一个建设诉求就是实现集中控制、集中管理的"正向开通"流程,一线操作人员完全在集中网管的指导与监控下工作。其次,如今的光纤基础网络属"刚性"网络架构,即资源属于定向分配。一旦建设时期对业务的预测与实际使用阶段不符,就会造成资源浪费。为提升整个网络资源的利用率及投资效率,我们认为未来的光纤基础网应该具备一定的"弹性",资源可以适当地伴业务发展而"流动"。最后,光纤网的使用者与管理者有着截然不同的诉求。使用者只关心业务开通速度快,开通成本低,所以不关心使用的光缆形态。管理者却关心光纤网的使用效率、故障风险、资源状态等,从而可以科学地指导建设部门在哪里建设光缆。未来的光纤基础网既要很好地满足使用者随时随意调度资源的需求,也要能够满足管理者对网络资源状态的实时掌控甚至预判的需求。这种未来的光缆网使用管理与目前的云服务器网络,甚至是供电网络都很相似,管理者建设一张足够有弹性的、可被监控的网络,而使用者只需根据需求随意使用,这就是光纤基础网的未来形态。

部署智能 ODN 将有助于运营商大幅提升运维效率。例如在资源管理层面,采用智能 ODN 系统可以保证资源数据的 100% 准确;在用户业务开通层面,传统模式下工单返工率达到 40% 以上,采用智能 ODN 系统业务工单的执行一次性完成率达到 100%,完成效率也提升到 80% 以上;在资源维护层面,智能 ODN 系统提供了可视化端口定位和电子巡检手段,普通故障维护无须进行人工端口定位,效率提升 90% 以上。

与此同时,综合考虑智能 ODN 对于管理手段的优化和运维效率的提升,在 3~5 年的运维周期内,运营商运维成本预计可以降低 50% 以上。运营商的运维成本降低在两个方面,一是施工快捷,节约了人员费用——单跳人工成本下降了近 65%;二是沉降资源的利用,使得可用率达到几乎 100%。

智能 ODN 的市场需求主要来源于新建和存量改造,如果随着技术和方案的不断成熟,通过存量改造形成大量市场需求,智能 ODN 在未来有望发展到超过百亿的市场规模。智能 ODN 是优化光纤标识管理、端口状态收集等的集成技术。在国家"宽带中国战略"中被确定为基础技术。目前针对这项技术,全球的光电企业都在寻找制高点。智能 ODN 建设成本较传统 ODN 要高,成本问题一度成为前者商用推广的瓶颈。据业内机构估计,未来 3年每年光纤宽带改造规模约 3 000 万户,智能 ODN 有望带来 100 亿元新增市场容量。无疑,这是一个巨大且有潜力的市场。

7.5 光链路检测技术

随着 NGPON 技术的快速发展以及光网络的不断铺设,光节点走向用户的步伐也日渐趋近,光纤光缆在 FTTx 网络所占有比例会越来越大,同时光链路产生故障的地方很可能也就会不断地增多。正是由于这个原因,网络维护人员就需要一套快捷准确的方案来定位并处理光网络故障。本节内容是在研究传统纯光学链路检测技术光时域反射仪(OTDR)的基本原理的基础上,指出了 OTDR 测试的弊端,进而提出了 OTDR 和光功率检测相结合的技术,利用集成 OTDR 模块的 OLT 设备,通过网管的管理,给网络维护人员提供一种简单快捷的链路检测方式。

7.5.1 OTDR 的基本原理

传统的光链路诊断技术主要是一项基于 OTDR 的测试技术。OTDR 是在传统光缆线路施工以及维护中用于测量光纤的反射损耗、插入损耗、链路损耗、光纤长度等的一种精密光学仪器,它可以反映出诸如光纤连接器、光耦合器、光分路器等事件点反射的大小。OTDR 的测试原理是:激光器在驱动电路调制下输出激光脉冲信号,经过光耦合器以适合的角度射入待测试的光纤中,在光纤中传输的激光信号会产生瑞利散射光和菲涅尔反射光。当这些光的一部分返回时,就可以得到背向的散射曲线。

所以 OTDR 的测量主要是依照两种基本的光学现象而进行的:瑞利散射和菲涅尔反射。光纤材质本身存在的属性决定了瑞利散射现象,而菲涅尔反射则反映了光纤中的某个"点"事件,这是因为它是与每一根光纤的实际运行情况、运行状态有关的。

(1)瑞利散射

在光纤纤芯中由于杂质分布不均匀,当光信号在光纤中传播时,一些光子在光纤材质中被反射的现象叫作瑞利散射。瑞利散射是光纤固有损耗的主要原因。OTDR 测试基于瑞利散射可以精确地测量瑞利背向的散射功率,判断光链路中光纤的运行状态。瑞利散射会造成部分光能受损,但在已有技术背景下光纤中存在的杂质还是无法彻底去除掉,OTDR可以获取到光链路故障或者光事件等的重要信息,是因为 OTDR 利用这些不能消除损耗的光能进行监测光纤运行状态。

(2)菲涅尔反射

光脉冲信号在传输过程中遇到折射率突变,例如光纤中的断裂面或缺陷的链路点的情况所产生的现象叫作菲涅尔反射现象。由于折射率的变化,基于菲涅尔反射原理的 OTDR利用这一特点来定位光纤断点、光故障点等相关光链路信息。

但是由于菲涅尔反射光强度比瑞利散射的强度要大得多,它们的存在可能会导致高灵敏度的接收器进入饱和状态,使得背向散射曲线发射变形,从而影响到光纤和光纤连接器以及它们损耗的测量。

7.5.2 OTDR 的主要技术参数

OTDR 的主要技术参数决定了 OTDR 的整体测试性能,决定 OTDR 的测量精准度,包括工作波长、测量范围、盲区和动态范围等。

（1）工作波长：OTDR 仪表的激光器产生的输出波长，波长的选择必须与通信系统中的传输波长保持一致。

（2）测量范围：测量范围是初始背向散射电平与事件点背向散射电平的最大衰减误差值，而并不是 OTDR 能够测试的光纤最长距离。

（3）盲区：盲区又称为 OTDR 的两点间分辨率，表征待测的两点间的最短距离。盲区决定了 OTDR 能够测得的最短距离和最接近程度，在一定程度上反映了 OTDR 的测量精度。

（4）动态范围：动态范围是初始端背向散射信号电平与噪声电平之间的差值，它决定了 OTDR 测量光纤的最大距离。

7.5.3　集成的 OTDR 链路检测技术

在光网络还不算很成熟的初期，OTDR 这种纯光学的检测方式还是在链路检测中起着举足轻重的作用，但是随着 OTDR 成本降低和设备越来越小型化，无源光网络系统的局端设备（OLT）集成 OTDR 板卡/模块也就成为现实。为了使用户方便快捷地检测光链路故障，早在 FTTx 发展初期，业界就提出了光链路监控和诊断的课题。当时的研究重点是基于 OTDR 这类纯光学原理检测方式。但是该方案存在几个比较严重的缺陷：①难以区分接入网络中存在缺陷的光链路分支；②不能对光网络进行实时的监控；③该方案采用的器件成本过高，难以商用。因此未取得实质性进展。把 OTDR 与光功率检测两种检测方式结合起来，并且依托 OLT 设备和网管的数据和运算能力，对光链路的监控质量将可以得到明显提高。

近两年开始，通信运营商尝试采用光功率检测方案来监控光链路状况。这种方案通过 PON 芯片采集到光模块的收发光功率、温度、电流、电压，从光模块的视角来监控接入网络的状况。这种方案的优点是少量投入便能达到一定程度的光链路监控效果。不足在于无法区分光链路故障还是光模块故障，更无法定位链路故障的准确位置。

把 OTDR 与光功率检测两种检测方式结合起来，并依托 OLT 设备和网管的数据和运算能力，对光链路的监控质量会得到明显提高。

7.5.4　光链路检测技术的优势

NGPON 系统中把集成 OTDR 模块集成为板卡，成为 OLT 的一块线卡。相比单纯的手持 OTDR 设备测试方式或利用光功率检测方式，利用网管管理集成了 ODTR 板卡 OLT 设备的光链路检测系统有如下优点。

（1）检测过程更简单：OTDR 集成到 OLT 设备，光链路检测能灵活进行，减少人工参与，以往的单纯的 OTDR 测试方式定位困难是制约链路检测技术发展的瓶颈，链路故障的检测需要维护人员实地勘察、实地检测，给链路检测带来极大的困难，而光链路检测过程更加简单，维护人员只需要通过网管界面的操作就可以及时定位故障产生的时间和地点。

（2）采集手段更完善：依托 OLT 设备功能，整合前期纯光学的 OTDR 检测，结合光功率检测以及测距等多种光链路采集手段，这样就可以获取更全面、更准确的原始数据信息。

（3）测试结论更准确：网络维护人员可以从多方面考察接入网络的各种情况，运用分析算法对各类测试数据深加工,并相互验证、统一,得到更精确、更直观的测试数据,使测试的结论更准确。

(4)用户体验更友好:依托 OLT 设备和网管,光链路检测系统可以提供各类主动检测上报以及门限告警等监控手段;网络维护人员只需要事先设定好告警门限,链路中的故障达到告警门限就会自动上报,这样维护人员可以第一时间得到准确的数据。另外,通过网管界面可以提供丰富的视图界面、报表、历史数据比对等管理和显示方法。

(5)监测链路状况实时性:依托网管的管理,链路故障通过 OLT 设备自身软件管理拥有即时上报链路故障、链路告警的功能,这样就使得使用的用户能够不用进行手动测试,集成 OTDR 板卡的 OLT 设备通过网管会进行自动测试,这样就可以获取实时的链路状态信息。

第 8 章
EPON 技术

FTTx 网络发展至今,以太网无源光网络(EPON)以发展较早、产业链及技术相对成熟和成本优势成为运营商与设备厂商大规模建设的商用技术。2004 年第一英里以太网工作组(Ethernet in the First Mile,EFM)任务组完成了 IEEE 802.3ah 标准的制定。2009 年 9 月 IEEE Std. 802.3av 10 Gbit/s 以太网无源光网络(10G EPON)标准获得正式批准。PON 技术已经发展成为体系完整的主流接入技术。

随着三网融合的具体实施,以 IPTV 为代表的视频业务将得到快速发展,特别是高清视频的 HDTV 和逐渐兴起的 3D 电视节目将会对宽带接入的带宽提出很高的要求。面对不断增长的带宽需求,EPON 和 GPON 在一两年后将难以满足,10G EPON 则能够提供足够的带宽。从 2014 年开始,10G EPON 开始大规模商用,在今后的两三年内,10G EPON 的建设比例将逐步增大,由于 EPON 能够平滑升级为 10G EPON,现有 EPON 也将逐步升级为 10G EPON。

8.1 EPON 的协议模型

在无源光网络的发展进程中,首先出现了以 ATM 为基础的宽带无源光网络(APON),但是由于技术复杂、成本高、带宽有限,APON 系统并未如预期的那样发展起来,因此有人提出发展 EPON。EPON 是一种将链路层的以太网技术和物理层的 PON 技术结合在一起的新一代无源光网络,作为 PON 技术中的一簇由 IEEE 802.3 EFM 工作组进行标准化。2004 年 6 月,IEEE 802.3 EFM 工作组发布了 EPON 标准——IEEE 802.3ah(2005 年入 IEEE 802.3—2005 标准)。在该标准中将以太网和 PON 技术相结合,在无源光体系网络架构的基础上,定义了一种新的、应用于 EPON 系统的物理层(主要是光接口)规范和扩展的以太网数据链路层协议,以实现在点到多点的 PON 中以太网帧的 TDM 接入。

EPON 协议参考模型就是以吉比特以太网协议参考模型为基础提出的,它包括应用层、表示层、会话层、传输层、网络层、数据链路层以及物理层,其中数据链路层和物理层占有极其重要的位置。其协议参考模型如图 8-1 所示。

从图 8-1 中可以看出,与以太网协议参考模型相比,EPON 协议参考模型将数据链路层分为 MAC Client(媒体访问控制客户端)子层、OAM 子层、MAC 控制子层和 MAC 层四个

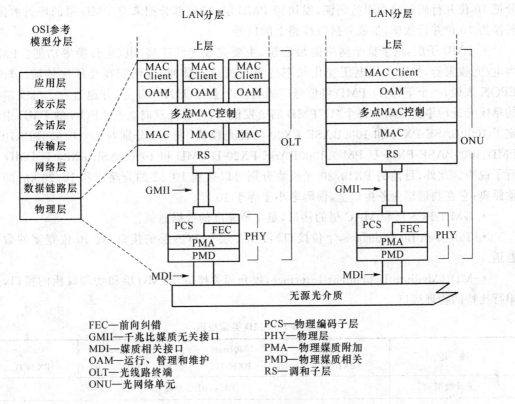

FEC—前向纠错　　　　　　　PCS—物理编码子层
GMII—千兆比媒质无关接口　　PHY—物理层
MDI—媒质相关接口　　　　　PMA—物理媒质附加
OAM—运行、管理和维护　　　PMD—物理媒质相关
OLT—光线路终端　　　　　　RS—调和子层
ONU—光网络单元

图 8-1　EPON 分层结构参考模型

子层,将物理层分为 PCS(Physical Coding Sub layer,物理编码子层)、PMD(Physical Medium Dependent layer,物理媒介相关子层)和 PMA(Physical Medium Attachment layer,物理媒介接入子层)三个子层,其中 RS(Reconciliation Sub layer)为协调子层,而将各层之间的接口分别定义为 GMII(Gigabit Medium Independent Interface,吉比特媒介无关接口)、MDI 和 TBI。下面分别来介绍。

- MAC Client 子层:提供终端协议栈的以太网 MAC 和上层之间的接口。
- OAM 子层:负责有关 EPON 网络运维的功能。
- MAC 控制子层:负责 ONU 的接入控制,通过 MAC 控制帧完成对 ONU 的初始化、测距和动态带宽分配,采用申请/授权(Request/Grant)机制,执行多点控制协议(MPCP),MPCP 的主要功能是轮流检测用户端的带宽请求,并分配带宽和控制网络启动过程。
- MAC 子层:将上层通信发送的数据封装到以太网的帧结构中,并决定数据的发送和接收方式。
- RS:将 MAC 层的业务定义映射成 GMII 接口的信号。RS 子层定义了 EPON 的前导码格式,它在原以太网前导码的基础上引入了逻辑链路标识(LLID)区分 OLT 与各个 ONU 的逻辑连接,并增加了对前导码的 8 位循环冗余校验(CRC8)。
- PCS 子层:将 GMII 发送的数据进行编码/解码(8B/10B),使之适合在物理媒体上传送。
- PMA:为 PCS 提供一种与媒介无关的方法,支持使用串行比特的物理媒介,发送部分把 10 位并行码转换为串行码流,发送到 PMD 层;接收部分把来自 PMD 层的串行数据,转换为 10 位并行数据,生成并接收线路上的信号。

• PMD 子层:位于整个网络的最底层,主要完成光纤连接、电/光转换等功能。PMD 为电/光收发器,把输入的电压变化状态变为光波或光脉冲,以便能在光纤中传输。对于 EPON 来说,一个下行(D)PMD 将信号广播到多个上行(U)PMD 上,并通过一个分支结构的单模光纤网络接收来自每个"U"PMD 的突发信号,为单纤双向。在 EPON 的 PMD 中规定了 1000BASE-PX10 和 1000BASE-PX20 两种光模块,表 8-1 分别对 1000BASE-PX10-D PMD、1000BASE-PX10-U PMD、1000BASE-PX20-D PMD 和 1000BASE-PX20-U PMD 进行了说明。此外,目前的 PX10/20 光模块分别可以达到 1:32 的分路比和 10/20 km 的传输距离;它在物理层业务接口上,误码率小于等于 10^{-12}。

• GMII:PCS 层和 MAC 层的接口,是字节宽度的数据通道。

• TBI(Ten Bit Interface,十位接口):PMA 层和 PCS 层的接口,是 10 位宽度的数据通道。

• MDI(Medium Dependent Interface,媒介相关接口):PMD 层和物理媒质的接口,是串行比特的物理接口。

表 8-1 PMD 类型规范

描　述	1000Base PX10-U	1000Base PX10-D	1000Base PX20-U	1000Base PX20-D
光纤类型	B1.1,B1.3 单模光纤			
光纤数目	1			
标称发射波长	1 310 nm	1 490 nm	1 310 nm	1 490 nm
发射方向	上行	下行	上行	下行
最小范围①	0.5 m～10 km		0.5 m～20 km	
最大通道插入损耗②	20 dB	19.5 dB	24 dB	23.5 dB
最小通道插入损耗③	5 dB		10 dB	

注:① 如果在链路上启用前向纠错,可获得较大的最小传输范围;也可以允许链路上有较高的通道插入损耗。

② 在标称发射波长处。

③ 链路的差分插入损耗是通道最大插入损耗和最小插入损耗之差。

8.2　EPON 的系统架构

EPON 是基于以太网方式的无源光网络。它采用点到多点的用户网络拓扑结构,利用光纤实现数据、语音和视频的全业务接入,达到三网合一的目的。

它的基本组成单元有:OLT、ONU、ODN。

根据 ODN 接入用户的方式的不同,EPON 的具体物理结构又分为三种情况,分别为 FTTC、FTTB 和 FTTH。在 EPON 的统一网管方面,OLT 是主要的控制中心,实现网络管理的主要功能。网络管理系统是直接对 OLT 进行管理,并通过 OLT 对 ONU 进行管理。

8.2.1 EPON 的复用技术

EPON 使用波分复用技术,同时处理双向信号传输,上、下行信号分别用不同的波长,但在同一根光纤中传送。数据传输的速率均为 1 Gbit/s(由于其物理层编码方式为 8B/10B 码,所以其线路码速率为 1.25 Gbit/s)。下行数据以广播方式从 OLT 发送到所有的 ONU。上行数据则从各个 ONU 采用时分复用的方式统一汇聚到中心局端 OLT。

EPON 的下行方向(即由 OLT 到 ONU)采用广播方式,下行数据流采用 TDM 技术,ONU 将接收到所有的下行数据,根据不同的 LLID 值提取属于各自的数据并去掉 LLID 标签。其结构示意图如图 8-2 所示。

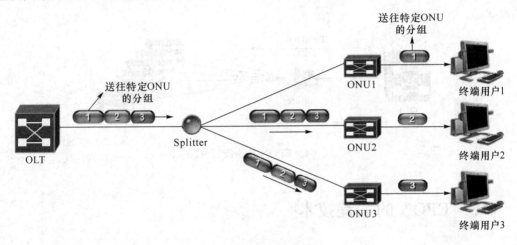

图 8-2　EPON 下行数据流

EPON 的上行方向(由 ONU 到 OLT)采用时分复用的方式共享系统,即上行数据流采用 TDMA 技术,任一时刻只能有一个 ONU 发送上行数据;数据首先在 ONU 处打上各自的 LLID 标签,LLID 是指逻辑链路 ID 号,OLT 为每一个注册上的 ONU 都分配一个 LLID 标签;然后根据 OLT 分配的时隙传送到 OLT。其结构示意图如图 8-3 所示。

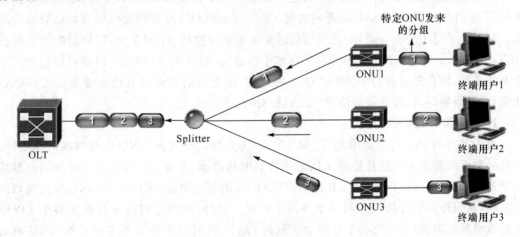

图 8-3　EPON 上行数据流

8.2.2　EPON 光路波长分配

EPON 光路可以使用两个波长,也可以使用 3 个波长。在使用两个波长时,下行使用 1 490 nm 波长,上行使用 1 310 nm 波长,这种系统可用于分配数据、语音和 IP 交换式数字视频(SDV)业务给用户。在使用三个波长 1 490 nm、1 310 nm 和 1 550 nm 时,其中的 1 550 nm 专门用于传送 CATV 业务或者 DWDM 业务;1 490 nm 和 1 310 nm 两个波长传送数据业务,1 490 nm 传送下行数据,1 310 nm 携带上行数据。而目前普遍使用的是三波长的光路分配,如图 8-4 所示。在 PON 系统内部下行数据以广播的形式发送数据,上行以突发的方式由各 ONU 依次向 OLT 发送请求,需要注意的是在某一时刻只能有一个 ONU 处于活动状态。

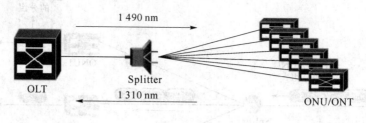

图 8-4　EPON 光路波长分配

8.3　EPON 的关键技术

在 8.1 节中我们谈到数据链路层和物理层在 EPON 模型中占有极其重要的位置,因而 EPON 的关键技术主要包括数据链路层的关键技术和物理层的关键技术以及 QoS 问题。

8.3.1　数据链路层的关键技术

数据链路层的关键技术主要包括:上行信道的多址控制协议(MPCP)、ONU 的即插即用问题、运行维护管理(OAM)功能的实现、OLT 的测距和时延补偿协议以及协议兼容性问题。MPCP 子层主要有 3 点:一是上行信道采用定长时隙的 TDMA 方式,但时隙的分配由 OLT 实施;二是对于 ONU 发出的以太网帧不作分割,而是组合,即每个时隙可以包含若干个 802.3 帧,组合方式由 ONU 依据 QoS 决定;三是上行信道必须有动态带宽分配(DBA)功能,支持即插即用、服务等级协议(SLA)和 QoS。

1. 测距和时延补偿

由于 EPON 的上行信道采用 TDMA 方式,多点接入导致各 ONU 的数据帧时延不同,因此必须引入测距和时延补偿技术以防止数据时域碰撞,并支持 ONU 的即插即用。准确测量各个 ONU 到 OLT 的距离,并精确调整 ONU 的发送时延,可以减小 ONU 发送窗口间的间隔,从而提高上行信道的利用率并减小时延。另外,测距过程应充分考虑整个 EPON 的配置情况。例如,若系统在工作时加入新的 ONU,此时的测距就不应对其他 ONU 有太大的影响。EPON 的测距由 OLT 通过时间标记(Time Stamp)在监测 ONU 的即插即用的同时发起和完成,如图 8-5 所示。

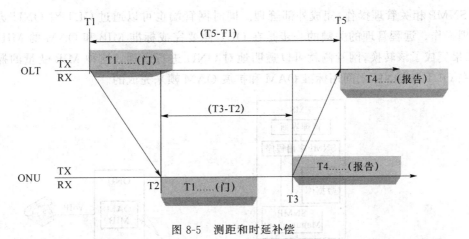

图 8-5　测距和时延补偿

基本过程如下：OLT 在 T_1 时刻通过下行信道广播时隙同步信号和空闲时隙标记,已启动的 ONU 在 T_2 时刻监测到一个空闲时隙标记时,将本地计时器重置为 T_1,然后在时刻 T_3 回送一个包含 ONU 参数的(地址、服务等级等)在线响应数据帧,此时,数据帧中的本地时间戳为 T_4;OLT 在 T_5 时刻接收到该响应帧。通过该响应帧,OLT 不但能获得 ONU 的参数,还能计算出 OLT 与 ONU 之间的信道时延：$RTT = T_2 - T_1 + T_5 - T_3 = T_5 - T_4$。

之后,OLT 便依据 DBA 协议为 ONU 分配带宽。当 ONU 离线后,由于 OLT 长时间(如 3 min)收不到 ONU 的时间戳标记,则判定其离线。

在 OLT 侧进行时延补偿,发送给 ONU 的授权反映出由于 RTT 补偿的到达时间。

例如,如果 OLT 在 T 时刻接收数据,OLT 发送包括时隙开始的 $GATE = T - RTT$。在时戳和开始时间之间所定义的最小时延实际上就是允许处理时间。在时戳和开始时间之间所定义的最大时延是保持网络同步。

2. DBA

目前 MAC 层争论的焦点在于 DBA 的算法及 802.3ah 标准中是否需要确定统一的 DBA 算法,由于直接关系到上行信道的利用率和数据时延,DBA 技术是 MAC 层技术的关键。带宽分配分为静态和动态两种,静态带宽由打开的窗口尺寸决定,动态带宽则根据 ONU 的需要,由 OLT 分配。TDMA 方式的最大缺点在于其带宽利用率较低,采用 DBA 可以提高上行带宽的利用率,在带宽相同的情况下可以承载更多的终端用户,从而降低用户成本。另外,DBA 所具有的灵活性为进行服务水平协商提供了很好的实现途径。

目前的方案是基于轮询的带宽分配方案,即 ONU 实时地向 OLT 汇报当前的业务需求(Request)(如各类业务在 ONU 的缓存量级),OLT 根据优先级和时延控制要求分配(Grant)给 ONU 一个或多个时隙,各个 ONU 在分配的时隙中按业务优先级算法发送数据帧。由此可见,由于 OLT 分配带宽的对象是 ONU 的各类业务而非终端用户,对于 QoS 这样一个基于端到端的服务,必须有高层协议介入才能保障。

3. OAM 功能的实现

OAM 属于 EPON 系统中网络管理部分,是负责系统中性能测量、带宽设置、故障告警等操作的具体实现的处理。

EPON 外部使用 SNMP 来管理整个系统,系统内部的 OLT 通过 OAM 协议来管理该 OLT 所连接的所有 ONU。如图 8-6 所示,网管端通过 SNMP 对代理端(OLT)进行操作,完成 SNMP 相关管理操作,完成外部管理。同时网管端也可以通过 OLT 对 ONU 进行远程管理操作。远程管理的关键的一步是在 OLT 侧要完成标准 MIB 和 OAM 的 MIB 的转换,如果完成了该转换,网管侧就可以透明地对 ONU 进行管理。这种 MIB 变量的操作是通过在 OLT 和 ONU 之间用标准 OAM 和扩展 OAM 帧来完成的。

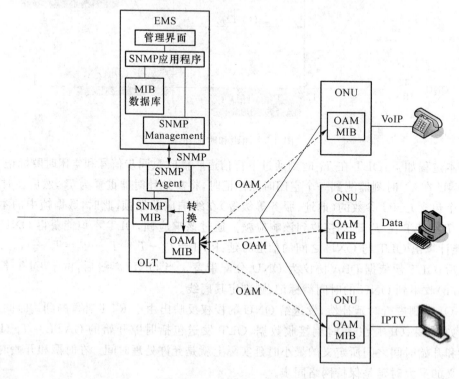

图 8-6　EPON 管理系统

从图 8-1 中可以看出 EPON 系统中有单独的 OAM 子层。2004 年 6 月,IEEE 正式推出了以太网接入网的第一个标准——IEEE 802.3ah。标准正式引入了 EFM 的 OAM 规范,详细规定了 OAM 子层的位置、功能、实现机制、帧构成等内容。在 EPON 标准的制定过程中,对 OAM 层的位置和 OAM 信息的传输机制存在争论。2003 年以后,基本上把 OAM 子层的位置定义在 MAC 子层和 LLC 子层之间,如图 8-7 所示,EPON 的 OAM 层向高层(MAC 客户层和链路汇聚层)和底层(MAC 层和 MAC 控制层)分别要求 IEEE 802.3 MAC 服务接口。OAM 协议是基于两端 DTE 实现的,当链路两端的 OAM 都运行时,两个连接的 OAM 子层间交互 OAMPDU,OAM 子层接收到报文时,根据目的 MAC 地址和协议子类型判断是否为 OAMPDU。OAMPDU 帧兼容 IEEE 802.3 定义的以太网帧结构,长度在 64～1 518 字节之间,且遵循慢速帧协议。由于 IEEE 802.3ah 修正后的慢速协议定义 1 秒内最多发送 10 个报文,所以尽管 OAMPDU 占用带内带宽(OAMPDU 和数据帧共享信道),但是对正常的数据通信是没有影响的。

EPON 的 OAM 能够快速查出失效链路,确定故障具体位置,保证网络质量,其提供的主要功能有:

(1) 远端故障告警(Remote Failure Indication)。远端故障告警能在本地接收故障发生时,向对端发出故障告警,以便进行相应处理,这需要物理层和链路层支持单向传输的功能。

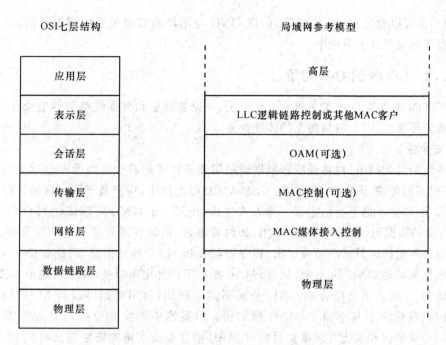

图 8-7 OAM 在网络层次中的位置

（2）远端环回（Remote Loopback）。远端环回实现链路层帧方式的环回测试，用于测试链路的连接质量。

（3）链路监测（Link Monitoring）。链路监测用于实现故障诊断的时间通知和查询，以及对管理信息库（MIB）的查询等功能。

（4）其他功能。①OAM 的发现功能，即实现设备启动后，确定远端实体是否存在 OAM 子层并建立 OAM 连接；②扩展功能，即允许用户扩展，以使上层更方便地管理。

总之，EPON 是一个点对多点的结构，局端设备 OLT 必须有能力监测业务提供网络和远端设备 ONU 之间的物理链路和设备的一些重要信息。OAM 子层就是为解决 EPON 的树状拓扑结构的性能监测、故障判断等问题而提出的。

4. 协议兼容性

协议兼容问题是 EFM 的 EPON 草案中有争论的重要问题之一。其焦点是 EPON 对于网桥功能是否支持、是单逻辑端口支持还是多逻辑端口支持。如果 OLT 的逻辑对象是 ONU，则对 ONU 内用户的桥接、流量控制及部分的 QoS 功能由 ONU 完成（ONU 含以太网交换机/桥接功能），ONU 间的桥接和流量控制由 OLT 控制；如果 OLT 的逻辑对象是每个用户，则 OLT 的逻辑链路控制（MAC 层以上功能）直接面向用户，因此 ONU 必须有多个逻辑链路 ID（Logic Link ID，LLID）对应多个终端用户。

单 LLID/ONU 方案虽然在数据链路层的控制管理上有缺陷，但该方案仍有优势，如与传统以太网的兼容性好；ONU 的内置交换/桥接功能减少了 EPON 的流量，相对增加了上行和下行信道的业务带宽；单 LLID/ONU 方案中同时减少了 OLT 和 ONU 的复杂度，降低了造价；高层软件技术足以解决单 LLID/ONU 方案中的二级管理、QoS、多业务支持和区分服务等级问题等。目前以 NTT 公司为代表又提出另一种方案，即 LLID 既不与终端用户对应也不与 ONU 对应，而是对应于虚 ONU。这样，对于 OLT 而言，既可以直接管理到具体终端用户,也可以通过 ONU 代理管理,虚 ONU 与用户的对应关系由网管灵活决定,当前协议兼容性问题仍处于争论中。

8.3.2 EPON 的 QoS 问题

在 EPON 中支持 QoS 的关键在 3 个方面:一是物理层和数据链路层的安全性;二是如何支持业务等级区分;三是如何支持传统业务。

1. 安全性

在传统的以太网中,对物理层和数据链路层安全性考虑甚少。因为在全双工的以太网中,是点对点的传输,而在共享媒体的 CSMA/CD 以太网中,用户属于同一区域。但在点到多点模式下,EPON 的下行信道以广播方式发送,任何一个 ONU 可以接收到 OLT 发送给所有 ONU 的数据包。这对于许多应用,如付费电视、视频点播等业务是不安全的。MAC 层之上的加解密控制只对净负荷加密,而保留帧头和 MAC 地址信息,因此非法 ONU 仍然可以获取任何其他 ONU 的 MAC 地址;MAC 层以下的加密可以使 OLT 对整个 MAC 帧各个部分加密,主要方案是给合的 ONU 分配不同的密钥,利用密钥可以对 MAC 的地址字节、净负荷、校验字节甚至整个 MAC 帧加密。但是密钥的实时分配与管理方案会加重 EPON 的协议负担和系统复杂度。目前对 MAC 帧净负荷实施加密措施已得到 EFM 工作组的共识,但对于 MAC 地址是否加密及以何种方式加密还未确定。

根据 IEEE 802.3ah 规定,EPON 系统物理层传输的是标准的以太网帧,对此,802.3ah 标准中为每个连接设定 LLID,每个 ONU 只能接收带有属于自己的 LLID 的数据报,其余的数据报丢弃不再转发。不过 LLID 主要是为了区分不同连接而设定的,ONU 侧如果只是简单根据 LLID 进行过滤很显然还是不够的。为此 IEEE 802.3ah 工作组从 2002 年下半年起成立单独的小组,负责整个 802 体系的安全性问题的研究和解决。目前提出的安全机制从几个方面来保障:物理层 ONU 只接收自己的数据帧;AES 加密;ONU 认证。

2. 业务区分

由于 EPON 的服务对象是家庭用户和小企业,业务种类多,需求差别大,计费方式多样,而利用上层协议并不能解决 EPON 中的数据链路层的业务区分和时延控制。因此,支持业务等级区分是 EPON 必备的功能。目前的方案是:在 EPON 的下行信道上,OLT 建立 8 种业务队列,不同的队列采用不同的转发方式;在上行信道上,ONU 建立 8 种业务端口队列,既要区分业务又要区分不同用户的服务等级。此外,由于 ONU 要对 MAC 帧组合,以便时隙突发并提高上行信道的利用率,所以可以进一步引入帧组合的优先机制用于区分服务。但在 ONU 端,如何既能区分业务类型又能区分用户等级是需要研究的又一问题。

3. EPON 中 TDM 业务的传输

尽管数据业务的带宽需求正快速增长,但现有的电路业务还有很大的市场,在今后几年内仍是业务运营商的主要收入来源。所以在 EPON 系统中承载电路交换网业务,将分组交换业务与电路交换业务结合有利于 EPON 的市场应用和满足不同业务的需要。因此现在大家谈论的 EPON 实际都是考虑网络融合需求的多业务系统。

EFM 对 TDM 在 EPON 上如何承载,在技术上没有作具体规定,但有一点是肯定的,就是要兼容的以太网帧格式。如何保证 TDM 业务的质量实际上也就成为多业务 EPON 的关键技术之一。

影响传统业务(话音和图像)在 EPON 中传输的性能指标主要是时延和丢帧率。无论 EPON 的上行信道还是下行信道都不会发生丢帧,因此 EPON 所要考虑的重点是保证面向连接业务的低时延。低时延由 EPON 的 DBA 算法和时隙划分的"低颗粒度"(Tin Granularity)保障,而对传统业务端到端的 QoS 支持则由现存的协议如 VLAN、IP-VPN、MPLS 来实现,其中 VLAN 和 MPLS 是被看好的应用于 EPON 的 QoS 保障协议。

此外,在 EPON 的关键技术中还有突发模式光收发器技术,这种技术能够使 OLT 光接收机的功率快速恢复,但要求 OLT 在每个接收时隙的开始处迅速调整 0-1 判决门限,它满足 ONU 光发射机的突发发射和关断要求,而且为抑制自发散射噪声,它要求 ONU 的激光器能够快速地冷却和回暖。它是一种 OLT 光接收机的突发同步技术,能够满足上行接收数据相位的突变时 OLT 的接收机工作在突发模式接收状态,还能满足 OLT 的接收机和 ONU 的发射器工作在突发模式,这在 EPON 物理层传输技术中将具体讲到。

8.3.3　EPON 突发接收技术

为降低 ONU 的成本,EPON 物理层的关键技术集中于 OLT,包括:突发信号的快速同步、网同步、光收发模块的功率控制和自适应接收。由于 OLT 接收到的信号为各个 ONU 的突发信号,OLT 必须能在很短的时间(几个比特内)内实现相位的同步,进而接收数据。此外,由于上行信道采用 TDMA 方式,而 20 km 光纤传输时延可达 0.1 ms(105 个比特的宽度),为避免 OLT 接收侧的数据碰撞,必须利用测距和时延补偿技术实现全网时隙同步,使数据包按 DBA 算法的确定时隙到达。另外,由于各个 ONU 相对于 OLT 的距离不同,对于 OLT 的接收模块,不同时隙的功率不同,在 DBA 应用中,甚至相同时隙的功率也不同(同一时隙可能对应不同的 ONU),称为远近效应(Far-near Problem)。因此,OLT 必须能够快速调节其"0""1"电平的判决点。为解决"远近效应",曾提出过功率控制方案,即 OLT 在测距后通过 OAM 数据包通知 ONU 的发送功率等级。由于该方案会增加 ONU 的造价和物理层协议的复杂度,并且使线路传输性能限定在离 OLT 最远的 ONU 等级,因而未被 EFM 工作组采纳。

图 8-8 是光突发信号产生与接收图。从整个系统设计的角度而言,在下行方向,只有 OLT 一个信号源,ONU 接收的是 OLT 发射过来的恒速流信号。对于某一个特定的 ONU 来讲,在物理层面上接收信号电平和相位特性是相对稳定的,因此不会存在突发接收问题。OLT 一旦启动,激光器一直处于开启和调制状态,因此也不会存在突发发射问题。但在上行方向,有多个信号源 ONU,ONU 与 OLT 之间的不同距离以及链路特性上的差异会造成各 ONU 的发送的信号功率到达 OLT 时各不相同;同时,一个 ONU 发射的信号与来自其他 ONU 的信号没有严格的同步关系,这要求 OLT 在很短的时间内对每个 ONU 的突发信号分别同步,简而言之,这就需要 OLT 端的接收机支持突发接收。

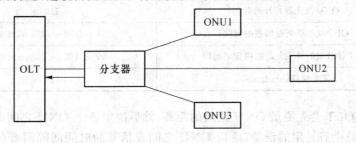

图 8-8　EPON 光突发信号的产生与接收

为防止 ONU 发射的光信号在 OLT 端相互叠加,系统要求 ONU 不传送信号时处于关断状态,而在传送信号时要求很快打开,这就需要 ONU 支持突发发射的工作模式。因此上行接入是 EPON 系统设计的关键,而支持突发模式的光收发器件也成为整个 EPON 系统的重点和难点。

现有的突发模式接收机分为直流耦合和交流耦合两大类。直流耦合模式的基本构思是依据接收的突发信号通过测量其光功率而做出相应的调节。根据反馈方式不同又可以分为自动增益控制(AGC)和自动门限控制(ATC)两种方式。直流耦合模式接收机在整个信元时间内动态调整判决电平,如果为了提高传输效率而减小自适应阈值控制电路放电时间,会使误码性能下降,因此会引入传输容量代价。而且在一个信元时间内阈值的抖动也会引入灵敏度代价。如果通过在信头插入一定的比特位来确定判决阈值,则引入了传输容量代价,并且噪声对阈值的影响会引入灵敏度代价。交流耦合模式采用一个高通滤波器滤除低频信号就可以完成判决门限恢复,经过交流耦合的信号即转换成可以用 0 电平作为门限电压的信号。

为了减轻网络对突发光接收器件的要求,EPON 对物理层信号的传输格式进行了进一步规定。EPON 要求每个 ONU 在发送突发信号之间要发送足够长的空闲信号,以留出时间来打开激光器和调整接收机参数,并不传送上层数据。接收机可以空闲信号的幅度和相位特性来在接收真正的数据信号之前调整到最佳状态。空闲信号的时间长度,也称为保护带(Guard Band)。它是下列参数的总和,如图 8-9 和表 8-2 所示。这样 EPON 信号保护带的时间长度在 $1 \sim 2 \mu s$,有效地简化了 EPON 突发模块的设计要求。

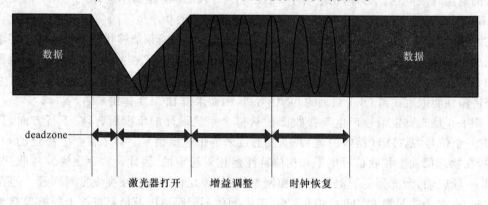

图 8-9　EPON 信号的物理层开销

表 8-2　上行突发信号的时间长度

上行突发信号的时间距预算	EPON 定义数值
ONU 激光器打开的时间	512 ns
OLT 接收机调整增益的时间	96 ns/192 ns/288 ns/400 ns
OLT 接收机时钟恢复电路锁定的时间	96 ns/192 ns/288 ns/400 ns
冗余时间(deadzone)	128 ns

EPON 的 OLT 会先测量 ONU 之间的距离,然后决定各个 ONU 之间的发射信号的顺序。这个测距总会有一定的误差,所以 ONU 之间发信号的时间间隔需要分配一定时间来容纳这个误差。

表 8-3　MPCP 的操作码

MPCP 数据单元	GATE	REPORT	REGISTER_REQ	REGISTER	REGISTER_ACK
Opcode	00-02	00-03	00-04	00-05	00-06

数据/保留/填充区为 MPCP 数据单元的有效载荷,不用部分用零填充,在接收端可忽略。

Preamble/SFD 域在 MAC 之下还起到一个携带逻辑连接标识的作用,以配合上层实体实现点到点仿真功能。当帧传到 MAC 之下的协调子层(RS)时,第 3 字节由原来的 0x55 修改为 0xD5,第 6、7 字节被修改为(LLID),第 8 字节(即 SFD)被用作第 3～7 字节的 CRC 校验域。在接收端的 RS 层完成相应的逻辑连接识别功能后则还原为标准的 Preamble/SFD。

6 octets	Destination Address
6 octets	Source Address
2 octets	Length/Type(88-08)
2 octets	Opcode(00-0X)
4 octets	Time Stamp
40 octets	Data/Reserved/Padding
4 octets	Frame Check Sequence

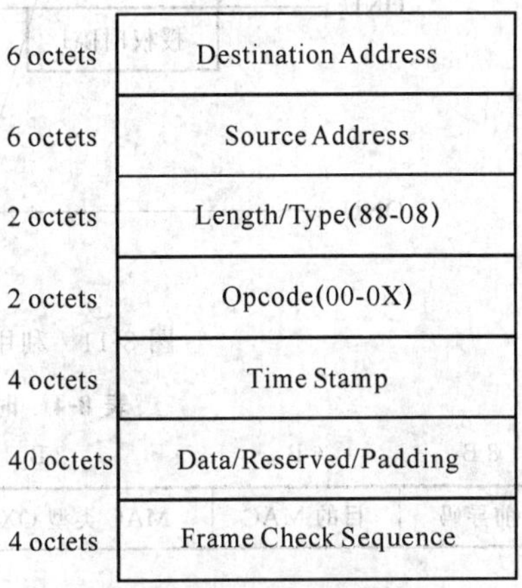

图 8-10　MPCP 帧结构

8.4.2　EPON 测距过程

EPON 的点对多点的特殊结构决定了各个 ONU 对 OLT 的时延不同,在采用 TDMA 技术的 PON 中,所有的 ONU 的上行信号共享同一个光纤波长,各个 ONU 发出的信号会在上行信道发生碰撞,且信号到达 OLT 的时间具有不确定性,这些特点决定了必须采用测距技术补偿传输时间差异。EPON 产生传输时延的根源有两个:一个是物理距离的不同;另一个是环境温度的变化和光电器件的老化等因素。EPON 测距的程序也相应地分为两步:(1)在新 ONU 的注册阶段进行的静态粗测,这是对物理距离差异进行的时延补偿;(2)在通信过程中实时进行的动态精测,以校正由于环境温度变化和器件老化等因素引起的时延漂移。

1. EPON 中时间标签测距法的原理

测距的目的就是要测量出 ONU 的物理距离,即 RTT 值,然后对 RTT 值进行补偿,使得所有 ONU 与 OLT 之间的逻辑距离都相等。用 Teqd 表示 ONU 在进行了 RTT 补偿后的均衡环路时延,所有的 ONU 都应该具有相同且恒定的 Teqd,即 Teqd 不随环境温度的变化而变化。为此,就要给每一个具有不同 RTT_i 的 ONU 插入一个补偿时延 Td_i,Td_i 可以实时调整,它应该满足:

$$Td_i = Teqd - RTT_i \qquad (8-1)$$

当 OLT 通过测距过程得到了 ONU_i 初始的或实时的 RTT_i 后,就可以通过上式计算出 ONU_i 所需要的 Td_i。ONU_i 在发送所有的数据之前都延时 Td_i,这样 ONU_i 的均衡环路时延就限定为 Teqd 这个固定值,从而避免了上行的数据冲突,如图 8-11 所示。

由于 OLT 是根据自己的本地绝对时钟为 ONU 安排时隙,因此,为了避免冲突,ONU 的时钟必须与 OLT 的时钟保持一致。最简单的方法就是直接将 OLT 的本地时钟传递给 ONU。在 IEEE 802.3 MAC 控制类型后的 4 字节作为承载时间标签的特定字节,如表 8-4 所示。

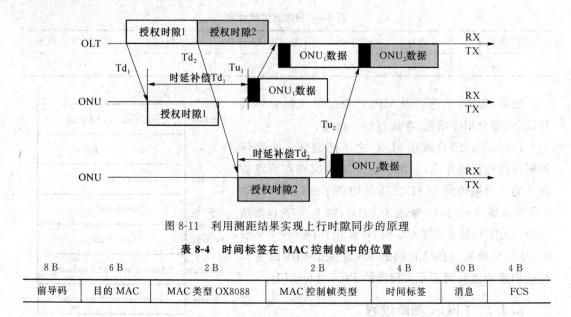

图 8-11　利用测距结果实现上行时隙同步的原理

表 8-4　时间标签在 MAC 控制帧中的位置

8 B	6 B	2 B	2 B	4 B	40 B	4 B
前导码	目的 MAC	MAC 类型 OX8088	MAC 控制帧类型	时间标签	消息	FCS

OLT 有个本地时钟计数器,该计数器对时间颗粒计数。当 OLT 发送 MPCP 帧时,它就将本地时钟计数器的值,即绝对时钟插入到其时间标签域中。ONU 中也有一个本地时钟计数器。这个计数器也是对时间颗粒计数。但是,ONU 无论何时接收到 OLT 发送的 MPCP 帧,就要将这个帧所携带的新的时间标签值来刷新自己的本地时钟计数器的值。时间标签下行同步的原理如图 8-12 所示。

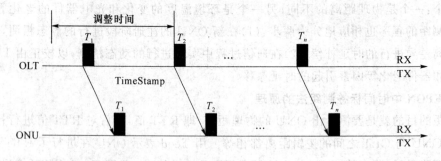

图 8-12　利用时间标签下行同步

时间标签法测距是基于 EPON 系统时间标签同步的。时间标签法测距即通过时间标签的传递,通过计算接收的时间标签值和本地时钟计数器时间标签差值来实现测距。原理如图 8-13 所示。

OLT 在本地时间为 t_1 时,给 ONU 发送一个 GATE 帧,它携带的时间标签值为 TS＝ t_1。经过 T_d 时间的传输时延后,这个 GATE 帧到达 ONU。已启动的 ONU 在 T_2 时刻监测到一个空闲时隙标记时,将本地计时器重置为 T_1,然后就等待。等待 T_{wait} 时间后,即在时刻 T_3 这个 ONU 的发送窗口开始了,它就发送 REPORT 帧,包含 ONU 参数的(地址、服务等级等)在线响应数据帧,此时,数据帧中的本地时间戳为 T_4;经过 T_u 时间的传输时延后,OLT 在 T_5 时刻接收到该响应帧。测距的目的是要得到由 ONU 到 OLT 之间的 RTT 值。

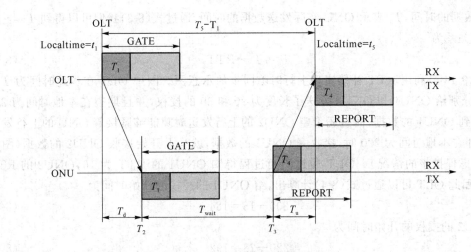

图 8-13 时间标签法测距的原理

由图 8-13 可以看出，

$$\begin{aligned}
RTT &= (T_5 - T_1) - T_{wait} \\
&= (T_5 - T_1) - (T_4 - T_1) \\
&= T_5 - T_4
\end{aligned} \tag{8-2}$$

从式(8-2)可以看出，OLT 用收到 ONU 的响应帧时，本地时钟计数器的绝对时标值减去收到的响应帧中时间标签域的值，就可以得到 ONU 的 RTT 值了。

2. EPON 中时间标签测距法的工作过程

当 OLT 通过本地绝对时间与接收到的 ONU 的 MPCP 帧中携带的时间标签之差，得到这个 ONU 的 RTT 值后，OLT 就是要计算出每一个 ONU 的上行时隙的开始时间和长度，使不同 ONU 的时隙到达 OLT 的接收机时，中间仅仅相隔个较小的保护带。

（1）ONU 的初始测距

EPON 为支持 ONU 即插即用需要一定的机制允许 OLT 能自动检验到 ONU 在线，并能自动测距，启动 ONU 到正常工作状态。

新 ONU 初始测距采用开窗测距。所谓开窗就是当有 ONU 需要测距时，OLT 发出指令使所有运行中的 ONU 在某段时间内暂停上行业务，相当于在上行时隙内打开一个测距窗口，同时命令需测距的 ONU 向上发送一个特殊的帧。OLT 收到 ONU 的响应帧，得到此 ONU 的环路时延值 RTT，同时根据式(8-3)算出 Td_i 值：

$$Td_i = Teqd - RTT_i \tag{8-3}$$

新 ONU 在收到 OLT 发送的 ONU 注册授权帧（Register Grant）时，因为该授权含有 OLT 同步时间标签，新 ONU 以此时间标签值置位 ONU 的时间标签计数器，完成首次时间标签同步。新 ONU 注册请求帧中带有 ONU 的时间标签信息，保证了 OLT 在收到 ONU 的注册请求的同时，也完成了首次测距。因为不知道 ONU 的实际距离，新 ONU 注册测距开窗大小需要能覆盖 0～20 km 的范围。在初次测距完成后可以根据前一次测距的结果进行时间补偿，达到等长的逻辑距离，完成系统上行同步，实现 TDMA 接入。

从图 8-13 中可以看出，如果 OLT 希望在本地时间 t_5 开始接收到某一个 ONU 的数据，那么它就必须命令这个 ONU 在 t_4 时刻就开始发送数据。用 T_e 表示 OLT 希望接收到

ONU 数据的时间，T_a 表示 ONU 实际发送数据的时间，通过式(8-3)我们可以得到 T_e 与 T_a 之间的关系为

$$T_e = T_a - \text{RTT} \tag{8-4}$$

图 8-14 是利用 RTT 补偿实现上行时隙同步的示意图。图中 OLT 在本地时间为 $T=$ 100 时分别给 ONU1 和 ONU2 发送了长度为 20 和 30 的授权，并且期望在本地时间为 200 时接收到 ONU1 的数据，而且还希望 ONU2 的上行发送时隙能够紧接着 ONU 的上行发送时隙，即在本地时间为 220 时，接收完 ONU1 的数据，就马上开始接收 ONU2 的数据(图中没有考虑保护带的情况)。OLT 通过测距过程得知 ONU1 的 RTT 为 16，ONU2 的 RTT 为 28，因此 OLT 可以通过式(8-4)计算出，给 ONU1 的授权的开始时间为

$$200 - 16 = 184 \tag{8-5}$$

给 ONU2 的授权的开始时间为

$$220 - 28 = 192 \tag{8-6}$$

授权(Start_time,length)　RTT 参数

授权时隙 1(184,20)　$\text{RTT}_1 = 16$

授权时隙 2(192,30)　$\text{RTT}_2 = 28$

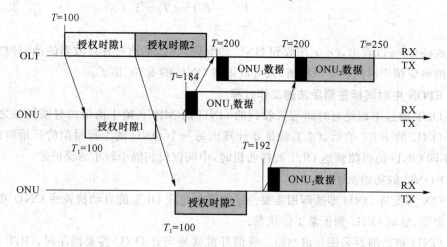

图 8-14　开窗初始测距过程

（2）ONU 的动态测距

运行中的 ONU 由于系统的传输媒质和两端收发模块会随着温度等变化影响，传输时延发生变化，时延的变化影响系统的 ONU 逻辑距离，所以对 ONU 进行初始测距后，需要对 ONU 进行动态测距。EPON 系统中，参数的动态变化主要来自光纤。

EPON 系统 OLT 周期地发送 GATE 帧到 ONU，指明 ONU 的授权。ONU 周期地上报 REPORT 帧至 OLT，指明其带宽请求。我们利用 REPORT 帧上的时间标签进行动态时间标签法测距。这样测距间隔时间为 GATE、REPORT 帧的周期。经分析计算，EPON 系统毫秒级的周期能满足 EPON 测距精度的要求，即一个周期时间内系统参数动态变化对传输时延的影响不超过测距精度值(如用 GMII 时钟做计数时钟，测距精度为计数器计数误差 ±1 bit，则测距精度 ±8 ns，而几毫秒内光纤等由于温度等环境因素引起的时延变化远小于 8 ns)。

（3）时间标签法测距的优点

① OLT 一个时间标签计数器能支持多 ONU 测距。因为 RTT 得到只是在收到 ONU 时间标签时刻测得两个时间标签之差，不同的 ONU 的时间标签先后到达 OLT，OLT 实时测得 ONU 的 RTT 值。

② ONU 向 OLT 发送时间标签消息帧（MAC 控制帧）时间点灵活。ONU 可以在其上行授权时间段内任何位置发送时间标签消息帧，OLT 都能正确测得 ONU 的 RTT 值。它与具体的发送时间点无关。

③ 实现简单。只要将当前 OLT 的时间标签值减去收到的时间标签值即为 ONU 的环回时间 RTT，没有必要为测距专门设一个计数器来计 RTT 值，只有简单的加减法运算。

④ ONU 参与少。借助 EPON MAC 控制帧，ONU 只要在向 OLT 的发送 MAC 控制帧内插入时间标签值，其他部分不需要参与测距控制与处理。测距测量和计算都由 OLT 完成。

8.4.3　ONU 自动发现过程

EPON 对系统中 ONU 的初始化注册过程做了规范，具体如下。

① OLT 在带宽分配的时候，要预先留出一定时段给 ONU 初始化。

② OLT 发出一个初始化 GATE 信息，进行广播。GATE 信息里规定未注册 ONU 的发射信号的时段，以及 OLT 的时钟信息。

③ 没有初始化的 ONU 收到上面的 GATE 信息后，首先会同步于 OLT 的时钟。然后在 OLT 规定的时间段里，发出自己的 REPORT 信息。

④ OLT 在接收到 ONU 的信息后，会启动注册过程。

当多个 ONU 会同时响应未注册信息时，ONU 注册会失败。ONU 就会在随后的一个时间段内，重新响应 OLT 的注册信息，发出自己的 REPORT 信息。

1. EPON 系统中与注册相关的 MAC 控制帧

根据 IEEE 802.3ah D1.1 的建议，确定 EPON 中用到的 MAC 控制帧为 64 字节（从 DA 到 FCS，不计前导码），其上、下行帧格式相同。

下面介绍一下与 ONU 自动加入相关的几种 MAC 控制帧。

（1）注册开窗授权。注册开窗是带宽授权帧的一种，由 OLT 发送给未注册的 ONU，Opcode 为 0x0002，其中包含目的 MAC 地址、源 MAC 地址、时间标签、未注册 ONU 的 LLID（一种用于区别 ONU 的数字标识，系统默认为全零）、开窗的起始时间以及开窗的大小等信息。带宽授权帧中的 discovery=1 时即为注册开窗授权，它每隔一定的时间以广播的形式发送一次，所有未注册的 ONU 都能接收到。

（2）注册请求帧。注册请求帧是未注册的 ONU 收到 OLT 发来的注册开窗授权后发送的 MAC 控制帧，Opcode 为 0x0004，其中包含目的 MAC 地址、源 MAC 地址、未注册 ONU 的 LLID、时间标签、OLT CPU MAC 地址、OLT PON ID、ONU ID、ONU 类型和 ONU PON ID 等信息。

（3）注册帧。注册帧是 OLT 在收到未注册的 ONU 发来的注册请求帧后发送给该 ONU 的 MAC 控制帧，Opcode 为 0x0005，其中包含目的 MAC 地址、源 MAC 地址、时间标签、Flags 字节和分配给该 ONU 的 LLID 等信息。

（4）注册确认帧。注册确认帧是未注册的 ONU 在收到 OLT 发送给它的注册帧后发送给 OLT 的，Opcode 为 0x0006，其中包含目的 MAC 地址、源 MAC 地址、时间标签、Flags 字节和该 ONU 的 LLID 等信息。通过以上的 MAC 控制帧，OLT 和 ONU 之间就能相互通信，进而完成 ONU 的自动加入。

2. ONU 自动发现与注册流程

根据 IEEE 802.3ah Draft 3.0，ONU 的注册流程如图 8-15 所示。

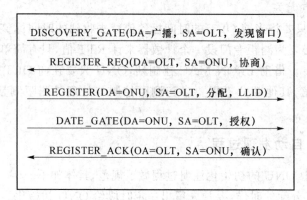

图 8-15　EPON 的注册流程

（1）OLT 每隔 1 s 向系统各个 ONU 广播发送目的地址为广播 LLID（全零）的注册授权，并根据系统内距离最远的 ONU 确定开窗大小（例如：10 km 为 150 μs；20 km 为 250 μs；30 km 为 350 μs）。注册授权的发送是否被激活由网管决定，当网管允许新 ONU 加入时，向 OLT 发出使能信息，OLT 收到网管发出的使能信息后，就可以周期性地发送注册授权。该周期内的剩余带宽将由在线的 ONU 平均分配。OLT 发送注册开窗后，等待 ONU 的应答，一旦发现有 ONU 应答则自动运行 ONU 加入的各个步骤；如果没有应答，那么 1 s 后重新发送注册授权。当 OLT 收到网管的停止加入的信息后，就停止发送注册授权。

（2）新的 ONU 收到注册授权后，在开窗分配的时间内向 OLT 发送注册请求帧，并等待接收 OLT 发送的注册帧。如果 ONU 在发送注册请求帧后 100 ms（系统可配置）内还没有收到 OLT 发出的注册帧，则认为注册冲突，自动延迟一定时间（1～8 s，系统可配置）后，等待 OLT 新的注册授权开窗。

（3）OLT 接收到 ONU 发出的注册请求帧后，由系统软件为该 ONU 分配 ONUID，然后以广播 LLID 向该 ONU 发送注册帧，目的 MAC 地址指向该 ONU。需要考虑的是当有多个 ONU 正好同时需要加入系统时，自动加入流程如何处理。此时可能有多个 ONU 收到 OLT 发出的注册授权，并都在开窗给定的时间内向 OLT 发送注册请求帧。当 OLT 在同一个注册开窗内收到多个 ONU 的没有混叠的注册请求帧时，OLT 不作任何处理。只有 OLT 在同一个注册开窗内只收到唯一一个注册请求帧时，OLT 才对此注册请求帧进行处理。

（4）在发送了注册帧后，OLT 为注册确认帧发送注册确认帧授权（带宽授权），并等待该 ONU 发出的注册确认帧，该授权在 OLT 认为 ONU 注册失败前始终有效。如果 OLT 在发出注册确认帧授权后 50 ms 内没有收到该 ONU 发出的注册确认帧，那么 OLT 认为该

ONU 注册失败,向该 ONU 发送要求其重新注册的信息。

（5）新 ONU 收到注册帧后,用新分配的 ONUID 覆盖原来的 ONUID,同时等待 OLT 的注册确认帧授权以发送注册确认帧,通知 OLT 新 ONUID 刷新成功,同时等待最小带宽授权。如果 ONU 在发送了注册确认帧后,100 ms 内还没有收到 OLT 发出的最小带宽授权,那么 ONU 认为自己注册失败,ONUID 自动复位,重新等待注册授权。

（6）OLT 在发送注册确认帧授权后的 50 ms(系统可配置)内收到 ONU 的注册确认帧,那么 OLT 认为该 ONU 刷新 ONUID 完成,该 ONU 注册成功,否则认为 ONU 注册失败。

3. 冲突的解决

当 EPON 系统中有多个 ONU 等待加入时,就有可能引起注册冲突。各等待加入的 ONU 在收到注册开窗授权后,在授权允许的时间内向 OLT 发送注册请求帧。但是,由于此时各 ONU 没有进行测距,就不能有效地保证各注册请求帧之间的间隔,而可能发生帧的混叠,导致 FCS 校验错误,产生冲突。

（1）冲突的检测

当 ONU 在发出注册请求帧的一段时间内(100 ms,可由系统配置)没有收到 OLT 发给自己的注册帧时,此 ONU 认为自己注册发生冲突,自动进入退避算法,随机跳过 n 个注册开窗周期后重新发送注册请求帧;或者在收到下一个注册开窗后随机延迟 n μs,再发送注册请求帧。

（2）冲突的解决

我们可以通过下面两种方法解决注册冲突。

① 随机跳窗方式。发生注册冲突时,发生冲突的 ONU 随机跳过若干个注册授权后才重新响应。由于注册授权的周期为 1 s,那么发生冲突的 ONU 可随机延时 1～8 s(系统可配置),然后继续等待注册授权。采用随机跳过开窗的方法比随机延迟时间需要多花一些时间,但是不需增大注册开窗,不会影响系统的带宽利用率。

② 发现窗内随机延迟。发生注册冲突时,发生冲突的 ONU 仍然每次都响应注册授权,但是在响应开窗时随机延迟一定时间(但必须保证 ONU 随机延迟后的应答仍然可以落在开窗内)。采用随机延迟时间的方法可以缩短 ONU 加入系统的时间,但是由于需要给冲突的 ONU 留出一定的富余,使得它们在冲突并延迟一段时间后仍能落在注册授权开窗允许的范围内,所以需要增大注册开窗的长度,这样会降低系统的带宽利用率,从而导致整个系统效率的降低。

（3）两种冲突避让机制的比较

下面我们从 ONU 加入时间、开窗对系统带宽利用率的影响以及硬件实现复杂度等方面对上面所提出的两种冲突避让机制进行比较。

① 加入时间的比较

由于在实际情况中,多个 ONU 同时加入的概率很小,所以我们假设最多只有 8 个 ONU 同时加入系统。计算可知两种方法完成 8 个 ONU 注册所需时间如表 8-5 所示。

表 8-5　两种冲突解决办法所用时间的比较

解决办法 \ 开窗速率/s	0.1	1
随机跳窗所需时间/s	2.6	26
发现窗内随机延迟所需时间/s	0.3	3

由表 8-5 可以看出,对于 8 个 ONU 同时加入的情况,发现窗内随机延迟所需时间较随机跳窗所需时间短,但是,随机跳过周期避免冲突方法的自动加入时间也短得足以满足要求(60 s 内完成加入)。

② 对系统带宽利用率的影响

ONU 自动加入系统时,开窗频率和开窗时间都会对系统的带宽利用率造成一定的影响。开窗频率越高,带宽利用率就越低,同时开窗频率的高低还会影响错误恢复的超时长度;而开窗时间越长,开窗所占用的带宽就越大,系统的带宽利用率就越低。对于一个 EPON 系统,开窗的大小由以下的因素决定。

- 系统的最大 RTD:环回延迟时间,即消息从 OLT 发送到 ONU 后回到 OLT 所需的时间。
- 注册请求帧信息:随机跳过为一个,约占带宽 $1\,\mu s$;随机延迟为 n 个,约占带宽 $n\,\mu s$。
- 保护带宽与激光器开启和关断时间:随机跳过约占带宽 $1\,\mu s$;随机延迟约占带宽 $n\,\mu s$。

当最大 RTD 为 $200\,\mu s$ 典型值时,由上述因素得出开窗的时间为

随机跳过:$200+2=202\,\mu s$

随机延迟:$200+2\times16=232\,\mu s$(16 个 ONU)

可以看出两者相差不大。

注册开窗大小与开窗速率对于系统带宽利用率的影响如表 8-6 所示。

表 8-6　两种冲突解决方法随注册开窗大小对系统带宽利用率的影响

解决办法 \ 开窗速率/s	0.1	1	5	10
随机跳窗	0.202%	0.020%	0.004 04%	0.002 02%
发现窗内随机延迟	0.232%	0.023 2%	0.004 64%	0.002 32%

由表 8-6 可以看出,对于 1 s 及 1 s 以上的开窗速率,注册开窗对于系统带宽利用率的影响是可以忽略的。为满足在 60 s 内完成 ONU 自动加入,我们可以取 1 s 为注册开窗的频率,OLT 每隔 1 s 发送一次注册开窗。

③ 硬件实现复杂度的比较

由于在实际的方案中,每个开窗周期只允许一个 ONU 进行注册,这样的话,使用随机跳窗方法就可以很好地避免软硬件处理一个周期多个授权的情况(如测距、发送控制、接收处理等)。同时,随机跳窗的方法在时延算法的逻辑控制上也比较简单,而且相对于发现窗内随机延迟来说,效率会高一些。

8.4.4　EPON 通信过程

图 8-16 是 EPON 通信过程。

① 带宽分配模块首先通知 MPCP 层给其中一个 ONU 发出 GATE 信息。GATE 信息里包含 ONU 可以发射信号的时间段。

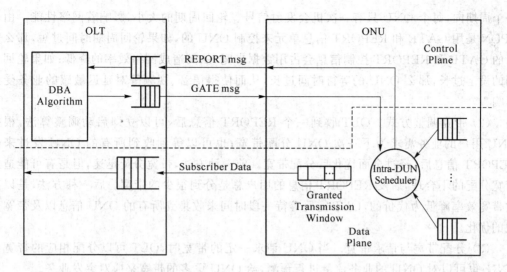

图 8-16　EPON 通信

② MPCP 会在 OLT 发射 GATE 信息的时候标示 OLT 的时钟信息。

③ ONU 接收到 GATE 信息后,会首先判断一下 OLT 的时钟信息和自己的时钟是否有巨大差异。如果差异不大,则以 OLT 的时钟进行校准。如果差异巨大,则认为 ONU 需要重新注册,ONU 的注册过程就会被启动。

④ ONU 在校准完时钟后,就在 OLT 所通知的时间段内开始发射信息。

8.5　EPON 带宽分配机制

EPON 带宽分配方案是决定 EPON 网络性能的重要一环。对一个 EPON 网络而言,其最优的带宽分配方案要取决于其网络配置、业务流量分布等,很难有统一的规范。因此在 IEEE 802.3 中,并没有对带宽分配方法进行具体规定。而是对 MPCP 这个平台进行了统一规范,这样任何厂家都可以在 MPCP 这个平台上提出自己的算法。

在 EPON 中的,带宽控制大体有两种:基于静态分配时隙的接入控制和基于动态分配时隙的接入控制方式。

在基于静态分配时隙的接入控制方式下,OLT 不管 ONU 的请求信息,直接按一定规则将系统时隙分配给各个 ONU,实现方式很简单。然而,该方式具有一个很大的缺点,那就是带宽利用效率很低。假定一个 EPON 网络有多个 ONU,每个 ONU 都被分配固定的带宽。在某一个时刻,多个 ONU 没有业务流量,而某一个 ONU 业务流量突然增加。但由于带宽的分配是固定的,被其他 ONU 所浪费的带宽并不能用来分配给这个 ONU,从而带宽利用率很低。

动态带宽分配(DBA)根据各 ONU 的业务情况动态分配带宽,使带宽利用率大幅度提高,同时系统可以根据用户优先级设置不同的服务等级。DBA 算法主要涉及下列参数的设定。

(1) 轮回周期时间的设定。OLT 在设定的周期内,给每个 ONU 分配一定的时段。每一个周期内,每个 ONU 只有一次机会发射信号。轮回周期的大小,影响着网络性能。由于 EPON 是用 GATE 和 REPORT 信息单元来控制 ONU 的,如果轮回周期时间过短,那么大量的 GATE 和 REPORT 控制信息会占用数据带宽,从而造成网络效率的降低;如果轮回周期的设定过长,那么 ONU 的等待时间过长,从而使得语音、视频等对延迟敏感的业务受到影响。

(2) 带宽调整方式。OLT 收到一个 REPORT 信息后,可以立即启动调整算法,根据 ONU 用户的业务需求为下一次 ONU 分配带宽;也可以等到收到所有的 ONU 发过来的 REPORT 信息后,经过全面优化后分配带宽。前一种方法,带宽分配迅速,但是有可能造成带宽分配的不合理,后发 REPORT 信息的用户总是分到很少的带宽。后一种方法,是以有效带宽效率降低为代价的,OLT 需要等待一段时间来收集到所有的 ONU 信息以及带宽分配的优化。

(3) 分配带宽与请求带宽。当 ONU 请求一定的带宽时,OLT 可以分配相应的带宽给 ONU;也可以对 ONU 的业务流量进行预测,给 ONU 更多的带宽来应对突发业务。

(4) 业务优先级。OLT 进行带宽调整时,有两种可能的方式来设定业务优先级别:只根据 ONU 的优先级别来分配带宽;根据 ONU 具体业务的优先级别来分配带宽。前一种方式实现较为简单,每个 ONU 只需要申请一个 LLID,OLT 就可以设定优先级给每个 ONU 了。ONU 在自己内部再进行具体业务的分配。后一种方式,需要 OLT 对 ONU 上的各个业务进行分类,每个 ONU 会得到多个 LLID,所有业务的优先级别都由 OLT 进行集中管理,算法较为复杂。

第 9 章
GPON 技术

2001 年 FSAN 组织起草超过 1 Gbit/s 速率的 PON 网络标准,随着技术的发展以及众多厂商的加入,GPON 的全球产业部署方案已经初具规模。世界范围来看,目前支持 GPON 设备的厂商已超过 37 个,各大运营商均已根据不同的应用与成本需求,同时部署着 FTTC、FTTB 和 FTTH 系统,已经或正在建设的运营商有数十家。GPON 除了在欧洲、北美以及南美地区倍受青睐,在传统的 EPON 应用国日本和韩国也相继开始部署应用。目前,国内三大运营商中国移动、中国联通、中国电信都对 GPON 设备进行招标,并且都大量铺设 GPON 工程。

9.1 GPON 技术概述

作为一种灵活的吉比特级的光纤接入网,GPON 以其高速率、全业务、高效率及提供电信级的服务质量保证的特点,成为众人所关注的焦点技术。

9.1.1 GPON 技术的主要特点

GPON 技术是基于 ITU-T G.984.x 标准的新一代宽带无源光综合接入标准,具有高带宽、高效率、大覆盖范围、用户接口丰富等众多优点,可以为用户提供优质、可靠、安全的语音、数据、视频三网合一业务接入。在服务的质量保证上,GPON 有更好的机制来保证多业务服务质量的实现,如 DBA、VLAN 划分、优先级标记、带宽限速等。现在,国内外各大设备制造商所实现的 GPON 系统中,在动态带宽分配方式方面,OLT 通过检查来自 ONU 的 DBA 报告和/或通过输入业务流的自监测来了解拥塞情况,然后分配足够的资源;在 VLAN 划分方面,OLT 对不同的业务流划分不同的 VLAN;在优先级标记方面,OLT 通过 SP 和/WRR 来标记不同优先级的业务流;带宽限速则是对 PON 口或者 UNI 口进行流量控制。

1. 传输速率高

按照标准规定,GPON 的上行速率和下行速率最高可达 2.448 Gbit/s,能够满足未来网络应用日益增长的对高速率的需求,其非对称性更能适应宽带数据业务市场。因此,GPON 可以灵活配置上/下行速率。对于 FTTH/FTTC 应用,可采用非对称配置;对于 FTTB 应用,可采用对称配置。由于高速光突发发射、突发接收器件价格昂贵,且随速率上升显著增加,因而这种灵活配置可使运营商有效控制光接入网的建设成本。

2. 传输距离长

显而易见,采用 GEM 技术,GPON 能够支持 TDM 业务。GPON 在单一光纤中完全集成了语音与数据,以其本身的格式传输语音与数据,不会额外增加网络或 CPE 的复杂性,并具有更远的传输距离。ONU 之间的距离最远可达 20 km,逻辑距离覆盖可达 60 km。GPON 的这一特性可以满足绝大多数情况下的接入需求。

3. 效率高

带宽是运营商的一种有限资源,因而必须实现最大的网络利用效率,在有限的带宽条件下获得最大收益。然而,由于不同 PON 技术具有不同的特点,因而必须综合考虑解决方案的整体成本。GPON 在扰码效率、传输汇聚层效率、承载协议效率和业务适配效率等方面都比较高,其总效率也比较高,因而可以有效降低系统成本。所以,GPON 解决方案可以使用户拥有更高带宽,它可以在接入网络上提供单个光波长高达 2.488 Gbit/s 的速率,在单一光纤光缆中提供高达 20 Gbit/s 的多波长速率,提供经济的 T1/E1 和以太网连接。GPON 解决方案可以大大缩短运营商的投资成本回收期。在已经铺设了光纤的地区,GPON 解决方案的投资成本回收期为 9~16 个月,视业务覆盖的楼宇和用户数量而定;需要新的支线和支线光纤站时,整个网络的回收期为 12~24 个月。

4. 能够支持不同 QoS 要求的业务

GPON 采用两种数据封装方式,一种是 ATM 封装,另一种是 GPON 标志性的 GEM 封装。它的 TC 层本质上是同步的,使用了标准的 8 kHz(125 μs)帧,这使 GPON 可以支持点对点的定时和其他同步服务,可以灵活地分配语音、数据和图像等各种信号,特别是可以直接支持 TDM 服务,这就是所谓的 Native TDM。

在 GPON 系统中,以 GEM port 为最小承载单位,ONU 上行的数据通过映射机制被映射到 GEM port,多个 GEM port 映射再根据不同的映射方式被映射到传输容器 T-CONT。T-CONT 主要用来传输上下行数据单元,引入 T-CONT 的概念主要是为了解决上行带宽动态分配,使上行带宽利用率达到 90%。GEM port 到 T-CONT 的映射比较灵活,可以一个 GEM port 映射到一个 T-CONT 中,也可以多个 GEM port 映射到同一个 T-CONT 中。

GPON 有很强的 QoS 能力,其处理的最小单元是 T-CONT,通过动态带宽分配算法 DBA 作用于 T-CONT,完成系统中对上行带宽的动态分配,并把 T-CONT 分为 5 种类型,不同类型的 T-CONT 具有不同的带宽分配方式,可满足不同的数据流对时间延迟、抖动、丢包率等不同的 QoS 要求。在 GEM 层主要是针对每个 GEM port 进行业务流分类,针对流分类后的业务分别进行优先级修改、流量监管和转发处理。所以 GPON 既有基于 GEM port 的逻辑层调度,又有基于 T-CONT 的物理层调度,双层调度机制使数据流的调度准确高效,从而使区分使用者和服务价值、提供共差异化的服务成为可能。

5. 强大的 OAM 能力和健壮性

从满足消费者需求和便于电信运营商运行、维护、管理的角度,GPON 通过 3 种方式来进行维护、管理和控制:嵌入式 OAM、PLOAM 和 ONT 管理与控制接口(ONT Management and Control Interface,OMCI)。它借鉴了 APON 中 PLOAM 信元的概念,实现全面的运行、维护、管理功能,使 GPON 作为宽带综合接入的解决方案可运营性非常好,并且增加了 OMCI 通道,增强了对用户端设备的监控。GPON 还提供了多种保护结构,并且能够通过故障检测来触发自动倒换和由管理事件来激活强制倒换,这为 GPON 网络提供了必要的健壮性保证。

6. 安全性高

GPON 系统下行采用高级加密标准(Advanced Encryption Standard,AES)加密算法对下行帧的负载部分进行加密,这样可以有效地防止下行数据被非法 ONU 截取。同时,GPON 系统通过 PLOAM 通道随时维护和更新每个 ONU 的密钥。

9.1.2 GPON 技术标准分析

鉴于 EPON 标准的制定是尽量在 802.3 体系结构内进行的,并且要求对以太网 MAC 协议进行扩展、补充的程度尽量小,故 EPON 虽然增加了可选的 OAM 功能,提出了支持 IP 业务所需的各种业务配置和管理功能,但与 GPON 标准相比,该技术的传输效率较低,对非数据业务尤其是 TDM 业务不能很好地支持。

1998 年 10 月,ITU-T 通过了全业务接入网(FSAN)联盟所倡导的基于 ATM 的无源光网络技术标准 G.983。该标准以 ATM 作为通道层协议,支持语音、数据、图像、视频等多种业务,提供明确的 QoS 保证和业务级别,具有完善的 OAM 系统,最高传输速率为 622 Mbit/s。

随着 Internet 的快速发展和以太网的大量使用,针对 APON 标准过于复杂、成本过高、在传送以太网数据业务时效率太低等缺点,第一英里以太网联盟(EFMA)于 2000 年年底提出了基于以太网的 EPON 的概念。IEEE 在 2000 年 12 月成立了第一英里以太网(EFM)工作组,致力于开发 EPON 标准。由于以太网相关器件的价格相对较低,而且对于在通信业务量中所占比例越来越大的以太网所承载的数据业务来说,EPON 免去了 IP 数据传输协议和格式转化,效率高,传输速率达到 1.25 Gbit/s,且有进一步升级的空间,因而 EPON 受到普遍关注。

2001 年,在 IEEE 积极制定 EPON 标准的同时,FSAN 联盟开始发起制定速率超过 1 Gbit/s 的 PON 网络标准——GPON。随后,ITU-T 也介入了这一新标准的制定工作。截止到目前,已经发布了 ITU.T G.984.1~G.984.6 六个标准,形成了 G.984.x 系列标准,如表 9-1 所示。

表 9-1　GPON 国际标准一览表

序号	标准号	中文名称	发布时间
1	ITU-T G.984.1	吉比特无源光网络(GPON):一般特性	2008 年 3 月 1 日
2	ITU-T G.984.2	吉比特无源光网络(GPON):物理介质相关(PMD)层规范	2008 年 3 月 1 日
3	ITU-T G.984.3	吉比特无源光网络(GPON):传输汇聚层规范	2008 年 3 月 1 日
4	ITU-T G.984.4	吉比特无源光网络(GPON):ONT 管理和控制接口规范	2008 年 2 月 1 日
5	ITU-T G.984.5	吉比特能力光纤接入网络的增强带	2007 年 9 月 1 日
6	ITU-T G.984.6	吉比特无源光网络(GPON):范围扩展	2008 年 3 月 1 日

1. ITU-T G.984.1

该标准的名称为吉比特无源光网络的总体特性,主要规范了 GPON 系统的总体要求,包括 OAN 的体系结构、业务类型、SNI 和 UNI、物理速率、逻辑传输距离以及系统的性能目标。

G. 984. 1 对 GPON 提出了总体目标,要求 ONU 的最大逻辑距离差可达 20 km,支持的分路比为 16、32 或 64,不同的分路比对设备的要求不同。从分层结构上看,ITU 定义的 GPON 由 PMD 层和 TC 层构成,分别由 G. 984. 2 和 G. 984. 3 进行规范。G. 984. 1 所列举的要求主要有以下几点。

① 支持全业务,包括语音(TDM、SONET 和 SDH)、以太网(工作在双绞线对上的 10/100BaseT-10 Mbit/s 或 100 Mbit/s)、ATM、租用线与其他。

② 覆盖的物理距离至少为 20 km,逻辑距离限于 60 km 以内。

③ 支持同一种协议下的多种速率模式,包括同步 622 Mbit/s、同步 1. 25 Gbit/s、不同步的下行 2. 5 Gbit/s 和上行 1. 25 Gbit/s 及更多(将来可达到同步 2. 5 Gbit/s)速率。

④ 针对点对点服务管理需提供运行、管理、维护和配置(Operation Administration Maintenance and Provisioning,OAM&P)的能力。

⑤ 针对 PON 下行流量是以广播传输之特点,提供协议层的安全保护机制。

2. ITU-T G. 984. 2

该标准名称为吉比特无源光网络的物理媒体相关(PMD)层规范,于 2003 年定稿,主要规范了 GPON 系统的物理层要求。G. 984. 2 要求,系统下行速率为 1. 244 Gbit/s 或 2. 488 Gbit/s,上行速率为 0. 155 Gbit/s、0. 622 Gbit/s、1. 244 Gbit/s 或 2. 488 Gbit/s。标准规定了在各种速率等级下 OLT 和 ONU 光接口的物理特性,提出了 1. 244 Gbit/s 及其以下各速率等级的 OLT 和 ONU 光接口参数。但是对于 2. 488 Gbit/s 速率等级,并没有定义光接口参数,原因在于此速率等级的物理层速率较高,对光器件的特性提出了更高的要求,有待进一步研究。从实用性角度看,在 PON 中实现 2. 488 Gbit/s 速率等级将会比较难。

3. ITU-T G. 984. 3

该标准名称为吉比特无源光网络的传输汇聚(Transmission Convergence,TC)层规范,于 2003 年完成,规定了 GPON 的 GTC 层、帧格式、测距、安全、动态带宽分配(DBA)、操作维护管理功能等。

G. 984. 3 引入了一种新的传输汇聚层,用于承载 ATM 业务流和 GEM(GPON 封装方法)业务流。GEM 是一种新的封装结构,主要用于封装长度可变的数据信号和 TDM 业务。

G. 984. 3 中规范了 GPON 的帧结构、封装方法、适配方法、测距机制、QoS 机制、加密机制等要求,是 GPON 系统的关键技术要求。

4. ITU-T G. 984. 4

该标准名称为 GPON 系统管理控制接口规范。2004 年 6 月正式完成的 G. 984. 4 规范提出了对光网络终端管理与控制接口(ONT Management and Control Interface,OMCI)的要求,目标是实现多厂家 OLT 和 ONT 设备的互通性。该建议指定了协议无关的管理实体,模拟了 OLT 和 ONT 之间信息交换的过程。

5. ITU-T G. 984. 5

G. 984. 5 建议规定了增强波长范围和带阻滤波器(Wavelength Blocking Filter,WBF)功能,定义了为今后增加的业务信号所预留的波长范围,在未来的 GPON 中将利用波分复用来覆盖业务信号,还规范了在光网络终端(ONT)中实现的波长过滤器的技术要求。这些过滤器以及波长范围的使用,将使得网络运营商在进行 GPON 向 NG PON/WDM PON 升级时继续使用现有的 ODN 网络,并且保证现有 ONU 的业务不会中断。

6. ITU-T G. 984. 6

ITU-T G. 984. 6 给出了范围扩展后 GPON 系统的体系结构和接口参数。范围扩展是通过在 OLT 和 ONT 之间的光纤链路中,使用物理层范围扩展设备(如再生器或光放大器)来实现的。此时,GPON 系统的最大传输距离可达到 60 km,光纤链路两端之间的衰耗预算超过 27.5 dB。

GPON 在国内的通信行业标准主要由中国通信标准化协会(CCSA)的 TC6(传送网与接入网)技术工作委员会(TC)的接入网工作组负责起草。目前,已经完成的 GPON 国家标准包括《接入网用单纤双向三端口光组件技术条件第 3 部分:用于吉比特无源光网络(GPON)光网络单元(ONU)的单纤双向三端口光组件》《接入网技术要求——吉比特的无源光网络(GPON)第 1 部分:总体要求》《接入网技术要求——吉比特的无源光网络(GPON)第 2 部分:物理媒质相关(PMD)层要求》《接入网技术要求——EPON/GPON 系统承载多业务》4 项标准,详细信息如表 9-2 所示。

表 9-2　GPON 国家标准一览表

序号	标准号	中文名称	发布时间
1	YD/T 1419.3—2006	接入网用单纤双向三端口光组件技术条件第 3 部分:用于吉比特无源光网络(GPON)光网络单元(ONU)的单纤双向三端口光组件	2006 年 6 月 8 日
2	YD/T 1949.1—2009	接入网技术要求——吉比特的无源光网络(GPON)第 1 部分:总体要求	2009 年 6 月 24 日
3	YD/T 1949.2—2009	接入网技术要求——吉比特的无源光网络(GPON)第 2 部分:物理介质相关(PMD)层要求	2009 年 6 月 24 日
4	YD/T 1953—2009	接入网技术要求——EPON/GPON 系统承载多业务	2009 年 6 月 24 日

9.1.3　GPON 技术体系结构

GPON 标准的设置是基于不同服务需求,提供最有效率和理想的传输速率,同时兼顾 OAM 功能以及可扩充的能力。在这样的设计原则下,GPON 技术得以成为光纤接入网络一种全新的解决方案。不但提供高速速率,而且支持各种接入服务,特别是在数据及 TDM 传输时支持原有数据的格式无须再次转换。

与所有的无源光网络接入系统相同,GPON 主要由 OLT、ONU/ONT 以及 ODN 3 部分组成。GPON 系统的参考配置如图 9-1 所示。如果不使用 WDM 模块,则 A、B 点不存在;如果适配功能(AF)包含在 ONU 内,则 a 参考点不存在。

1. ONU/ONT

远端接入设备 ONU/ONT 提供通往 ODN 的光接口,用于实现光纤接入网的用户接口。根据 ONU/ONT 放置位置的不同,光纤接入网可以分为光纤到户、光纤到办公室、光纤到大楼及光纤到交接箱。每个 ONU/ONT 由核心功能块、服务功能块及通用功能块组成。核心功能块包括用户和服务复用功能、传输复用功能及 ODN 接口功能。用户和服

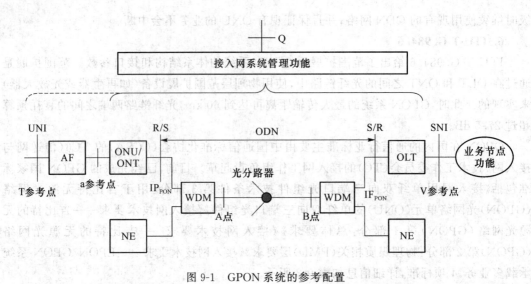

图 9-1　GPON 系统的参考配置

务复用功能包括装配来自各个用户的信息、分配要传输给各个用户的信息,以及连接单个的服务接口功能。传输复用功能包括分析从 ODN 传过来的信号并提取出属于该 ONU/ONT 的部分,以及合理地安排要发送给 ODN 的信息。ODN 接口功能则提供一系列光物理接口功能,包括光/电和电/光转换。如果每个 ONU/ONT 使用多根光纤与 ODN 相连,那么就存在多个物理接口。ONU/ONT 服务功能块提供用户端功能,它包括提供用户服务接口并将用户信息适配为适合传输的形式。该功能块可为一个或若干个用户服务,并能根据其物理接口提供信令转换功能。ONU/ONT 的通用功能模块提供供电功能及系统的 OAM 功能。供电功能包括交流变直流或直流变交流,供电方式为本地供电或远端供电,若干个 ONU/ONT 可以共享一个电源,在备用电源供电时,ONU/ONT 应该也能正常工作。

2. ODN

ODN 是 OAN 中极其重要的组成部分,它位于 ONU 和 OLT 之间。PON 的 ODN 全部由无源器件构成,它具有无源分配功能,其基本要求包括:为今后提供可靠的光缆设施;易于维护;具有纵向兼容性;具有可靠的网络结构;具有很大的传输容量;有效性高。

通常,ODN 的作用是为 ONU/ONT 到 OLT 的物理连接提供光传输媒质。组成 ODN 的无源元件有单模光纤、单模光缆、光纤带、带状光纤、光连接器、光分路器、波分复用器、光衰减器、光滤波器和熔融接头等。

3. OLT

OLT 位于中心局(Central Office,CO)一侧,并连到一个或多个 ODN,向上提供广域网接口,包括 GE、OC-3/STM-1、DS.3 等,向下对 ODN 可提供 1.244 Gbit/s 或 2.4~88 Gbit/s 的光接口,具有集中带宽分配、控制光分配网络、实时监控以及运行、维护和管理无源光网络系统的功能。

4. WDM 和 NE

WDM 模块和网元(NE)为可选项,用于在 OLT 和 ONU 之间采用不同的工作波长来传输其他业务(如视频信号)。

5. AF

AF 为 ONU 和用户设备提供适配功能,完成用户接口以及在最后一段引入线上传送业务的任务。AF 根据需要可以分为局端的局端适配功能(Central Adaptation Function,AF-C)以及在远端的远端适配功能(Remote Adaptation Function,AF-R)。在这种情况下,ONU 在 a 接口侧提供相应的控制和接口功能。AF 具体物理实现既可以与 ONU 结合,也可以独立实现。

9.1.4 协议参考模型

GPON 由控制/管理平面和用户平面组成,控制/管理平面管理用户数据流,完成安全加密等 OAM 功能,用户平面完成用户数据流的传输。用户平面分为物理媒质相关(Physical Media Dependent,PMD)层、GPON 传输汇聚(GPON Transmission Convergence,GTC)层和高层,如图 9-2 所示。

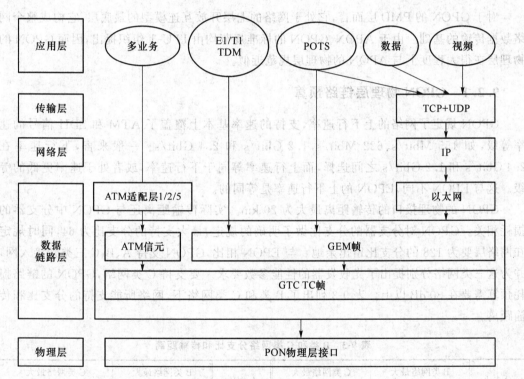

图 9-2　GPON 协议栈示意图

对于 PMD 层而言,GPON 的传输网络可以是任何类型,如 SDH/SONET 和 ITU-T 的 G.709。GPON 的用户信号也可以有多种类型,可以是基于分组的如 IP/点对点协议(Point to Point Protocol,PPP)或以太网的 MAC 帧,也可以是连续的比特数据。由于 GPON 的线路速率是 8 kbit/s 的倍数,故可以在上面传送 FDM 业务,因而 GPON 对数据业务和语音业务(即 TDM)都有很好的支持。GPON 传输网络支持对称和非对称的线路速率。

从图 9-2 可看出,GPON 的技术特征主要体现在传输汇聚层(TC 层)。传输汇聚层又分为无源光网络成帧子层和适配子层。GPON 传输汇聚的成帧子层完成 GTC 帧的封装,完成所要求的光分配网络的传输功能,光分配网络的特定功能(如测距、带宽分配等)也在光分配网络的成帧子层完成。GTC 的适配子层提供 PDU 与高层实体的接口。ATM 和通用成帧协议（GFP）信息在各自的适配子层完成 SDU 与 PDU 的转换。操作管理通信接口（OMCI）适配子层高于 ATM 和 GFP 适配子层，它识别 VPI/VCI 和 Port_ID，并完成 OMCI 通道数据与高层实体的交换。

在 Q.984.3 建议中，动态带宽分配（DBA）和 QoS 还沿用了 Q.983.4 的思路，将业务分为 5 种类型，对于不同的业务设置不同的参数，根据参数检测拥塞状态，分配带宽，对 ONU 进行授权。除 DBA、加密控制外，ITU-T 在 TC 层还定义了一些新的功能，如 FEC（前向纠错）、功率控制等。

9.2 GPON 的 PMD 层

对于 GPON 的 PMD 层而言，它处于网络的七层开放互连模型的最底层，它构成整个网络数据传输的基础。由于 APON、GPON 的标准规范均由 ITU-T 组织提出，因而 GPON 的物理层在很大程度上与 APON 的物理层规范近似。

9.2.1 GPON 物理层链路预算

GPON 规定了网络的上下行速率，支持的速率基本上覆盖了 ATM 和 SDH 信号的速率等级，如 155 Mbit/s、622 Mbit/s、1.2 Gbit/s 和 2.4 Gbit/s。一般来言，下行速率在 2.4 Gbit/s 和 1.2 Gbit/s 之间选择，而上行速率等同于下行速率，或者处于速率更低的等级。这与 EPON 不同，EPON 的上下行速率是等同的。

GPON 的物理接口的传输距离最大为 20 km。实际传输距离还与 GPON 中分支器的损耗相关。GPON 对分支器的分支比做了明确的规定，最大支持的分支比为 64，同时规定在网络层要为 128 的分支比留出余地。与 EPON 相比，GPON 支持 A、B、C 三类光接入网，并为这三类网络分别提出了光收发器的性能参数要求。要支持 C 类网络，GPON 的链路损耗预算需要在 30 dB 以上。表 9-3 列出了 B 类和 C 类网络下，网络所能支持的分支比和传输距离。

表 9-3 B 类和 C 类网络分支比和传输距离

分支比	B 类网络最大传输距离	C 类网络最大传输距离	分支比	B 类网络最大传输距离	C 类网络最大传输距离
1∶8	30 km	40 km	1∶64	10 km	20 km
1∶16	20 km	30 km	1∶128	4 km	10 km
1∶32	15 km	25 km			

表 9-3 列出了 GPON 链路预算，B 类网络是 EPON 支持的最高级别的网络，而 C 类网络是 GPON 支持的最高级别的网络。两者比较可以看出，在相同的分支比情况下，GPON 支持的传输距离是 EPON 的 1.5～2 倍。GPON 在相同的传输距离范围内，GPON 可接入的用户则是 EPON 用户的 2～4 倍。GPON 物理层方面的性能如表 9-4 所示。

表 9-4　GPON 物理层方面的性能

业务	10M/100M 以太信号，语音及专线信号
传输速率	下行：1.2 Gbit/s，2.4 Gbit/s 上行：155 Mbit/s，622 Mbit/s，2,4 Gbit/s
传输距离	20 km
分支比	最大分支比 1：64
传输波长	1 490 nm 下行波长，1 310 nm 上行波长，1 550 nm 视频传输波长

9.2.2　PMD 层要求

PON 一直被认为是光接入网中颇具应用前景的技术，它打破了传统的点到点的方法，在解决宽带接入问题上是一种经济的、面向未来的多业务用户接入技术。GPON 的接入网技术要求主要包括 GPON 光网络要求、传输媒质与工作波长、线路编码、传输距离和差分光纤距离、分路比、误码性能、最大平均信号、传输时延、GPON 承载业务类型、GPON 功能需求和 PON 保护等。

1. GPON 光网络要求

GPON 系统的 OLT 和 ONU 之间采用 ITU-T G.652 规定的单模光纤，上下行可采用单纤双向或双纤双向传输方式。局端系统采用单纤双向方式，上行使用 1 310 nm 波长，下行使用 1 490 nm 波长。而当采用双纤双向传输方式时，上下行应使用相同的 1 310 nm 波长分别在两根独立的光纤上进行传输。而当使用第三波长提供 CATV 业务时，可使用 1 550 nm 波长。GPON 支持的各种速率组合情况如表 9-5 所示。

表 9-5　各种速率组合情况

速率类型	上行速率	下行速率
对称	1.244 Gbit/s	1.244 Gbit/s
	2.488 Gbit/s	2.488 Gbit/s
不对称	155.52 Mbit/s	2.488 Gbit/s
	155.52 Mbit/s	1.244 Gbit/s
	622.08 Mbit/s	2.488 Gbit/s
	622.08 Mbit/s	1.244 Gbit/s
	1.244 Gbit/s	2.488 Gbit/s

由此可见，相对于 APON 和 EPON，GPON 的速率有了明显的提高，而且支持多种速率等级。这一规定充分考虑到了目前网络的实际应用情况。由于上行的光突发发送对技术要求很高，如果对上行速率要求不高则可以选择很小的上行速率标准，这样可以很好地节约成本。当然，对上行速率有较高要求时，GPON 也完全有能力满足。

2. 传输媒质与工作波长

与 APON、EPON 一样，GPON 系统也推荐以 G.652 光纤作为传输媒质。在 ODN 的上、下行传输方向中，可以通过波分复用技术在单根光纤上采用双工通信方式，也可以在两根光纤上使用单工通信方式实现双向传输。

单纤系统的下行数据流工作波长范围是 1 480～1 500 nm,上行数据流工作波长范围是 1 260～1 360 nm。这样的波段选择是为了降低 PON 系统的成本,下行工作波长选择在 1 480～1 500 nm 范围是为了留出 1 539～1 565 nm 这段波长范围用于开通视频业务或其他业务使用,上行工作波长为色散小的 1 310 nm 波段就决定了 ONU 的激光器可以采用光谱宽度为纳米量级的、普通的、廉价的 F-P 腔激光器,而不是单纵模的、光谱宽度较窄的、较昂贵的 DFB 激光器。

双纤系统的上、下行数据流工作波长都是 1 260～1 360 nm。

3. 线路编码

在传输过程中,APON 和 GPON 上、下行数据流都采用非归零(Non-Return to Zero,NRZ)编码方法,EPON 则采用了 8B/10B 编码方式。

从编码方式就可以看出 GPON 比 EPON 效率更高。因为 EPON 使用了 8B/10B 编码,其本身就引入了带宽损失,1.25 Gbit/s 的线性速率在处理协议本身之前实际就只有 1 Gbit/s。GPON 系统使用扰码作为线路码,其机理与光同步网(Synchronous Optical Network,SONET)或 SDH 一样,只改变码,不增加码,所以没有带宽损失。

G.984.2 的规范中描述了基于 FEC 技术的解决方案,以保证高速传输时数据的完整性并降低光模块成本。高速数据流会减少接收机的灵敏度,此时色散对传输的影响将十分显著,这些均会增大传输误码率。引入 FEC 技术后,可有效提高光功率预算(3～6 dB),延长了 GPON 系统的覆盖范围并提高光分路比。

作为一种编码技术,FEC 由接收方来验证传输检错功能,在接收端发现差错并定位二进制码元误码处,纠正该错误时无须告知发送方重传。编码后的冗余信息与原数据共同传输,经 FEC 编码后,GPON 系统的线路速率可达到 2.655 Gbit/s,多出的即为冗余信息,FEC 就通过这些信息来判别并纠正误码。如某些数据丢失或出错时,可由冗余信息准确恢复。当超过一定误码率时(一般高于 10^{-3}),FEC 将受限于其纠错能力而无法恢复。为保障传输效率,FEC 冗余信息量通常设置较小,而当需要恢复较为严重的劣化信号时需要较多冗余信息,因此会降低数据传输效率。

FEC 中最常用的是循环编码,可表示为 (n,m),n 为编码后的比特数,m 为原始信息比特数。光通信系统普遍采用 RS FEC 编码方式,以 RS(255,239)为例,即经过 FEC 编码后从 239 比特增至 255 比特,因此传输速率为 2.488 Gbit/s 的 GPON 数据经 RS(255,239)编码后即变成前文所述的 2.655 Gbit/s。

4. 传输距离和差分光纤距离

在传输距离的参数中有最大逻辑距离这一概念。最大逻辑距离的定义是:独立于光预算的特定传输系统能达到的最大长度。它以千米为单位,并且不受 PMD 参数限制,而是受到 TC 层和执行情况的影响,GPON 的最大逻辑距离为 60 km。

物理传输距离定义为特定传输系统能达到的最大长度,即 ONU/ONT 和 OLT 之间的最大物理距离。在 GPON 系统中,物理传输距离有两种选择:10 km 和 20 km。

一个 OLT 可以与多个 ONU/ONT 建立连接。差分光纤距离是离 OLT 最近的 ONU/ONT 和离 OLT 最远的 ONU/ONT 之间的距离。在 GPON 中,最大差分光纤距离是 20 km。

5. 分路比

通常情况下,GPON 的分路比越高,对运营商的吸引力就越大。但是,分路比越高意味着对分路器的要求越高,需要通过增加功率预算来支持规定的物理距离。

GPON 系统有着比较高的分路比,支持 1∶16、1∶32、1∶64 乃至 1∶128。GPON 的高分路比特点更适合作为住宅宽带业务引入方案,因为目前每一用户的带宽需求还相对低,但是用户数量庞大。可见,GPON 的高分路比有着很好的应用前景。

6. 误码性能

ITU-T 目前规定跨越整个 PON 系统的误码率应优于 10^{-9},其目标误码率指标应优于 10^{-10}。上述指标相对于我国接入网体制的规定而言偏松,特别是 10^{-9} 会导致接入网部分所占指标过大,影响全程端到端误码性能的总指标。对于绝大多数的实际应用,端到端通信距离是很短的,采用 10^{-9} 这个指标仍然是满意的,不过在 G.984.2 建议中明确规定了在 GPON 系统中其误码率应优于 10^{-10}。

7. 最大平均信号传输时延

平均信号传输时延是指参考点之间的上行流和下行流的时延平均值,该值可通过将测量到的往返时延值除以 2 得出。GPON 系统的最大平均信号传输时延不超过 1.5 ms。

8. GPON 承载业务类型

GPON OLT 系统可以接入以太网/IP 业务、TDM 数据专线业务、语音业务和 CATV 业务。以太网/IP 业务包括以太网/IP 数据业务和 IP 视频业务。TDM 数据专线业务包括 E1 业务或 $n×64$ kbit/s 数据专线业务。语音业务包括 POTS 业务或 VOIP 语音业务。其中大量工作属于软件工作,而硬件工作主要是在速度和时延上都能为这些业务提供硬件保障。

9. GPON 功能需求

GPON OLT 系统要实现动态带宽分配、业务 QoS 保证、业务优先级、业务流限速、ONU 认证、数据加密功能和光纤保护倒换等系统功能。同时也要实现 MAC 地址交换、二层汇聚、二层隔离、VLAN、帧过滤、广播风暴抑制、端口自协商、流量控制功能、MAC 地址数量限制、快速生成树功能、多播功能、链路聚集和 VoIP 相关功能的以太网功能。

9.3 GPON 的 GTC 层

G.984.3 为 GPON 定义了一个全新的 GPON 传输汇聚(GTC)层,该层可以作为通用的传输平台来承载各种用户信号(如 ATM、GEM)。

9.3.1 GTC 协议栈

GPON 系统主要由 PMD、GPON GTC 和高层 OMCI 协议组成,其中物理层提供光接口,完成光电转换、波分复用、时钟同步恢复等功能。图 9-3 所示是 GTC 层协议栈,主要由 GTC 成帧子层和 GTC 适应子层组成。

GTC 成帧子层对所有在 GPON 系统中传输的数据可见,而且 OLT GTC 成帧子层和 ONU GTC 成帧子层直接对等。在该子层中,把 GTC 帧分成 GEM 块、嵌入式 OAM 和 PLOAM 块;其中的嵌入式 OAM 信息直接用于管理该子层,该信息在成帧子层终结,不会送往其他层处理;PLOAM 信息在该层的 PLOAM 模块处理;对于成帧子层的 GEM 帧,GTC 模块会传送给相应的适应子层模块处理。

GTC 适应子层把上层传送的 GEM SDU 数据即 OMCI 控制消息的 GEM 帧和用户

GEM 帧,通过 GEM 适配器转换成 GEM PDU 数据,或者把 GEM PDU 数据转换成 GEM SDU 数据;PDU 数据包含用户数据和 OMCI 通道数据,这些数据在适配子层被识别,PDU 数据中的 OMCI 通道数据与 OMCI 实体进行交互,完成高层 OMCI 管理功能。

从上面的论述中可见,GPON 系统中定义了一种新的数据封装方式——GEM 封装,GEM 帧的概念存在于 OLT 和 ONU 之间。在上行方向,进入 ONU 的用户数据在 TC 适应层子层和成帧子层被处理和封装成 GEM 帧,映射到某个流量容器(T-CONT),到达 GPON 物理媒质层,经过它的转换处理,把数据通过光纤发送到 OLT,OLT 的 TC 适应子层和成帧子层再进行解封装操作,取出数据部分做相应处理;下行方向的处理与上行方向的处理类似。

在引入了 GEM 之后,GPON 具备了高效完善的 GTC 层功能,G.984.3 建议的 GPON TC 层(GTC)的协议分层模型如图 9-3 所示。

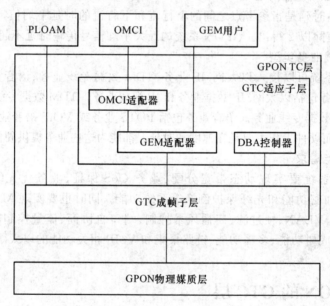

图 9-3　GPON 的 GTC 层的协议分层模型

图 9-3 中,物理层 OAM(Physical Layer OAM,PLOAM)用于物理层的操作、管理和维护。G.984.3 定义了 19 种下行 PLOAM 信息,9 种上行 PLOA2M 信息,可实现 ONU 的注册及 ID 分配、测距、端口标识符的分配、虚拟通道标识(Virtual Channel Identifier,VCI)/虚拟通路标识(Virtual Path Identifier,VPI)、数据加密、状态检测、误码率监视等功能。OMCI 提供了另一种 OAM 服务,它高于 ATM 和 GFP 适配子层,它用于识别 VCI/VPI 和端口标识符,并完成 OMCI 通道数据与高层实体的交换。OMCI 信息可封装在 ATM 信元或 GEM 帧中进行传输,取决于 ONU 提供的接口类型。GTC 成帧子层完成对 ATM 信元及 GEM 帧的进一步封装,使得 GPON 具备更完善的 OAM 功能。

9.3.2　控制、管理平面和用户平面

GTC 层由管理用户传输流量、安全、OAM 功能的控制/管理平面(C/M 平面)和承载用户流量的用户平面(U 平面)组成。

1. 控制/管理平面

GTC 系统的控制和管理平面包括 3 个部分：嵌入式 OAM、PLOAM 和 OMCI。嵌入式 OAM 和 PLOAM 通道管理 PMD 和 GTC 层功能，而 OMCI 提供了一个统一的管理上层的系统。控制/管理平面协议栈如图 9-4 所示。

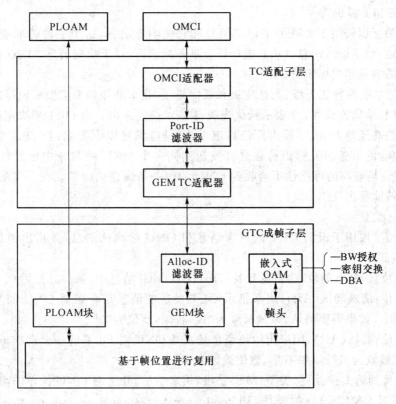

图 9-4 C/M 平面协议栈

嵌入式 OAM 通道由 GTC 帧头中格式化的域信息提供。因为每个信息片被直接映射到 GTC 帧头中的特定区域，所以 OAM 通道为时间敏感的控制信息提供了一个低时延通道。使用这个通道的功能包括：带宽授权、密钥交换和动态带宽分配指示。

PLOAM 通道是由 GTC 帧内指定位置承载的一个格式化的信息系统，它用于传送其他所有未通过嵌入式 OAM 通道发送的 PMD 和 GTC 管理信息。OMCI 通道用于管理 GTC 上层的业务定义。GTC 必须为 OMCI 流提供传送接口。GTC 功能提供了根据设备能力配置可选通道的途径，包括定义传送协议流标识（Port-ID）。

OMCI 协议处于 GPON 系统中高层的控制层面，主要完成高层的业务配置和性能管理。ITU-T G.984.4 协议定义了 OMCI 协议在 GPON 系统中的应用范围和应用方式。

在 GEM 模式下，每个 OMCI 报文封装在 GEM 帧中，OMCI 消息共由 53 字节组成，其消息内容为：GEM 帧头、事务相关标识符、消息类型、设备标识符、消息标识符、消息内容和 CRC 尾字段，每个字段的大小如图 9-5 所示。

GEM帧头 (5 B)	事务相关标识符 (2 B)	消息类型 (1 B)	设备标识符 (1 B)	消息标识符 (4 B)	消息内容 (32 B)	OMCI尾字段 (8 B)

图 9-5 OMCI 消息帧格式

（1）GEM 帧头

GEM 帧头用于对消息的定界，它包含 12 比特的 PLI（净荷长度指示）、12 比特 Port ID、3 比特的 PTI（净荷类型指示）和 13 比特的 HEC（帧头校验控制）。其中 Port ID 表示 ONU 的 OMCI 通道。PTI 等于 000 或 001，表示该 GEM 帧为用户数据片段。

（2）事务相关标识符

事物相关标识符用于关联一个请求消息和它的响应消息，这个字段的取值由 OLT 的定义规则确定，对于请求消息，OLT 选择任意事务标识符；对于响应消息，ONU 携带着它所应答的消息的事务相关标识符。

OMCI 消息有两种优先级：高优先级和低优先级，是由事务相关类型标识符的最高有效位指示的，并且编码方式为：0 表示低优先级，1 表示高优先级。由 OLT 来决定执行一条命令的优先级是高还是低，该字段由厂商自定义，但是应满足以下要求：当 OLT 发送一条命令时，如果包含的事务相关标识符在之前发送到同一个 ONU 的命令中已经使用过，那么 OLT 必须保证足够高的可能性不会收到 ONU 的前一条命令的应答。在下文的论述中，事务相关标识符简称为 TCI。

（3）消息类型

消息类型字段用于识别 OLT 的请求消息和 ONU 的确认消息，并指出消息的操作类型，它包括四部分。

① 第 8 位：最高有效位，为目的比特（DB），在 OMCI 消息中，该位总是为 0。

② 第 7 位：请求确认（AR），用来指示 OLT 发送的消息是否需要 ONU 回复对要求动作的执行结果。如果需要确认，该位被置为"1"，否则，该位为"0"。

③ 第 6 位：确认（AK），用来指示该消息是否是 ONU 对 OLT 的一个动作请求的应答。如果是，该位被置为"1"；如果不是，该位被置为"0"。

④ 第 5 位到第 1 位：消息类型（MT）字段，用来指示 OLT 对 ONU 操作的动作类型，规定 OLT 下发对 OMCI 消息的操作，如 create、create response、set、set response、get、MIB upload 等。目前在标准协议中采用 4～28 的编码。

（4）设备标识符

该字段用于对 GPON 设备的标识，并固定为 0x0A。

（5）消息标识符

消息标识符用于标识 OMCI 消息的类型和实例号，它包含 4 字节，前两个最高有效位字节用来指示消息类型中指定动作的目标受管实体，其中可能的受管实体的最大数目是 65 536；后面两个最低有效位字节用来识别受管实体实例。

（6）消息内容

消息内容字段格式是和具体消息相关的，目标受管实体类型不同，其消息内容反映的属性类型和属性值不同，对消息的操作类型不同，其消息字段的属性值不同。

（7）OMCI 尾字段

该字段用于对收到的 OMCI 帧的正确性做检查，通过 CRC 校验，丢弃 CRC 校验错误的消息。在该 8 个字段中，前两个字节在发送端设置为 0x0000，接下来的两个字节设置为 0x0028，剩余的 32 比特参照 ITU-T 建议的 I.363.5 计算 CRC 校验的值。

OMCI 协议的实现分为 OLT 端的 OMCI 模块和 ONU 端的 OMCI 模块，其中 OLT 端的 OMCI 模块是主模块，负责配置实现不同业务的管理实体以及管理实体操作的顺序，而

ONU 端的 OMCI 模块是从模块,被动接受从 OLT 下发的由 OMCI 消息流,解析并应用到
ONU,同时完成消息响应操作。

2. 用户平面

U 平面的业务流由业务类型(GEM 模式)和 Port-ID 标识,用户平面协议栈如图 9-6 所
示。下行块或上行分配 ID(Alloc-ID)承载数据指示流类型。12 bit 的 Port-ID 用于标识
GEM 业务流。T-CONT 由 Alloc-ID 标识,是一组业务流。带宽分配和 QoS 控制通过分配
BW 在每个 T-CONT 中完成,BW 分配根据控制不同数目的时隙来实现。不同的业务类型
必须被映射到不同的 T-CONT,并由不同的 Alloc-ID 标识。

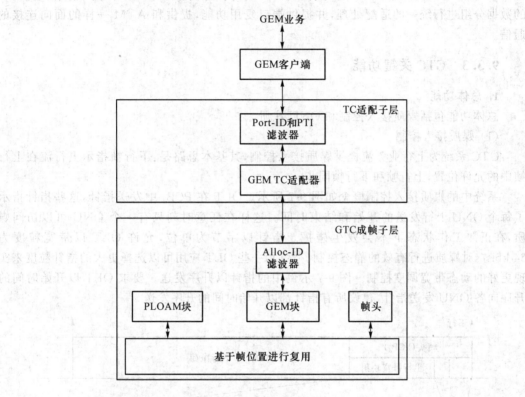

图 9-6 用户平面协议栈

GTC 中的 GEM 流操作归纳如下。

在下行方向,GEM 帧由 GEM 块承载并送至所有 ONU。ONU 成帧子层提取帧,GEM
TC 适配器根据 12 bit 的 Port-ID 过滤信元。只有携带正确 Port-ID 的帧才允许到达 GEM
客户端块。

在上行方向,GEM 流由一个或多个 T-CONT 承载。OLT 接收到与 T-CONT 关联的
流后,会将帧转发到 GEM TC 适配器,然后送至 GEM 客户端。

每一种传输方式的操作概括如下。

(1) ATM 传输模式

在下行方向,信元封装在 ATM 分区中传输到 ONU。OUN 成帧子层对信元进行解压
然后 ATM 的 TC 适配器根据信元携带的 VPI 和 VCI 信息进行过滤,使其符合要求的信元
到达相应的客户端。

在上行方向,ATM 数据流通过一个或多个 T-CONT 进行传输,每一个 T-CONT 只和

一个或多个 ATM 或者 GEM 流相关,因此在复用时不会产生错误。当 OLT 端接收到相关的由 Alloc-ID 定义的 T-CONT 以后,信元通过 ATM TC 适配器然后到达 ATM 客户端。

(2) GEM 传输模式

在下行方向,GEM 帧是通过封装在 GEM 分区中传输到 ONU。ONU 成帧子层对 GEM 帧进行解压,然后 GEM TC 适配器根据 GEM 帧头中的 Port-ID 进行过滤,使含有正确 Port-ID 的 GEM 帧到达 GEM 客户端。在上行方向,GEM 传输模式和 ATM 传输模式类似,这里就不再赘述。虽然 GPON 可以使用 GEM 和 ATM 两种传输模式,但是 GEM 是针对 GPON 制定的传输模式,它可以实现多种数据的简单、高效的适配封装,将变长或定长的数据分组进行统一的适配处理,并提供端口复用功能,提供和 ATM 一样的面向连接的通信。

9.3.3 GTC 关键功能

1. 总体功能

总体功能包括媒质接入控制和 ONU 注册。

(1) 媒质接入控制

GTC 系统为上行业务流提供媒质接入控制,其基本思路是:下行帧指示上行流在上行帧中的允许位置,上行帧和下行帧同步。

系统中的媒质接入控制概念如图 9-7 所示。OLT 在 PCB$_d$ 中发送指针,这些指针指示了每个 ONU 上行发送的开始和结束时间。这样在任意时刻只有一个 ONU 可以访问媒质,在正常工作状态下不会发生碰撞。指针以字节为单位,允许 OLT 以带宽粒度为 64 kbit/s 对媒质进行有效的静态控制。然而,一些 OLT 应用可以选择更大的指针粒度来实现更好的动态带宽调度控制。图 9-7 示例中的指针以升序发送。要求 OLT 以开始时间的升序向各 ONU 发送指针,建议所有指针都以开始时间的升序发送。

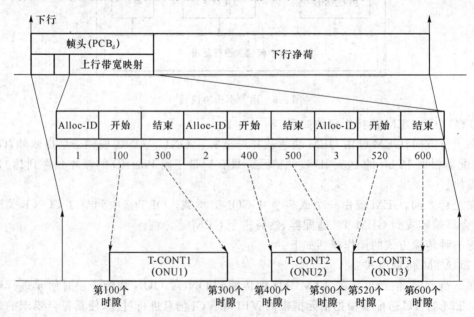

图 9-7 GTC 层媒质接入控制概念

图 9-7 通过一个 ONU 只包含一个 T-CONT 工作的情况阐明了媒质接入控制这个概念,实际上媒质接入控制在每一个 T-CONT 中都会使用到。

（2）ONU 注册

ONU 的注册通过自动发现进程来完成。ONU 的注册有两种方式:第一种方式是通过管理系统事先将 ONU 的序列号写入 OLT 中,如果 ONU 检测到需要加入的 ONU 序列号与事先设置的序列号不一致,则判断该 ONU 为无效 ONU;第二种方式是管理系统事先不将 ONU 的序列号写入 OLT 中,OLT 通过自动发现机制检测 ONU 的序列号。一旦一个新的 ONU 被发现,OLT 将分配给该 ONU 一个 ONU-ID,同时激活该 ONU。

2. GTC 成帧子层的功能

GTC 成帧子层具有复用和解复用、帧头的创建和解码、基于 Alloc-ID 的内部路由 3 项功能。

（1）复用和解复用

由于在一个帧中可能包括 ATM、GEM 和 PLOAM 部分,所以需要在发送端把它们复用到一个 GTC 帧当中,边界信息在帧头上标识。然后在接收端对收到的数据进行解复用,把 ATM、GEM 和 PLOAM 部分分别发送到对应的业务适配器中。

（2）帧头的创建和解码

在成帧子层中,都是根据嵌入式 OAM 信息来创建帧头和帧的其他部分。在接收端也是根据这些信息来对数据进行分类处理的。

（3）基于 Alloc-ID 的内部路由

由于每个 Alloc-ID 都唯一标识了一个 T-CONT,所以通过 Alloc-ID 就能找到需要发送数据的 T-CONT。

3. GTC 适配子层的功能

GTC 适配子层提供了 3 种业务适配器:ATM 业务适配器、GEM 业务适配器和 OMCI 适配器,这 3 种适配器为高层的协议数据提供了到下层的接口。

（1）ATM 业务适配器

ATM 业务适配器主要提供对各种类型和速率的数据的适配功能,经过适配后,数据以信元的形式到达成帧子层进行成帧处理。

（2）GEM 业务适配器

GEM 业务适配器可以将各种类型的数据适配到 GEM 帧格式中,这样就可以保持原有帧格式不变,提高传输和处理的效率。GEM 业务适配器为各种数据（以太网数据、El/T1 等）提供了到成帧子层的接口,经过 GEM 业务适配后,GEM 帧就可以在成帧子层组成 GTC 帧。

（3）OMCI 适配器

OMCI 适配器主要为控制管理信息提供到成帧子层的接口。OMCI 适配器通过 ATM 和 GEM 适配器交换数据,同时与 OMCI 实体交换数据,可以通过 VPI/VCI（ATM）和 Port-ID（GEM）识别 OMCI 通道。这些信息首先通过 OMCI 适配器,再经过 ATM 或者 GEM 适配器适配到 ATM 信元或者 GEM 帧中,最后到成帧子层成帧。

9.4 GPON 技术的工作原理

9.4.1 GPON 突发传输技术

与 EPON 一样,GPON 的上行信号也是突发信号。EPON 为了接收突发信号,在各个突发包之间留了比较大的物理层开销,来实现突发信号的增益恢复以及时钟恢复。GPON 则采用了不同的技术来实现对突发信号的接收。

GPON 通过控制管理层面上的信令,在 ONU 启动初始化时来调整 ONU 发射机的功率,使得 ONU 信号到达 OLT 时幅度变化不会太大,这样有利于信号的快速接收和恢复。ONU 的发射机功率可调范围一般可以分为三类:最大功率、最大功率的 1/2、最大功率的 1/4。

经过这样的调整,OLT 的接收机动态范围要比调整前至少提高 6 dB。GPON 仍然也使用物理层开销,但是相比于 EPON 而言,由于功率调整的机制,其物理层开销要少得多。表 9-6 给出了 GPON 和 EPON 在物理层上开销的比较。

表 9-6 GPON 和 EPON 在物理层上开销的比较

物理层开销	GPON	EPON
激光器开启及激光器关闭时间	26 ns	500 ns
增益调整/时钟恢复时间	40 ns	192～800 ns
冗余时间	26 ns	128 ns
标识时间	8 ns	—
总时间长度	～100 ns	192～800 ns

GPON 在物理层面上还引入了前向纠错编码技术(Forward Error Correction,FEC),FEC 本来是在长途光传输网络中应用的技术,用于提高传输距离或者降低误码率。FEC 在 GPON 的引入,在网络保证相同误码率的前提下可以增强网络的传输距离以及分束比,降低了网络对于 ONU 的激光器的要求,有利于降低网络成本。

9.4.2 GPON 的帧结构和封装技术

GPON 系统采用固定 125 μs 周期的下行帧,以保证整个系统的定时关系。

GPON 下行的帧结构如图 9-8 所示,帧长 125 μs,包含 PCBd(PCBdownstream)及负荷区,负荷区透明承载 ATM 信元及 GFP 帧。ONU 根据 PCBd 获取同步等信息,并依据 ATM 信元头的 VPI/VCI 过滤 ATM 信元,依据 GFP 帧头的 PortID 过滤 GFP 帧。

PCBd 模块组成主要如下。

(1) Psync(Physical synchronization,物理层同步):用作 ONU 与 OLT 同步,值为 0xF628。

(2) Ident:用作指示超帧,值为 0 时指示一个超帧的开始。

(3) PLOAMd(PLOAMdown-stream):用于承载下行 PLOAM 信息。

(4) BIP:比特间插奇偶校验 8 bit 码,用作误码监测。

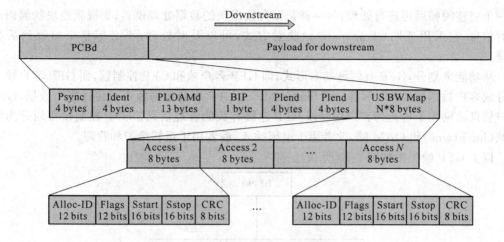

图 9-8　GTC 的下行帧结构

（5）Plend(Payload Length downstream)：用于说明 USBW Map 域的长度及载荷中 ATM 信元的数目，为了防止出错，Plend 出现两次，它包含三个域，分别是 BLEN（说明 US BW Map 域的长度）、ALEN（说明 ATM 信元的数目）、CRC（提供校验）。

（6）US BW Map 域介绍如下。

① Alloc-ID：指明授权发送的 ID 标识，一个 Alloc-ID 对应于一个传输聚合实体（Transmission Container，T-CONT），一个 ONU 可分配多个 Alloc-ID。

② Flags：指明上行帧的开销，比特 0 置位指示特定的 T-CONT 发送 PCBu(PCBupstream)，比特 1 置位指示对应的 ONU 传输时应采取 FEC 措施，比特 2 置位指示对应的 ONU 发送 PLOAMu 信息，比特 3 置位指示对应的 ONU 发送 PLSu(Power Levelling Sequence，功率测量序列)。

③ Sstart：指明发送起始的时隙位置。

④ Sstop：指明发送中止的时隙位置。

⑤ RESERVED：保留将来使用。

⑥ CRC：提供整个 USBWMap 域的校验。

图 9-9 为 GTC 的上行帧结构。上行物理层开销(PLOu)包含了用于系统同步的前导码和定界符，它允许对上行突发链路进行适当的操作。PLOAMu 字段用于承载上行物理层管理信息。PLSu 为功率测量序列，长度 120 字节，用于调整光功率。DBRu 用于向 OLT 报告 ONU 的上行带宽需求，OLT 根据报告进行适当的上行带宽分配。

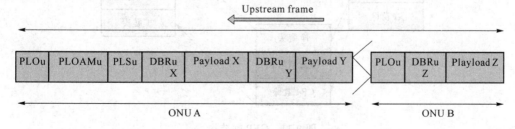

图 9-9　GTC 的上行帧结构

GPON 支持两种数据处理模式：一种是面向变长数据的数据处理模式，如 IP/PPP 或以太网 MAC 帧等变长度的帧，它采用映射整个数据帧(Frame-Mapped)的适配方式，等接收到一个完整的帧后再进行处理;另一种是面向数据块的数据处理模式,如视频经块状编码的实时信号,它采用透明(Transparent)映射方式,可以及时处理,不必等整个帧收到后再处理。

从功能来划分,GFP 有两种基本形式,即 GFP 客户帧和 GFP 控制帧,而 GFP 客户帧又可分成客户数据帧(CDF)和客户管理帧(CMF)。GFP 客户数据帧用于传送客户数据,GFP 客户管理帧则用于传送与客户信号或 GFP 连接有关的管理信息。GFP 控制帧可划分为空闲帧(IdleFrame)和 OAM 帧,前者用于空闲插入,后者用于运转维护和管理。

以上 GFP 帧类型如图 9-10 所示。

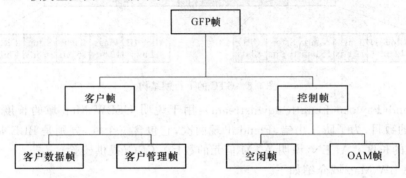

图 9-10　GFP 帧类型

GFP 的组成从功能上看,可分成公共部分和特定客户部分。前者用于所有的 GFP 帧的数据流,包括诸如 PDU 定界、数据链路同步、扰码、客户 PDU 复用,以及与客户无关的性能监控等;后者负责把客户 PDU 数据装入 GFP 负荷中,与客户有关的性能监控以及 OAM。

由于 GFP 提供以高效简单的方式在同步传送网上传送不同业务的通用机制,故它用作 GPON TC 层的基础是十分理想的。使用 GFP 时,GPON TC 层本质上是同步的,并使用标准的 SONET 8 kHz(125 μm)帧,这使 GPON 能够直接支持 TDM 业务。

但是,考虑到 GPON 多 ONU、多路复用的情况,制定了针对 GPON 的 GFP 帧,如图 9-11 所示。

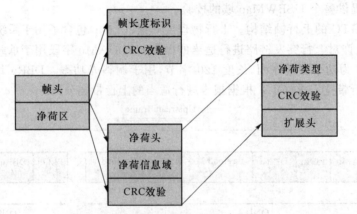

图 9-11　GFP 帧结构

在 GFP 帧的头部引入了 Port-ID,用于支持多端口复用;还引入了 Frag(Fragment)分段指示以提高系统的有效带宽,第一个分段的 Frag 值为 10,中间分段的 Frag 值为 00,最后一个分段的 Frag 值为 01,若承载的是整帧,Frag 的值为 11。而且针对 GPON 的 GFP 帧也不支持透明传输模式。

9.4.3 ONU 注册过程

ONU 注册过程包括:OLT 传送工作参数到 ONU;测量 OLT 和每个 ONU 间的逻辑距离;确定下行和上行通信信道。测量 OLT 和每个 ONU 间的逻辑距离称为测距过程。GPON 使用带内方法为每个工作的 ONU 测量传输延迟。当对新的 ONU 测距时,工作的 ONU 必须临时延迟传输,以打开一个测距窗口。该测距窗口与新加入系统的 ONU 的距离有关。

ONU 的注册过程由 OLT 控制,其主要步骤如下:ONU 通过 Upstream_Overhead 信息接收 PON 工作参数;ONU 根据接收到的工作参数调整自己的参数(如发送光功率等级);OLT 通过序列号获得程序发现新的 ONU 序列号;OLT 分配一个 ONU-ID 给新发现的 ONU;OLT 测量新的 ONU 的平均时延;OLT 将平均时延传送给 ONU;ONU 根据平均时延调整它的上行帧发送开始时间。

以上注册过程是通过交互上、下行标记以及 PLOAM 信息来完成的。在正常工作状态下,所有接收帧的相位都被监测,从而使平均时延根据实际情况进行更新。

1. 序列号获取流程

序列号获取流程如图 9-12 所示。首先 OLT 暂停对上行带宽的授权,从而产生一个静止期。等待一段测距时延之后,OLT 发送序列号请求。处于序列号状态(03)的 ONU 接收到序列号请求后等待一段序列号响应时间,再发送响应消息。OLT 收到响应消息后发送分配 ONU-ID 消息,ONU 进入测距状态(04)。

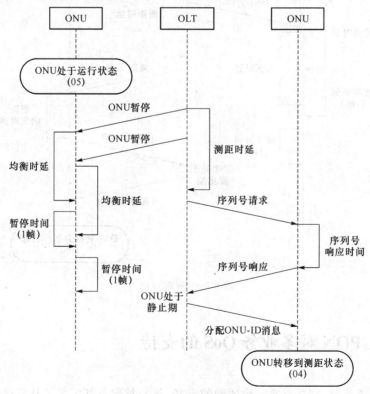

图 9-12　序列号获取流程

因为在 03 状态下,OLT 发送的序列号请求消息是广播给所有 ONU 的,因此响应的 ONU 可能不止 1 个。那么 OLT 接收到的响应消息就可能是多个 ONU 响应消息的叠加,这样 OLT 就不能正确识别这些消息。为此需要采用随机时延来解决这个问题。

在随机时延方法中,在发送序列号之前 ONU 产生一个随机数,该随机数与时延单位相乘就得出随机时延。所有速率下的时延单位都是 32 字节。随机时延必须是时延单位的整数倍。每发送一次序列号之后,ONU 就产生一个新的随机数,从而避免了冲突的发生。随机时延值的范围是 $0 \sim 48$ μs。该范围是从最早可能的发送开始(零时延)到最晚可能的发送结束(包括 ONU 内部处理时延和上行突发持续时间)。

2. 测距过程

测距过程如图 9-13 所示。首先 OLT 产生一个静止时段,之后 OLT 给所有 ONU 发送测距请求消息。ONU 接收到测距请求消息后等待测距响应时间,然后再发送序列号响应消息。OLT 接收到序列号响应消息后发送分配测距时间消息,ONU 接收到分配测距时间消息后进入运行状态(05)。

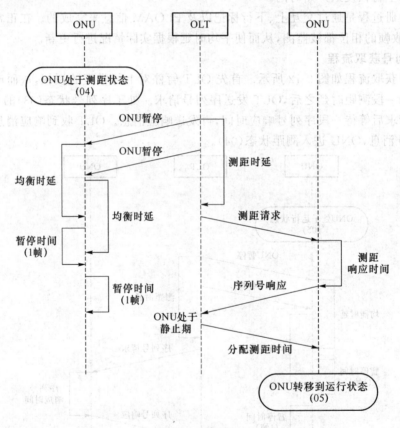

图 9-13　测距过程

9.5　GPON 对多业务 QoS 的支持

QoS 即服务质量,它并没有一个明确的定义,每一种服务都定义了其自己的 QoS 标准,所以我们可以通过相应的 QoS 特性来描述相应的服务。对于网络业务，服务质量包括传输的带宽、传送的时延、数据的丢包率等。在网络中可以通过保证传输的带宽、降低传送的时延、降低数据的丢包率以及时延抖动等措施来提高服务质量。

根据 IEEE 的标准 802.1p 所述，QoS 必须考虑以下参数。

（1）可用性：通过业务的可用时间与不可用时间之比来衡量的。为了提高业务的可用性，网络必须具有自动重配置的功能。

（2）可用带宽：指网络的两个节点之间特定应用业务流的平均速率，主要衡量用户从网络取得业务数据的能力，所有的实时业务对带宽都有一定的要求，如对于视频业务，当可用带宽低于视频源的编码速率时，图像质量就无法保证。

（3）时延：指数据包在网络的两个节点之间传送的平均往返时间，所有实时性业务都对时延有一定要求，如 VoIP 业务，一般要求网络时延小于 200 ms，当网络时延大于 400 ms 时，通话就会变得无法忍受。

（4）丢包率：指在网络传输过程中丢失报文的百分比，用来衡量网络正确转发用户数据的能力。不同业务对丢包的敏感性不同，在多媒体业务中，丢包是导致图像质量恶化的最根本原因，少量的丢包就可能使图像出现马赛克现象。

（5）时延抖动：指时延的变化，有些业务，如流媒体业务，可以通过适当的缓存来减少时延抖动对业务的影响；而有些业务则对时延抖动非常敏感，如语音业务，稍许的时延抖动就会导致语音质量迅速下降。

（6）误包率：指在网络传输过程中报文出现错误的百分比。误码率对一些加密类的数据业务影响尤其大。

GPON 标准的业务模型定义了数据、话音、电路专线和视频 4 类业务，它们对传输时延、带宽、丢包率、可靠性等有着不同的要求。为了能够更好地支持各种不同服务的 QoS 要求，GPON 系统首先要区分不同的业务类型，进而为之提供相应的服务质量。在 QoS 的保证下，GPON 系统提供了以下几种机制：DBA、VLAN 的划分、优先级的标记、带宽限速等。

GPON 系统更加完善的 DBA 机制使其具有比其他 PON 更加优秀的 QoS 服务能力。如图 9-14 所示，GPON 将业务带宽分配方式分成 4 种类型，优先级从高到低分别是固定带宽（Fixed）、保证带宽（Assured）、非保证带宽（Non-Assured）和尽力而为带宽（Best

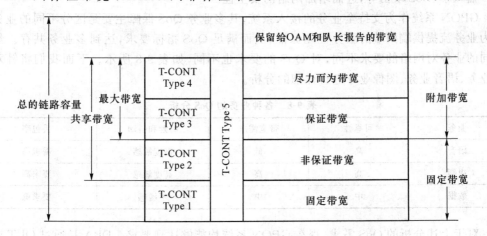

图 9-14　T-CONT 与带宽类型关系图

Effort)。同时,GPON TC 层规定了 5 种类型的传输容器(Transmission Container,T-CONT)作为上行流量调度单位,每个 T-CONT 由 Alloc-ID 标识。每个 T-CONT 可包含一个或多个 GEM Port-ID。不同类型的 T-CONT 具有不同的带宽分配方式,可以满足不同业务流对时延、抖动、丢包率等不同的 QoS 要求,具体如表 9-7 所示。

表 9-7　各种 T-CONT 的分析与应用

类型	特点	应用
T-CONT 1	固定带宽固定时隙,对应固定带宽(Fixed)分配	适用于时延敏感的业务,如话音业务
T-CONT 2	固定带宽但时隙不确定,对应保证带宽(Assured)分配	适用于对抖动要求不高的固定带宽业务,如视频点播业务
T-CONT 3	有最小带宽保证又能够动态共享富余带宽,并有最大带宽的约束,对应非保证带宽(Non-Assured)分配	适用于有服务保证要求而且突发流量较大的业务,如下载业务
T-CONT 4	尽力而为(Best Effort),无带宽保证,对应尽力而为带宽	适用于时延和抖动要求不高的业务,如 Web 浏览业务
T-CONT 5	组合类型,在分配完保证和非保证带宽后,额外的带宽需求尽力而为进行分配	适用于所有类型的业务

正如 DBA 通过 T-CONT 对业务类型有所区分,不同的业务通过不同的 T-CONT 进行传输,不同的业务通过 VLAN 的划分来区分其业务类型。GPON 系统中,OLT 或 ONU,通过 VLAN 来识别是何种业务流,然后将相应的业务流放入相应的 T-CONT,从而使得各种业务之间互不干扰。不仅如此,不同用户间的业务流有时候也需要划分不同的 VLAN 来控制广播风暴,从而有助于控制流量、简化网管提高网络整体的安全性。

当通过 VLAN 区分业务类型之后,不同的业务又有着不同的服务优先级,采用优先级的机制来标记服务优先级。一般来说,语音业务的优先级最高,即在通信出现问题或者带宽不足的时候运营商要优先满足语音业务的带宽需求,保证正常的语音通信。对于数据业务和图像业务,运营商可以根据各地区的用户需求来决定它们的服务优先级。

作为 GPON QoS 的指标之一,带宽限速也能够通过控制带宽,保证用户的基本业务,防止广播风暴、DoS 攻击等,进而增加网络的安全性。

GPON 系统作为支持全业务的接入系统,其多业务 QoS 保障主要是区分不同的业务流和为业务流提供端到端的服务性能保证,从而满足 QoS 指标要求,达到多业务共存。然而不同的业务对网络的要求不同,对 QoS 的要求也不同,如表 9-8 所示。下面我们将针对数据业务、语音业务、图像业务进行详细的分析。

表 9-8　各种业务的 QoS 分析

业务	可靠性	带宽需求	时延和抖动	丢包率
语音	高	低	高度敏感	需求高
视频	高	高	高度敏感	要求高
数据	中	中	不敏感	要求低

对于上述分析的 QoS 需求,现在 GPON 系统均能够达到要求。DBA 是通过 OLT 监控 ONU 的流量,从而进行带宽分配;基于业务类型 VLAN 规划通过给不同业务分配不同的

VID,使得各业务之间互不干扰,其中支持两种 VLAN 分配方式:1∶1 VLAN 和 N∶1 VLAN。优先级标记是在上行的业务报文进入 GPON 模块前通过不同的调度方案来实现对不同优先级业务的发送控制,当前最典型的调度方法主要有:SP(严格优先级)、WRR(加权循环)、SP + WRR;带宽分配主要是对 ONU 端口上下行业务流进行限速;防 DoS 攻击可以抑制广播包、未知包和 ping 包等,从而减小对正常业务的影响。

在 GPON 系统中,QoS 保障是由 OLT 和 ONU 共同实现的。目前,DBA 主要是在 OLT 端实现的,能够有效地在下挂 ONU 之间进行带宽分配,保障上行 QoS。然而,DBA 虽然保证了在 ONU 之间带宽的合理分配和利用,但对于一个具有多个 UNI 口的 ONU,在 ONU 内部如何合理利用分配给 ONU 的带宽资源方面仍然存在问题。因此,除了上述 QoS 需求之外,ONU 还应该实现灵活带宽分配,更好地保障 GPON 系统的 QoS。

第 10 章
下一代 PON 接入技术

在国家政策支持的"三网融合"以及 EPON 和 GPON 都已经大规模部署和普及的大背景下,怎样保持 PON 技术的持续发展是一个引人思考的话题。用户对视频监控、高清 IPTV 等高带宽业务不断增长的需求,使得产业界也逐渐意识到,现在已经存在而且大规模发展的 EPON 或者 GPON 技术都很难满足用户长期业务发展的需要,这点在 FTTB 和 FTTN 场景就显得尤为突出。业界提出的"下一代 PON"即 NGPON 的概念是基于光接入网在业务支撑能力、带宽以及接入节点设备功能和性能等方面要面临的升级需要。

10.1　NGPON 技术概述

在 1 Gbit/s 速率的 PON 技术逐渐成熟后,IEEE 和 FSAN/ITU-T 从 2008 年开始启动 10G PON 的研究,这意味着 PON 技术进入了 10 Gbit/s 时代。10G PON 延续了 xPON 的发展路线:IEEE 在 EPON 标准基础上制定了 10G EPON 技术规范(802.3av),而 ITU-T 在 GPON 标准基础上制定了 10G GPON 技术规范(G.987.x)和 10G GPON ONU 管理维护规范(G.988)。10G GPON 国际标准的获批标志着下一代 PON 技术的两大技术流派 10G EPON 和 10G GPON 技术在标准化层面已经基本完成。

其中,业务互通是实现全球产业链共享的一个关键问题。IEEE 于 2009 年 11 月专门成立 P1904.1(SIEPON)工作组来制定 10G EPON 全球互通标准,期望彻底解决这个曾经束缚 EPON 在全球发展的最大问题。这也是 IEEE 首次成立标准工作组来制定系统级技术标准。

所谓的 NGPON 技术主要包括 10G EPON、10G GPON 和 WDM-PON,其技术特征主要包括以下 4 个特点。

(1) 更高的带宽速率:NGPON 支持传输速率高达 10 Gbit/s 或者更高。支持两种方式的带宽速率:上下行速率支持对称的 10 Gbit/s 速率,还可以支持下行 10 Gbit/s、上行 1 Gbit/s 的非对称速率。

(2) 高分路比和高功率:支持具有更大的分路比和更高的光功率预算。下一代 PON 系统 NGPON 的最大光功率预算大于 28 dB,支持最小分光比是 1∶64。

(3) 兼容性:能够兼容现有的 EPON 或者 GPON 系统。在继承现有 EPON 或者

GPON 系统的所有业务的前提下,NGPON 系统还可以与现已大规模规划发展的 EPON 或者 GPON 系统兼容并且共存,为此来确保用户向 NGPON 网络平滑地过度。

(4)强组网力:相比传统的 PON 技术,NGPON 系统要面临运营商包括 FTTH、FTTB、FTTC/O、FTTN 等多种应用场景的组网需要,因此要具有更强的组网能力,所以在对 NGPON 的业务管理控制、设备形态、网络管理以及维护等几个方面都提出了更突出的要求。

(5)针对上述需求,国际电联组织启动了 NGPON 技术的研究以及标准制定工作,并分别于 2009 年发布了 10G GPON 和 10G EPON 的国际标准,NGPON 技术的到来开启了 PON 技术的一个崭新时代。

10.2 10G EPON 系统中的关键技术

10G EPON 的标准在 2009 年 9 月颁布,并取得了快速的发展。根据以往的经验,一项宽带接入技术产业链的成形从制定标准日开始需要大约 4 年或更长的时间,而如今只用了 3 年的时间,10G EPON 产业链就基本上达到成熟,其进展快可谓是有目共睹。现在各大芯片厂商、光器件厂商和系统设备运营商研制的 10G EPON 产品已经完成,系统设备也正在推出 10G EPON 对称的 OLT 和 ONU。从现在的运营效果来看,10G EPON 产业链已经基本成熟。烽火通信还积极参与 10G EPON 的标准制定,在历次 IEEE 会议上提交了大量重要提案,并于 2010 年 8 月承办了第 4 次 SIEPON(IEEE P1904.1)会议,这对于提升中国在 10G EPON 领域的话语权,推动 10G EPON 技术在全球加快商用具有重要意义。

各大芯片厂商如 PMC、Cortina、Broadcom、Opulan 等,都推出了基于 FPGA 的方案,并且部分芯片都已经进入量产阶段,剩余芯片也在做升级工作。

模块厂商方面,由 WTD、Neo Photonics、Neo Photonics、NEC、海信等领衔的各大厂商都已经成功研制出 10G EPON 非对称和对称的 ONU 和 OLT 光模块。大部分厂商甚至已经开始进行批量生产,虽然现在的价格还很高,但随着光器件的研发逐渐完善,价格将明显的下降。

10G EPON 的高性价比同时引起了国内外各大运营商对其关注,中国移动早已完成了对 10G EPON 系统设备测试,其测试得到的各项指标都满足现有的要求,并能平稳地实现各项功能。国外的运营商也开始对 10G EPON 进行测试,这其中不乏 NTT、法国电信、KT 等大型运营商。各大运营商对 10G EPON 能够迅速投入运营表示乐观,并且在国内早已开通了 10G EPON 试点工程。

10.2.1 10G EPON 的发展

10G EPON 作为率先成熟的下一代 PON 技术,符合网络发展趋势,具备大带宽、大分光比、与 EPON 兼容组网、网管统一、平滑升级等优势。10G EPON 与 EPON 一脉相承。利用现有网络直接提速 10 倍,且与国内电信运营商的带宽规划完美匹配,支撑国内电信运营商中远期规划目标的实现,支撑运营商在 IDC 业务、政企客户业务、家庭客户的持续拓展。

在国家大力发展三网融合的趋势下,IPTV 为主的视频业务将逐步走进千家万户,与此同时正在兴起的 3D 电视节目和已经技术成熟的高清视频业务也将越来越受到大家的欢迎。因此,这些发展必然对我们现有的带宽提出了更高的要求,传统的 EPON 和 GPON 不久将难以满足,10G EPON 则能提供充足的带宽需求。现在 10G EPON 建设比例已经在稳步上升,未来上升的空间将逐步加大。

由于 10G EPON 所带来的带宽和高分路比优势,近些年来以 FTTB/FTTC 形式为主将是 10G EPON 建设的主流。与此同时,3G 和 LTE 技术的快速发展,对移动基站的回传业务将与日俱增,这必然会对传输带宽提出更高的要求,10G EPON 是现有的能够解决这类问题的完美方案。在下一代 PON 的激烈竞争中,10G EPON 获得了充分的发展机会,由于其良好的兼容性、扩充性及自主知识产权,具有广阔的市场前景。

作为将要主打的接入技术,10G EPON 具有以下的核心竞争优势。

(1) 10G EPON 带宽提升 10 倍,综合成本增加不到 1/10。在现有的 FTTB 模式下,采用 10G EPON 主要因为 10G EPON 的大分光、大容量和大带宽的特点,使得带宽提升了 10 倍之多,且设备成本只比 EPON 多了 20%～30%。最后综合起来的成本增加不到 10%而已。

(2) 10G EPON 支持 1∶256 分光比,满足 FTTB 向 FTTH 的平滑演进需求。接入网的发展最终都会走向 FTTH,无论是以什么形式出现的宽带技术都需要用到 OLT 设备的大分光比,这样才能将其节省主干光纤的优势体现出来。通过二级分光技术,可以在现有的模式下将每个 FTTB ONU 放置一个 1∶16 的分光器,这样使得原本由一个 OLT 分光给 16 个 ONU 的过程等价于实现 1∶256(每个 OLT 带 16 个 ONU,每个 ONU 分接一个 1∶16 的分光器)的总分光比,可以很好地实现 FTTH 的目标。

(3) 能够支持长距离覆盖,10G EPON 可以达到 OLT 向汇聚型发展的目标。它能提供更大功率运算和更充足的光功率预算,加上 10G EPON 可以实现长距离覆盖,因此它让覆盖半径更广,让 OLT 向汇聚型发展。

(4) 相对于 XG PON 而言,10G EPON 的产业链已经更加成熟,有利其快速平稳的发展。芯片厂商推出了 ASIC 方案,各大设备商都推出了 10G EPON 的设备。

10.2.2 10G EPON 的协议

IEEE 802.3av 确定了两种物理层模式,一种是非对称模式,即 10 Gbit/s 速率下行和 1 Gbit/s 速率上行;另一种是对称模式,即上下行速率均为 10 Gbit/s。非对称模式可以认为是对称模式的一种过渡形式,在前期对上行带宽需求较少和成本较为敏感的场合,可以使用非对称形式。随着业务的发展和技术的进步,将会逐步过渡到对称模式。

10G EPON 采用的系统组成与 1G EPON 是基本相同的,但需采用支持 10 Gbit/s 速率的 OLT、ONU 和 ODN。目前 10G EPON 有两种形式:非对称 10 Gbit/s EPON 和对称 10 Gbit/s EPON,非对称系统仅仅只是下行速率达到 10 Gbit/s,而上行速率仍然是 1 Gbit/s,这个主要是考虑了技术上的困难、用户的需求以及成本等方面的问题,将非对称作为一个过渡阶段,逐步转变为上下行均为 10 Gbit/s 的对称结构。10G EPON 在系统结构上仍然延续 1G EPON 的典型拓扑结构。图 10-1 所示为 10G EPON 与 1G EPON 共存网络结构示意图。10G EPON 是 EPON 的平滑升级,10G EPON 不但能与 EPON 完全共用 ODN 系统,10G EPON 的 OLT 还能够直接与 EPON ONU 互通。

10G EPON 中,物理层和数据链路层相连的接口较 1G EPON 有所变化,对于 10 Gbit/s

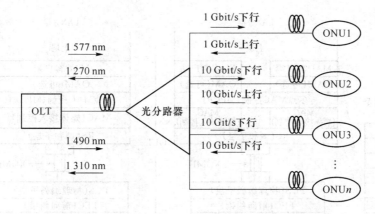

图 10-1　10G EPON 与 1G EPON 共存网络结构示意图

速率的数据流,通过 XGMII 相连,而在非对称 10G EPON 系统中的上行 1 Gbit/s 速率流则仍然是通过 GMII 相连。图 10-2 和图 10-3 分别给出了非对称和对称 10G EPON 在 IEEE 802.3 构架中的网络分层模型图。

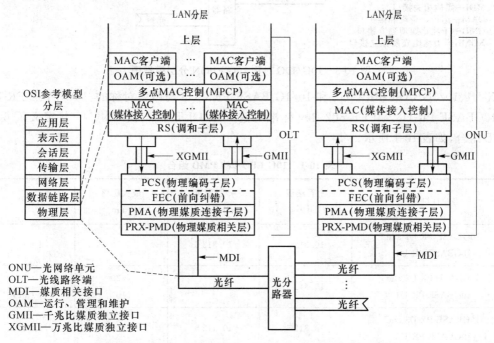

图 10-2　10G/1G 非对称 10G EPON 分层模型图

10G EPON 的物理层中,PMD 也位于整个网络的最底层,在 PMD 中定义了 10G EPON 的光电收发特性。10G EPON 对 10 Gbit/s 信号进行了新的波长分配,对于下行 10 Gbit/s 信号,中心波长为 1 577 nm(协议规定波段范围为 1 575~1 580 nm),上行的 10 Gbit/s 信号,中心波长为 1 270 nm(协议规定波段范围为 1 260~1 280 nm)。而在非对称 10G EPON 系统中,1 Gbit/s 速率的波长与 1G EPON 相同。按 10G EPON 波长的分配以及光功率的预算等,IEEE 802.3av 标准定义了 6 款 OLT 和 5 款 ONU,6 款 OLT 分别是 3 款非对称的:10/1GBASE-PRX-D1、10/1GBASE-PRX-D2 和 10/1GBASE-PRX-D3 以及 3 款对称的:10GBASE-PR-D1、10GBASE-PR-D2 和 10GBASE-PR-D3;5 款 ONU 分别是 3 款非对称的:10/1GBASE-

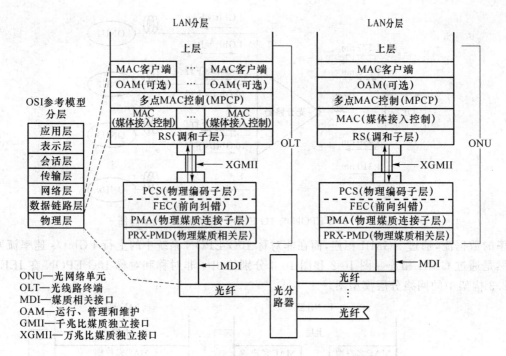

图 10-3　10G/10G 对称 10G EPON 分层模型图

PRX-U1、10/1GBASE-PRX-U2 和 10/1G BASE-PRX-U3 与两款对称的：10GBASE-PR-U1 和 10GBASE-PR-U3。IEEE 802.3av 标准对这 6 款 OLT 和 5 款 ONU 一共定义了 6 种 PMD 组合，如表 10-1 所示。

表 10-1　10G EPON 的 PMD 组合

PMD 组合	上行速度 /(Gbit·s⁻¹)	下行速度 /(Gbit·s⁻¹)	最大距离 /km	分光比
10GBASE-PR-D1 and 10GBASE-PR-U1	10.312 5	10.312 5	≥10	1∶16
10GBASE-PR-D2 and 10GBASE-PR-U1	10.312 5	10.312 5	≥20 (10)	1∶16 (1∶32)
10GBASE-PR-D3 and 10GBASE-PR-U3	10.312 5	10.312 5	≥20	1∶32
10/1GBASE-PRX-D1 and 10/1GBASE-PRX-U1	1.25	10.312 5	≥10	1∶16
10/1GBASE-PRX-D2 and 10/1GBASE-PRX-U2	1.25	10.312 5	≥20	1∶16
10/1GBASE-PRX-D3 and 10/1GBASE-PRX-U3	1.25	10.312 5	≥20	1∶32

在 10G EPON 中，由于速率更高，需要支持更长的链路距离和更高的分光比，因此，在 10G EPON 中 FEC 是必不可少的。10G EPON 中的 FEC 有如下特点：第一，10G EPON 使

用更强大的 RS(255,223)编码同 1G EPON 的可选的 RS(255,239)编码相比,编码能力更强,可以增加光功率预算 5～6 dB。第二,10G EPON FEC 没有采用以太网帧机制,而是采用了串流媒体数据的固定长度序列机制,将 FEC 同位字放入专门的 66 B 模块中。下行信号是 FEC 码字的持续串流,包含了以太网帧以及所有数据包之间的信息(如 IPG 和 Ordered Set 数据)。上行传输也与此类似,只是上行突发的首个 FEC 码字与突发的开始一致,从而使 OLT FEC 解码器能够立即支持每次突发的码字同步。

IEEE 802.3av 标准考虑到兼容现有的 1G EPON,避开了 1G EPON 系统所使用的 1 490 nm 的下行波长、模拟视频波长(1 550 nm)和 OTDR 测试波长(1 600～1 650 nm),选择 1 577 nm(波长范围 1 575～1 580 nm)作为 10.312 5 Gbit/s 下行信号的波长。在上行方向,标准规定 10.312 5 Gbit/s 信号的上行波长为 1 270 nm(波长范围 1 260～1 280 nm),而 1.25 Gbit/s 信号上行波长为 1 310 nm(波长范围 1 260～1 360 nm)。图 10-4 为 10G EPON 系统的波长分布。

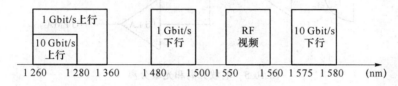

图 10-4　10G EPON 波段分配图

10.2.3　10G EPON 的双速率共存模式

为了支持 10G EPON 和 1.25G EPON ONU 的共存,OLT 就要配置为双速率模式。双速率模式是指 OLT 能同时接收 ONU 发送的 10 Gbit/s 和 1.25 Gbit/s 两种数据速率。当下行双速率模式使能时,OLT 通过 WDM 的方式同时传输 10 Gbit/s 和 1.25 Gbit/s 的下行信号;而当上行双速率模式使能时,OLT 通过 TDMA 的方式同时接收 10 Gbit/s 和 1.25 Gbit/s 的上行信号。

在 1.25G/10G EPON 共存的系统中,OLT 接收到的上行信号是同时包含 1.25 Gbit/s 与 10 Gbit/s 两种速率,那么这就要求 OLT 能够将这两种速率的流进行分离。由图 10-5 中可以看出,接收到的双速率数据流既可以在光域中分离,也可以在电域中分离。

在光域中分离信号,上行的数据流通过一个 1：2 的分光器,输出的两条流进入各自的光电探测器,其后接有一个针对其带宽优化的滤波器和接收器,以此来最大限度地提高接收器的灵敏度。但是由于使用了 1：2 的分光器,会引入 3 dB 的损耗,因此在不允许损耗的情况下必须在分路器前加入一个低增益的光放大器来作为补偿。

当将信号引入电域进行分离时,只需要使用一个光探测器和一个互阻抗放大器,大大简化了 OLT 接收器的复杂度。然而光电探测器和互阻抗放大器需要快速处理这两种速率的信号,并针对 1 Gbit/s 和 10 Gbit/s 的突发速率进行频繁的切换。这里的关键就是互阻抗放大器滤波器的频带宽度会直接影响到探测器的灵敏度,必须以足够快的速度检测当前接收突发的速率,才能够切换接收器。

相比于 1G EPON 系统,10G EPON 系统在速率上明显提高,从而对系统的稳定性的需求自然也就不可忽略。但是以目前的形势,10G EPON 的光模块昂贵,每一路 PON 端口的

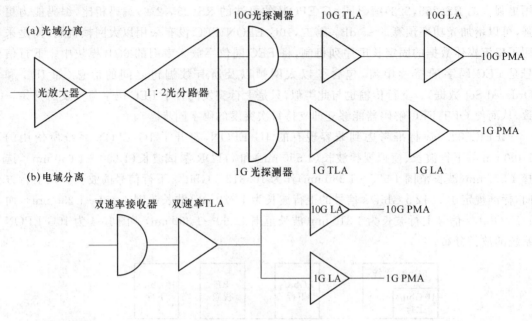

图 10-5　电域分离和光域分离

成本很高,对 10G EPON 的 OLT 和 ONU 进行保护就显过于浪费。在 1G EPON 的应用当中,EPON 系统中的故障大部分都发生于 OLT 与 ODN 之间的主光纤,并且,OLT 设备放置在中心机房,出故障概率较低。因而,刚开始 10G EPON 采用 A 类保护比较合适。

　　A 类保护具体的实现方法如图 10-6 所示。主用光纤和备用光纤分别连接 2：N 分光器的两个输入口,从 2：N 分光器连接到用户侧的 ONU。PON 模块的输入与一个 1×2 光开关相连接,而光开关的两个输入口分别与主用光纤和备用光纤相连接。系统处于正常工作情况下,OLT 中 PON 模块的工作状态以及相关的告警信息受到保护倒换控制模块的监测,当 OLT 发出线路故障、信号劣化等告警信息时,保护倒换控制模块接收这些信号,并且通过预先制定的机制来判断是否需要进行倒换。若保护倒换控制模块判断需要进行倒换,则通过触发光开关将主用线路切换到备用线路,从而实现主备光纤的倒换。在光开关完成主备光纤倒换后,一般主、备光纤的长度是不可能完全一样的,因此,在主用光纤下测得的往返时延(Round-Trip Time,RTT)并不适用于备用光纤,为避免上行业务的冲突,保护倒换控制模块会同时触发 PON 模块重新进行发现、注册、测距等过程,来完成 PON 系统业务的保护倒换。

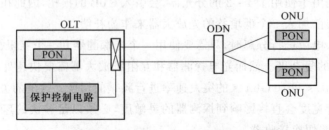

图 10-6　A 类保护实现方式

　　但是 A 类保护需要保护倒换控制模块与 OLT 进行通信,因此对 OLT 侧的系统软件会有所要求,对 10G EPON 的系统软件需要有所升级来满足此功能。另外,不同厂家的 PON 系统 OLT 软件可能不相同,使此项功能的兼容性应用受到限制。因此需要在现有基础上有所改进,如图 10-7 所示。在 10G EPON 系统中,上行方向使用时分多址接入方式,根据动态带宽分配(DBA)原理,即使在 ONU 没有上行数据包的情况下,注册在线的 ONU 也会定期向 OLT 发送上行报告帧,来通知 OLT 自己所需求的带宽。

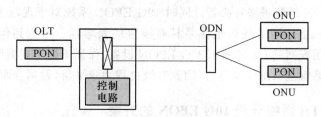

图 10-7　改进的 A 类保护实现方式

改进后的保护倒换装置不再需要从 OLT 侧读取告警等信息,而具备检测光脉冲的功能。根据用户终端 ONU 的上行光信号来判断目前的工作光纤是否出现故障。当检测到脉冲时,就可断定光纤工作正常。如果在设定的时间范围内都没有检测到上行光脉冲,就认定可能是光纤故障,但也有可能是所有 ONU 都不在线的情况,这时保护倒换装置也接收不到上行光信号。一旦在设定的时间范围内没有检测到光脉冲,就强制将光开关切换到另一条备用线路上,切换之后并等待几秒钟(这个时间可以进行配置),等待几秒是为了提供时间让掉线的 ONU 重新上线注册。如果等待几秒钟以后可以重新检测到光脉冲,这就说明之前的工作线路出现了故障,从而起到了线路保护的功能;如果在切换到备用线路后,仍然没有上行光脉冲,则说明可能是主备两条线路都出现了故障或者 ODN 出现了故障或者是所有的 ONU 都不在线了。

10.3　10G EPON 的网络升级方案

相对于现在大量采用的接入技术,如 DSL 或者有线电视电缆调制解调器来说,EPON 在为用户提供带宽方面有了巨大的进步。由于用户使用更多更大的带宽业务,EPON 系统的容量也将被耗尽。随着网络的不断发展,人们对带宽的需求也不断加大。特别是高清电视、视频通信、大型 3D 网络游戏等综合带宽业务的普及,对接入网带宽发起了巨大的挑战。所以,提供一个未来能够平滑升级的路径是 EPON 能获得成功的关键因素。

目前现网上大量部署的 1.25G EPON 系统多以 FTTB+LAN 和 FTTB+xDSL 模式为主,部分高端用户采用 FTTH 的接入模式。对于现有的 FTTB 接入模式,按每个 PON 口下接 32 个 ONU,每 ONU 下接 8～16(FTTB ONU 多为 16 个 FE 口,少数老款的 ONU 仅有 8 个 FE 口)个用户,即每个 PON 口下接有 256～512 个用户来计算,那么所有用户同时在线时,每用户能够分到的带宽为 2.44～4.88 Mbit/s。显然这样的带宽很难满足用户的带宽需求。而对于现有的 FTTH 接入模式,目前每 PON 口下所接用户为 32 户,每户的最大带宽可达 40 Mbit/s。相比于 FTTB 的接入模式,FTTH 接入模式的带宽要大许多,但是向千兆级接入带宽和高密度大规模的部署和演进,则仍需要提升 PON 的上下行带宽和分路比。

10G EPON 系统将每个 PON 口上下行带宽由原来的 1.25 Gbit/s 提升到了 10 Gbit/s。不仅如此,在用户容量上也有了很大提升,最大分路比可达 1:256。这样每用户的带宽在原有的基础上提升了 5~10 倍。因此从带宽增长和接入用户数量的角度出发,1.25G EPON 向 10G EPON 的演进势在必行。同时 10G EPON 系统对于现网上已部署的 ODN、1.25G EPON 设备、上层网管的运维体系具有极强的兼容性。考虑到保护现有的网络建设,最大限度地重用现网的 ODN 和 1.25G EPON 设备,保证不同带宽类型的用户的和谐共存,并与现有的网络管理系统完全融合,因此升级过程力求平滑,做到全面兼容。

10.3.1　FTTH 网络升级 10G EPON 的方案

第一种演进方案是采用 FTTH 网络升级为 10G EPON 的演进方案(如图 10-8 所示)。按照未来接入网的发展趋势,FTTH 应该是接入网建设和发展的最终解决方案。对已经采用 FTTH 模式建设的网络,演进过程从两方面来进行。

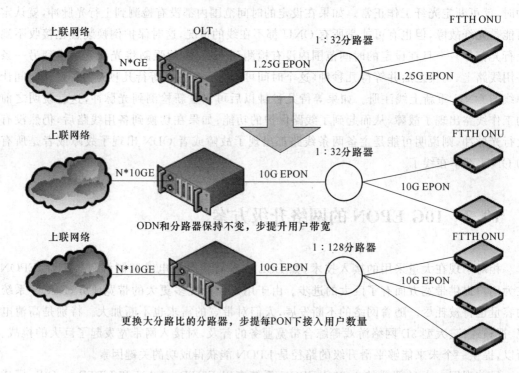

图 10-8　FTTH 模式下的 10G EPON 演进

(1) 在现有的 ODN 不变的情况下,即不改变已有 1.25G EPON 系统的分路比,提升每一用户的接入带宽,将 PON 口的上下行速率从 1.25 Gbit/s 提升至 10 Gbit/s。

(2) 在满足用户现有带宽不变的情况下,更换分路器,将分路比由原来的 1:32 提升至 1:128 或 1:256,这样可将每 PON 口下的用户数量提升 4~8 倍。考虑到目前还处在 FTTH 模式部署的初期,并未普及,所以接入密度和用户规模还不是很高,1:32 基本可以满足用户需求。当 FTTH 普及的时候,采用 1:128~1:256 的分路比实现用户规模的扩充,实现大规模、高密度的部署。

在具体的实施过程中,仅希望提高用户接入带宽,而不需要改变分路比的情况下,对于局端设备 OLT,只需要先将原有的上联接口盘更换为带有 10GE 端口的上联接口盘,同时更换其业务接口盘,把 1.25G EPON 板卡替换为 10G EPON 的板卡。由于 FTTH 的 ONU 没法更换上联接口盘,因此 FTTH 的 ONU 需要被替换为 10 Gbit/s 上下行的 ONU。当需要扩容时,仅需要将原有的分路器更换为 1∶128 或 1∶256。

10.3.2 FTTB 网络向 FTTH 网络升级的演进

第二种演进方案是 FTTB 网络向 FTTH 网络升级(如图 10-9 所示)。FTTH 网络在个人带宽的提供上要优于 FTTB 网络,而且业内普遍认为 FTTH 网络将是 FTTx 的终极解决方案。因此,可以借 10G EPON 升级之际,将现网由 FTTB 升级为 FTTH 模式。FTTB 网络向 FTTH 网络升级同样分为两个方面进行。

(1) 保持 ODN 不变,提升下行带宽。此时是将局端设备中 1.25G EPON 的板卡更换为 10G EPON 的板卡;远端设备 FTTB 的 ONU 需要全部更换成 FTTH 的 ONU,而且 FTTB 末端的铜线设备需要全部拆除,更换成光纤;为了增强业务能力,部分用户可以选择在 ONU 下接 HG(家庭网关)。

(2) 保持接入带宽不变,扩大接入用户数量,此时需要对 ODN 做改动。将原有的 1∶32 的分路器更换为 1∶128,扩充了下接用户数量;然后再更换 OLT 的板卡和终端的 ONU,其过程与(1)中方案完全相同。

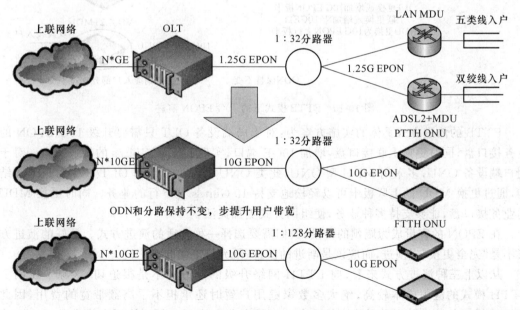

图 10-9　FTTB 网络向 FTTH 网络升级

10.3.3　FTTB 网络升级 10G EPON 的方案

第三种演进方案是采用 FTTB 网络升级为 10G EPON 的演进方案(如图 10-10 所示)。FTTB 模式是将 ONU 放在楼道内,将光纤引入楼道,再通过铜线接到用户家里。在 FTTx 的建设过程中 ODN 的前期投资是巨大的,其中包括主干光缆、用户配线、入户的光纤、光交接箱和分路器等基础设施。因此 ODN 一旦部署完毕,运营商希望其能长期使用,所以在升级过程中不希望 ODN 做更换。频繁的更换不利于保护运营商的前期投资。因此在升级过程中如果能够保证 ODN 不变,仅通过对设备进行升级就可以实现的演进方案将会是平滑演进的最优方案。FTTB 网络升级的 10G EPON 演进方案正是从此角度出发的。

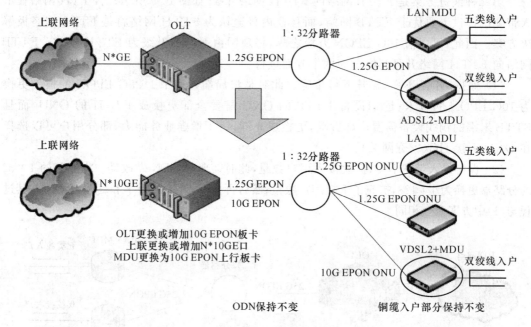

图 10-10　FTTB 模式下的 10G EPON 演进

FTTB 的演进方式具体的实施方案为:对于局端设备 OLT 只需要升级 10G EPON 的业务接口盘,同时更换上联接口盘,增加 10GE 端口,实现下行 10 Gbit/s 的接入能力。对于用户端设备 ONU,多采用 MDU 型 ONU,此类 ONU 的优点在于和 OLT 一样为板卡式结构,通过更换 MDU 的上联板卡可以轻松地支持 10 Gbit/s 上下行的业务。同时更换 MDU 的业务接口盘,能够支持多种业务,使组网方式更加灵活。

在 EPON 的容量成为瓶颈的时候,我们需要选择一种合适的演进方式。最好的演进方案不是"完全更换"式演进,而应该是渐进的演进(既允许渐增式投资)。

从以上三种演进方式来看,向 FTTH 网络升级的演进并不是很迫切,这源于现网上 FTTH 模式的应用成本较高,绝大多数家庭用户暂时还承担不了高额带宽的费用,因此 FTTH 模式的演进并不是现阶段的重点。而且在此方式下必须更换所有终端的 ONU、改变现有的网络拓扑,这也不符合渐增式演进的思想。FTTB 模式的末端采用 ADSL、VDSL 或者 LAN 的接入方式,最大限度地复用了运营商早期在接入网中铜线的部署,相比于 FTTH 的模式,FTTB 模式被广泛应用于现网之中,因此采用 FTTB 网络升级模式的 10G EPON 演进方案更符合运营商保护前期投资的思想。

表 10-2 是三种演进方案的对比,无论是 FTTH 网络的升级还是 FTTB 网络向 FTTH 网络的升级,对铜线的复用率都非常低,原有网络末端部署的铜线须全部更换为光纤,在楼道中大量部署的 ONU 设备需要被全部更换。由于 FTTH 的 ONU 与 FTTB 的 ONU 在硬件结构上有所不同,FTTH 的 ONU 在业务提供能力上相对不足,要适应未来多业务拓展的家庭用户必须下接家庭网关等终端设备。为了应对更多的用户加入,需要更换光分路器。以上的每一项改造的投资都很高,不但不能保护运营商的前期投资,而且在施工改造方面也面临很多的困难。所以将现网改造成 FTTH 模式的 10G EPON 网络代价太大,并非最佳方案。

表 10-2　三种网络升级的对比

对比范畴	FTTH 网络升级	FTTB 网络向 FTTH 升级	FTTB 网络升级
铜缆拓扑	需更改	需更改	无须更改
旧 ONU 的复用	需更换旧 ONU	需更换旧 ONU	无须更换
光缆拓扑	需要改动	需要改动	无须改动
业务提供能力	需增加家庭网关设备	需增加家庭网关设备	不需增加设备
施工难度	复杂	复杂	简单
改造成本	相对较高	相对较高	相对较低

而 FTTB 网络升级演进方案则完全不同。由于 FTTB 模式原本在接入数量上就有 FTTH 模式无法比拟的优势,因此在升级到 10G EPON 网络的过程并不需要对 ODN 做更换,加上 FTTB 模式对原有铜线网络的复用率高,因此也省去了末端改造的费用。同时,FTTB 的 ONU 在硬件组成上包含了高性能的交换芯片和 CPU,因此业务处理能力极强。特别是 MDU 型 ONU,通过不同业务板卡的组合可以适应各种业务组合的需求,不需要再下接家庭网关等终端设备,降低了建设的成本。升级只需要更换 OLT 的业务接口盘即可,完全保留原有的网络拓扑不变,无须对原来的铜缆和光缆的网络结构进行更改。通过这种升级方案,可以实现 EPON 网络主干带宽提速 10 倍,结合原来末端已经部署的 FE、ADSL、VDSL 等高带宽接入手段,迅速完成接入网带宽的提速。因此与 FTTH 模式相比,FTTB 模式有效地避免了演进过程中实施困难和高成本的弊端。通过三者的比较,FTTB 网络升级模式的 10G EPON 演进方案是平滑演进的最佳方案。

10.4　XG-PON 系统中的关键技术

2010 年 6 月,随着 ITU-T SG15 日内瓦全会的闭幕,XG-GPON 系列国际标准获得批准。XG-GPON 国际标准的获批,标志着 10G PON 技术的两大技术流派 10G EPON 和 XG-GPON 技术在标准化层面已经基本完成,XG-PON 技术的研究在短短两年内达到了新的顶峰。相信很多人在研究 XG-PON 技术本身的同时,也在对 XG-PON 产业化和商用化的进程满怀期待。

对于后 10G PON 时代采用什么技术,目前还没有一个明确的方向,FSAN 对 NG-PON2 提出了应满足"下行总带宽不低于 40 Gbit/s,上行总带宽不少于 10 Gbit/s(每个终端用户的最高独享带宽应不低于 1 Gbit/s),传输最大距离不低于 40 km,距离差不低于 40 km;分光比不低于 1∶64;重用 GPON/XG-PON1 网络的 ODN"的明确要求。由于 TDM 技术在承载用户的能力和传输距离上很难打破瓶颈,所以将基于 WDM 和 WDM/TDM 的 PON 技术作为 NG-PON2 的技术方向。2013 年 5 月份成都 FSAN 会议上,NG-PON2 技术标准取得进展。

(1) PMD 层:标准 G.989.2 进一步细化完善,形成终稿。

(2) 传输汇聚(TC)层:对可能影响 TC 层的问题进行了优先研究讨论,如波长调整、FEC 开/关控制、各种线路编码的拉曼效应抑制、双速率信道激活等,形成多篇技术文稿。

(3) 保护技术:面向 NG-PON2 技术特点,探讨在 NG-PON2 中可能实现的保护技术方案,并将补充修订至 G.Sup51 和 G.989.1.Amd。

(4) 节能:对 G.984.3、G.987.3、G.988 等相关标准中如何进行修订补充进行了讨论,还将继续深入研究各种方案。

10.4.1 XG-PON 的协议

2004 年开始,ITU-T 开始研究和分析 GPON 的下一代 PON 系统(即 NG-PON)演进的可能性。2007 年 11 月,正式确定了 NG-PON 的标准化路线,以低成本、覆盖率高、容量大、业务广、互通性强为目标。NG-PON 的发展将经历两个标准化的阶段:一个是能与现有 GPON 共存并且可重复利用 GPON ODN 的 NG-PON1,另一个是重新建立新的 ODN 的 NG-PON2。我们一般说的 10G GPON 属于 NG-PON1 阶段,又称为 XG-PON。其中,非对称系统,即上行速率 2.5 Gbit/s,下行速率 10 Gbit/s 的称为 XG-PON1,对称系统是上下行均为 10 Gbit/s 的 XG-PON2。另外,ITU-T 以 GPON OMCI 为基础进行扩展,形成新的标准 G.987,目前 XG-PON1 已经取得了实质性进展。本节讨论的均是 XG-PON1。

XG-PON1 仍然采用 125 μs 的 TC 帧(称为 XGTC)GEM 封装协议,并在 TC 帧中实现嵌入式的控制和管理功能。XG-PON1 原则上还集成了 GPON 的基于 OMCI 协议实现系统 ONU 的控制和管理功能。XG-PON1 采用了 GPON 的加密和 DBA 机制,从而降低实现的难度。表 10-3 为 XG-PON1 的协议构架。

表 10-3 XG-PON1 协议构架

层级结构			功能
XG-PON	XTC 层	适配层	X-GEM 封装
		PON 传送层	DBA(XGEM 端口带宽分配,QoS) 安全,帧同步界定,测距,突发同步,Bit/Byte 同步
	物理层		光电转换适配,波长复用,光纤连接

备注:在 XG-PON 中同时提供相关的 OAM 功能,分布在不同层级的子协议中

为了避免系统升级过程对现有用户的业务造成影响,XG-PON1 系统规定下行方向采用 1 577 nm 的波长,波长范围为 1 575～1 580 nm,室外应用时为 1 575～1 581 nm,因此以 WDM 方式实现与 GPON 下行信号(1 490 nm)的共存。XG-PON1 的上行中心波长为 1 270 nm,波长范围为 1 260～1 280 nm,与 10G EPON 系统和 EPON 系统上行波长存在一定的重叠情况不同的是,XG-PON1 在上行方向上不会与 GPON 系统存在重叠(GPON 系统上行波长范围 1 290～1 330 nm),所以可以利用 WDM 技术实现共存,而不采用 10G EPON 双速率接收机的方式。XG-PON1 ONU 需要拥有充足的带宽资源用来满足现有的 GPON 和有线电视信号,并且应该能够最大程度地减少不同信号间的串扰。

传送层是基于 GPON 标准进行扩展的(PLOAM、GEM、业务模型、安全等)。它的功能是将上层的数据单元和 PON 层的比特流传输之间进行封装和适配,它包括三个子层。

(1)业务适配子层:主要功能是 XGEM 帧的封装、XGEM-ID 的分配过滤、数据单元的分段重组和 XGEM 帧的定界。

(2)成帧子层:传输汇聚层帧或突发数据帧封装和解析、嵌入式操作、管理和维护、PLOAM 功能和 Alloc-ID 过滤等。

(3)物理适配子层:实现了前向纠错线路编码和突发数据开销的功能。

目前 XG-PON 正在加速发展。XG-PON 和 GPON 的标准一样,都是由 ITU-T 负责制定的,全球主流运营商牵头完成。GPON 的体系上包含了业务层、管理层、数据链路层和物理层的相关内容,体系完善,并且在分光比、线路效率、距离、管理性和多业务承载等方面体现了技术的领先性。许多运营商已经对 XG-PON 技术进行大量的测试和实验,一旦成本降到合理范围之内,XG-PON 网络将大有可为。在协议和标准发展状况上,2008 年 11 月以来,XG-PON 标准的讨论和研究得到了 FSAN 组织中所有运营商成员和主要设备厂、芯片厂商、模块厂商的积极推动和大力支持。目前已经发布了 G.987.1、G.987.2、G.987.3。其中,G.987.1 主要定义了 XG-PON 系统的系统构架和技术需求;G.987.2 主要规范了 XG-PON 物理层参数;G.987.3 则对 XG-PON 汇聚层进行了定义。由武汉电信器件有限公司(WTD)参与起草的中华人民共和国通信行业标准《xPON 光收发合一模块技术条件第 5 部分:用于 XG-PON 光线路终端/光网络单元(OLT/ONU)的光收发合一模块》已于 2011 年 11 月进行最终的审核发布。

10.4.2 XG-PON 的物理层

XG-PON1 与 GPON 相比较在物理层上有更高的要求,表 10-4 为 XG-PON1 的物理层特性。

表 10-4 XG-PON1 物理层特性

项　　目	规　　格	说　　明
光纤	满足 ITU-T G.622	满足 ITU-T G.657 的新式光纤也兼容
波长规划/nm	上行波长:1 260～1 280 下行波长:1 575～1 580	ITU-T 正在开发用于进一步扩展传输距离或增加分支比的额外功率预算
功率预算/dB	16～31	
线路速率/(Gbit·s⁻¹)	上行:2.488 32;下行:9.953 28	
FEC(前向纠错码)	上行:强 FEC;下行:弱 FEC	
线路编码	上下行均为 NRZ	
分光比	至少支持 1:64,至少可扩展至 1:128 和 1:256	
物理传输距离 max/km	至少 20	
逻辑传输距离 max/km	至少 60	
逻辑距离差 max/km	可扩展至 40	

作为系统的核心器件,光模块的发展直接影响设备在市场中的推广。目前 2.5G/10G 的 XG-PON1 ONU 光模块已经成功研制出样机,各大设备商都在积极测试和互测中。芯

片、器件、模块和设备整个垂直产业链正在走向成熟,已经有多家供应商可以提供 XG-PON1 ONU 芯片,业界 WTD、Hisense 等多家 XG-PON1 ONU 光模块已经可以小批量供货。XG-PON1 OLT 光模块发展相对较慢,目前只有少数几家公司能够提供样机。烽火通信、华为等主流设备商都可以提供 XG-PON1 设备,并和国内外多家运营商进行了联合测试和商用。随着 XG-PON1 的不断发展,预计 XG-PON1 成本将快速下降。相比 XG-PON1,XG-PON2 的发展相对滞后。

关于下一代 PON 技术的演进和变革也是目前国内外研究的热点问题。2015 年以后,NG-PON 的典型要求将更高,每个 OLT 端口可支持的用户数将达到 1 024,传输距离将达到 100 km 以上,用户的带宽大于 500 Mbit/s,拥有多种可能的解决方案,速率、调制方式、复用/应用方式等将起主要决定作用。在技术演进上将采用 OEO 再生、EDFA/SOA/Raman 放大或者 WDM,大幅度提高分路比,光集成和高性能 IC。另外在节能方面,ONU 端将采用睡眠模式,当无上下行信号时 Tx 和 Rx 关闭,无上行信号时 Tx 关闭,而 OLT 端,下行也将使用突发模式,然而,这点还需进一步研究。

10.4.3　XG-PON 与 10G EPON 的比较

在 10G PON 发展中,已经有两大技术阵营:10G EPON 和 NG-PON,10G EPON 能够实现 1G EPON 的无缝升级,不影响现有的设备,实现上下行均为 10 Gbit/s 的速率;NG-PON 又分为 NG-PON1 和 NG-PON2,两者的区别是 NG-PON2 的 ODN 可以扩展成不同于以往 ODN 的网络结构和组件。在 NG-PON1 的基础上又再次分为 XG-PON1 和 XG-PON2 两类,XG-PON1 是上行 2.5 Gbit/s、下行 10 Gbit/s 的 XG-PON 系统,XG-PON2 是上下行均为 10 Gbit/s 的 XG-PON 系统。表 10-5 为 10G EPON 和 XG-PON1 技术及其进展的比较。

表 10-5　XG-PON1 与 10G EPON 的技术对比

	10G EPON	XG-PON1
国际标准	IEEE 802.3av	ITU-T G.987.1、ITU-T G.987.2、ITU-T G.987.3(TC 层)、OMCI(G.988)
上下行带宽	非对称:上行 1.25 Gbit/s,下行 10 Gbit/s 对称:上下行均 10 Gbit/s	上行 2.5 Gbit/s,下行 10 Gbit/s
光功率预算	有 20 dB、24 dB 和 29 dB 3 种规格信号差损	N1 等级:29 dB N2 等级:31 dB E 等级:33 dB
MAC 层协议	MPCP(略作扩展)	TC 帧和 GEM 封装
OAM 协议	物理层 OAM	PLOAM 和 OMCI
与现有 PON 系统的共存方式	上行采用 TDM 方式共存,下行采用 WDM 方式共存	上下行均为 WDM 方式共存
芯片厂家	PMC、TK 等已有较成熟的 FPGA 方案	各厂商自行开发 FPGA

10.4.4　NG-PON2 技术进展

光接入网技术是不断向前发展的,谷歌已在美国越来越多的城市部署可实现千兆宽带入户的光接入网,韩国、日本也将未来宽带接入目标设定为"千兆入户"。预计在十年之后,用户的接入带宽需求将普遍达到千兆——这使得光接入网必须保持与第五代移动通信(5G)并行发展的势头。在上述的大背景之下,目前,NG-PON2(下一代无源光接入网第二阶段)的标准化工作先行一步,以期可以在 NG-PON2 时代通过全球统一的下一代光接入网标准来整合/统一产业研发的方向,并进一步地降低网络部署成本。NG-PON2 标准的制定,是 ITU-T 第十五研究组在 2015 年的重要工作内容,包括 G.989.3 在内的 NG-PON2 系列标准将逐步得到完善。截至目前,ITU-T 关于下一代无源光网络标准体系的布局已经基本完成,形成了以 G.989 系列为代表的 NG-PON2 标准系列,并正在对该系列标准进行逐步的完善。

2010 年,FSAN 发布了 NG-PON2 白皮书,当时业界提出了 NG-PON2 的几种可能的候选方案:40G TDM-PON(时分复用无源光网络)、TWDM-PON、OFDM-PON(正交频分复用无源光网络)、WDM-PON(波分复用无源光网络)、UDWDM-PON(超高密集度波分复用无源光网络)。综合考虑系统升级成本以及后向兼容性之后,2013 年,国际标准组织 FSAN 与 ITU-T 选择了 TWDM-PON 作为 NG-PON2 的标准方案。由于既可后向兼容现有的 TDM-PON 系统以实现网络平滑升级,又能动态地调度波长与时隙资源以应对网络业务流量的波动,TWDM-PON 被全球业界认为是最具应用前景的 NG-PON2 接入解决方案之一。

为了低成本地提高面向多业务/全业务的数据传输能力,40G-PON 采用了 WDM 技术,因此其优势在于:光接入网是一个局域网络,各局域网络中,波长信道可以得到重用;光接入网一般不采用光放大器,从而减小了对光波段的约束;光接入网的传输距离在 20 km 左右,从而减小了光收发器件的要求;光接入网的首要考虑因素是"成本",从而减小了对于激光器稳频的要求,甚至可以采用 F-P 激光器。而另一方面,其难点在于系统结构的设计、波长信道的分配和管理、ONU 的激活与迁移等方面。国际全业务接入网络工作组 FSAN 的任务在于研究下一代光接入网络技术,并将相关的成果输出给 ITU-T SG15/Q2。

1. ITU-T G.989 系列推荐标准/NG-PON2

2010 年,国际全业务接入网络工作组 FSAN 开始启动 NG-PON2 项目,在 ITU-T G.989 系列推荐标准的框架内,研究 40G-PON 技术。具体的相关标准项目为:

① G.989 标准——40-Gigabit-capable passive optical networks（NG-PON2）: Definitions,abbreviations, and acronyms《40 Gbit/s 无源光网络(NG-PON2):定义、缩略语以及术语》。2016 年 3 月,ITU-T 推出 G.989 系列标准。

② G.989.1 标准——40-Gigabit-capable passive optical networks（NG-PON2）: General requirements《40 Gbit/s 无源光网络(NG-PON2):总体需求》,概括性地阐述了 NG-PON2 系统的物理层传输规格、业务能力以及网络性能。其在 2012 年 7 月获得立项,在 2013 年 3 月获得批准。此外,"ITU-T G.989.1 修订 1"标准计划对 G.989.1 进行增补,补充 NG-PON2 的保护架构以及无线前传等要求。

③ G.989.2 标准——40-Gigabit-capable passive optical networks（NG-PON2）: Physical media dependent (PMD) layer specifications《40 Gbit/s 无源光网络(NG-PON2): 物理媒介相关子层规范》,规范了 NG-PON2 的波长规划以及功率预算(NG-PON2 系统定

义了四种光功率预算等级——等级 N1(最小损耗 14 dB,最大损耗 29 dB)、等级 N2(最小损耗 16 dB,最大损耗 31 dB)、等级 E1(最小损耗 18 dB,最大损耗 33 dB)以及等级 E2(最小损耗 20 dB,最大损耗 35 dB),其中包括 TWDM-PON 和 WDM-PON 两部分的 PMD 参数。该标准直接决定了 NG-PON2 的实现技术和网络性能,是 NG-PON2 系列规范中最具代表性的规范。其在 2013 年 12 月获得立项,在 2014 年 12 月获得批准。此外,"ITU-T G.989.2 修订 1"标准计划对 G.989.2 进行增补,但目前尚无时间计划。

④ G.989.3 标准——40-Gigabit-capable passive optical networks (NG-PON2): Transmission convergence (TC) layer specifications《40 Gbit/s 无源光网络(NG-PON2):传输汇聚子层规范》,包括成帧、DBA、物理层适配、物理层运行、PLOAM(管理和维护消息)、ONU 激活以及 OLT 与 ONU 的定时关系等一系列的内容。2015 年 9 月,ITU-T 推出 G.989.3 标准。

可见,ITU-T G.989 系列推荐标准有望在 2015 年或者 2016 年全部完成 。表 10-6 列出了 G.989.1 对 NG-PON2 无源光网络的总体需求。在 TWDM-PON 无源光网络系统之中,上行方向的可复用波长总数为 4 个(可选为 8 个),下行方向的可复用波长总数为 4 个(可选为 8 个)。在 NG-PON2 无源光网络之中,每个波长对应三类线路速率,分别是:①第一类线路速率(对称型)——下行 10 Gbit/s,上行 10 Gbit/s(这样,整个 NG-PON2 无源光网络系统的线路速率就为:下行 40 Gbit/s,上行 40 Gbit/s);②第二类线路速率(非对称型)——下行 10 Gbit/s,上行 2.5 Gbit/s(这样,整个 NG-PON2 无源光网络系统的线路速率就为:下行 40 Gbit/s,上行 10 Gbit/s);③第三类线路速率(对称型)——下行 2.5 Gbit/s,上行 2.5 Gbit/s(这样,整个 NG-PON2 无源光网络系统的线路速率就为:下行 10 Gbit/s(4 个波长)/上行 10 Gbit/s(4 个波长)或者 40 Gbit/s(8 个波长)/上行 40 Gbit/s(8 个波长))。下行 40 Gbit/s/上行 40 Gbit/s 的 NG-PON2 无源光网络系统适合于为商企客户提供服务,下行 40 Gbit/s/上行 10 Gbit/s 的 NG-PON2 无源光网络系统适合于为普通住宅客户提供服务。此外,G.989.1 标准还对最大分光比以及最大传输距离进行了规范,分别为:1∶256 分光、40 km(在未部署中继器的情况之下)。但是,最佳系统能力、分光比以及最大传输距离可能还要取决于 NG-PON2 无源光网络系统所承载/传输的具体服务/应用。因此,G.989.1 标准还规范了各种不同的参数组合,比如,40 Gbit/s 的下行方向线路速率,20 km 的最大传输距离,1∶64 的最大分光比。

表 10-6　NG-PON2 无源光网络系统的总体需求

系统	① TWDM-PON 系统(首要,优选) ② PtP WDM 叠加系统(次要,可选)
能力(四个波长的复用)	① 40 Gbit/s 下行(10 Gbit/s×4),40 Gbit/s 上行(10 Gbit/s×4) ② 40 Gbit/s 下行(10 Gbit/s×4),10 Gbit/s 上行(2.5 Gbit/s×4) ③ 10 Gbit/s 下行(2.5 Gbit/s×4),10 Gbit/s 上行(2.5 Gbit/s×4)
最大分光比	1∶256
最大传输距离①	40 km(在未部署中继器的情况之下)
共存情况/后向兼容	与所有传统的无源光网络 PON(包括 RF 视频 PON)后向兼容
所支持的业务类型	普通住宅的宽带网络接入 商企客户的专线接入 移动通信网络的回程传输

注:①实际部署之中所使用的最大分光比数取决于系统的功率预算数值。

G.989.2 标准之中对于 NG-PON2 无源光网络系统波长规划的规范如图 10-11 所示（其中还列举了其他传统无源光网络系统的波长规划，以作对比）。为了实现与现有的各种无源光网络系统（包括用于传输 RF 视频内容的 PON）的后向兼容，G.989.2 标准规定，NG-PON2 无源光网络系统所采用的上行波段为 1 524～1 544 nm（宽波段选项），下行波段为 1 596～1 603 nm。G.989.2 还专门为上行方向规范了两个可选项：减波段选项（1 528～1 540 nm）以及窄波段选项（1 532～1 540 nm）。上述三个选项是 G.989.2 在综合考虑了波长信道间距（最小为 50 GHz、最大为 200 GHz）以及 ONU 之中所部属的（波长）调谐单元/部件之后予以规范的。由于 NG-PON2 无源光网络系统的上行方向将会使用 C 波段（具体为 C 波段的短波长段范围 1 530～1 565 nm，与其对应的频率范围是 195.9～191.6 THz），于是，对于单波长线路速率为下行 10 Gbit/s、上行 10 Gbit/s 的系统，就需要采用色散补偿技术。此外，鉴于与现有各种无源光网络系统的后向兼容考虑，对于 PtP WDM 叠加系统的波长规划，G.989.2 规范为共享型波段（1 603～1 625 nm），但是，却并未对上行方向复用多少个波长信道、下行方向复用多少个波长信道进行规范。而对于各类新兴应用，G.989.2 规范了扩展型频谱（1 524～1 625 nm）。

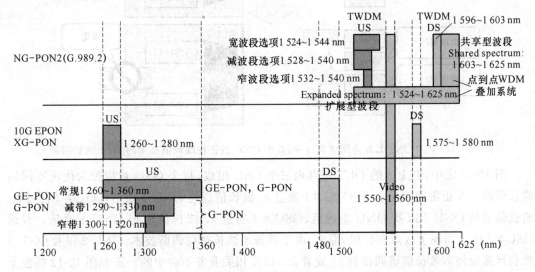

图 10-11　NG-PON2 无源光网络系统的波长规划

早期，为了尽可能地降低无源光网络的系统成本，IEEE 为 EPON 定义的波长范围划分得很宽松——下行（1 490±10）nm（1 480～1 500 nm）以及上行（1 310±50）nm（1 260～1 360 nm），ITU-T 为 GPON 定义的波长范围划分得也很宽松——下行（1 490±10）nm（1 480～1 500 nm）以及上行（1 310±50）nm（1 260～1 360 nm）。当时，还为有线数字电视广播专门安排了兼顾模拟信道性能衰减与光放大需要、处于光纤放大器增益窗口内的 1 550 nm 波长信道。2009 年前后，考虑到 EPON 和 GPON 升级要分别升级到 10G EPON 以及 10G GPON，并考虑到要实现各种无源光网络系统的共存以避免对现有用户的业务造成影响，IEEE 与 ITU-T 就将 EPON 与 GPON 的波长收窄，上行（1 310±20）nm（1 290～1 330 nm），并将 10G EPON 以及 10G GPON 的波长范围规范为：上行 1 260～1 280 nm，下行 1 575～1 580 nm（其标称波长为 1 577 nm）。

2. NG-PON2 无源光网络系统的新功能:在线进行光波长调谐

对于用于 NG-PON2 无源光网络系统的无色 ONU 的研发,关键在于 ONU 之中内置的(光)发射机以及(光)接收机都要具有波长可调谐以选择最合适的物理信道的能力。NG-PON2 无源光网络系统的关键特点之一就是采用波长可调谐的光发射机与光接收机。目前,可调谐光源的实现复杂度大、成本高。可实现 ONU 无色上行传输的解决方案还有波长重用、反射性调制器、基于 TDM 机制的 OFDM-PON 等。因此 ONU 采用在线的波长调谐技术("在线调谐"即在 ONU 初始化的过程之中,或者在业务运行时,ONU 可以进行波长调谐),就可以使 NG-PON2 无源光网络系统具备诸多先进的网络功能——其中的一项高级功能为如图 10-12 所示的"OLT 防护功能"。

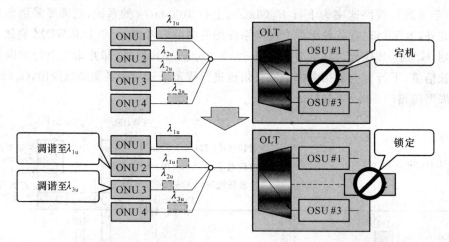

图 10-12　NG-PON2 无源光网络系统中,基于 ONU 波长在线调谐技术的 OLT 防护功能

图 10-12 之中,右上方的 OLT 一共由三个 OSU 组成,每个 OSU 被指配为使用不同的波长信道。在正常的情况之下,OSU♯1 通过 λ_{1u} 波长信道与 ONU 1 通信,OSU♯2 通过 λ_{2u} 波长信道与 ONU 2 以及 ONU 3 通信,OSU♯3 通过 λ_{3u} 波长信道与 ONU 4 通信。假设 OSU♯2 由于出现了故障而宕机,那么,由于部署了波长在线调谐技术,ONU 2 以及 ONU 3 就会迅速地将其波长信道调谐到 λ_{1u} 或者 λ_{3u},以使相关业务不会中断。正如图 10-12 的左下方所示,ONU 2 将其波长信道调谐至 λ_{1u} 与 OSU♯1 建立连接,ONU 3 将其波长信道调谐至 λ_{3u} 与 OSU♯3 建立连接。可见,"OLT 防护"功能的最大优势之一是,具有波长在线调节能力的 ONU 可以自动地选择当前可用的波长信道,就无须在前端部署备份 OLT 以及光交换机了。

ONU 波长在线调谐技术还可以使得 NG-PON2 无源光网络系统具备另一项先进的网络功能——OSU"睡眠"模式——其可减小 OLT 设备的功耗:由于 OSU 具有"睡眠"模式,所有的 ONU 就可以只连接到一个 OSU 或者少数几个 OSU,而其余的 OSU 或者 OSU 则被强制进入"睡眠"模式。

而为了使这些先进的网络功能(包括但不限于上述的"OLT 防护"功能、OSU"睡眠"模式)最终成为现实,就需要波长调谐器件有足够小的调谐时间,以防止在调谐过程中出现数据帧丢失的情况。但是,另一方面,如果部署 NG-PON2 无源光网络系统的网络运营商仅需要在 ONU 初始化的过程之中使用波长调谐功能,那么就无须部署配置有快速光波长调谐器件的 ONU。考虑到上述这些实际情况,并考虑到现有的光波长调谐器件的制作工艺水平,G. 989. 2 标准对光波长调谐的时间进行了分类规范:class 1(第一类)——波长调谐的时间小于 10 μs;class 2(第二类)——波长调谐的时间介于 10 μs 与 25 ms 之间;class 3(第三类)——波长调谐的时间介于 25 ms 与 1 s 之间。此外,如果要实现于现网之中的规模部署,就需要降低可调谐器件的成本。除了波长在线调谐时间,G. 989. 2 标准还针对波长可调谐光发射机的波长特性定义了中心频率、波长偏移、通道间隔以及调谐特性等一系列的重要参数。

3. NG-PON2 无源光网络系统的未来展望

在不久的将来,国际全业务接入网络 FSAN 以及 ITU-T 将会致力于研发 PtP WDM 叠加系统规范,并将其作为 G. 989 系列标准的一个修订规范。此外,国际全业务接入网络 FSAN 以及 ITU-T 还将会合作讨论光接入网络技术在未来更为长远的发展方向 NG-PON3(下一代无源光接入网第三阶段)的研发目标,目前 NG-PON3 的技术演进路线尚不明晰,几种可能的技术思路包括 OFDM-PON(正交频分复用无源光网络:基于 OFDMA 技术,可以与时分多址结合,在时域与频域实现动态的接入带宽分配——从目前的发展态势看来,基于 TDM 机制的 OFDM-PON 是解决 ONU 上行无色传输的最被业界看好的方案)、UDWDM-PON(超高密集度波分复用无源光网络:波长间隔仅为 0.024～0.1 nm,采用相干光检测技术,复用的波长信道数量达 1 000 个之多)等。

10. 5　WDM-PON 系统中的关键技术

现行的 EPON 和 GPON 标准都属于 TDM-PON,TDM-PON 在单个波长超过 10 Gbit/s 速率后,要实现光的突发接收和发送,在技术难度和成本上将大幅提高。为了解决这一难题,WDM-PON 技术应运而生,WDM-PON 采用波分技术,技术难度相对较小,成本相对较低,且 WDM-PON 具有众多的技术优势,比如可以进一步节约主干光纤和 OSP 费用,WDM-PON 系统可以实现单纤 32～40 波长,并可以进一步扩展至 80 波;WDM-PON 系统对速率、业务完全透明,无须任何封装协议,各波长相互独立工作;WDM-PON 系统具有极高的安全性,同一 PON 口下所有 ONU 物理隔离;在系统的维护上,WDM-PON 系统可以避免 OTDR 由于高插入损耗对光纤线路测量等的限制,从而更易进行维护等。

在 2010 年通信展会上,爱立信展示了其目前行业第一个实现商业部署的 WDM-PON 解决方案,它目前在韩国、美国、丹麦、瑞士和荷兰等都有应用。该方案最大的优势首先就是它非常简单,应用不需要配置,可以自动锁定波长,其波长是统一发送的;其次是没有颜色的问题,每个波长都有不同的颜色,爱立信的 ONT 可以自动连接到不同的波长,因此 ONT 应用的范围更广;另外,还有一个亮点就是 WDM-PON 可以跟现在的 GPON 在同一个光网络上共存,用户不需要对其进行改动,所以既能服务原来传统的家庭用户,也能服务比较大的企业用户。爱立信的 WDM-PON 解决方案主要应用在大企业以及 LTE 4G 无线基站回传,4G 基站需要更大的带宽、很少的时延,所以 WDM-PON 对下一代 LTE 基站回传应用具有很大的优势。

10.5.1 WDM-PON 的工作原理

WDM-PON 是一种采用波分复用技术的、点对点的无源光网络。即在同一根光纤中，双向采用的波长数目大于 3 个以上，利用波分复用技术实现上行接入，能够以较低的成本提供较大的工作带宽，是光纤接入未来重要的发展方向。典型的 WDM-PON 系统由三部分组成：OLT、光波长分配网络（Optical Wavelength Distribution Network，OWDN）和 ONU，如图 10-13 所示。OLT 是局端设备，包括光波分复用器/解复用器（OM/OD）。一般具有控制、交换、管理等功能。局端的 OM/OD 在物理上与 OLT 设备可以是分立的。OWDN 是指在位于 OLT 与 ONU 之间，实现从 OLT 到 ONU 或者从 ONU 到 OLT 的按波长分配的光网络。物理链路上包括馈线光纤和无源远端节点（Passive Remote Node，PRN）。PRN 主要包括热不敏感的阵列波导光栅（Athermal Arrayed Waveguide Grating，AAWG），AAWG 是波长敏感无源光器件，完成光波长复用、解复用功能。ONU 放置在用户终端，是用户侧的光终端设备。

图 10-13 是典型的 WDM-PON 框图。下行方向，多个不同的波长 λ_{d1}，λ_{d2}，…，λ_{dn} 在局端 OM/OD 合波后传送到 OWDN，按照不同波长分配到各个 ONU 中。上行方向，不同用户 ONU 发射不同的光波长 λ_{u1}，λ_{u2}，…，λ_{un} 到 OWDN 中，在 OWDN 的 PRN 处合波，然后传送到 OLT。完成光信号的上下行传送。其中，下行波长 ldn 和上行波长 lun 可工作在相同波段，也可工作在不同波段。

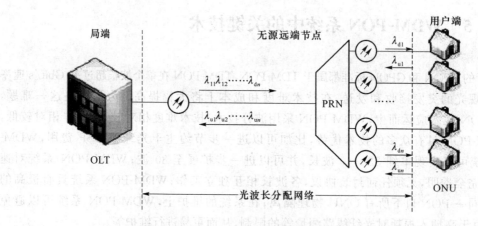

图 10-13　典型的 WDM-PON 框图

WDM-PON 是采用波分复用作为接入技术的无源光网络，是未来接入网的最终方向。WDM-PON 有三种方案：第一种是每个 ONU 分配一对波长，分别用于上行和下行传输，从而提供了 OLT 到各 ONU 固定的虚拟点对点双向连接；第二种是 ONU 采用可调谐激光器，根据需要为 ONU 动态分配波长，各 ONU 能够共享波长，网络具有可重构性；第三种是采用无色 ONU（colorless ONU），即 ONU 与波长无关方案。另外，还有一种是下行使用 WDM-PON，上行使用 TDM-PON 的混合 PON。

采用波分复用技术的 PON 技术的主要特点如下。

（1）更长的传输距离。由于 WDM-PON 中 AAWG 的插入损耗比传统的 TDM-PON 系统中光功率分路器的插入损耗要小，因此在 OLT 或 ONU 激光器输出功率相等的情况下,WDM-PON 传输距离更远,网络覆盖范围更大。

(2)更高的传输效率。在 WDM-PON 中上行传输时,每个 ONU 均使用独立的、不同的波长通道,不需要专门的 MAC 协议,故系统的复杂度有很大的降低,传输效率也得到了大幅提高。

(3)更高的带宽。WDM-PON 是典型的点对点的网络架构,每个用户独享一个波长通道的带宽,不需要带宽的动态分配,其能够在相对低的速率下为每个用户提供更高的带宽。

(4)更具安全性。每个 ONU 独享各自的波长通道带宽,所有 ONU 在物理层面上是隔离的,不会相互产生影响,因此更具安全性。

(5)对业务、速率完全透明。由于电信号在物理层光路不做任何处理,无须任何封装协议。

(6)成本更低。WDM-PON 中光源无色技术的应用使得 ONU 所用光模块完全相同,解决了器件的存储问题的同时,也降低了 OPEX 和 CAPEX,且单纤 32~40 波,可扩展至 80 波,节约主干光纤和 OSP 费用。

(7)更易维护。避免 OTDR 由于高插入损耗对光纤线路等的测量限制。另外,无色光源技术的应用使得维护更方便。

10.5.2　WDM-PON 无色 ONU 技术

WDM-PON 从物理层的维度去解决多用户通过一根馈线光纤接入端局的问题。在简化了协议控制的同时,对光模块提出了更高的技术要求。目前,WDM-PON 使用的波长主要参照符合 ITU-T 694.1 的密集波分复用(DWDM)标准,因此每个 WDM-PON 光模块的工作波长必须精确而稳定,为了防止相邻通道的干扰,每个波长还需具有合适的边模抑制比。相应技术复杂度的增加同时提升了设备的成本。由于 PON 系统的 ONU 往往分布于用户驻地,其使用环境较复杂,这对设备的可维护性提出了更高的要求。WDM-PON 中,不同通道的工作波长不同,相应的就需要对 ONU 的发射波长进行设定和维护。如果 ONU 侧使用固定波长激光器,那么该 ONU 只能接在 AWG 的特定波长下,同一个 WDM-PON 系统需准备多个型号的 ONU。这会增加系统部署的复杂度,增大后期运营维护成本。为了解决这个问题,可以通过无色 ONU 技术来实现 WDM-PON 波长的灵活配置功能。本节将简要介绍 WDM-PON 中的 3 种无色 ONU 实现方案。

1. 可调激光器技术

为了实现 ONU 侧波长的灵活配给,避免为不同 ONU 使用不同型号的光模块,可以在 ONU 的光模块发送端采用可调激光器,实现 ONU 的无色。在 ONU 中使用可调激光器的 WDM-PON 系统如图 10-14 所示,图中只画出了上行方向。可调激光器也工作在特定波长,但可通过辅助手段对波长进行调谐,这样在系统中可使用同样的激光器以产生不同的工作波长。因此这种方案中,所有的 ONU 都是一样的,不再存在仓储问题。在使用时,按照预先的波长规划对各 ONU 进行调谐配置,使其发出特定波长的光。从光性能和管理的灵活性角度而言,使用可调激光器可以说是最好的解决方案。

在 PON 的 ONU 中使用的可调激光器需要通过内部波长锁定器或外部波长监控单元控制输出波长的稳定性,保证波长通过 AAWG 通道,将信号送至对端。但增加波长锁定器或外部波长控制单元无疑增加了 PON 系统中 ONU 的成本。目前 PON 中使用的可调激光

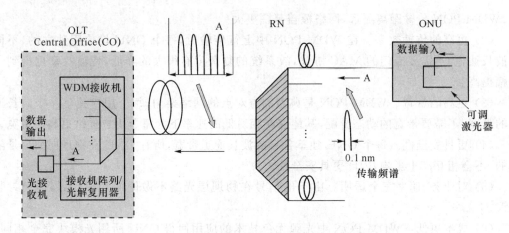

图 10-14　使用可调谐激光器的 WDM-PON 系统

器比传统的激光器更为复杂,价格也较为昂贵,有待可调激光器技术的成熟来降低 PON 的成本。

2. RSOA 技术

RSOA 是 ONU 可用的一种反射器件,它也可看作一个具有增益的调制器,更适合于速率高于 1.25 Gbit/s 的场合。

在 WDM-PON 系统中,可对其参数进行优化,以更好地适应 WDM-PON 系统的应用要求。用于 WDM-PON 的 RSOA 器件可具有较大的光路增益(>20 dB)、低偏振相关增益(<1.5 dB)和极低的表面反射率($<10^{-5}$)。在 RSOA 中,降低前腔表面反射率是很重要的,因为前腔表面反射会对输出信号叠加很大的噪声成分。RSOA 的另一个优点是它的增益饱和机制可降低注入光信号的噪声幅度,这在采用谱分割方案的 WDM-PON 系统中尤为有用。

RSOA 器件可分为两种:偏振相关的和偏振无关的。偏振相关的 RSOA 具有良好的温度特性,可在 $0\sim70$ ℃ 的范围内正常工作而无须任何制冷器件,这有助于降低光收发器的成本。同时其增益也较高,可以达到 30 dB。但由于与输入信号的偏振有关,需要 OLT 中使用无偏振的光源,一般采用宽带光源分割频谱。

使用单偏振的 RSOA 时,系统使用无偏振的种子光源,因此基于单偏振 RSOA 无色 ONU 实现方案的 WDM-PON 系统结构与使用注入锁定的 FP-LD 的情况基本相同,如图 10-15 所示。与无注入信号的宽谱 SLED 光源相比,带注入的 RSOA 可在分割的谱线内提供更大的光功率;此外,如果 RSOA 工作在饱和增益状态,还可压缩由于谱分割带来的额外噪声。这使得基于 RSOA 的方案可提供更高的速率,在实践中,已成功在 20 km 覆盖距离的 PON 中传输 32 路 1 Gbit/s 的以太网信号。而如果不工作在饱和状态下,调制速度可以超过 2.5 Gbit/s。

对于更长距离的 PON 系统而言,使用宽谱种子光源再进行分割可能会引起色散而影响性能,这种情况下,使用多个单波长激光器发光后再合波来作为种子光源可获得更好的性能,此时要求 ONU 中使用偏振无关的 RSOA。偏振无关的 RSOA 优势在于输出光功率的稳定性,在 $1\,530\sim1\,570$ nm 波段(C 波段)可提供 20 dB 的光功率增益,而波动不超过 0.5 dB。与偏振无关,意味着 OLT 中光源可以采用单一固定波长的激光器,如 DFB 激光

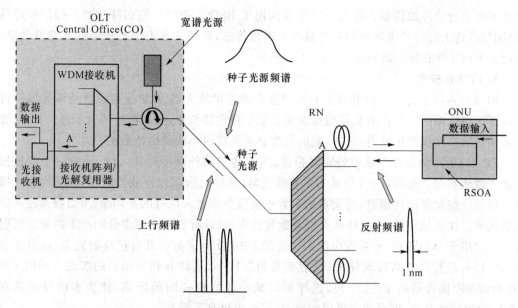

图 10-15　基于单偏振 RSOA 无色 ONU 的 WDM-PON 系统

器。使用 DFB 激光器作为光源，一方面激光线宽窄，减小了传输过程中色散的影响；另一方面避免了使用宽带光源分割频谱时产生的额外噪声。因此，可以容纳更多的信道，并以更高的速率传输更长的距离。然而由于实际使用中用一根光纤传输上下行信号时，会因为相干后向瑞利散射产生新的噪声源，所以需要使用两根光纤分别传输上下行信号来解决。此时的系统结构如图 10-16 所示。

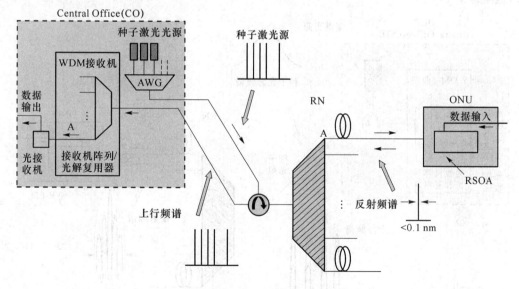

图 10-16　基于偏振无关 RSOA 无色 ONU 的 WDM-PON 系统

此外，基于 RSOA 还有另一个方案，即波长重用。由于 RSOA 还具有增益饱和特性，当注入信号的光功率足够大时，注入信号的"0"和"1"放大后的幅值相近，相当于对注入信号进行了"擦除"操作。利用这一特性，在 WDM-PON 系统中，可以通过重新调制下行信号光载波来实现上行信号的传输。这种方案主要利用了 RSOA 的增益饱和特性对下行信号进行"擦除"后,将上行信号重新调制在光载波上进行传送,从而实现上下行信号的光载波共享,此时上下行工作在同一波长上。

3. FP-LD 技术

FP-LD 本质上是一个封装在 F-P 反射腔中的光学放大器,F-P 反射腔能使激光器通过正反馈而发生振荡。要使激光器振荡发生在某个特定波长处,必须满足两个条件。首先,波长必须在增益介质的带宽内;其次,腔的长度必须是腔内半波长的整数倍。

FP-LD 通常会在几个纵模处同时振荡,当有适当的外部信号注入时,只有一个共振模式处于激活状态。此时,FP-LD 成为单模激光器,发射出的即为该波长的激光,称为注入锁定。通过仔细设置调制指数、激光器的偏置电流及外部注入信号的光功率,可以提高注入锁定的效率。注入锁定的 FP-LD 具有增益饱和效应,可以有效减小频谱分割产生的剩余强度噪声。应用于 WDM-PON 系统中注入锁定的 FP-LD 要求前腔具有抗反射能力,反射系数为<0.1%,后腔具有高反射能力,反射系数为>70%,这样有利于锁模的实现。同时 FP-LD 的谐振腔比普通的 FP-LD 长,这样可以减小腔内模式间的距离,使更多的纵模落在 AWG 的频谱通带内,更有利于锁模的稳定,同时也提高了增益。

基于注入锁定的 FP-LD 无色 ONU 实现方案的 WDM-PON 系统如图 10-17 所示。在 OLT 中置有一中央宽谱光源作为种子光源,经过 AWG 进行谱分割后,不同波长的连续波注入 FP-LD 的激光腔。FP-LD 可看作一个具有光增益的反射调制器,注入的光信号被反射放大,同时可被激励电流调制,从而产生特定波长的上行信号。不同波长的上行信号经 AWG 合波后传送到 OLT,OLT 中又使用一个 AWG 将来自各个用户的波长信号分解出来,送至每个 PON 口。

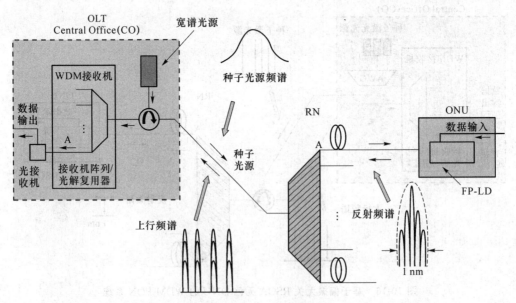

图 10-17　基于 FP-LD 无色 ONU 的 WDM-PON 系统

由于 FP-LD 成本较低,这种技术方案是 1.25 Gbit/s 以下速率的 WDM-PON 系统的主要解决方案之一。

10.5.3　WDM-PON 的系统设备

WDM-PON 系统的硬件由局端 OLT 设备和远端 ONU 设备组成。由于 WDM-PON 系统不仅要满足大容量、低成本、高可靠性需求,还需要为下一代接入网提供一个灵活的可扩展空间,所以在硬件设计上,系统采用了许多新的技术。ONU 作为远端设备,在满足不同业务场景的同时,设计时需要尽可能简单以保持易维护和低成本特性。与传统 PON 设备的 ONU 相比,WDN-PON 的 ONU 的差异主要在于所使用光模块。因此本节将着重对 WDM-PON 的 OLT 硬件进行介绍。

WDM-PON 系统的 OLT 设备采用符合 ATCA 规范的模块化插槽式设计,包含机框子系统和刀片子系统两部分。机框子系统由结构机框、背板、配电单元、风扇单元组成。刀片子系统包含交换控制盘、业务接口盘等。各子系统功能模块的功能如下。

(1) 风扇单元:为 WDM-PON 系统 OLT 设备提供系统整机的散热功能,即使单独一个风扇故障,也不会影响系统满负荷工作,风扇模块具备热插拔的能力,满足冗余要求。在最大风速下,每槽位至少满足 200 W 的散热及稳定工作要求。

(2) 配电单元:为 WDM-PON 系统 OLT 设备提供系统整机的供电功能。配电单元包含两个 PEM(电源输入模块),提供−48 V DC 输入电源冗余备份。

(3) 背板:为 WDM-PON 系统 OLT 设备提供系统各功能模块的连接功能。包括基础 (Base)接口、交换(Fabric)接口、更新(Updata channel)接口这 3 种数据通道的连接,IPMB (智能平台管理总线)管理通道的连接,以及单板供电线路连接。

(4) 交换控制盘:通过背板总线实现与各功能模块间的数据交换,同时提供和外部网络连接。交换板提供两套独立的交换平面(基础接口和交换接口),提供高速数据传输,同时两交换平面间故障不互相影响,使系统具备更高的可靠性。该盘同时集成 1 个符合 COM Express 标准的嵌入式计算机模块和 1 个机箱管理器。COME 模块采用通用的 X86 架构 Intel 双核处理器技术和 CGL(电信级 Linux)操作系统,能够在单一的体系结构内运行各种应用软件。机框管理器为 OLT 设备提供各种机框管理和控制功能,如单板热插拔管理,上电/下电/复位控制,功率控制,传感器事件管理,风扇单元状态检测和转速控制,电源单元状态检测和系统温度、电压的检测和控制等。

(5) 业务接口盘:提供多个 PON 接口,主要完成对局端 PON 协议处理以及多路 PON 口的以太网二层汇聚与交换功能。当单盘配置上 EPON 的 SFP 光模块时就是一块 EPON 业务盘,当配置上 WPON SFP 光模块时就是一块 WDM-PON 业务盘。

机框中各个单元模块在不同通道上的拓扑连接如图 10-18 所示,系统管理通道基于 IPMB 总线,所有机框子单元的 IPMC(智能平台管理控制器)均连接在 IPMB 总线上,机箱管理器通过 IPMI 协议管理总线上的所有设备。数据传输有三条通道:基础接口、交换接口、更新接口。基础接口和交换接口均采用双星形拓扑结构。其中基础接口为交换控制盘和业务接口盘提供了一条 1 Gbit/s 的以太网连接,用于转发配置管理数据。交换接口提供了一条 10 Gbit/s 的以太网连接,用于转发用户业务数据。更新接口则用于主备盘的数据同步和冗余保护功能。

从 OLT 平台拓扑图可以看出,ATCA 架构给 WDM-PON 系统的业务承载和软件管理提供了一个可靠的工作环境,但是 ATCA 架构的意义远不止于此,由于它采用标准化的规

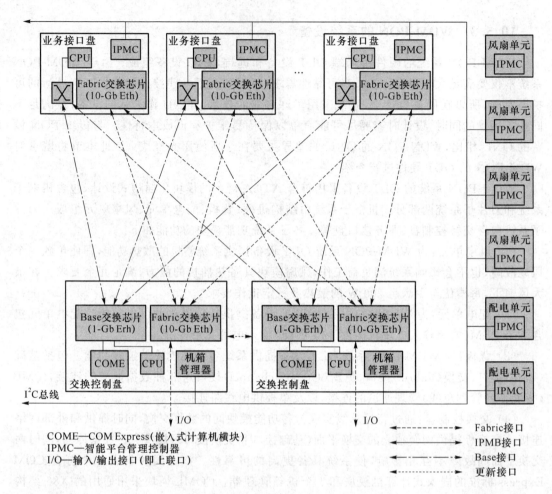

图 10-18　WDM-PON OLT 平台拓扑图

范,相对于现在采用专用性设计的 PON 系统来说,可以灵活实现扩展升级。例如,现有的
PON 系统只用于实现接入的功能,相应的结构、电源、散热等设计方面,只能符合短期内、专
有的应用需求。但是用户的需求可能发生变化,随着视频流媒体这种带宽消耗型业务的增
加,运营商可能希望 OLT 机框同时实现视频业务的节目源存储功能,这时 OLT 就需集成
媒体流存储服务器的功能;接入用户数的增加也可能超出上游设备的接入控制能力,运营商
可能希望将接入控制节点下移至 OLT,这时 OLT 还需集成 BRAS 的接入控制功能。这些
新的需求随时可能出现,专用的平台无法实现这些功能。由于 ATCA 平台的通用性,只需
通过插入不同功能的刀片子系统,即可在一个机框中嵌入多个网元的功能。因此,采用
ATCA 平台的 WDM-PON 系统具备更强大的多业务承载能力。

第 11 章
光纤接入系统的工程案例

截至 2014 年 12 月,我国网民规模达 6.49 亿,互联网普及率为 47.9%。截至 2015 年 3 月底,我国互联网宽带接入用户数达到 2.04 亿,8 兆及以上接入速率的宽带用户总数占宽带用户总数的比例达 46.4%,光纤接入用户占宽带用户比重达 38.4%,城市和农村家庭固定宽带普及率分别接近 55% 和 20%。我国宽带和 FTTH 的建设将由高速发展进入平稳发展的新阶段:建设重点由城市转向农村,投资由重接入覆盖建设转向重发展用户运营。本章将在光纤接入系统产业链的基础上,介绍典型的 PON 接入设备,分析其结构和功能特性,并列举 PON 的工程案例。

11.1 光纤接入系统的产业链

中国宽带市场对全球宽带发展影响举足轻重。自 2013 年 8 月 17 日,中国国务院发布了"宽带中国"战略实施方案,部署未来 8 年宽带发展目标及路径。在 2013 年、2014 年的"宽带中国"专项行动实施中,伴着 4G 网络建设和 FTTH 建设的高温,我国光通信行业发展态势一片大好,光通信市场不断增长,市场对光器件与模块的需求强劲,PON 模块、4G 模块一直处于扩产的常态。2014 年,光通信市场迈入了高速增长期;而 2015 年,随着运营商资本开支的加大,政策层面"宽带中国"目标的继续扩大,都将使得光通信市场进入了急速增长期。

光纤接入网中,主要的产业链包含芯片制造商、光模块制造商、设备制造商、纤缆制造商、网络运营商五个部分。网络运营商同时与服务提供商和内容提供商组成业务产业链,为最终的网络使用客户提供硬件和软件上的支持。

(1) 芯片制造商

芯片厂商按照现有标准,制造出符合标准要求的电气芯片。目前全球约有 10 多家芯片厂商,分别支持 EPON 和 GPON 标准,其中支持 EPON 标准的主流厂商有四家,分别是 Cortina Systems(已被网通芯片大厂瑞昱并购)、PMC-Sierra、Teknovus、Vitesse(已被半导体公司 Microsemi 收购)。四家公司其 EPON 产品规模大,技术成熟,其中 Cortina Systems、PMC-Sierra、Vitesse 紧跟技术发展前沿,均针对 10G EPON 推出相应的产品;

EPON 芯片厂商同时也选择支持 GPON 芯片,其中的 Cortina Systems、PMC-Sierra、Vitesse 均有 GPON 芯片。除此三家芯片厂商同时兼顾两种技术外,其他芯片厂商则把精力相对集中在 GPON 上,包括 Broadcom、BroadLight(已被 Broadcom 收购)、Centillium、Conexant、FreeScale(已被芯片制造商 NXP 收购)等著名厂商都有其 GPON 产品。

(2)光模块制造商

光器件行业位于光通信产业链中游,为下游光系统设备商提供器件、模块、子系统等产品。根据功能划分,光器件分为有源光器件和无源光器件,有源光器件市场份额达到光器件总体市场的 75%。中国光器件市场主要厂商包括武汉光迅科技、海信、圣德科、易飞扬、索尔斯光电、Bookham、博创科技等。

(3)设备制造商

随着宽带中国战略的落地,运营商之间的竞争重心逐步转向家庭用户。同时,由于带宽需求的提升,GPON 设备在运营商 FTTH 建设中逐步显现优势,国内运营商纷纷将 GPON 设备纳入 FTTH 终端集采。来自中国电信的官方消息显示,中国电信 2014 年 PON 设备集中采购项目的招标范围包括 EPON 设备标包、GPON 设备标包、10G EPON 设备标包三类标包,从招标产品可以看出,EPON 设备仍然占主要地位,10G PON 采购量则大幅缩水。其中,EPON 设备标包由烽火通信、华为、上海贝尔、中兴通讯四家中标;GPON 设备标包由烽火通信、华为和中兴通讯中标;10G EPON 设备标包则花落烽火通信、华为和中兴通讯。从规模上来看,EPON 设备标包采购数量为新建 OLT 端口 15 万,ONU(含 MDU/MTU/SBU)宽窄带端口共 97 万;GPON 设备标包采购数量为新建 OLT 端口 17 万,ONU(含 MDU/SBU)宽窄带端口共 55 万;10G EPON 设备标包采购数量为新建 OLT 端口 1 万,ONU(含 MDU/MTU)宽窄带端口共 6 万。

(4)纤缆制造商

随着 FTTH 的进一步推进,纤缆制造商从传统的光纤光缆提供商发展成 FTTH 综合布线整体方案提供商。FTTH 建设中所用的光纤光缆主要由馈线光缆、配线光缆、接入光缆和室内光缆构成。G.984 和 IEEE 802.3ah 规定的光纤为 G.652 标准单模光纤。随着光纤进一步向家庭方向延伸,适用于室内布线的 G.957 光纤和塑料光纤相继面世。随着新型光纤技术的发展和光纤制备工艺的成熟,光纤光缆的价格不断下降,光纤布线中的瓶颈转移到光纤光缆综合布线和快速现场连接上来。

当前中国国内光纤光缆市场格局已形成武汉长飞、烽火通信、中天科技、富通集团、亨通光电、通鼎光电为首的巨头引领格局,小型光纤光缆企业市场份额日渐式微。随着各大企业产能扩张工作的陆续落地,产能趋于过剩,行业竞争将进一步加剧,具备规模效应、能通过自主生产光纤预制棒控制成本的企业将占据行业优势地位,未来行业集中度将进一步提升。

11.2 典型的 PON 设备

目前,PON 设备制造厂商以华为、中兴和烽火这几个大型通信设备制造厂商为主,除此之外,贝尔、爱立信等厂商在接入网领域也有所涉及。移动、联通等各个运营商每年都会采购不同新的设备用以优化甚至更新自己的网络,各家生产的 PON 设备均具有标准化特点,完善的组网机制和强大的网络管理功能,同时提供灵活的系统配置和丰富的接口。本节仅以烽火通信公司研制的 PON 设备为例,着重介绍实用化产品的基本组成和功能。

11.2.1　E/GPON 设备

1. 设备定位

目前运营商使用的 E/GPON 设备大都可作为新一代智能型、电信级、EPON/GPON 一体化接入设备使用。既可以支持 E/GPON 共平台,还可以提供 VoIP、TDM、数据、IPTV、CATV 等窄带业务的接入,同时具备二层、三层数据汇聚的功能。设备的网络定位如图 11-1 所示。

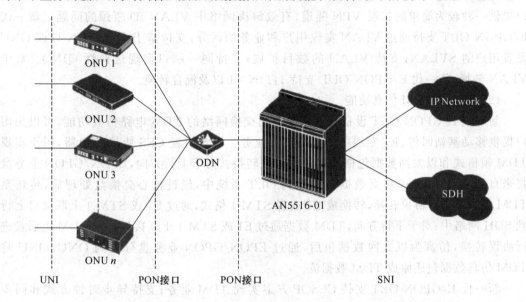

图 11-1　E/GPON 设备的网络定位

典型的 E/GPON OLT 通常都部署在小区或局端机房内,其网络定位是:在网络侧,E/GPON OLT 设备可以提供千兆或者万兆上联接口,通过 BRAS 接入到宽带城域网,也可以提供 STM-1 光口或者 E1 电口与 SDH 设备对接;在用户侧,E/GPON OLT 设备通过 ODN 网络,利用单根光纤提供语音、数据、视频业务,适应用户个性化需求。

2. 设备整体特性

由于 OLT 支持 EPON、GPON 业务的混合接入,在 EPON 方面,OLT 完整支持 IEEE 802.3-2008 功能,下行速率支持 1.25 Gbit/s 和 2.5 Gbit/s,上行速率支持 1.25 Gbit/s,具有良好的向下兼容性,支持多种类型 ONU,如 SBU、SFU、MTU、盒式 MDU(包括 LAN 型和 xDSL 型)、插卡式 MDU 以及 HGU 型 ONU 等,同时支持扩展的 OAM 以及良好的兼容性,支持长距离传输,解决了双绞线接入技术的长距离覆盖问题,最大传输距离(无源光网络＋双绞线接入)可达 20 km 以上;在 GPON 方面,OLT 严格符合 ITU-T G.984 系列标准,下行速率支持 2.5 Gbit/s,上行速率支持 1.25 Gbit/s,具备良好的互操作性,支持扩展的 1:128 高分光比,支持上行带宽分配 DBA 功能,支持三种带宽类型:固定带宽、保证带宽、尽力而为带宽,在效率方面,所有的传送数据采用全新的 GEM 封装结构,封装为 125 μs 定长帧,具有更少的传输开销字节和更高的传输效率,同时在 2.5 Gbit/s 的下行带宽或 1.25 Gbit/s 的上行带宽需求下,传输效率最高可达 93%。因此,新一代 E/GPON OLT 可作为有效解决接入带宽瓶颈问题的设备,从而满足用户对高带宽业务的需求。

下面,我们从几个不同的角度来介绍新一代 E/GPON OLT 所提供的强大的接入能力。

(1) 灵活的 VLAN 功能

新一代 E/GPON OLT 设备提供强大的 VLAN Stacking 和 VLAN 转换功能,可以有效地管理各种用户业务,提高网络安全。VLAN 是一种将局域网设备从逻辑上划分成一个个网段,以实现虚拟工作组的数据交换技术。QinQ VLAN/VLAN Stacking 标准为 IEEE 802.1ad,该标准在 IEEE 802.1Q VLAN 标准上升级而来。其核心思想是将用户 VLAN Tag 封装在业务 VLAN Tag 中,用户业务携带两层 Tag 穿越服务商的骨干网络,从而为用户提供一种较为简单的二层 VPN 隧道,有效解决网络中 VLAN ID 瓶颈的问题。新一代 E/GPON OLT 支持通过 VLAN 实现用户和业务的区分;支持基于机盘、PON 口或 ONU 设置用户的 SVLAN;支持 VLAN 的数目扩展;支持同一端口实现选择性 QINQ。对于 VLAN 转换,新一代 E/GPON OLT 支持 1:1、N:1 以及混合转换。

(2) 完善的 TDM 仿真功能

新一代 E/GPON OLT 设备具有基于分组交换网络的 TDM 电路仿真功能,可以为用户提供移动基站回传、E1 专线等多种 TDM 业务。机盘内置 CES 协议处理器,用于实现 TDM 帧格式和以太网数据包格式之间的相互转换。对于上行方向,EPON/GPON 业务盘将来自 ONU 的 TDM 仿真数据包传输到 OLT 系统中,经过核心交换盘处理后,传送至 TDM 上联盘进行协议转换,转换成 E1 或者 STM-1 格式,通过 E1 或 STM-1 上联接口上行到 SDH 网络中;对于下行方向,TDM 数据通过 E1 或 STM-1 上联接口进入 TDM 上联盘进行协议转换,仿真为以太网数据包后,通过 EPON/GPON 业务盘分发到 ONU,ONU 将 TDM 仿真数据包还原成 TDM 数据流。

新一代 E/GPON OLT 支持 CESOP 方案实现 TDM 业务;支持异步时钟方式和同步时钟方式;支持网管选择时钟类型和时钟恢复方式;支持 STM-1 和 E1 两种上联接口。

(3) 完善的 NGN 语音功能

目前主流的语音协议有 H.248 协议、MGCP 以及 SIP。NGN 语音业务通过 ONU 设备完成语音信号处理,SoftSwitch 或 IMS 完成呼叫控制,实现模拟用户线的 VoIP 接入。新一代 E/GPON OLT 支持 112 测试功能、多 MGC 列表;支持每路语音的 QINQ VLAN 和优先级配置;其呼叫处理能力为 25 k BHCA,呼叫接通率大于 99.999%;支持 POTS 用户的 IP 电话接入业务,以及脉冲计费和反极计费业务等。

(4) 完善的组播功能

新一代 E/GPON OLT 设备用户侧和网络侧接口支持 IGMP V2/V3,结合 PON 网络 P2MP 的特点,能为用户提供完善的组播解决方案。它支持 IGMP V2/V3 协议、IGMP Proxy 和 IGMP Snooping;支持 4 000 个并发组播组;采用 EPON/GPON 接入方式时,支持组播级联;支持组播业务 CDR 功能;实现通过 CDR 查询用户端口信息、组播组地址、加入和离开时间、离开方式(强制、自主离开)和权限信息;支持可控组播功能,支持基于组播用户的控制,支持信息显示、点播日志、点播统计等功能;可以有效地防止协议攻击,屏蔽非法组播源传播,阻止用户非法转播和非法接收,保障运营商的利益。

(5) 灵活的三层路由功能

新一代 E/GPON OLT 设备具有灵活的三层路由功能,支持 OSPF 和 RIP 路由功能。

以 OSPF 为例,设备支持快速收敛、等值路由、报文验证和组播地址等。

(6) 灵活的解决方案

首先,FTTx 系统采用波分复用技术,通过在 OLT 设备的外部加置一个合波器,实现 CATV 信号和用户的数据业务、语音业务在同一根光纤内传输,实现三网合一功能。其次,OLT 设备针对相对分散的高档公寓或别墅,通过光纤到户的方式,采用一根光纤同时提供语音、数据和视频业务。对于老区改造场景,通过 OLT 设备业务接口盘提供的 EPON/GPON 接口,与 FTTB 类 ONU 设备配合使用。通过光纤到大楼的形式,将已建有的 LAN 网络进行光纤化改造,保证语音、数据和组播业务的接入。对于村村通和农村信息化建设,通过 OLT 设备业务接口盘提供的 EPON/GPON 接口,与 FTTC 类 ONU 设备配合使用,采用光纤加 xDSL 的方式,保证语音和数据业务的接入。该方案适用于居住密集型农村地区,充分满足农村用户当前及未来的通信需求。最后,新一代 OLT 还支持移动基站业务传输,提供两种 TDM 接口盘,分别提供 E1 电接口和 STM-1 光接口上联,与 FTTO 类 ONU 或者 FTTC 类 ONU 设备(配置 TDM 接口盘)配合使用,通过 TDM 仿真功能,可将移动基站的 TDM 信号上联至传输设备。

(7) 强大的 QoS 保证

新一代 E/GPON OLT 设备支持上联接口基于以太网数据流的包过滤、重定向、流镜像、流量统计、流量监控、端口队列调度、端口限速、优先级策略和优先级转换等策略;支持上联接口基于源 MAC 地址、目的 MAC 地址、以太网类型、VLAN、CoS、源 IP 地址、目的 IP 地址、IP 端口、协议类型等进行报文的分类和过滤。OLT 支持三种队列调度算法:SP、WRR 和 SP+WRR,每个端口支持 8 个优先级队列;支持 CoS Remark 和 CoS Copy 功能。可以更改用户数据报文中的原有 CoS 值,或者将 CVLAN 中的 CoS 值复制到 SVLAN 中等。支持流量标记和整形;支持 1 024 条 QoS 规则;支持端口的限速;支持 EPON 接口的带宽控制功能,带宽控制粒度为 32 kbit/s。ONU 支持多 LLID 技术,每一个 ONU 最多可以支持 8 条 LLID。可根据源 MAC 地址、目的 MAC 地址、源 IP 地址、目的 IP 地址、TCP、UDP、ToS、CoS、以太网类型和协议类型等进行分级。

(8) 完备的安全保障机制

新一代 E/GPON OLT 设备在系统侧的安全保障机制有:支持 L2~L7 包过滤功能,即实现基于源 MAC 地址、目的 MAC 地址、源 IP 地址、目的 IP 地址、端口号、以太网类型、协议类型、VLAN、VLAN 范围的非法帧过滤,限制非法用户的上网。支持防止 DoS 攻击能力,提高系统的抗攻击性能;支持基于 ACL 的允许/禁止访问控制功能;支持防御 ICMP/IP 报文攻击功能;支持防御 ARP 攻击功能;支持用户操作权限管理,即图形网管系统和命令行网管系统能设置若干不同操作权限的用户等级,保证网管系统的操作安全性。支持向网管系统自动上报 ONU 的 SN 号和 MAC 地址;支持多种 ONU 认证模式,即实现基于物理地址、逻辑标识、逻辑标识+密码、混合认证(逻辑标识+物理地址)、混合认证(逻辑标识+密码+物理地址)对 ONU 的合法性进行认证;支持广播风暴抑制功能;支持帧过滤和限速功能;支持环路检测。

在用户侧的安全保障机制有:支持 DHCP Option82 和 PPPoE+实现访问控制功能,实现将用户设备的物理地址信息插入到 DHCP 请求或者 PPPoE 协议报文中,通过与认证系统的配合,可以有效地控制用户对网络特定资源的访问,为故障处理和攻击定位提供可靠信息。支持 DHCP Snooping 功能,即实现通过建立和维护 DHCP Snooping 绑定表,侦听接入用户的 MAC 地址、IP 地址、租用期、VLAN ID 等信息,跟踪定位 DHCP 用户的 IP 地址和端口问题。对不符合绑定表项的非法报文(ARP 欺骗报文、擅自修改 IP 地址的报文)进行直接丢弃,保证 DHCP 环境的真实性和一致性。支持 MAC 地址最大学习数量限制,防止用户 MAC 地址攻击;支持限制 ONU LAN 端口接入的 MAC 地址数量;支持限制 ONU LAN 端口加入的组播组数量;支持 ONU 端口绑定功能,即实现 FE 端口和 MAC 动态绑定,保证接入用户的合法性;支持 AES-128 加密和解密算法,确保用户数据的安全性。

结合以上论述,新一代 E/GPON OLT 设备支持的典型功能特性如表 11-1 所示。

表 11-1　E/GPON OLT 设备支持的典型功能特性

类　别	功　能
接入特性	E/GPON 接入
	E1/STM-1 接入
接入管理	E/GPON 终端管理
二层交换功能	MAC 地址的独立/共享学习
	全局清除二层转发表
	支持以太网端口聚合
	支持 STP/RSTP(快速)生成树
QoS 功能	支持基于流的双/单速三色
组播功能	PIM-SM
	IGMP PROXY/SNOOPING
	组播 VLAN
	组播信息统计
	组播用户/节目管理
	组播拷贝广播
	可控组播
语音功能	VoIP 语音业务
	PPPOE/DHCP 配置
	NGN 统计信息/资源状态查询
TDM	支持多种时钟方式
	在线查询 E1 状态
	支持 E1 环回

类　别	功　　能
三层功能	ARP 代理
	支持 DHCP Relay/Server 功能
	主备/负载分担
	VRRP 报文 MD5 认证
	RIP/OSPF/BGP
组网特性	冗余备份
	BFD 快速检测
操作与维护	远程操作与用户管理
	软件在线升级与自动回滚
	性能统计、历史数据的保存和查询
时钟	内部时钟/BITS 时钟/2M 时钟/1588V2 时钟/同步以太网时钟/自适应时钟恢复
系统冗余备份	盘间/内 PON 口 1+1 保护
	上联盘/核心交换盘/电源盘双备份
环境监控	采集 OLT 机房环境信息
	采集 ONU 环境信息

3. 设备接口

新一代 E/GPON OLT 设备子框如图 11-2 所示,子框提供电源接口、环境监控接口、告警接口和带外网管接口。

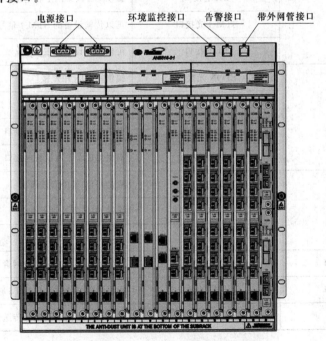

图 11-2　新一代 E/GPON OLT 设备子框

与此同时,新一代 E/GPON OLT 支持多种物理接口种类,如图 11-3 所示。

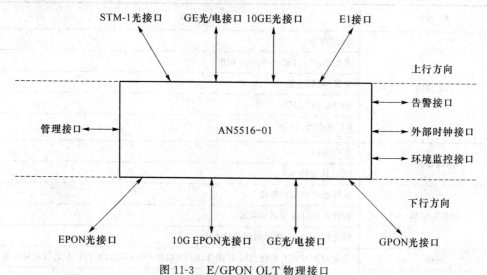

图 11-3　E/GPON OLT 物理接口

设备各种接口的功能如表 11-2 所示。

表 11-2　设备各种接口的功能

接口类别	接口类型	接口功能
上联接口	10GE 光接口	提供 10GE 以太网上联光接口
	GE 光接口	提供 GE 以太网上联光接口
	GE 电接口	提供 GE 以太网上联电接口
	STM-1 光接口	可以传输设备的 STM-1 信号
	E1 电接口	可以传输设备的 E1 信号
用户接口	EPON 光接口	提供 EPON 用户接口
	GPON 光接口	提供 GPON 用户接口
	GE 光接口	提供 GE 以太网级联光接口
	GE 电接口	提供 GE 以太网级联电接口
管理接口	FE 接口	满足 GUI 带外管理需求
	10GE/GE 接口	满足 GUI 带外管理需求
	RJ-45 接口	满足 CLI 带内管理需求
环境监控接口	RJ-45 接口	搜集外部环境变量上报网管
外部时钟接口	时钟同轴接口	提供外部 2M 时钟和 BITS 时钟输入和输出
告警接口	RJ-45 接口	用于将子框的告警信号传送至 PDP

4. 设备典型配置

设备子框的槽位分布及典型配置如图 11-4 所示。

图 11-4　设备子框配置图

OLT 子框共有 20 个竖式槽位。1～8、11～18 槽位用于插入各种业务盘,如 EPON 接口盘、GPON 接口盘、TDM 接口盘和公共盘;9 和 10 槽位略宽,用于插入核心交换盘;19 和 20 槽位位于子框的最右侧,两个均为半高槽位,用于插入上联盘。

5. 设备机盘

上述 OLT 配置的机盘按照高度可分为两种,一种是 366 mm 的全高盘,另一种是 182 mm 的半高盘。OLT 设备当中各个机盘的功能定位说明如表 11-3 所示。

表 11-3　OLT 机盘功能定位说明

机盘类别	备　注
核心交换盘	完成业务流量的汇聚、交换和管理;二层协议的处理;整个设备的故障、性能及配置管理。提供本地管理 CONSOLE 接口和本地管理以太网接口
EPON 接口盘	提供 EPON 接口
GPON 接口盘	提供 GPON 接口
TDM 接口盘	提供 STM-1 上联光接口并实现 1+1 保护,提供 E1 上联接口
上联盘	提供 GE 上联光/电接口
公共盘	提供干节点告警接口

OLT 设备当中各个机盘与槽位的对应关系如表 11-4 所示。

表 11-4　OLT 设备机盘与槽位的对应关系

机盘类别	槽位	数量
核心交换盘	9、10	1～2
EPON 接口盘	1～8、11～18	0～16
GPON 接口盘	1～8、11～18	0～16
TDM 接口盘	1～8、11～18	0～15
上联盘	19、20	1～2
公共盘	1～8、11～18	0～1

其中,主控盘的功能说明如下。

(1) 提供一个 RS-232 接口,用于连接本地命令行网管系统。

(2) 支持多个管理 VLAN 和多个管理 IP。

(3) 支持最多 12 个千兆上联接口或 4 个万兆上联接口。

(4) 支持上联接口的镜像功能和聚合功能,并支持端口双上联保护功能。

(5) 支持 PON 口保护功能。

(6) 支持组播功能,可选择 Proxy、Snooping、Proxy-Snooping 和可控组播四种模式。

(7) 支持抑制广播包、多播包和未知包,防止网络中产生广播风暴。

(8) 支持基于端口和基于 IEEE 802.1Q 的 VLAN。

(9) 支持灵活的 QinQ VLAN 和 VLAN 转换功能。

(10) 支持 NGN 语音,支持 MGCP、SIP 和 H.248 三种协议。

(11) 支持所有机盘的远程在线升级。

(12) 支持快速生成树协议,避免网络上产生环路。

(13) 支持优先级队列,可实现用户业务的优先级模式处理。

(14) 支持设备自身和所连接 ONU 的环境监控信息和告警信息的上报功能。

(15) 支持 ACL 功能,具有较强的安全保护机制。

(16) 支持流量控制功能。

(17) 支持二层交换功能。

(18) 支持第 2～7 层数据包的分类和过滤等功能。

(19) 支持 ARP 和 ARP Proxy 功能。

(20) 支持 OSPF 和 RIP 等路由协议上联。

(21) 支持 DHCP Server/Relay/Snooping 功能。

(22) 支持 PIM-SM/DM、IGMP V2/V3 等组播协议。

11. 2. 2　NGPON 设备

1. 设备定位

随着互联网及电信技术的快速发展,全业务的、更高带宽的、融合的接入网络已经成为业界关注的焦点。基于用户的需求和未来技术发展演进的方向,新一代 NGPON 设备能够支持 10G EPON、EPON 及 GPON 接入,能够构建高带宽的综合接入网络,带宽最高可达10 Gbit/s。NGPON 设备兼具 10G-OLT 平台和汇聚交换机的完整功能特性,具备完整的二、三层交换功能,完整支持 IPv6。NGPON 设备凭借着优异的综合性能可以帮助运营商构建全业务、高带宽、面向未来的接入网络。

在网络侧,NGPON 设备可以提供万兆上联接口与 IP 网络相连,也可以提供 STM-1 光接口或者 E1 电口与 SDH 或传统的 PDH 设备连接。在用户侧,NGPON 设备通过 ODN 网络为用户提供数据、VoIP、IPTV、CATV、TDM 等多种业务。NGPON 设备还具有汇聚型的交换机/路由器的功能,可以对接入交换机的以太网数据业务进行汇聚,传送至上层的业务控制层。NGPON 设备的市场定位主要是:满足多种 FTTx 组网应用,构建全业务的综合接入网络;支持语音、数据和视频等多种业务应用,满足终端用户的多元化需求;可以作为汇聚交换机、路由器,实现二、三层的交换功能;为固网宽带接入、移动基站传输、商务楼宇电子商务等提供解决方案。

2. 设备整体特性

NGPON 设备相较于传统的 E/GPON 设备,除了基本的功能外,更具备以下的功能特性。

(1) 强大的数据交换功能

NGPON 设备支持完备的二层、三层数据交换功能,具体如:支持 MTU 可配置;支持以太网端口聚合;支持全双工流控 IEEE 802.3X;支持 MAC 地址的独立学习、共享学习;支持手工添加、删除和修改二层转发表条目。支持全局清除、基于端口清除和基于 VALN 清除二层转发表;支持 ONU 二层隔离、支持跨板卡端口隔离、普通物理接口和聚合端口隔离、聚合端口之间的隔离;支持 STP、RSTP 和 MSTP。

(2) 一体化接入功能

支持 IEEE 802.3av 标准规定的 10G EPON 功能。具有良好的向下兼容性,支持多种类型 ONU,如 SFU、盒式 MDU(包括 LAN 型和 xDSL 型)、插卡式 MDU 以及 HGU 型ONU 等。提供大容量传输带宽。上行速率支持 10 Gbit/s 和 1.25 Gbit/s。下行速率支持10 Gbit/s 和 1.25 Gbit/s。支持上行带宽分配 DBA 功能,支持三种带宽类型:固定带宽、保证带宽和最大允许带宽。具有 1:64 的高分光比,最大可扩展至 1:256,具有更大网络容量,节约光纤资源,便于网络扩展。在 1:64 的高分光比下最大传输距离可达 20 km,低分光比下传输距离可更大。

支持 IEEE 802.3-2005 标准规定的 EPON 功能。支持扩展的 OAM 功能。具有良好的向下兼容性,支持多种类型 ONU,如 SFU、盒式 MDU(包括 LAN 型和 xDSL 型)、插卡式MDU 以及 HGU 型 ONU 等。提供大容量 EPON 传输带宽。上行速率支持 1.25 Gbit/s。下行速率支持 1.25 Gbit/s 和 2.5 Gbit/s。支持动态带宽分配 DBA 算法。DBA 的最小带宽分配粒度不大于 64 kbit/s。DBA 的可配置最小带宽不大于 256 kbit/s。

严格符合 ITU-T G.984 系列标准,具备良好的互操作性。支持扩展的 OAM 功能。具有良好的向下兼容性,支持多种类型 ONU,如 SFU、SBU、盒式(包括 LAN 型和 xDSL 型)、插卡式 MDU 以及 HGU 型 ONU 等。提供大容量 GPON 传输带宽。上行速率支持 1.25 Gbit/s。下行速率支持 2.5 Gbit/s。同时支持静态带宽分配 SBA 和动态带宽分配 DBA 算法。SBA 保证每个 ONU 固定带宽的分配。DBA 根据用户流量的变化动态分配带宽。SBA 和 DBA 的带宽分配粒度可达 64 kbit/s。DBA 的可配置最小带宽不大于 256 kbit/s。DBA 的精度优于±5%。具有 1∶64 的高分光比,在光功率预算允许的情况下,可达 1∶128 的高分光比,从而提高容量、节约光纤资源,便于网络扩展。支持高传输效率。将所有的传送数据采用全新的 GEM 封装协议封装为 125 μs 的定长帧结构,使得传输的开销字节更少,并获得更高可达 93% 的传输效率。

支持多种以太网接口配置,包括 FE 光/电、GE 光/电和 10GE 光接口。灵活的以太网接口配置,10GE 以太网接口支持 1000M 光、1000M 电、10G 光模式灵活配置,不需要更换板卡;GE 以太网接口支持 1000M 光、100M 光、10/100/1000M 电模式灵活配置,不需要更换板卡。

支持 TDM 传输接口配置,包括 E1 接口和 STM-1 光接口。E1 和 STM-1 接口支持多种时钟同步模式。

(3) 大容量、高密度的共享平台

支持 8.6 Tbit/s 的背板总线带宽。主控交换带宽最低可达 1.28 Tbit/s,通过升级更换主控交换卡可扩展交换带宽达 3.6 Tbit/s,全系统无阻塞交换。单槽位带宽达双向 160 Gbit/s,部分达双向 200 Gbit/s。EPON 和 GPON 的 PON 口分光比最大可分别达到 1∶64 和 1∶128。10G EPON 的 PON 口分光比最大可达 1∶256。

(4) 良好的维护管理功能

提供本地维护和远程维护等维护手段。提供图形网管和命令行网管,支持带内和带外两种管理方式。支持 SNMP,可采用烽火公司研制的 ANM2000 网管系统实现对 OLT 和 ONU 设备的统一管理。支持 Telnet 登录方式,实现对设备的远程访问和管理。支持多个管理 IP/VLAN,实现多管理服务器对设备同时进行管理。

OLT 作为网管系统的代理,对 ONU 进行远程管理。支持 OLT 对 ONU 的离线配置,可在 OLT 内保存配置,在 ONU 注册时自动对 ONU 进行授权并将预配置应用至 ONU,使业务发放更为简便。支持 ONU 的自动发现和检测功能。支持 ONU 重启后从系统恢复配置内容。支持基于物理标识、物理标识+物理密码、物理密码、逻辑标识(含密码)、逻辑标识(不含逻辑密码)、逻辑密码、物理标识+逻辑标识(含密码)混合模式、物理标识+逻辑标识混合模式(不含逻辑密码)和不认证等认证模式,对 ONU 进行合法性认证。

网管系统对不同级别的用户账号设置不同级别的管理权限。用户进行操作时,网管系统会对用户登录的权限进行鉴定,然后根据登录的权限对用户的操作进行限制。一旦用户登录鉴权通过后,会将用户无权操作的菜单灰显,将用户未授权的设备屏蔽。

可采集 OLT 机房的环境信息和 ONU 的环境、安防等信息(取决于 ONU 是否具备该功能),并在网管上予以显示。采用风扇散热,风扇单元上的指示灯指示风扇的运行状态。

风扇的风速可以根据环境温度自动调节。

支持软件的本地升级或远程在线升级。支持设备各个部件的软件和固件的在线升级功能,支持芯片 firmware 文件、CPU 文件的分开升级和合并升级。支持软件版本回退功能。支持软件热补丁功能。支持 ONU 软件的批量升级及自动升级。

网管提供性能数据的收集、查询和分析功能。支持各种报表的输出,以便于日常维护,如性能统计报表、告警统计报表等。提供业务容量、在用容量、空闲容量、各站点可分配容量的统计和输出功能,并能提供业务的路径指示。

3. 设备接口

新一代 NGPON OLT 设备子框提供电源接口、环境监控接口、告警接口和带外网管接口等,除了增加 10G EPON 接口外,其余接口类型与 E/GPON 设备相同。

4. 设备组网应用

NGPON 设备适用于 FTTH/FTTB/FTTC 等光纤接入场景,通常部署在局端机房内。设备的组网示意图如图 11-5 所示。

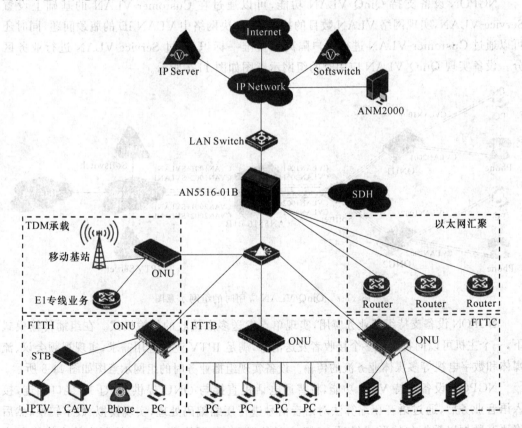

图 11-5　NGPON 设备的组网示意图

设备支持以下几种 Triple Play 方案。①10G EPON/EPON Triple-play 方案:ONU 使用不同的 VLAN 区分不同业务流,并映射到同一个 LLID 中,通过 ODN 传送到 OLT。②GPON 单 GEM Port Triple-play 方案:支持根据用户侧报文的以太网类型、VLAN ID 和用户侧的 802.1p 域来区分业务流,并且对业务流进行控制。③GPON 多 GEM Port

Triple-play 方案：通过使用不同的 GEM Port 区分不同的业务流。按照 VLAN ID、802.1p 或者物理端口将不同业务映射到不同的 GEM Port 上，送到 OLT 上进行处理。设备实现 Triple Play 应用示意图如图 11-6 所示。

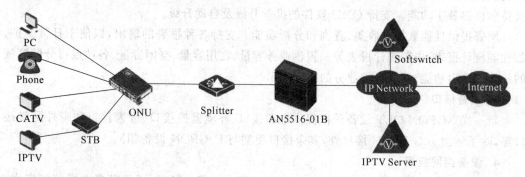

图 11-6　Triple Play 应用示意图

NGPON 设备支持 QinQ VLAN 功能，可以通过在 Customer-VLAN 的基础上设置 Service-VLAN，实现网络 VLAN 数目的扩展，来解决网络中 VLAN ID 的瓶颈问题，同时还可以通过 Customer-VLAN 进行用户隔离以及唯一标识，通过 Service-VLAN 进行业务区分。设备实现 QinQ VLAN 应用时的组网示意图如图 11-7 所示。

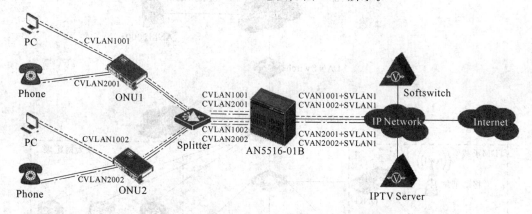

图 11-7　QinQ VLAN 应用时的组网示意图

NGPON 设备支持组播业务应用，实现单点发送多点接收的传输模式。在组播传输模式下，一个主机可以向特定的多个接收者发送消息，满足 IPTV 业务应用需求，实现视频会议、流媒体和数字电视等多媒体业务流的传输。设备实现组播业务时的组网示意图如图 11-8 所示。

NGPON 设备支持 VoIP 功能，将普通电话机直接与 ONU 提供的 RJ-11 接口相连，接入语音业务后，通过语音压缩算法对语音信号进行压缩编码处理，实现模拟/数字转换，然后将语音数据以数据包的形式经过 OLT 实时传递到 IP 网络上。呼叫控制由软交换设备实现；同时当接收端接收到 IP 数据后，对其进行相应的解码、解压缩的处理，将语音数据恢复成原来的语音信号。

OLT 设备同时支持 H.248、MGCP 和 SIP，设备的软交换接口能够和众多主流厂家的 MGC 网关成功对接，具有良好的开放性。OLT 设备实现 VoIP 语音业务时的组网示意图如图 11-9 所示。

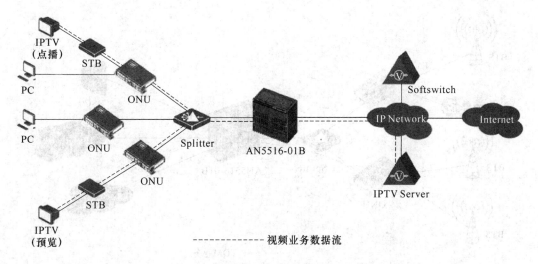

图 11-8　实现组播业务时的组网示意图

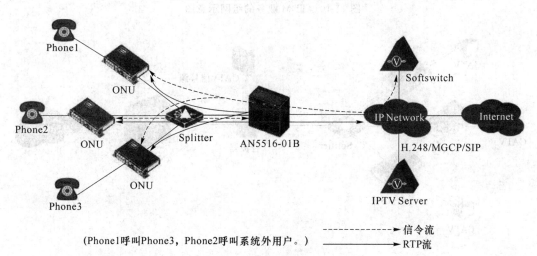

(Phone1呼叫Phone3，Phone2呼叫系统外用户。)

图 11-9　VoIP 语音业务时的组网示意图

　　NGPON 设备提供 E1 基于分组交换网络的电路仿真业务。用于将从 E1 线路上解析下来的 TDM 数据流经过 CES 处理器配置的协议类型适配成以太网数据,送到远端具有 CES 功能的 ONU 上,再由 ONU 将 CES 数据包还原成 TDM 数据流,并提供 E1 接口,连接至中继交换机或者基站,实现 TDM 仿真功能。

　　NGPON 设备采用标准的 CES 技术,支持异步时钟方式和同步时钟方式,传递同步信息和 E1 业务的能力强,可靠性高。OLT 设备实现 TDM 业务的组网示意图如图 11-10 所示。

　　CATV 信号源独立于 OLT 设备产生 CATV 信号,根据 CATV 信号源的强度,在发射端对信号进行放大、分路后,通过外部加设一个合波器,利用 WDM 原理,实现 CATV 信号和 OLT 设备的 PON 信号在同一根光纤内传输。在远端 ONU 上再通过分波器分离出 CATV 信号。用户通过将 ONU 上的 RF 接口与电视连接起来,实现 CATV 业务的接入。设备实现 CATV 业务的组网示意图如图 11-11 所示。

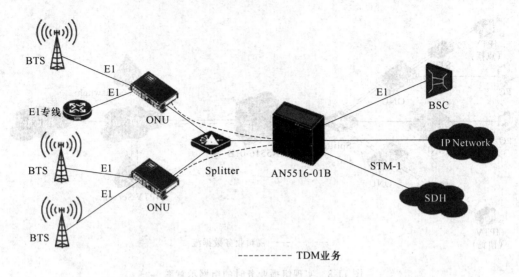

-------- TDM业务

图 11-10　TDM 业务的组网示意图

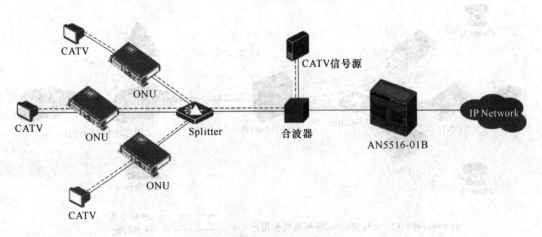

图 11-11　CATV 业务的组网示意图

5. 设备机盘

NGPON 设备同样可插 EPON 接口盘、GPON 接口盘、TDM 接口盘、以太网接口盘和公共盘等机盘,其支持的物理接口的种类和功能与 E/GPON 雷同,各个接口盘在 OLT 设备系统中的定位如图 11-12 所示。

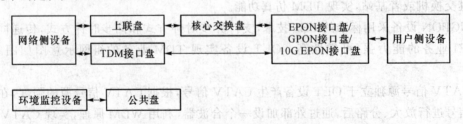

图 11-12　接口盘在 OLT 设备系统中的定位

11.3 FTTx 的网络规划与设计

除了电信城域网,在城域有线电视网络改造中,PON 也能够满足有线电视网络综合业务的需求,这使其在国内外得到了广泛应用。本节在此基础上重点阐述了 PON 在不同网络规划建设中的带宽预算、组网模式、ODN 规划等关键技术。

11.3.1 PON 的带宽预算

基于 PON 的解决方案可实现多种业务的综合接入,包括宽带数据业务、话音业务以及视频业务。若业务类型还有 CATV,则可采用"单纤三波"WDM 方式承载。在单纤方案中,PON 设备通过 GE、V5 接口与数据城域网和 PSTN 网络互联,PON 接口的光纤将 1 550 nm 的 CATV 信号合波到一根光纤上后,跳接到 ODF 架,再传输到室外光交接箱,经过分路器后,连接最终用户。

当广电部门提供的视频信号源为数字信号(SDTV 或 HDTV)时,只需在模拟 TV 接入方案的基础上在每个用户家中再安装一个机顶盒或直接将家庭光接收机更换为具有光电转换和编解码功能的机顶盒,用于将接收到的数字信号进行解码,还原为普通电视机可以识别的信号。

随着宽带接入的普及,IPTV 业务也随之兴起。PON 的系统结构的高带宽特性非常适合承载 IPTV 业务。参考中国电信[2007]893 号文件《中国电信宽带接入发展指导意见》,接入网近期应具备提供 20 Mbit/s 的下行带宽的能力,远期则应能按需提供 50～100 Mbit/s 的下行带宽。

11.3.2 PON 的组网模式

PON 的应用有其区别于 SDH 等网络的一些特点,需要我们网络建设者共同研究和探讨。FTTH 带宽能力强、维护成本低,是宽带接入网的发展方向,但目前建设成本为 FTTN、FTTB、FTTC 的 2～3 倍,随着 PON 设备的不断规模商用,FTTH 每线综合建设成本可下降到 1 000 元左右。

在新建接入网模式,FTTB+LAN 方案最具成本优势,随着 PON 口下所带用户数增加,ONU 内置 LAN 或 DSL 建设成本下降明显,点对点 FTTN 投资成本受用户密度影响很大,用户密度越低其投资成本越高;其他 FTTB、FTTC 方案建设成本受用户密度影响很小。

在接入网改造模式中,FTTB+DSL 方案的成本优势明显。在农村地区应积极推进光缆向行政村和大的自然村延伸,而 PON 技术就特别适合农村的 FTTVillage 组网。具体比较如表 11-5 所示。

表 11-5　PON 的组网模式比较

	方案 1 FTTH(PON)	方案 2 FTTB(PON) +LAN	方案 3 FTTB(PON) +DSL	方案 4 FTTB(P2P) +LAN	方案 5 FTTC(P2P) +DSL	方案 6 FTTN(P2P) +DSL	方案 7 FTTN(PON) +DSL
带宽能力	好	较好	较好	差	一般	一般	较好
设备要求	ONU 内置 IAD 功能	楼道 ONU 内置 IAD 功能	楼道 ONU 内置 IAD 功能	楼道交换机内置 IAD 功能	DSLAM 内置 AG 功能	DSLAM 内置 AG 功能	楼道 ONU 内置 IAD 功能
向更高带宽演进能力	好	较好	较好	差	差	差	一般
建设成本(元/线)	高	低	较高	低	中等	中等	较高
加 5 年运维总成本(元/线)	高	低	较高	低	较高	中	高
技术成熟度	较成熟	较成熟	依赖于 VDSL2 技术成熟度	成熟	依赖于 VDSL2 技术成熟度	依赖于 VDSL2 技术成熟度	依赖于 VDSL2 技术成熟度
价格下降空间	很大	大	大	小	小	小	较大

11.4　FTTx 的工程案例

11.4.1　紫菘小区 EPON 工程案例

武汉紫菘小区光纤到户项目是中国首个真正意义上的 FTTH 工程,于 2004 年建成,小区共 420 户,实现语音、数据、IPTV、CATV 四网合一,通过入户光纤网络享受高带宽网络畅游。该工程作为国内首个商用 FTTH 工程,采用了烽火全套的 FTTH 设备及 OSP 解决方案。

本示范工程为实现紫菘小区 5 栋总计 4 个单元 24 个用户的 FTTH,所需主要设备、光纤和无源分光器等均由烽火集团公司提供。FTTH 局端设备 OLT 放在电信科机房,用户端每户一个 ONU 设备,挂在各家大门外墙壁上的家用配线箱内。OLT 和各 ONU 间的传输网络是由光纤和无源光分路器等组成的树形 PON 或 ODN。

各家用户室内采用 5 类线缆的水平综合布线,把卧室、大厅等处信息点连接到家用配线箱内的数字配线架(DDF)上,并在 DDF 和 ONU 间设置汇聚设备(集线器、路由器或数据交换机等),从而构成一个家用 LAN。该汇聚设备又是家用 LAN 和 ONU 用户口的类似网关的适配设备。

本方案选用烽火的全套 EPON 设备。FTTH 局端设备 OLT 型号为 BP5012,放在电信科机房,用户端每户一个 ONU 设备型号为 BP5001。

局端设备 OLT 是 EPON 在中心局的设备。局端设备 OLT 又依据实现功能的不同可划分为 4 部分,即 PON 接口、2(3)层以太交换平台、网络侧接口和网管代理。PON 接口处理无源光网络的集线功能。在交换机侧以普通的接口形式与交换芯片相连,符合 802.3ah 标准。一个局端设备 OLT 可能有多个 EPON 接口。交换平台以单位消息的格式路由、交换各支路接口之间的包,连接 CPU 系统和支路接口。交换平台功能不是必选的。

网管代理(Agent)负责协议处理和网管代理功能。网络侧接口又称作(上联)业务接口,包括数据接口和其他业务类型接口,主要是千兆上联口和 E1 等。依据选择,数据接口还可以是 100 Base-TX 接口或者 100 Base-FX 接口。

远端 ONU 设备目前主要有两种结构:①采用二层以太交换平台单板式,通常采用 19 英寸 1U 的结构。该 ONU 是一个多端口的交换机构。它有插槽结构,可以提供多个接口。通常具有 1 个 EPON 接口、n 个 10/100M 接口或者 GE 接口、n 个 E1 接口、n 个 POTS 接口。②紧凑型结构:适用于 FTTH 接入应用。只需要一个 EPON 接口、1~2 个 FE 接口或者 GE 接口。

1. EPON 系统的组成

PON 选用烽火的光纤和分光器。由 OLT、PON 和 ONU 组成的 EPON 网络结构如图 11-13 所示。

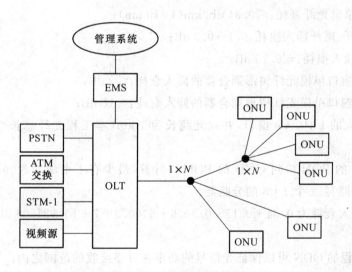

图 11-13　EPON 网络结构

PON 布局于紫菘小区 5 栋,树形从楼下到楼上,逐层分支,总计覆盖 4 个单元 24 个用户。

2. 室外光缆的敷设与用户室内综合布线系统

从紫菘小区 5 栋到网通在武汉邮电科学研究院的交换站机房,可利用原先敷设的光缆线路之余纤,若无余纤,则尽量利用现有管线,敷设多芯光缆(本工程只用一芯,其余供发展用),本工程室外用 GYTA53 光缆。

室内综合布线系统的工作区是家庭的房间。在每户的室外墙上挂一个家用配线箱,箱内安装该户的 ONU 和 8 端口的数据交换机,以及小型配线设施。根据门户的需要确定信息点数量和点位,采用 WRI 的超 5 类 4 对非屏蔽双绞线从家用配线箱到各信息点按星形拓扑做水平布线。从信息插座到 ONU 的超五类线可沿事先布放的线槽走至 ONU 设备,烽火科技的 ONU 设备目前可提供两个 RJ11 语音接口。从 ONU 设备至 PLT 终端设备可采用光纤。

布线施工要点如下。

(1) 工作区内线槽要布置得合理、美观。

(2) ONU 与终端设备的距离保持在 5 m 范围内。

(3) 由信息插座到 ONU 的超五类线长度不应超过 100 m。

3. 本工程 ODN 的传输损耗估算

根据下列接光接入网常用的工程数据估算本工程 ODN 的传输损耗。

常用参数的值如下:

- LT 光发送电平:$-4\sim2$ dBm(1 550 nm);
- OLT 光接收电平:$-30\sim-8$ dBm(1 310 nm);
- ONU 光发送电平:$-4.0\sim2.0$ dBm(1 310 nm);
- ONU 光接收电平:$-30.0\sim-8.0$ dBm(1 550 nm);
- 建议的 ODN 衰耗:$10\sim26$ dB;
- G.652 单模光纤衰耗:$\leqslant0.34$ dB/km(1 310 nm);
- 光纤跳纤、尾纤插入损耗:$0.1\sim0.3$ dB;
- 法兰盘插入损耗:$\leqslant0.15$ dB;
- 1:4 双窗口单模光纤树形耦合器的插入衰耗:$\leqslant7$ dB;
- 1:8 双窗口单模光纤树形耦合器的插入衰耗:$\leqslant10$ dB;
- 取衰耗大的 1 310 nm 窗口,并设光缆长为 1 km(本工程光纤总长小于 1 km)进行计算;
- 从 OLT 的 PON 口到 ONU 的 PON 口计算,最少有 1 个法兰盘、6 个尾纤、6 次熔接、1 个 1:4 分路器、1 个 1:8 的分路器。

则 ODN 最大衰耗为 $0.34+0.15+0.3\times6+6\times0.3+7+10=21.09$ dB,在 ODN 的建议衰耗之内。

结论:本工程的 ODN 可以保证光信号的功率在可靠接收的范围之内。

11.4.2 青海油田 EPON 工程案例

青海油田工程开始于 2007 年,是当时国内最大规模的 FTTH 商用工程,接入量包括 2 万用户,首批设备投资就大约为 9 000 户。当地居民用户和办公用户均要求接入宽带及 HIS 医疗系统。敦煌基站于当年年底完工,格尔木基站于 2008 年完工。

小区网络拓扑图如图 11-14 所示。下联方向,EPON OLT 通过 1:32 的分路接入到 ODF,走馈线到小区外的室外交接箱,然后通过室外交接箱引配线到小区的每一栋住宅楼。分纤盒位于住宅楼的楼道内,连接 MDU 型 ONU 通过五类线入户。上联方向,OLT 通过路由器与 BRAS 相连。部分工程设备档案如表 11-6 所示。

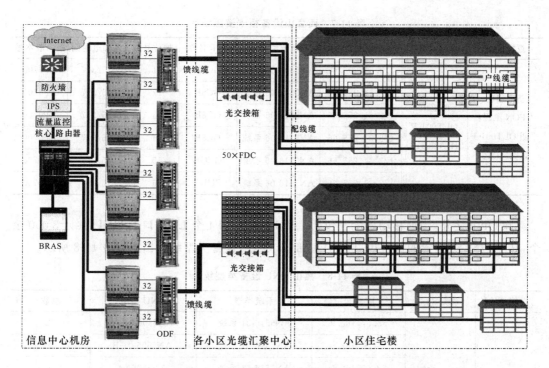

图 11-14　青海油田工程网络拓扑图

表 11-6　青海油田工程县局设备档案

OLT 号	PON 端口	ONU 序号	ONU 名称	MAC	安装位置	数据业务 VLAN		
	板-端口		敬业小区-ONU 型号-授权号			CVLAN	SVLAN	LAN 口
		1	敬业小区-(AN5006-07B)-1	54-4b-70-04-af-88	9 号楼 1 单元	500～515	2 247	1/16
		2	敬业小区-(AN5006-07B)-2	54-4b-70-04-ae-70	9 号楼 3 单元	516～531	2 247	1/16
县局 1-FH	1-1	3	敬业小区-(AN5006-07B)-3	54-4b-70-04-b9-18	10 号楼 1 单元	532～547	2 247	1/16
		4	敬业小区-(AN5006-07B)-4	54-4b-70-05-ad-90	10 号楼 3 单元	548～563	2 247	1/16
		5	敬业小区-(AN5006-07B)-5	54-4b-70-05-b7-10	11 号楼 1 单元	564～579	2 247	1/16
		6	敬业小区-(AN5006-07B)-6	54-4b-70-05-b4-d8	11 号楼 3 单元	580～595	2 247	1/16

11.4.3　山东济南 GPON 工程案例

山东省济南市平阴县的中国移动 GPON 项目于 2014 年开始实施,2015 年,该项目在原来规划的基础上新增了若干设备,目的是进一步推广农村乡镇 FTTH。济南移动在平阴县建设的该项目涉及太和、宋柳沟、黑山等若干个站点,主要业务模型是通过 OLT 下挂到户型 ONU,传输宽带和语音。

当地移动分别在太和、黑山、宋柳沟、西豆山和司桥五个站点增配了不同型号的 OLT 设备,由于是新配的设备,所以全部采用新版本 GPON 的 8 口线卡盘 GC8B 和 16 口线卡盘 GCOB,部分板卡资源统计档案如表 11-7 所示。

表 11-7　西豆山设备板卡资源统计

逻辑地址	系统名称	IP 地址	系统类型	板卡名称	槽位号	设备加电时间	板卡版本号
济南移动 GPON 工程： 平阴 OLT001-F H-AN5516	西豆山 OLT001-F H-AN5516	172.31.255.66	AN5516-06 系统	GC8B	11	2015/3/7	RP0700
		172.31.255.66	AN5516-06 系统	GC8B	12	2015/3/7	RP0700
		172.31.255.66	AN5516-06 系统	GC8B	13	2015/3/7	RP0700
		172.31.255.66	AN5516-06 系统	GC8B	14	2015/3/7	RP0700
		172.31.255.66	AN5516-06 系统	GCOB	15	2015/3/7	RP0700
		172.31.255.66	AN5516-06 系统	PUBA	16	2015/3/7	RP0700

除 OLT 之外，当地移动增配了包括 1 个 LAN 口和 4 个 LAN 口的 ONU 共计 3 000 余个，其中，大多数配置的都是单口 ONU。部分 ONU 设备类型统计档案如表 11-8 所示。

表 11-8　黑山 ONU 设备类型统计

逻辑地址	系统名称	IP 地址	系统类型	ONU 类型	总数
平阴：平阴 黑山机房	黑山 5516OLT	58.57.162.9	AN5516-01 系统	AN5506-01-A	62
		58.57.162.9	AN5516-01 系统	AN5506-01-B	4
		58.57.162.9	AN5516-01 系统	AN5506-04	3
		58.57.162.9	AN5516-01 系统	AN5506-07A	3
		58.57.162.9	AN5516-01 系统	AN5506-07B	3
		58.57.162.9	AN5516-01 系统	AN5506-09	11
		58.57.162.9	AN5516-01 系统	AN5506-10	1

11.4.4　浙江台州 FTTx 运维系统工程案例

浙江电信有一套统一的 CRM 系统，全省有多套独立的 97 系统，台州电信的 97 系统由自己下属的信息化部全面负责。它采用的是"预先规划，离线部署"的方法，让设备安装后可以即插即用。其中，FTTB 采用 MAC 认证，FTTH 采用 KEY 认证，实现了设备的快速更换。同时，业务能够自动发放对接，大大提升了项目实施的效率。

以台州 EPON MDU 工程为例，一共有 360 台 MDU，以往每次只能对一台 MDU 进行配置，每天只能完成几台 MDU 的配置，软调人员跑现场的时间占 90% 多，而采用了 MDU 远程批量集中配置，即网管侧离线预配置并进行远程业务测试后，软调时间可节省出 90% 多。另外，这种模块化的管理与操作也为设备的更新与替换带来了最大程度的效率提升。

台州电信 OSS 系统总体架构如图 11-15 所示。包含所有 MDU 的基础数据的 MDU 配置表单完成后，执行一次加载到网管的操作，一次操作即可完成所有网元的添加，即完成了全部 MDU 的部署。对于需要更换的 MDU，其 MAC/SN 与物理位置的对应表会被反馈至网管侧，网管会修改且只需修改 MAC/SN，并由 DC 自动加载备份数据即可。

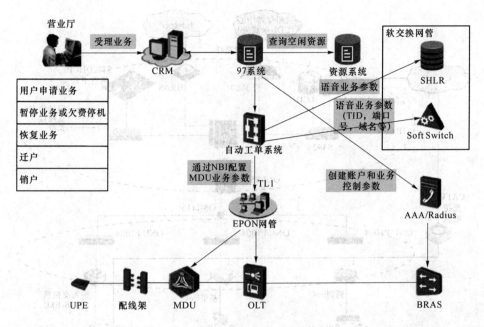

图 11-15　台州电信 OSS 系统总体架构

11.4.5　杭州广电 NGB 工程案例

传统的广电网络基本上都是基于 CATV 发展起来的 HFC 网络,传统的 HFC 网络主要是为了传输有线电视服务的,所以是单向下行广播式的传输方式,有线电视网络加入回传设备,便可以实现双向的非同步传输,便可提供如视频点播、音乐点播、远程教育、远程医疗、家庭办公、网上商场、网上证券交易、高速因特网接入、会议电视、物业管理等诸多宽带多媒体业务。杭州广电进行的双向网改造,就是将原来的单向器件改为双向器件,将电缆改为光缆,将电信号楼栋放大器改为光接收机。杭州广电的 NGB(中国下一代广播电视网)工程拓扑图如图 11-16 所示。

由于有线电视网络的高带宽优势,可以轻易做到 10 Mbit/s 以上的用户带宽,因此,广电网络宽带是一种较经济的宽带解决方案。杭州广电采用的是 EPON＋EOC 和 EPON＋LAN 的双套解决方案进行双向网改造,充分利用了现有网络上的同轴电缆、分支分配器资源,并且施工难度小、速度快,能够节省建网成本。杭州广电双向网改造如图 11-17 所示。

在国内大部分小区,广电运营商仅有同轴电缆入户,此时双向网改适合采用 EPON＋EoC 方案。由图 11-17 可以看出,EoC 系统由局端 CLT(EoC 头端)及用户端 CNU(EoC 终端)组成。CLT 将 CATV 信号和 EPON 网络的数据信号进行合成,通过原有的同轴电缆传送到用户侧,最终通过用户侧的用户端 CNU 分离出 CATV 信号和数据信号,从而实现对点播信号回传及宽带上网业务的承载。对于 EPON＋EoC 的解决方案,根据 CLT 及 ONU 放置位置不同,也有两种建网方式,方式一是将 CLT 及 ONU 放置于小区机房(光站位置),由少量 CLT 完成对整个小区用户的双向网改覆盖;方式二是将 CLT 及 ONU 下沉至楼道,由 CLT 对一栋楼或一个单元内的用户进行双向网改覆盖。

除了 EPON＋EoC 方案之外,杭州广电还根据实际情况,实施了 EPON＋LAN 的方案,即利用入户五类线承载数字电视点播信令上传和宽带上网等多业务,而 CATV 信号

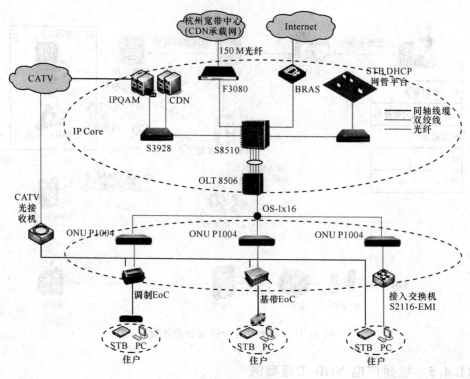

图 11-16　杭州广电 NGB 网络拓扑

仍沿原有 HFC 线路,通过同轴电缆入户,最终实现双线入户,一劳永逸地解决广电数字网络双向问题。

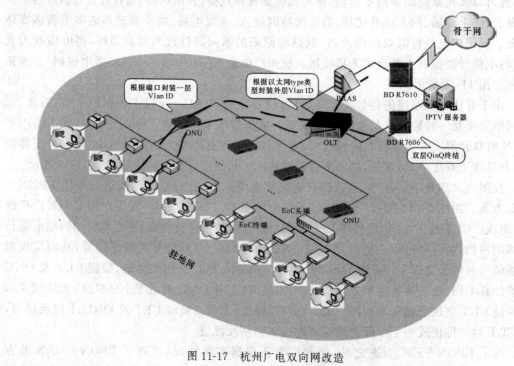

图 11-17　杭州广电双向网改造

缩略语

英文缩写	英文描述	中文描述
ADSL	Asymmetric Digital Subscriber Line	非对称数字用户环路
AES	Advanced Encryption Standard	高级加密标准
AON	Active Optical Network	有源光网络
ATM	Asynchronous Transfer Mode	异步传输模式
BIP	Bit Interleaved Parity	比特间插奇偶校验
BWA	Broadband Wireless Access	宽带无线接入
CAP	Carrierless Amplitude Modulation	无载波相位调制
CCSA	China Communication Standards Association	中国通信标准化协会
CER	Capabilities Exchange Request	能力交换请求
DA	Destination Address	目的地址
DBA	Dynamic Bandwidth Allocation	动态带宽分配
DCF	Distribute Coordination Function	分布协调功能
DDN	Digital Data Network	数字数据网
DHCP	Dynamic Host Configuration Protocol	动态主机配置协议
DMT	Discrete Multi Tone	离散多音频技术
DPR	Disconnect Peer Request	对等连接中止请求
DSL	Digital Subscriber Line	数字用户线
DBRu	Dynamic Bandwidth Report upstream	上行动态带宽报告
EPD	End_of_Packet Delimiter	帧结束定界符
EPON	Ethernet Passive Optical Network	基于以太网方式的无源光网络
FCS	Frame Check Sequence	帧校验序列
FEC	Forward Error Correction	前向纠错
FTTB	Fiber to the Building	光纤到大楼
FTTC	Fiber to the Curb	光纤到路边
FTTH	Fiber to the Home	光纤到户
GPON	Gigabit Passive Optical Network	吉比特无源光网络
GFP	Generic Framing Protocol	通用成帧协议
GTC	GPON Transmission Convergence	GPON 传输汇聚(层)

续表

英文缩写	英文描述	中文描述
HDLC	High Data Link Protocol	高速数据链路协议
HPNA	Home Phoneline Networking Alliance	家庭电话线网络联盟
ISDN	Intergrated Service Digital Network	综合业务数字网
LCP	Link Control Protocol	链路控制协议
LLID	Logic Link Identifier	逻辑链路标识
MAC	Media Access Control	介质接入控制
MPCP	Multi-point Control Protocol	多点控制协议
MSTP	Multi-service Transport Platform	多业务传输平台
NCP	Network Control Protocol	网络控制协议
NIU	Network Interface Unit	网络接口单元
NNI	Network Node Interface	网路节点接口
NSR	Non Status Reporting	非状态报告
NT	Network Terminator	网络终端
OAM	Operation，Administration and Management	运行、维护和管理
OBD	Optical Branching Device	光分支器
OLT	Optical Line Terminal	光线路终端
ONU	Optical Network Unit	光网络单元
OSA	Open System Authentication	开放式系统认证
OSI	Open System Interconnection	开放系统互联
OSPF	Open Shortest Path First	开放式最短路径优先
P2MP	Point to Multipoint	点到多点
PCF	Point Coordination Function	点协调功能
PDH	Pseudo-synchronous Digital Hierarchy	准同步数字系列
PON	Passive Optical Network	无源光网络
POTS	Plain Old Telephone Service	普通老式电话业务
PPP	Point to Point Protocol	点对点协议
QAM	Quadrature Amplitude Modulation	正交幅度调制
QoS	Quality of Service	服务质量
RADIUS	Remote Access Dial-up User Service	远程访问拨号用户服务
RFI	Remote Failure Indication	远端故障告警
RTU	Remote Test Unit	远端测试单元
SA	Source Address	源地址
SDH	Synchronous Digital Hierarchy	同步数字序列
SKA	Shared Key Authentication	共享密钥认证
SLA	Service Level Agreement	服务等级协议
SLC	Simple Line Code	简单线路码

英文缩写	英文描述	中文描述
SLD	Start of LLID Delimiter LLID	起始定界符
SLIP	Serial Line Internet Protocol	串行线路网际协议
SNI	Service Node Interface	业务节点接口
SODN	Smart Optical Distribution Network	智能光分配网络
SR	Sustained Rate	维持速率
STM	Synchronous Transport Module	同步转移模式
TC	Transmission Convergence	传输汇聚
TCM	Time Compression Modulation	时隙压缩调制
TDMA	Time Division Multiple Access	时分多址接入
T-CONT	Transmission Container	传输容器
TMN	Telecom Management Network	电信管理网
TPID	Tag Protocol Identifier	标签协议标识
UNI	User Network Interface	用户网络接口
VLAN	Virtual Local Area Network	虚拟局域网
VPDN	Virtual Private Dial-up Networks	虚拟专用拨号网业务
VPN	Virtual Private Network	虚拟专用网
WAN	Wide Area Networks	广域网
WDMPON	Wavelength Division Multiplexing PON	波分复用无源光网络
WEP	Wired Equivalent Privacy	有线等价保密
WLL	Wireless Local Line	本地无线环路
XG-PON	10 Gbit/s Passive Optical Network	下一代无源光网络

参 考 文 献

[1] ITU-T Recommendation G. 987 Digital sections and digital line system-Optical line system for local and access network Series G: Transmission systems and media, digital systems and networks[S].

[2] ITU-T recommendation G. 983. 1. Broadband optical access system based on passive optical networks(pon)[S]. 1998.

[3] IEEE 802. 3ah Draft 2. 1,Media access control parameters, Physical Layers and Management Parameters for Subscriber Access Networks[S]. 2003.

[4] LAN MAN StandardsCommittee of the IEEE computer Society, IEEE Draft P802. 3ahTM/D3. 0,the Institute of Electrical and Electronics Engineers[S]. 2003.

[5] IEEE, IEEE Std 802. 3ah, Amendment: Media Access Control Parameters, Physical Layers and Management Parameters for Subscriber Access Networks[S]. 2004.

[6] IEEE 802. 3ah-2005,hernet in the First Mile[S]. 2005.

[7] IEEE P1901-2008,DRAFT Standard for Broadband over Power Line Networks: Medium Access Control and Physical Layer Specifications[S]. 2008.

[8] IEEE Std 802. 3av-2009 clause66,Extensions of the 10Gbit/s Reconciliation Sublayer (RS), 100BASE-XPHY, and 1000BASE-X PHY for unidirectional transport [S]. 2009.

[9] IEEE Std 802. 3av-2009 clause76,Reconciliation Sublayer,Physical Coding Sublayer, and Physical Media Attachment for 10G-EPON[S]. 2009.

[10] IEEE Std 802. 3 av-2009,clause 76: Multipoint MAC Control for 10G-EPON , Ranging and timing process[S]. 2009.

[11] IEEE Std 802. 3 av-2009,clause 76: Multipoint MAC Control for 10G-EPON, Multipoint Control Protocol(MPCP)[S]. 2009.

[12] ITU-T recommendation G. 984. 1. Gigabit-capable Passive Optical Networks (GPON): General characteristics[S]. 2003.

[13] ITU-T recommendation G. 984. 2. Gigabit-capable passive optical networks (GPON): Physical media dependent (PMD) layer specification[S]. 2003.

[14] ITU-T recommendation G. 984. 3. Gigabit-capable Passive Optical Networks (G-PON): Transmission convergence layer specification[S]. 2004.

[15] ITU-T recommendation G. 984. 4. Gigabit-capable Passive Optical Networks（G-PON）：ONT management and control interface specification[S]. 2004.

[16] 何岩. 基于 ATM-PON 技术的全业务网接入系统[J]. 数据通信,2001,02.

[17] 李凌. 智能 EPON 设备主交换功能介绍[Z].烽火通信科技股份有限公司.2010.

[18] 胡晓. EPON 系统设备架构及数据业务介绍[Z].烽火通信科技股份有限公司.2010.

[19] 郎为民,郭东生. EPON/GPON 从原理到实践[M].北京:人民邮电出版社,2010.

[20] 阎德升. EPON:新一代宽带光接入技术与应用[M]. 北京:机械工业出版社,2007.

[21] 苏国良. 无线通信技术发展趋势[J].移动通信,2010(10):68-71.

[22] 李博,刘芳,宋文生. 下一代光无源网络(NG-PON)主流技术[J].光通信技术,2009(9):13-15.

[23] 陈建宇,胡强高,喻杰奎,等. 一种 PON 系统线路保护装置的研制[J].光通信研究,2009(3):20-22.

[24] 朱华伟,侯晓荣,何峥. 10G-EPON 系统 ONU 注册技术研究[J].光通信技术,2010(2):1-4.

[25] 张德朝,李晗. 10G PON 关键技术与发展趋势[J].通信技术与标准.2010(9):30-32.

[26] 汲建龙. EPON＋EoC 双向网技术在有线电视中的应用[J].广播电视信息,2010(4):84-85.

[27] 国家广播电影电视总司. 面向下一代广播电视网(NGB)电缆接入技术(EoC)需求白皮书[EB/OL]. http://wendu. baidu. com/view/23cccaf8aef8941ea76e05ef. html. 2010-02-01/2010-11-10.

[28] 刘丽红. HFC 双向网改造中关于接入网方案的选择[J].中国有线电视,2010(3):286-288.

[29] 陈金顺. EPON＋无源 EoC 技术在广电的应用[J].广播与电视技术,2010(3):187-189.

[30] 丁成波,程高新. EPON 与 HFC 网络的融合及网络接入方式的探讨[J].通信技术,2010(1):87-88.

[31] 李静宇. EPON＋EoC 双向网络的网管实现[J].有线电视技术,2009(12):67-38.

[32] 陶智勇.综合宽带接入技术[M].北京:北京邮电大学出版社,2002.

[33] 陶智勇. 我国光纤技术演进与发展的几个阶段[J].光纤通信技术,2010,1,ISSN 1002-5561/CN45-1160/TN.

[34] 陶智勇. 10G EPON 最新进展及在三网融合中的应用[J].中国有线电视,2011,4,ISSN 1007-7022/CN 61-1309.

[35] 陶智勇. 我国 FTTH 技术发展的阶段与趋势[J].信息技术,2011,4,ISSN 1009-2552/CN 23-1557/TN.

[36] 陶智勇. 支持电视业务的 EPON 的网络规划与设计[J].中国有线电视,2010,3,ISSN 1007-7022/CN 61-1309.

[37] 徐红春. 10G-EPON 的关键技术[EB/OL], http://www. c-fol. net/ne ws/co nten t/22 /20090 7/20090730161102. html.

[38] Steve Gorshe：10G-EPON 技术简介[EB/OL], http：//www. ofweek. com/ print/ PrintNew- s. do? detailid＝28415527.

[39] SFF Committee. INF-8077i Specification for XFP tansceiver[S]. 2005.

[40] Djafar K Mynbaev, Lowell L Scheiner. Fiber-Optic Communications Technology[M].徐公权,段鲲,廖光欲,等,译.北京：机械工业出版社，2002：162-168.

[41] Joseph C Palais. Fiber Optic Communications, Fifth Edition[M]. 北京:电子工业出版社，2011.

[42] 彭舒畅,张雅青,高繁荣. 10 Gbit/s EPON 非对称 ONU 光模块的设计[J].光通信研究,2011(6).

[43] 余景文. 10GEPON 和 10GGPON 标准及最新进展[J].电信网技术,2010(8):11-12.

[44] 李秉钧. 下一代 PON 标准与技术的进展[J].通讯世界,2009,(5):21-22.

[45] 敖力,陈浩,张文斌. 下一代光接入技术展望[J].现代传输,2010,(1):20-21.

[46] 孙曦光. 多方位打造精细化入网引领 FTTH 迈入"睿驰"时代[J].通信世界,2010,(20):33-34.

[47] 任波. GPON 系统局端硬件设计与实现[D].武汉:武汉理工大学,2007:24-25.

[48] 中国通信网. ITU-T SG15 主席解析 10G-GPON 两大利器,产业初露峥嵘[EB/OL]. http://tech. ifeng. com/telecom/detail_2010_07/08/1738318_0. shtml,2010-07-08.

[49] 通信产业网. NeoPhotonics 发布首款应用于 10G-PON 网络的 XFP 封装扩展距离 XG PON1 光模块[EB/OL]. http://www. ccidcom. com/html/zhizaoshang/201108/05-152889. html,2011-08-05.

[50] Philippe Chanclou and al. Investigation into optical technologies for access evolution[C]. Conference on Optical Fiber Communication,OFC2009. OWH1,22-26 March 2009.

[51] Kwang-Ok Kim. Implementation of OEO based Rearch Extender for 60km long reach GPON[C]. InternationalConference on Optical Internet (COIN),11-14 July 2010.

[52] 武汉电信器件有限公司. WTD 发布 40 Gbit/s RZ-DQPSK Transponder 模块等系列新品[EB/OL]. http://www. wtd. com. cn/cn/xianxi. asp? ID=117,2011-11-28.

[53] 张沛,陈利兵,丁焰. 10G PON 技术发展应用[J].中兴通讯技术,2010,16(5):48-51.

[54] http://network. 51cto. com/art/201010/229111. htm,2010-10-08.

[55] 沈成彬,王成巍,蒋铭,等. 下一代 POM 技术的进展与应用[J].电信科学,2010(8):23-25.

[56] 沈成彬. 10G-EPON 将在 FTTB/C/N 率先应用[N]. 通信产业报,2009-04-13(52).

[57] SFF Committee. INF-8074i Specification for SFP tansceiver[S]. 2001.

[58] SFF-8431 Enhanced Small Form Factor Pluggable Module "SFP+"[S]. 2008.

[59] 葛建军. 4. 25 Gbit/s DWDM SFP 光收发模块的研究与设计[D].武汉:武汉邮电科学研究院,2011:33-34.

[60] 张雅青,许远忠. 10 Gbit/s EPON ONU 光模块的设计[J].光通信研究,2011(06):44-46.